国家级技工教育规划教材
全国技工院校医药类专业教材

药物制剂技术

张晓军　张雅阁　主编

中国劳动社会保障出版社

图书在版编目（CIP）数据

药物制剂技术/张晓军，张雅阁主编．--北京：中国劳动社会保障出版社，2023
全国技工院校医药类专业教材
ISBN 978－7－5167－5863－2

Ⅰ．①药⋯　Ⅱ．①张⋯ ②张⋯　Ⅲ．①药物－制剂－技术－技工学校－教材　Ⅳ．①TQ460.6

中国国家版本馆 CIP 数据核字（2023）第 103656 号

中国劳动社会保障出版社出版发行
（北京市惠新东街 1 号　邮政编码：100029）

*

北京市科星印刷有限责任公司印刷装订　　新华书店经销

787 毫米×1092 毫米　16 开本　20.75 印张　449 千字
2023 年 6 月第 1 版　　2024 年 12 月第 4 次印刷
定价：55.00 元

营销中心电话：400－606－6496
出版社网址：http://www.class.com.cn

《药物制剂技术》编审委员会

主　　编　张晓军　张雅阁

副 主 编　李　青　竺日培　郭择邻　张发余　高　恒

编　　者　**(以姓氏笔画为序)**

李　青（杭州第一技师学院）

吴玉凤（杭州轻工技师学院）

张发余（山东医药技师学院）

张晓军（杭州第一技师学院）

张雅阁（河南医药健康技师学院）

竺日培（杭州第一技师学院）

姚金龙（江西省医药技师学院）

高　恒（杭州第一技师学院）

郭择邻（河南医药健康技师学院）

韩萌萌（河南医药健康技师学院）

主　　审　王建涛（河南医药健康技师学院）

陈　迪（杭州轻工技师学院）

总前言

为了深入贯彻党的二十大精神和习近平总书记关于大力发展技工教育的重要指示精神，落实中共中央办公厅、国务院办公厅印发的《关于推动现代职业教育高质量发展的意见》，推进技工教育高质量发展，全面推进技工院校工学一体化人才培养模式改革，适应技工院校教学模式改革创新，同时为更好地适应技工院校医药类专业的教学要求，全面提升教学质量，我们组织有关学校的一线教师和行业、企业专家，在充分调研企业生产和学校教学情况、广泛听取教师意见的基础上，吸收和借鉴各地技工院校教学改革的成功经验，组织编写了本套全国技工院校医药类专业教材。

总体来看，本套教材具有以下特色：

第一，坚持知识性、准确性、适用性、先进性，体现专业特点。教材编写过程中，努力做到以市场需求为导向，根据医药行业发展现状和趋势，合理选择教材内容，做到“适用、管用、够用”。同时，在严格执行国家有关技术标准的基础上，尽可能多地在教材中介绍医药行业的新知识、新技术、新工艺和新设备，突出教材的先进性。

第二，突出职业教育特色，重视实践能力的培养。以职业能力为本位，根据医药专业毕业生所从事职业的实际需要，适当调整专业知识的深度和难度，合理确定学生应具备的知识结构和能力结构。同时，进一步加强实践性教学的内容，以满足企业对技能型人才的要求。

第三，创新教材编写模式，激发学生学习兴趣。按照教学规律和学生的认知规律，合理安排教材内容，并注重利用图表、实物照片辅助讲解知识点和技能点，为学生营造生动、直观的学习环境。部分教材采用工作手册式、新型活页式，全流程体现产教融合、校企合作，实现理论知识与企业岗位标准、技能要求的高度融合。部分教材在印刷工艺上采用了四色印刷，增强了教材的表现力。

本套教材配有习题册和多媒体电子课件等教学资源，方便教师上课使用，可以通过技工教育网（http://jg. class. com. cn）下载。另外，在部分教材中针对教学重点和难点制作了演示视频、音频等多媒体素材，学生可扫描二维码在线观看或收听相应内容。

本套教材的编写工作得到了河南、浙江、山东、江苏、江西、四川、广西、广东等省（自治区）人力资源社会保障厅及有关学校的大力支持，教材编审人员做了大量的工作，在此我们表示诚挚的谢意。同时，恳切希望广大读者对教材提出宝贵的意见和建议。

本书前言

本教材是全国技工院校医药类专业教材，涵盖初中起点和高中起点药物制剂专业基础课程内容。本教材以药物制剂工在制剂生产岗位的工作内容为主线，依据《药物制剂工国家职业技能标准》，按照企业实践岗位对人员知识、技能和素养的要求，以药物制剂基础知识和单元操作为基础，引出常见药物制剂的制备与质量控制，以及新型药物制剂开发与研究，从而达到提升学生药物制剂生产技能水平、培养严谨细心的工作态度、增强质量风险防范管理意识等目的。

本教材主要内容包括药物制剂基础知识、制药卫生、制药用水、药物制剂单元操作、固体制剂、液体制剂、半固体制剂、其他制剂、药物制剂新技术与新剂型、药物制剂的稳定性，共 10 个章节、24 个实训项目。

编者

2023 年 1 月

目 录

第一章

药物制剂基础知识

药物制剂技术是指主要研究药物制剂生产工艺、生产技术以及产品质量控制等方面基本知识和技能，进行药物制剂开发、工艺设计、生产技术改进和质量控制等的技术。本章介绍了药物制剂工作中的常用术语、剂型的定义及分类、药物制剂的发展及其任务、药品标准与药品质量管理规范。通过《中华人民共和国药典》（以下简称《中国药典》）有关的实训项目，学生应了解《中国药典》的基本结构，熟悉《中国药典》凡例内容和常用术语。

§1－1 药物制剂与剂型

学习目标

1. 了解药物制成不同剂型的目的。
2. 熟悉剂型的分类。
3. 熟悉药物制剂制备工艺的重要性。
4. 掌握药物制剂工作中的常用术语。

药物制剂技术是研究药物配制理论、生产工艺及质量控制等的综合性应用技术学科。任何一种原料药都不能直接用于防治疾病，由原料药加工制成的适合患者应用的形式，称为剂型。将原料药物加工制成具有一定规格的药物制品，称为制剂，以达到促进药物充分发挥疗效、减小毒副作用、便于储存和使用等目的。

一、药物制剂

1. 药物制剂工作中的常用术语

（1）制剂。根据《中国药典》及国家药品监督管理部门颁布的药品标准等规定的处方，将原料药物加工制成具有一定规格的药物制品称为药物制剂，简称制剂。

（2）药品。药品指用于预防、治疗、诊断人的疾病，有目的地调节人的生理机能，并规定有适应证或功能主治、用法、用量的物质，包括中药、化学药和生物制品等。

（3）剂型。药物制成的适合临床使用的不同给药形式，称为药物剂型，简称剂型。

（4）药品批准文号。药品批准文号指国家批准药品生产企业生产该药品的文号。批准文号的格式：国药准字 +1 位字母 +8 位数字。其中，字母 H 代表化学药，Z 代表中药，S 代表生物制品，J 代表进口分装药品；8 位数字中，前 4 位一般是该药品生产企业所在省的代号，后 4 位为流水号。少部分药品批准文号的前 4 位为批准年份。

（5）批号。用于识别“批”的一组数字称为批号，用于追溯和审查该批药品的生产历史。每批药品均编制有生产批号。批号一般由 6 位数字组成，前 4 位数字表示生产的年、月，后 2 位数字表示该月生产该品种的批次。实际生产中，不同企业有不同的批号编制规范。因此，有的企业用 8 位数字来表示批号，有的企业用数字加字母来表示批号，不尽相同。

（6）批。在同一连续生产周期中，成型或分装前使用同一设备所生产的均质产品为一批。

（7）规格。规格指制剂中主药的含量。例如，某片剂规格为 100 mg/片，表示该药每片中含主药 100 mg。

（8）药品有效期。药品有效期指药品在规定储存条件下能保持其有效质量的期限，年份用 4 位数表示，月份用 2 位数表示，如“有效期至 2022. 09”。

（9）药品上市许可持有人。药品上市许可持有人是指取得药品注册证书的企业或者药品研制机构等。

【知识链接】

药品批准文号不因上市后注册事项的变更而改变。药品监督管理部门制作的药品注册批准证明电子文件及原料药批准文件的电子文件与纸质文件具有同等法律效力。

2. 药物制剂制备工艺的重要性

药物制剂生产过程是在《药品生产质量管理规范》（GMP）指导下，涉及药品生产的各规范操作单元有机联合作业的过程。对于相同的药物制剂，工艺路线或工艺条件不同，将对药物制剂的疗效、稳定性产生影响。

（1）药物制剂生产过程、原料药物的晶型、药物粒子大小等直接影响药物在体内的释放，进而影响药物在体内的吸收，最终将影响疗效。例如，对于抗真菌药物灰黄霉素，将灰黄霉素粉碎成细粉制成普通片剂药物，其生物利用度低，疗效差；若进行微粉化（粒径为 5 μm）处理，其溶出快，生物利用度高，疗效好。

（2）生产工艺不同而使操作单元有所不同，将影响药物制剂的质量及其进入人体后的释放。例如，螺旋藻片剂原料中含有大量黏液细胞，采用一般静态干燥后难以粉碎，压片时流动性差，易粘冲，造成外观不佳、剂量不准；采用原料直接喷雾干燥制成粉末，加乳糖后直接压片，流动性好，片面佳。因此，工艺条件控制是非常重要的。

二、剂型

1. 剂型的分类

（1）按形态分类如下：

1）固体剂型，如散剂、颗粒剂、片剂、胶囊剂、丸剂、膜剂等。

2）液体剂型，如口服溶液、注射液、滴眼液、搽剂、乳剂、混悬剂等。

3）气体剂型，如气雾剂等。

4）半固体剂型，如软膏剂、乳膏剂、眼膏剂、凝胶剂等。

（2）按给药途径分类如下：

1）经胃肠道给药剂型，如颗粒剂、胶囊剂、口服溶液剂等。

2）注射给药剂型，如静脉注射剂、肌内注射剂、皮下注射剂、皮内注射剂、腔内注射剂以及注射用粉剂等。

3）呼吸道给药剂型，如吸入气雾剂、吸入喷雾剂等。

4）皮肤给药剂型，如软膏剂、乳膏剂、贴膏剂等。

5）黏膜给药剂型，如滴眼剂、滴鼻剂、舌下片剂等。

6）腔道给药剂型，如栓剂、阴道泡腾片等。

（3）按分散系统分类如下：

1）溶液型，如溶液剂、芳香水剂、糖浆剂、甘油剂、酯剂等。

2）乳剂型，如口服乳剂、静脉注射乳剂和部分搽剂等。

3）混悬液型，如洗剂、混悬剂等。

4）气体分散型，如气雾剂、吸入粉雾剂等。

5）微粒分散型，如微球制剂、微囊制剂、纳米囊与纳米球制剂等。

6）固体分散型，如散剂、颗粒剂、胶囊剂、片剂、丸剂等。

（4）按制法分类如下：

1）浸出制剂，如酊剂、流浸膏剂、中药合剂等。

2）无菌制剂，如注射剂、植入剂等。

2. 剂型的重要性

药物的疗效主要是由药物的结构与性质决定的，但剂型对药效的发挥也极为重要，有时甚至起决定性作用。每一种药物在临床使用前都必须经过加工制成合适的剂型，以保障用药的安全性、有效性、稳定性等。剂型的重要性主要表现在4个方面：

（1）满足临床治疗需要。在急救时，宜选用注射剂、吸入气雾剂、舌下片等起效快的剂型；对于应持久或缓慢给药的疾病，可考虑用丸剂、植入剂等作用缓慢而持久的剂型；对于局部皮肤病症，宜用软膏剂、凝胶剂等局部给药剂型；直肠给药宜选用栓剂等。

（2）更好地发挥药物疗效，减少药物毒副作用。胰岛素、促皮质激素口服后将被胃肠道消化液破坏，宜制成注射剂或鼻腔给药剂型。硝酸甘油吞服后易被肝脏破坏而起不到治疗作用，宜制成舌下给药剂型（舌下片、舌下膜），使药物吸收途径改变，避免肝脏首过效应

（亦称首过代谢或首过消除，指某些药物首次通过肠壁或经门静脉进入肝脏时，部分可被代谢灭活而使全身循环的药量减少），表现出良好的疗效。氨茶碱治疗哮喘病效果好，但有引起心跳加快的毒副作用，若制成栓剂通过直肠给药，则可以减小其毒副作用。对胃刺激性大的药物不宜制成散剂、胶囊剂等。

（3）提高药物的稳定性。青霉素在干燥状态很稳定，在水中易水解产生高致敏性成分，宜做成粉针剂，以提高其稳定性。红霉素极易吸潮，可制成包衣片，以提高其稳定性。

（4）便于运输、储存和使用。提取药材中的有效成分后制成片剂、颗粒剂、丸剂等，既可以减小体积，增强药效，又方便使用、运输和储存。另外，可通过制剂手段进行色、香、味的调节，更利于不同患者使用。

总之，剂型能调节药物作用强度，延长药物持续时间，控制药物见效速度，甚至改变药物治疗作用。药物与剂型之间有着相辅相成的关系，药物起主导作用，而剂型对发挥药物作用起保障作用，剂型是药物必要的应用形式。

【知识链接】

同一药物的不同剂型，给药方式不同，起效快慢是不同的。起效快慢顺序大致如下：静脉给药 > 吸入给药 > 肌内注射 > 皮下注射 > 直肠或舌下给药 > 口服给药 > 皮肤给药。

思考与练习

1. 查阅常见的5个药品名称，并说出其剂型和给药途径。
2. 药物制成制剂的目的是什么？

§1－2　药物制剂的发展及其任务

学习目标

1. 了解国内外药物制剂的发展概况。
2. 了解药物制剂的发展任务。

药物制剂是全人类几千年来与疾病作斗争而发展起来的，对人类的健康、繁衍和社会的发展做出了巨大贡献。

一、药物制剂的发展

1. 国外药物制剂的发展

国外药剂学最早起始于古埃及与古巴比伦王国。公元前16世纪的医药学著作《伊伯氏纸草本》中记载有古埃及人使用的多种剂型、大量处方及制法等。公元2世纪时的著名医药学家格林，在其著作中记述有散剂、丸剂、酒剂、酊剂、浸膏剂、溶液剂、冷霜等多种剂型。

19世纪以后，随着西方科学技术的发展和电力等技术的应用，现代药剂学在格林制剂等基础之上逐渐发展起来。从1843年制成模印片起，在短短几十年间，国外先后发明了硬胶囊剂、片剂、注射剂等。随着制药机械的不断开发与应用，在此后的100多年间，药剂生产的机械化、自动化和联动化水平得到了迅速提升。学科的划分与改组越来越细，使得药剂学成为一门独立的学科并逐渐发展派生出新的分支学科。

20世纪以后，药物制剂初步建立了制剂处方与工艺设计的基础理论，生物药剂学与药物动力学的研究得到不断深入，临床药学在西方发达国家的崛起使药学的研究、信息与服务延伸到医院病房，形成医、药、护协同治疗的新方式，设计剂型时更加周密地考虑药物使用与生理状态、病理变化的关系。

20世纪90年代以来，药物制剂研究进入药物传输系统（DDS）时代，通过研究病因、器官、组织和细胞的生理特点与药物之间的关系来设计剂型的结构和机理，优化释药特征，解决制剂中药物对病变细胞的亲和力问题，争取用最少的药量产生最大的疗效和最小的不良反应。

2. 我国药物制剂的发展

中医药学是中华民族和全人类的宝贵遗产。中药制剂和剂型的形成和使用有着极其光辉的历史。

早在夏商时代就有了汤剂和药酒的制作和应用。《黄帝内经》作为我国早期医学经典文献，已有了汤剂、丸剂、散剂、膏剂、丹剂、药酒等剂型的记载。东汉张仲景所著《伤寒论》《金匮要略》共有煎剂、浸剂、糖浆剂、洗剂、软膏剂、栓剂等10余种剂型。晋代葛洪所著《肘后备急方》记载了铅硬膏、干浸膏、蜡丸、浓缩丸、锭剂、条剂、尿道栓剂、饼剂等剂型。两宋时代，在京都设立了太医局卖药所，制备丸、散、膏、丹等成药出售，并将制剂处方修订成《太平惠民和剂局方》出版，成为历史上第一部中药制剂规范。明代李时珍编著的《本草纲目》共收载药物1 892种，方剂10 000余首，剂型61种，充分展示了当时医药学的成就。清代前期，一些具有一定规模的前店后厂式中药房兴起，并使中药饮片炮制逐步规范化。

从19世纪开始，国外医药技术逐渐对我国药物制剂技术产生一定影响，我国生产出一些现代剂型如片剂等，但规模小，水平低，质量较差。

新中国成立后，我国医药工业迅速发展。现在药品生产企业遍布全国，并按照GMP标准要求建设或改造工厂。在药品生产上，除了产品产量和质量不断提高外，药用原料和辅料的研制与使用、制剂生产技术与设备的升级与开发、新剂型与制剂新技术的研究与应用，以及生物技术药物制剂的研究与生产等方面也得到长足的发展，逐渐缩小了与国际水平的差距。

【知识链接】

现代药物制剂的发展演进过程，大体分为4个时代：第一代制剂为普通常规制剂，如片剂、胶囊剂、注射剂、软膏剂、栓剂等，这些剂型是制剂的基本形式，在很长时间内仍将占据主导地位；第二代制剂为20世纪40年代中期产生的缓释制剂（即长效制剂）；第三代制剂为控释制剂，包括口服、注射、经皮、眼科、宫内、植入等给药系统制剂，从20世纪70年代迅速发展；第四代制剂为靶向制剂，从20世纪70年代以后以较快速度发展。

二、药物制剂的发展任务

1. 研究新工艺

制药产业是我国发展的支柱产业之一，关系到国计民生。近年来，虽然我国制药产业已经得到高速发展，但从产业整体形态看，我国与西方发达国家还存在一定差距，制药工艺也较为传统、滞后，这就在一定程度上制约了我国制药产业的高质量发展。因此，在新时期加强制药工艺技术创新，不断引入先进制药理念，创新与完善制药工程管理，才能使我国制药产业拥有更为旺盛的发展活力，在产业规模、产业形态、产业质量方面不断缩短与西方发达国家制药产业之间的距离。

2. 研发新技术

新剂型的开发离不开新技术的应用。近几年发展较为成熟、能改变药物理化性质和释放性能的制剂新技术如固体分散技术、包合技术、微型包囊技术、微球与纳米粒制备技术、脂质体技术等，以及微电脑技术在胰岛素给药系统的应用，核穿孔技术、超声波技术在控释、透皮制剂上的应用，离子电渗技术在生物技术药物透皮给药制剂中的应用等，都为制剂疗效的提高和新剂型的开发应用提供了更广阔的途径。

3. 开发新辅料

新型药用辅料是剂型的基础，新剂型、新技术的研究离不开新辅料的研究与开发。特别是缓控释制剂和靶向制剂，完全依赖于性能优良的新型辅料的支持。例如，各类纤维素衍生物、丙烯酸树脂系列等高分子材料促进了肠溶制剂、缓控释制剂的发展；使用可生物降解、生物相容性好的聚乳酸等高分子辅料制成微球注射剂或制成圆片植入体内，可延长疗效达1个月甚至1年。因此，开发和使用安全性高、功能性强、适应性广的高效辅料，对提高我国制药工业的整体水平有重要意义。

4. 研制新设备

目前，我国制药企业使用的制药设备与配套硬件设施，无论在质量、实用性还是在科技含量上都有了很大的提高，但与发达国家相比还存在着不小的差距。努力研制适合我国特点、适合新剂型新技术应用的新型制剂设备，可以从总体上提高制剂的质量，缩短与发达国家的差距，使我国有更多的制剂产品打入国际市场。

思考与练习

1. 药物制剂的发展任务有哪些？
2. 简述我国药物制剂发展概况。

§1－3　药品标准与药品质量管理规范

学习目标

1. 了解 GAP、GSP、GLP、GCP 相关要求。
2. 熟悉药品标准的种类。
3. 掌握《中国药典》的体例及查阅方法。
4. 掌握现行 GMP 要求。

国家药品标准是国家对药品的质量、规格和检验方法所作的技术规定，是保障药品质量，进行药品生产、经营、使用、管理及监督检验的法定依据。国家药品标准包括《中国药典》和国家药品监督管理部门颁布的药品标准（通常称为局颁标准）。

一、药品标准

1. 药典

《中国药典》（ChP）是我国收载药品规格、标准的法典，由国家药典委员会编写，经政府颁布执行，具有法律约束力。《中国药典》的品种收载以临床应用为导向，满足国家基本药物目录和基本医疗保险用药目录收录品种的需求，保障临床用药质量，规定其质量标准、检验方法、功能主治、规格、储存等内容，是药品生产、检验、供应和使用的依据。《中国药典》于 1953 年首版至今，相继有 1963 年版、1977 年版、1985 年版、1990 年版、1995 年版、2000 年版、2005 年版、2010 年版、2015 年版和 2020 年版。现行的《中国药典》为 2020 年版，于 2020 年 12 月 1 日起正式实施，由一部、二部、三部、四部及其增补本组成。本版药典进一步扩大了药品品种和药用辅料标准的收载，收载品种 5 911 种，新增 319 种。一部中药收载 2 711 种，二部化学药收载 2 712 种，三部生物制品收载 153 种，四部收载通用技术要求 361 个（其中，制剂通则 38 个，检测方法及其他通则 281 个，指导原则 42 个）、药用辅料 335 种。

《中国药典》2020 年版主要由凡例、品种正文和通用技术要求构成。

凡例是为正确使用《中国药典》，对品种正文、通用技术要求以及药品质量检验和检定中有关共性问题的统一规定和基本要求。因此。凡例是使用《中国药典》的“总说明”，是使用药典之前必须学习的内容。例如，凡例规定了《中国药典》采用的法定计量单位，详细规定了药品标准中的常见术语释义，如热水、密封、易溶、细粉等。

《中国药典》2020 年版各品种项下收载的内容为品种正文。一部和二部品种正文的内容有所不同。一部收载品种的正文内容主要有品名、来源、处方、制法、性状、鉴别、检查、浸出物、特征图谱或指纹图谱、含量测定、炮制、性味与归经、功能与主治、用法与用量、注意、规格、贮藏、制剂、附注等。二部收载品种的正文内容主要有品名、有机药物的结构式、分子式与分子量、来源或有机药物的化学名称、含量或效价规定、处方、制法、性状、鉴别、检查、含量或效价测定、类别、规格、贮藏、制剂、标注、杂质信息等，并没有收载药物制剂的适应证、药理作用、不良反应、药物相互作用等。

通用技术要求包括《中国药典》收载的通则、指导原则以及生物制品通则和相关总论等。例如，片剂的制剂通则，就规定了片剂的定义、分类、质量要求、检查项目及检查方法等内容。

全世界有近40个国家编制了本国药典，另外还有《国际药典》《欧洲药典》等国际性或区域性药典。其中，在国际上具有影响力的药典有《美国药典》（USP）、《英国药典》（BP）、《日本药局方》（JP）、《欧洲药典》（EP）、《国际药典》（Ph. Int）。

2. 其他药品标准

我国的国家药品标准除了《中国药典》外，还有局颁标准。列入局颁标准的品种一般包括由国家药品监督管理部门审核批准的药品，包括新药、仿制药品和特殊管理的药品等；某些上一版药典收载而现行版药典未列入、疗效肯定但质量标准仍需进一步提高的药品等。

二、药品质量管理规范

1. 《药品生产质量管理规范》

《药品生产质量管理规范》（GMP）是在药品生产过程中，用科学、合理、规范化的条件和方法来保障生产出优良药品的一整套科学、系统的管理文件，是药品生产管理和质量控制的基本要求，旨在最大限度地降低药品生产过程中污染、交叉污染以及混淆、差错等风险，确保持续稳定地生产出符合预定用途和注册要求的药品。GMP适用于药品制剂生产的全过程和原料药生产中影响成品质量的关键工序。

我国于1988年颁布GMP，其后有1992年版、1998年版和2010年版。现行的GMP为2010年版，自2011年3月1日开始施行。2010年版GMP分14章共313条，分别是第一章总则，第二章质量管理，第三章机构与人员，第四章厂房与设施，第五章设备，第六章物料与产品，第七章确认与验证，第八章文件管理，第九章生产管理，第十章质量控制与质量保证，第十一章委托生产与委托检验，第十二章产品发运与召回，第十三章自检，第十四章附则。

2010年版GMP与上一版GMP相比较，有以下特点：①加强了药品生产质量管理体系建设，提高了对企业质量管理软件方面的要求；②全面强化了从业人员的素质要求；③细化了操作规程、生产记录等文件管理规定，增强了指导性和可操作性；④完善了药品安全保障措施，引入了质量风险管理概念以及药品生产全过程管理的理念，使与世界卫生组织（WHO）药品GMP保持一致。

【知识链接】

GMP的类别

（1）从GMP适用范围来看，现行的GMP可分为3类。

1）具有国际性质的GMP，如WHO的GMP、欧洲自由贸易联盟的GMP、东南亚国家联盟的GMP等。

2）国家权力机构颁布的GMP，如我国国家药品监督管理部门、美国食品药品管理局（FDA）、英国卫生和社会保障部、日本厚生省等政府机关颁布的GMP。

3）工业组织制定的GMP，如美国制药工业联合会制定的GMP（标准不低于美国政府制定的GMP）、中国医药工业公司制定的GMP实施指南，甚至还包括药品生产企业自己制定的标准。

（2）从GMP制度的性质来看，可将GMP分为两类。

1）将GMP作为法典规定，如美国、日本、中国的GMP。

2）将GMP作为建议性的规定。有些GMP起到对药品生产和质量管理的指导作用，如联合国WHO的GMP。

---

2. 其他药品质量管理规范

（1）《中药材生产质量管理规范》（GAP）。GAP是基于对中药材生产过程进行规范化的质量管理所提出的概念，是为确保中药材的质量而制定的。从生态环境、种植、栽培、采收、运输到包装，每一个环节都要处于严格的控制之下。

（2）《药品经营质量管理规范》（GSP）。GSP是对流通过程中药品质量进行监督检查和管理的一套规范，包括总则、药品批发的质量管理、药品零售的质量管理，以及附则。

（3）《药物非临床研究质量管理规范》（GLP）。GLP用于评价药物的安全性，即对在实验室通过动物试验进行的药物各种毒性试验进行规范。

（4）《药物临床试验质量管理规范》（GCP）。GCP对在人体进行的药物作用及不良反应等临床研究进行规范，以保证临床数据真实可靠。

思考与练习

1. 药品标准有哪些？
2. 2010年版GMP与上一版GMP相比较，有哪些特点？

实训项目1　查阅药典

一、实训目的

1. 了解《中国药典》2020年版的基本结构。
2. 熟悉《中国药典》2020年版凡例内容和常用术语。
3. 掌握《中国药典》的查阅方法。

二、实训准备

写出《中国药典》2020 年版的基本内容、各部分的主要内容以及查阅方法。

三、实训内容

按照表 S－1－1 中的项目，查阅《中国药典》2020 年版，记录各项目所在页码及括号中内容的查阅结果。

表 S－1－1　《中国药典》2020 年版查阅项目及结果

查阅项目	页码	查阅结果
丁公藤（浸出物的检查方法及限量）		
甘草流浸膏（pH 值）		
肉桂油（折光率）		
九分散（处方）		
三七片（含量测定方法）		
麦味地黄丸（含量测定方法）		
消咳喘糖浆（检查项目）		
烧伤灵酊（贮藏方法）		
消渴灵片（规格、用法与用量）		
柴胡口服液（检查项目）		
红霉素（含量测定方法）		
重金属检查法		
高效液相色谱法		
崩解时限检查法		
制药用水（类型）		
硝酸甘油片（含量测定方法）		
热原检查法		

【注意事项】

（1）可在品名目次中，以药品名称笔画为序查阅（同笔画的字，按起笔笔形的顺序），也可在英文索引或中文索引（按汉语拼音的顺序）中查阅。

（2）制剂通则、一般鉴别试验、物理常数测定法、一般杂质检查法、分光光度法、色谱法等多种分析方法以及试液、试纸、指示液与指示剂、缓冲液等的配制、滴定液的配制及标定和指导原则等其他内容在附录中查阅。

四、实训测评

按表 S－1－2 所列实训评分标准进行测评，并做好记录。

表 S－1－2　实训评分标准

序号	考核内容	考核标准	配分	得分
1	药典准备	能根据要查的内容正确选择《中国药典》2020 年版的哪一部	20	

续表

序号	考核内容	考核标准	配分	得分
2	药典认识	①熟悉《中国药典》2020 年版的基本结构 ②熟悉《中国药典》2020 年版的凡例内容和常用术语	30	
3	药典查阅	能准确无误地写出要查项目的所在页数及内容	40	
4	填写记录	记录准确、完整，修改处符合规范	10	
合计			100	

第二章 制药卫生

制药卫生是药品生产管理的一项重要内容，涉及药品生产的全过程。在药品生产的各个环节中，强化制药卫生管理，落实各项制药卫生措施，是确保药品质量的重要手段，也是实施 GMP 制度的要求。本章重点阐述制药卫生常用的术语、无菌操作法、灭菌方法和空气洁净技术。学生通过本章的学习，应掌握药物制剂常用的灭菌方法、无菌操作法等基础知识。通过人员进出 D 级洁净区标准程序和方法的实训，学生应学会进出 D 级洁净区，从而具备生产操作前的基础技能。

§2-1 灭菌方法与无菌操作

学习目标

1. 熟悉无菌操作法的要点。
2. 熟悉药物制剂常用的灭菌方法。
3. 掌握灭菌方法的定义及常用术语。

一、概述

灭菌与无菌操作法也称为灭菌与无菌技术，其主要目的是杀灭或除去所有微生物繁殖体和芽孢，最大限度地提高药物制剂的安全性，保护制剂的稳定性和临床疗效。微生物的种类不同、灭菌方法不同，灭菌效果也不同，且在灭菌时，不但要达到灭菌的目的，而且要保障药物的质量。因此，选择有效的灭菌方法，对保障产品质量具有重要意义。

1. 灭菌方法的定义

灭菌方法系指用适当的物理或化学手段将物料中活的微生物杀灭或除去，从而使物料残存活微生物的概率下降至预期的无菌保证水平的方法。灭菌方法适用于制剂、原料、辅料及医疗器械等物品的灭菌。

通常，灭菌方法可分为物理灭菌法和化学灭菌法两类，另外还有无菌操作法。可根据被灭菌物品的特性，采用一种或多种方法组合灭菌。

2. 常用术语

不同的剂型、制剂和生产环境对微生物限定的要求不同。

（1）无菌。无菌系指在指定物体、介质或环境中不存在任何活的微生物。

（2）灭菌。灭菌系指采用物理或化学等方法把物体上或介质中所有致病和非致病的微生物及芽孢全部杀死的操作。灭菌是制剂生产中的重要操作，对注射剂、眼用制剂等无菌制剂尤为重要。

（3）消毒。消毒系指用物理或化学等方法杀灭物体上或介质中的病原微生物。

（4）防腐。防腐系指用物理或化学等方法防止和抑制微生物的生长、繁殖的操作，亦称抑菌。

（5）非无菌概率或无菌保证水平。无菌物品是指物品中不含任何活的微生物，但对于任何一批无菌物品而言，绝对无菌既无法保证，也无法用试验来证实。一批物品的无菌特性只能通过物品中活微生物的概率来表述，即非无菌概率（probability of a nonsterile unit，PNSU）或无菌保证水平（sterility assurance level，SAL）。已灭菌物品达到的非无菌概率可通过验证确定。

无菌药品的生产分为最终灭菌工艺和无菌生产工艺。经最终灭菌工艺处理的无菌物品的非无菌概率不得高于 10^{-6}。

（6）F_0值。F_0值系指灭菌过程赋予被灭菌物品 121 ℃下的等效灭菌时间。F_0值用于评价热（湿/干热）灭菌工艺对微生物的杀灭效果，还可用于比较不同温度下的灭菌效果。

【知识链接】

D 值、*Z* 值与 *F* 值

（1）*D* 值为微生物学耐热参数，是指一定温度下，杀灭 90% 微生物所需的时间，单位为 min。*D* 值越大，说明微生物耐热性越强。

（2）*Z* 值为灭菌的温度系数，是指某一特定微生物的 *D* 值减少到原来的 1/10 时所需升高的温度值，单位为℃。*Z* 值即灭菌时间减少到原来的 1/10 时所需升高的温度。若 $Z=10$ ℃，表示灭菌时间减少到原来灭菌时间的 1/10（但具有相同的灭菌效果），所需升高的灭菌温度为 10 ℃。

（3）*F* 值为在一定灭菌温度（*T*）下给定 *Z* 值所产生的灭菌效果与参比温度（*T*）下给定 *Z* 值的灭菌效果相同时，所需的相应时间，单位为 min。即整个灭菌过程效果相当于 *T* 温度下 *F* 时间的灭菌效果。若 *F* 值为 3，表示该灭菌过程对微生物的灭菌效果，相当于被灭菌物品置于参比温度下灭菌 3 min 的灭菌效果。*F* 值常用于干热灭菌。

二、物理灭菌法

物理灭菌法指利用物理因素（温度、声波、电磁波、辐射等）对微生物化学成分和新

陈代谢的影响，达到灭菌目的的方法。

1. 干热灭菌法

干热灭菌法是指利用干热空气杀灭微生物或消除热原物质的方法。加热可使蛋白质变性或凝固，核酸破坏，酶失去活性，最终导致微生物死亡。干热灭菌法包括火焰灭菌法和干热空气灭菌法。

（1）火焰灭菌法。该方法是将被灭菌物品置于火焰上直接灼烧，达到灭菌目的的方法。该方法简便，灭菌效果可靠，适宜于不易被火焰损伤的瓷器、玻璃和金属制品如镊子、玻璃棒、搪瓷桶等器具的灭菌，不能用于药品的灭菌。

（2）干热空气灭菌法。该方法系指利用高温干热空气杀灭微生物或消除热原物质的方法，适用于耐高温但不宜被湿热蒸汽穿透或易被湿热蒸汽所破坏的物品灭菌，如玻璃器具、金属制容器、纤维制品、固体试药等。常用设备有干热灭菌柜、隧道灭菌器等。由于干热空气穿透力弱，温度不均匀，而且灭菌温度较高，故干热空气灭菌法不适用于大部分药品及橡胶、塑料制品的灭菌。

干热灭菌条件采用温度—时间参数或者结合 FH 值（FH 值系灭菌过程赋予被灭菌物品 160 ℃下的等效灭菌时间）综合考虑。干热灭菌温度范围一般为 160 ~ 190 ℃，当用于除热原时，温度范围一般为 170 ~ 400 ℃。无论采用何种灭菌条件，均应保证灭菌后物品的 PNSU $\leqslant 10^{-6}$。

2. 湿热灭菌法

湿热灭菌法是指将物品置于灭菌设备内利用饱和蒸汽、蒸汽—空气混合物、蒸汽—空气—水混合物、过热水等使微生物菌体中的蛋白质、核酸发生变性而杀灭微生物的方法。药品、容器、培养基、无菌衣、橡胶塞以及其他遇高温和潮湿性能稳定的物品，均可采用湿热灭菌法灭菌。湿热灭菌法灭菌能力强，为热力灭菌中最有效、应用最广泛的灭菌方法。

湿热灭菌通常采用温度—时间参数或者结合 F_0 值（F_0 值为标准灭菌时间）综合考虑。无论采用何种控制参数，都必须证明所采用的灭菌工艺和监控措施在日常运行过程中能确保物品灭菌后的 PNSU $\leqslant 10^{-6}$。

湿热灭菌法包括热压灭菌、流通蒸汽灭菌、煮沸灭菌和低温间歇灭菌等。

（1）热压灭菌法。热压灭菌法是指在高压灭菌器内，利用高压饱和水蒸气加热杀灭微生物的方法。该法是公认的最可靠的湿热灭菌法，经热压灭菌处理，能杀灭被灭菌物品中的所有细菌繁殖体和芽孢。因此，药品、容器、培养基、无菌衣、橡胶塞以及其他遇高温和潮湿不发生变化或损坏的物品均可采用热压灭菌法灭菌。一般，热压灭菌所需的温度及对应的压力、时间见表 2 – 1 – 1。

表 2 – 1 – 1　热压灭菌所需的温度及对应的压力、时间

温度/℃	表压/kPa	时间/min
115.5	68.65	30
121.5	98.07	20
126.5	137.0	15

热压灭菌器的种类很多，但其基本结构相似。热压灭菌器应密闭耐压，有排气口、安全阀、压力表和温度计等部件。热压灭菌器大多直接通入高压饱和水蒸气加热，也有在灭菌器内加水用煤气、电等加热者。常用的热压灭菌器有手提式热压灭菌器、立式热压灭菌器和卧式热压灭菌柜等。此外，国内还有新型的手动脉动真空灭菌器（适用于耐高温的物料及器具的灭菌）、安瓿灭菌器（适用于安瓿的灭菌）、冷水喷淋热压灭菌器（适用于输液剂的灭菌，能加速降温）。热压灭菌柜如图 2－1－1 所示。

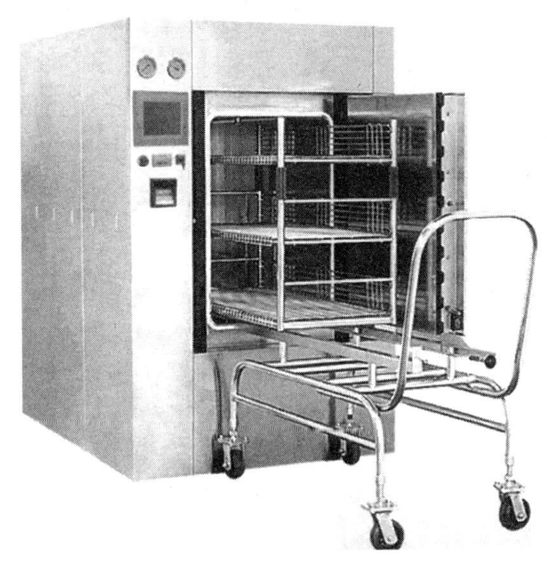

图 2－1－1　热压灭菌柜

热压灭菌柜是一种高压设备，使用时必须严格按照操作规程操作，并注意以下问题：

1）必须使用饱和水蒸气。

2）必须将柜内的空气排净，否则，压力表上所表示的压力是柜内蒸汽与空气二者的总压，而非单纯的蒸汽压力，温度达不到规定值。

3）灭菌时间必须从全部药液真正达到所要求的温度时算起。在开始升温时，有一定的预热时间，遇到不易传热的包装、体积较大的物品或被灭菌物品的装量较多时，可适当延长灭菌时间，并应注意被灭菌物品在灭菌柜内的存放位置。

4）灭菌完毕，必须使压力降到 0 以后等待 10～15 min，再打开柜门。

（2）流通蒸汽灭菌法与煮沸灭菌法。流通蒸汽灭菌法是在常压不密闭的容器内（也可在灭菌器中进行），打开排气阀门让蒸汽不断排出，保持器内压强与大气压相等，采用 100 ℃的蒸汽加热杀灭微生物的方法。1～2 mL 注射剂、不耐高热的药品及不耐高压的橡胶制品均可采用流通蒸汽灭菌法。煮沸灭菌就是把安瓿或其他待灭菌物品放在沸水中加热进行灭菌。

流通蒸汽灭菌与煮沸灭菌的参数通常为 100 ℃，30～60 min。此法不能保证杀灭所有的细菌芽孢，故应尽量减少细菌污染，也可添加适宜的抑菌剂，如三氯叔丁醇、甲酚、氯甲酚等以确保灭菌效果。

（3）低温间歇灭菌法。低温间歇灭菌法是将待灭菌物品在 60 ~ 80 ℃加热 60 min，杀死其中的细菌繁殖体，然后在室温或 37 ℃恒温箱中放置 24 h，让其中的芽孢发育成繁殖体，再进行第二次灭菌，反复 3 次以上，至杀死全部细菌的繁殖体和芽孢为止。该法适用于必须加热灭菌但又不耐较高温度的物料或制剂。该法灭菌过程时间长，效率低，效果差，须加适量的抑菌剂，以增强灭菌效果。

3. 紫外线灭菌法

紫外线灭菌法系指用短波紫外线照射杀灭微生物的方法。根据紫外线自身波长的不同，可将紫外线分为长波紫外线、中波紫外线、短波紫外线和真空紫外线。其中，短波紫外线属于可杀菌波段。短波紫外线照射到微生物上，引起微生物核酸蛋白变性，同时紫外线照射后，空气产生微量的臭氧，共同发挥杀菌作用。用于灭菌的短波紫外线波长为 200 ~ 280 nm，对微生物具有极强的杀伤力。其中，灭菌力最强的是波长为 254 nm 的紫外线，能在较短时间内杀灭肠道病菌、黄曲霉菌等病菌。

紫外线以直线进行传播，其强度与距离的平方成反比。因此，紫外线的穿透力较弱，不能穿透固体物质深部，不能用于药液的灭菌和固体物质（如蜜丸、片剂）深部的灭菌。紫外线可以穿透清洁的空气和纯净的水，因而可以广泛地用于纯净水、空气灭菌和表面灭菌。

【知识链接】

紫外线的使用注意事项

（1）中波紫外线长时间照射人体会引起结膜炎和皮肤烧伤，而长波紫外线长时间照射人体会引起皮肤晒黑。人体受到过量的紫外线照射易诱发皮肤癌。所以，操作人员一般在操作前开启紫外灯 0.5 ~ 1.0 h，操作时关闭。

（2）紫外灯必须保持无尘、无油垢，否则会降低辐射强度。

（3）普通玻璃可吸收紫外线，故玻璃容器（如安瓿）中的药物不能采用此法灭菌。

（4）紫外线能促使易氧化药物或油脂等氧化变质，故生产此类药物时不宜与紫外线接触。

4. 过滤除菌法

过滤除菌法利用细菌不能通过致密具孔滤材，让药液或气体通过无菌的特定滤器，去除介质中活的和死的微生物，达到除菌的目的。过滤除菌法主要用于热不稳定的低黏度药液和相关气体的洁净除菌处理。

过滤除菌使用的滤器，其滤材均具有网状微孔结构，通过毛细管阻留、筛孔阻留和静电吸附等方式，能有效地除去液体或气体介质中的微生物及其他杂质微粒。繁殖型微生物大小约为 1 μm，芽孢大小约为 0.5 μm 或更小，要提高过滤除菌的质量，必须综合考虑滤材的性质对过滤除菌效能的影响。

常用的过滤除菌器主要有微孔滤膜滤器、垂熔玻璃滤器和砂滤棒。

（1）微孔滤膜滤器。微孔滤膜滤器系指以具有很多均匀微孔径的高分子微孔滤膜材料作为介质的过滤装置，是应用最广泛的过滤除菌器。高分子微孔滤膜的种类很多，常见的有醋酸纤维素膜、硝酸纤维素膜、醋酸纤维素与硝酸纤维素混合酯膜、聚酰胺膜、聚四氟乙烯膜及聚氯乙烯膜。膜的孔径可分成多种规格，一般为0.01～14 μm，过滤除菌器一般应选用0.22 μm以下孔径的滤膜作为滤材。微孔滤膜滤器常用于注射剂的精滤和除菌过滤。

（2）垂熔玻璃滤器。垂熔玻璃滤器系指用硬质中性玻璃细粉经高温加热熔合制成均匀孔径的滤材，再黏结于不同形状的玻璃器内制成的滤器。常见的垂熔玻璃滤器有垂熔玻璃滤球、漏斗及滤棒3种形状。垂熔玻璃滤器的滤板按孔径分为1～6号6种规格，号越大，孔径越小。其中，6号最常用于过滤除菌。

垂熔玻璃滤器的主要特点是化学性质稳定，除强酸、强碱外，一般不受药液的影响，不吸附药物溶液，不影响药液的pH，故制剂生产时常用于滤除杂质和细菌。

（3）砂滤棒。在实际生产中，砂滤棒作为除菌目的使用的现已不多，常作为注射剂生产中的预滤器。国内生产的砂滤棒主要有两种：一种是硅藻土滤棒，由糠灰、黏土、白陶土等材料经1 200 ℃高温烧制而成；另一种是多孔素瓷滤棒，由白陶土、细砂等材料混合烧结而成。前者质地松散，用于黏度高、浓度大的滤液的过滤；后者质地致密，滤速慢，用于低黏度液体的过滤。

5. 其他灭菌法

（1）辐射灭菌法。辐射灭菌又称电离辐射灭菌，是利用γ射线或β射线穿透物品，杀灭其中的微生物而达到灭菌目的的灭菌方法。γ射线是高能射线，穿透力强，绝大多数微生物对该射线敏感，故适用于较厚物品，特别是已包装密封物品的灭菌，灭菌效果可靠。灭菌过程中，被灭菌物品温度变化小，温度一般只升高2～3 ℃，特别适用于不耐热药品的灭菌。β射线穿透力弱，通常只适用于非常薄和密度低的物质灭菌，尤其适用于芳香性药材的消毒。β射线灭菌效果虽然不及γ射线，但辐射分解反应小，易于防护。

用辐射灭菌法对中药进行灭菌处理，是解决中成药微生物污染问题的有效途径。随着科学技术的发展，辐射灭菌必将受到重视并得到更加广泛的研究与应用。

（2）微波灭菌法。微波灭菌法系指用微波照射杀灭微生物的方法。微波灭菌法主要利用微波热效应使微生物体内蛋白质变性以及干扰微生物自身代谢，导致微生物死亡，达到微波灭菌的目的。该法适用于液体和固体物料的灭菌，且对固体物料具有干燥作用。

微波能穿透到介质的深部，具有升温迅速、均匀的特点，灭菌效果可靠，灭菌时间仅需几秒钟到数分钟。

三、化学灭菌法

化学灭菌法是使用化学药品直接杀灭微生物的方法。化学灭菌法的目的在于减少微生物的数量，以控制一定的无菌状态。化学灭菌法一般包括气体灭菌法和化学灭菌剂灭菌法。

1. 气体灭菌法

气体灭菌法是使用化学药品的气体或蒸气对需灭菌处理的物品、材料进行熏蒸，以杀死微生物的方法。制备药物制剂时，如果需灭菌处理的固体药物或辅助材料耐热性差，既不能加热灭菌，又不能过滤除菌，可采用气体灭菌法进行灭菌。选用气体灭菌剂时，除了考虑应符合一般化学灭菌剂的要求外，还应注意其形成气体或蒸气的温度。

（1）环氧乙烷灭菌法。制药工业上常用环氧乙烷作为灭菌气体。环氧乙烷具有较强的穿透力，易穿透塑料、纸板及固体粉末等物质，并易从被灭菌物品中消散。环氧乙烷的杀菌力强，可杀死微生物的繁殖体，对细菌芽孢、真菌和病毒等均具有杀灭作用。环氧乙烷对大多数固体呈惰性，可用于塑料容器和制品、对热敏感的固体药物、纸或塑料包装的药物、橡胶制品、衣物、敷料及器械的灭菌。

环氧乙烷具有可燃性，与空气混合时，其在空气中的体积分数达3.0%时即可爆炸。环氧乙烷对神经系统有麻醉作用，大剂量的环氧乙烷可导致急性中毒，并能损害皮肤及眼黏膜，产生水疱或导致结膜炎，应用时应注意防护。

（2）甲醛蒸气熏蒸灭菌法。甲醛蒸气与环氧乙烷相比，杀菌力更强，杀菌谱更广，但穿透力差，只能用于空气杀菌。应用甲醛蒸气熏蒸灭菌时，一般采用气体发生装置，每立方米空间用40%[①]甲醛溶液30 mL，加热产生甲醛蒸气，室内相对湿度以75%为宜，密闭熏蒸12～14 h，残余蒸气用氨气吸收（氨醛缩合反应），或通入经处理的无菌空气排除。

（3）其他蒸气熏蒸灭菌法。加热熏蒸法还可用丙二醇、乳酸灭菌。丙二醇和乳酸的杀菌力不如甲醛，但对人体无害。此外，β－丙内酯、过氧乙酸、戊二醛、三甘醇也可以蒸气熏蒸的形式用于室内灭菌。

2. 化学灭菌剂灭菌法

化学灭菌剂灭菌法是以化学药品作为消毒剂，配成有效浓度的液体，采用喷雾、涂抹或浸泡的方法达到消毒的目的。常见的化学灭菌剂灭菌法有气相灭菌法和液相灭菌法。

气相灭菌法系指通过分布在空气中的灭菌剂杀灭微生物的方法，常用的灭菌剂包括过氧化氢、过氧乙酸等，适用于密闭空间的内表面灭菌。液相灭菌法系指将被灭菌物品完全浸泡于灭菌剂中杀灭物品表面微生物的方法，常用的灭菌剂包括甲醛、过氧乙酸、氢氧化钠、过氧化氢、次氯酸钠等。

（1）化学消毒剂的选用。多数化学消毒剂仅对细菌繁殖体有效，不能杀死芽孢，应用化学消毒剂的目的在于减少微生物的数量。具体应用时，应根据药物作用特点及消毒对象选择药物。

1）皮肤消毒宜选用广谱、高效、速效、刺激性小的药物，如碘伏、过氧乙酸、碘酊。

2）黏膜消毒宜选用刺激性小、吸收少、受脓液及分泌物影响小的药物，如高锰酸钾、碘伏、表面活性剂、过氧化氢、甲紫等。

3）器械消毒宜选用广谱、高效、速效及对金属无腐蚀性的药物，如甲醛、过氧乙酸等。

4）排泄物消毒可选用价廉、不受有机物影响的药物，如漂白粉、洗消净、酚类等。

---

① 本书中，溶液的百分比，除另有说明外，系指溶液100 mL中含有溶质若干克。乙醇的百分比，系指在20 ℃时容量的比例。

5）环境消毒选用便于喷洒或熏蒸的药物，如过氧乙酸、甲醛、酚类等。

（2）常用消毒剂如下：

1）醇类。醇类有乙醇、异丙醇、氯丙醇等，能使菌体蛋白变性，但杀菌力较弱，能杀灭细菌繁殖体，但不能杀死芽孢。醇类常用于皮肤和物体表面的消毒。

2）酚类。酚类有苯酚、甲酚、甲酚皂溶液、氯甲酚等。苯酚又名石炭酸，3%～5%的苯酚溶液可用于手术器械和房屋的消毒。甲酚皂溶液（Lysol，来苏儿）是由500 mL甲酚、300 g植物油和43 g氢氧化铝配成的皂液，是常用的消毒剂，可用于皮肤、橡胶手套、器械、金属、地面、门窗、墙壁、空气、环境等的消毒，不能用于食具及厨房的消毒。

3）表面活性剂。表面活性剂有苯扎氯铵（洁尔灭）、苯扎溴铵（新洁尔灭）、度米芬、氯己定（洗必泰）等阳离子表面活性剂。该类消毒剂抗菌谱广，作用快而强，毒性小，无刺激性，常用于皮肤、内外环境和器械的消毒。

4）氧化剂。氧化剂有过氧乙酸、过氧化氢、臭氧、高锰酸钾等。该类消毒剂遇有机物释放出新生的氧，使菌体内活性基团氧化而杀菌，常用于塑料、玻璃、人造纤维等器具的浸泡消毒。

5）含氯消毒剂。含氯消毒剂有漂白粉、洗消净、氯胺等。漂白粉为含有效氯25%～35%的灰白粉末，受潮易分解失效，应临用时配制。漂白粉杀菌谱广，杀菌力强，但对皮肤有刺激性，对金属有腐蚀性，常用于非金属用具和无色衣物的消毒。

6）其他。醛类如甲醛、戊二醛，酸类如过氧乙酸，含碘消毒药如碘伏、碘酊等，染料类如甲紫等，可根据具体情况选择应用。

四、无菌操作法

无菌操作法是将整个过程控制在无菌条件下进行的一种操作方法。该法适用于不能加热灭菌或不宜采用其他方法灭菌的无菌制剂的制备。例如，一些不耐热的药物，需要制成注射用粉针剂、眼用软膏、皮试液等，可用无菌操作法。

无菌分装和无菌冻干是最常见的无菌生产工艺。无菌操作必须在无菌操作室或无菌操作柜内进行。无菌操作室（柜）多利用层流洁净技术，确保所用的一切用具、材料以及操作空间严格灭菌。无菌操作法对保障不耐热产品的质量至关重要，其中，无菌操作室的灭菌是关键。

1. 无菌操作室的灭菌

无菌操作室应定期灭菌，常用甲醛、戊二醛、乳酸或丙二醇等蒸气熏蒸。室内的空间、用具、地面、墙壁等用75%的乙醇、甲酚、新洁尔灭等消毒剂喷洒或擦拭。其他用具尽量用热压灭菌法或干热灭菌法处理。每天工作前开启紫外线灯1 h，以保证操作环境的无菌状态。

2. 无菌操作

操作人员进入无菌操作室前应按规定换上无菌的工作衣、帽、口罩和鞋子，内衣和头发不得暴露，双手应按规定洗净并消毒后方可进行操作，以免造成污染。操作过程中所有的容器、用具、器械均要经过灭菌。

3. 无菌检查法

无菌检查法是用于检查要求无菌的药品、生物制品、医疗器具、原料、辅料及其他品种是否无菌的一种方法。制剂经无菌操作法处理后，应经无菌检查法验证已无微生物存在，才能使用。

无菌检查应在无菌条件下进行。检验环境必须达到无菌检查的要求，检验全过程应严格遵守无菌操作，防止微生物污染，防止污染的措施不得影响供试品中微生物的检出。单向流空气区域、工作台面及受控环境应定期按医药工业洁净室（区）悬浮粒子、浮游菌和沉降菌测试方法的现行国家标准进行洁净度确认。隔离系统应定期按相关的要求进行验证，其内部环境的洁净度应符合无菌检查的要求。日常检验应对检验环境进行监测。

《中国药典》2020 年版（通则 1101）规定的无菌检查法包括薄膜过滤法和直接接种法。供试品无菌检查所采用的检查方法和检验条件应与方法适用性试验确认的方法相同。无菌试验过程中，若需使用表面活性剂、灭活剂、中和剂等试剂，应证明其有效性，且对微生物无毒性。

薄膜过滤法：取规定量的供试品经封闭式薄膜过滤器过滤后，取出滤膜，在培养基上培养数日后观察是否出现混浊或进行镜检。直接接种法：将规定量供试品接种于培养基上，培养数日后观察培养基上是否出现混浊或沉淀，与阳性和阴性对照品比较或培养液涂片、染色后用显微镜观察。只要供试品性质允许，应采用薄膜过滤法；直接接种法适用于无法用薄膜过滤法进行无菌检查的供试品。

思考与练习

1. 物理灭菌法有哪些?
2. 简述热压灭菌法的特点。
3. 简述过滤除菌法的类别。
4. 简述无菌操作法的定义。

§2－2　洁净室与空气洁净技术

学习目标

1. 了解层流与非层流洁净技术。
2. 熟悉洁净室空气洁净度级别及对应生产操作。
3. 掌握空气洁净技术的定义及净化的目的。

一、概述

GMP 规定，制剂生产车间应当根据药品品种、生产操作要求及外部环境状况等配置空气净化系统，使生产区有效通风，并有温度、湿度控制和空气净化过滤功能，保证药品的生产环境符合要求。空气净化根据不同的生产工艺要求可分为工业洁净和生物洁净两大类。工业洁净应除去空气中悬浮的尘埃；生物洁净不仅应除去空气中的尘埃，还应除去悬浮的微生物，以创造空气洁净的环境。

1. 空气净化的目的

大气中悬浮着大量的灰尘、纤维、煤烟、毛发、花粉、霉菌、孢子、细菌等微粒，它们很轻，能长时间悬浮于大气中，从而污染药物原辅料、制药用具和设备，最终导致制剂的污染。

空气净化系统能有效控制空气中的含尘浓度，降低细菌污染水平，防止产品和洁净区受到微生物污染，防止用于制药生产的病毒、致病菌和芽孢菌的扩散和污染，防止诸如青霉素或其他高活性药品的扩散和污染，防止固体粉尘的扩散和污染。空气净化系统是一个动态系统，应关注系统的运行状态。空气净化系统有两种观念：一是正压控制，防止外界空气对环境的影响；二是负压控制，防止生产过程中产生的微粒污染扩散。

2. 空气洁净技术

空气洁净技术主要是通过空气过滤，利用多孔过滤介质截留或吸附粉尘，控制空气（洁净空气室、洁净工作台）的洁净度，以保证产品纯度，提高成品率。

空气净化系统最主要的设备是空气过滤器。空气过滤器可分为初效过滤器、中效过滤器、高效过滤器。初效过滤器主要滤除粒径大于 5 μm 的悬浮粉尘，且有延长中、高效过滤器寿命的作用，过滤效率可达 20% ~80%。中效过滤器主要滤除粒径大于 1 μm 的尘粒，过滤效率可达 20% ~70%，一般置于高效过滤器之前。高效过滤器主要滤除粒径小于 1 μm 的尘埃，对 0.3 μm 以上微粒的过滤效率在 99.97% 以上，一般装于通风系统的末端，必须在中效过滤器保护下使用。空气过滤器常制成单元过滤器的形式，根据需要，可将多个单元过滤器连贯组合。

二、洁净室空气净化的标准

采用空气洁净技术，能使洁净室达到一定的洁净度，以满足各类药剂的需要。洁净室的设计必须符合相应的洁净度要求，包括达到“静态”（指所有生产设备均已安装就绪，但没有生产活动且无操作人员在场的状态）和“动态”（指生产设施按预定工艺模式运行且有规定数量操作人员在现场操作的状态）的标准。

1. 洁净室空气洁净度级别

无菌药品生产所需的洁净区可分为 A 级、B 级、C 级、D 级 4 个级别。

（1）A 级。A 级洁净区指高风险操作区，如灌装区、放置胶塞桶和与无菌制剂直接接触的敞口包装容器的区域及无菌装配或连接操作的区域。应当用单向流操作台（罩）维持该区的环境状态。单向流系统在其工作区域必须均匀送风，风速为 0.36 ~ 0.54 m/s（指导值）。

（2）B 级。B 级洁净区指无菌配制和灌装等高风险操作 A 级洁净区所处的背景区域。

（3）C 级和 D 级。C 级和 D 级洁净区指无菌药品生产过程中重要程度较低的操作步骤的洁净区。

各洁净度级别对应空气悬浮粒子的标准规定见表 2－2－1，对应微生物监测的动态标准见表 2－2－2。

表 2－2－1　　各洁净度级别对应空气悬浮粒子的标准

洁净度级别	空气悬浮粒子最大允许数/（个/m^3）			
	静态①		动态②	
	≥0.5 μm④	≥5.0 μm	≥0.5 μm④	≥5.0 μm
A 级③	3 520	20	3 520	20①
B 级④	3 520	29	352 000	2 900
C 级④	352 000	2 900	3 520 000	29 000
D 级④	3 520 000	29 000	不作规定⑤	不作规定⑤

①生产操作全部结束，操作人员撤离生产现场并经 15 ~ 20 min 自净后，洁净区的悬浮粒子应达到表中“静态”的标准。

②动态测试可在常规操作、培养基模拟灌装过程中进行，证明达到“动态”的洁净度级别。

③为确认 A 级洁净区的级别，每个采样点的采样量不得少于 1 m^3。

④为了达到 B 级、C 级、D 级洁净区的要求，空气换气次数应根据房间的功能、室内的设备和操作人员人数确定。空气净化系统应当配有适当的终端过滤器，如 A 级、B 级和 C 级洁净区应采用不同过滤效率的高效过滤器（HEPA）。

⑤应根据生产操作的性质来确定洁净区的要求和限度。

表 2－2－2　　各洁净度级别对应微生物监测的动态标准①

洁净度级别	浮游菌/（cfu/m^3）	沉降菌（Φ90 mm）/（cfu/4h②）	表面微生物	
			接触碟（Φ55 mm）/（cfu/碟）	5 指手套/（cfu/手套）
A 级	<1	<1	<1	<1
B 级	10	5	5	5
C 级	100	50	25	—
D 级	200	100	50	—

①表中各数值均为平均值。

②可使用多个沉降碟连续进行监测并累计计数，单个沉降碟的暴露时间可以少于 4 h。

2. 无菌药品的生产操作环境示例

洁净室应保持正压，洁净室之间按洁净度的高低依次相连，并有相应的压差（压差≥10 Pa），以防止低级洁净室的空气逆流到高级洁净室。除有特殊要求外，洁净室的温度一般应为 18 ~ 26 ℃，相对湿度为 45% ~ 65%。

不同无菌制剂对生产操作环境的空气洁净度要求见表 2－2－3。

表 2-2-3　　不同无菌制剂对生产操作环境的空气洁净度要求

洁净度级别	最终灭菌产品的无菌操作示例	非最终灭菌产品的无菌操作示例
C 级背景下的局部 A 级	高污染风险的产品灌装（或灌封）	—
B 级背景下的 A 级	—	①处于未完全密封状态下产品的操作和转运，如产品灌装（或灌封）、分装、压塞、轧盖等 ②灌装前无法除菌过滤的药液或产品的配制 ③直接接触药品的包装材料、器具灭菌后的装配以及处于未完全密封状态下的转运和存放 ④无菌原料药的粉碎、过筛、混合、分装
B 级	—	①处于未完全密封状态下的产品置于完全密封容器内的转运 ②直接接触药品的包装材料、器具灭菌后处于密闭容器内的转运和存放
C 级	①产品灌装（或灌封） ②高污染风险产品的配制和过滤 ③眼用制剂、无菌软膏剂、无菌混悬剂等的配制、灌装（或灌封） ④直接接触药品的包装材料和器具最终清洗后的处理	①灌装前可除菌过滤的药液或产品的配制 ②产品的过滤
D 级	①轧盖 ②灌装前物料的准备 ③产品配制（指浓配或采用密闭系统的配制）和过滤 ④直接接触药品的包装材料和器具的最终清洗	直接接触药品的包装材料、器具的最终清洗、装配或包装、灭菌

非无菌制剂对生产操作环境的空气洁净度要求：口服液体和固体制剂、腔道用药（含直肠用药）、表皮外用药品等非无菌制剂生产的暴露工序及其直接接触药品的包装材料最终处理的暴露工序区域，应参照 2010 年版 GMP 附录“无菌药品”中 D 级洁净区的要求设置与管理。

非无菌原料药精制、干燥、粉碎、包装等生产操作的暴露环境应当按照 D 级洁净区的要求设置。

【知识链接】

各洁净区着装要求及物料进入洁净区的要求

（1）各洁净区着装要求如下：

1）D 级洁净区：将头发、胡须等部位遮盖，穿工作服、鞋或鞋套。

2）C 级洁净区：将头发、胡须等部位遮盖，戴口罩，穿手腕处可收紧的连体服或衣裤分开的工作服，穿适当的鞋子或鞋套。

3）A/B 级洁净区：用头罩将所有头发以及胡须等部位遮盖，头罩塞进衣领内，戴口罩，必要时戴护目镜，戴经灭菌且无颗粒物散发的手套、脚套，穿灭菌的连体工作服。

个人外衣不得带入通向B级、C级洁净区的更衣室。每次进入A/B级洁净区，都应更换无菌工作服；操作期间应经常消毒手套，必要时更换口罩和手套。

（2）物料进入洁净区的要求如下：

1）物料应经过物料通道进入洁净区，进入洁净区（室）前，先在暂存间内除去外包装，并对物料的内包进行必要的清洁处理或擦拭。

2）物料通过缓冲间或传递窗传送至洁净区（室），及时关闭缓冲间或传递窗的门，以防外界空气倒灌造成污染。

练一练

（1）表皮外用药制剂生产的暴露工序区域是什么级别？

（2）无菌原料药的分装工序区域是什么级别？

（3）眼用制剂的灌装工序区域是什么级别？

三、空气洁净技术的应用

洁净空气进入洁净室后，其流向直接影响室内洁净度。洁净室常用的空气洁净技术一般可分为非层流型空调系统和层流洁净技术。

1. 非层流型空调系统

非层流型空调系统的气流运动形式是乱流，或称紊流，指空气流线呈不规则状态，各流线间尘埃易相互扩散。非层流型空调系统如图2－2－1所示。空气在乱流洁净室中的流动特点：从送风口到回风口，空气的流动断面是变化的。干净的空气从送风口送入室内后，将迅速向四周扩散并混合，同时将同样数量的空气从回风口排走。即送风的目的是稀释室内受污染的空气，把原来含尘浓度高的空气冲淡，满足规定的含尘浓度要求。

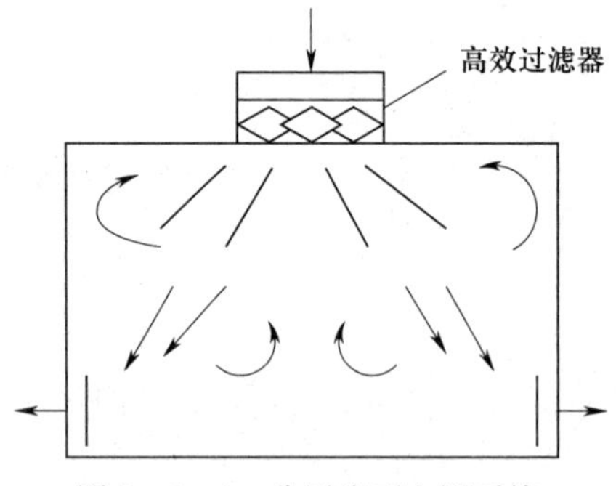

图2－2－1　非层流型空调系统

非层流型空调系统的设备费用低，安装简单，但使用时不易将空气中的尘粒除净，只能达到稀释空气中尘粒浓度的效果，可使操作室内的洁净度达到D级或C级标准。

2. 层流洁净技术

层流洁净技术的气流运动形式是层流，是用高度净化的气流作为载体，将操作室内产生的尘粒排出。层流指空气流线呈同向平行状态，各流线间的尘埃不易相互扩散，亦称平行流。该气流即使遇到人、物等发尘体，进入气流中的尘埃也很少扩散到全室，而是随平行流迅速排出，洁净度可达A级，能够满足无菌操作的需要。

（1）分类。层流洁净室根据气流方向可分为水平层流与垂直层流，如图2－2－2所示。水平层流的送风口布满一侧墙面，对应墙面布满回风口，气流以水平方向流动；垂直层流以高效过滤器为送风口，布满顶棚，格栅地板全部为回风口，使气流自上而下地流动。

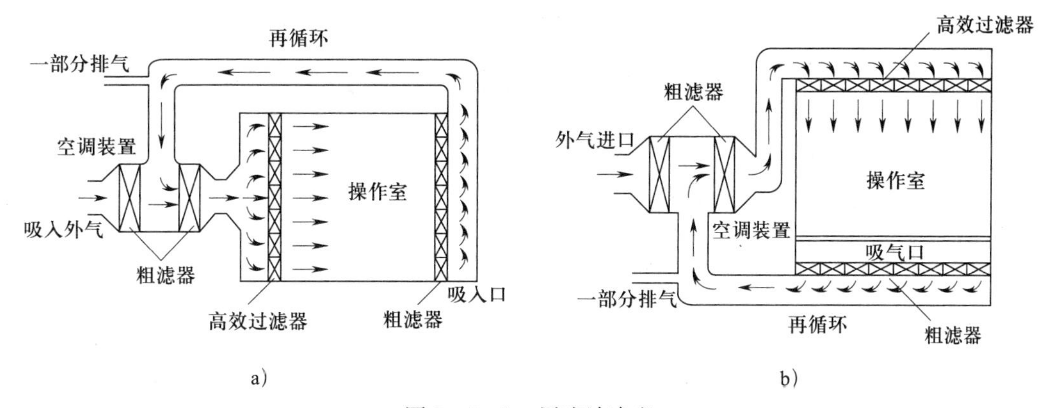

图2－2－2　层流洁净室

a）水平层流　b）垂直层流

（2）层流净化工作台。在药品生产或实验研究过程中，有些小规模的操作，要求局部区域具备较高的空气洁净度，此时可用层流洁净工作台。层流洁净工作台的气流方向也可分为水平层流和垂直层流。垂直层流洁净工作台应用较多，效果也较好。其工作原理是使通过高效过滤器的洁净空气在操作台内形成层流气流，直接覆盖整个操作台面以获得局部洁净环境。层流洁净工作台的洁净效果均可达到A级洁净度要求，能够满足无菌操作的需要。层流洁净工作台国内均有定型产品，如图2－2－3所示。

图2－2－3　层流洁净工作台

思考与练习

1. 简述空气净化的目的。
2. 简述空气过滤器的组成。
3. 简述洁净室空气净化的标准。
4. 简述层流洁净技术的类别。

实训项目 2　人员进出 D 级洁净区标准程序和方法

一、实训目的

1. 掌握生产人员进出 D 级洁净区的标准程序。
2. 掌握七步洗手法。

二、器材准备

1. 实训场地：GMP 模拟车间实训室。
2. 实训设施：更鞋柜、更衣柜、穿衣镜、烘手器等。
3. 实训材料：工作鞋、洁净工作服、口罩、手套、药用洗手液等。

三、实训内容与步骤

1. 进入 D 级洁净区的更衣程序

（1）进入生产车间后，按《一般洁净区人员净化标准操作规程》要求，在门厅换上一般洁净区工作鞋，进入男总更室或女总更室进行更衣，摘下手饰、手表等个人物品，存放在个人的更衣柜中，戴上工作帽、换上工作服后，通过洁净区入口再进入 D 级洁净区一更室。每进入一个洁净室或离开此洁净室，应随时将门轻轻关上。

（2）进入 D 级洁净区一更室后，脱去一般洁净区工作服及工作帽，再脱去外衣裤并放入更衣柜中，换鞋后进入洗手室。

（3）进入洗手室，按照《洁净区洗手标准操作规程》洗手。佩戴眼镜者应用洗手液洗净眼镜，尤其是眼镜的鼻梁处，然后用纯化水冲洗干净，洗完后用自动烘手器将手及眼镜烘干。

（4）洗手后，进入二更室，先从洁净袋中取出洁净服，以先上后下的顺序，先戴上口罩，再穿上洁净服上衣及裤子。

（5）全部穿戴好后，面对镜子，整理好头发、口罩、洁净服，确保头发不外露，口罩及洁净服穿戴整齐。穿衣过程中，不可使洁净服碰到地面，以免污染洁净服。

（6）穿戴好衣服后，进入缓冲室，对于需接触物料及取样的岗位人员，在戴手套处戴上一次性手套。

（7）戴好手套后，将手在自动感应手消毒器处进行消毒，使消毒液充分润湿手部表面，再进入各自岗位进行生产操作。

（8）每次进入 D 级洁净区，更换一次口罩。

2. 退出 D 级洁净区的更衣程序

（1）工作结束后，岗位人员退出到缓冲室，将一次性手套脱在手套存放桶里，再退回到 D 级洁净区二更室，以先下后上的顺序，脱去洁净服裤子、上衣，最后将口罩摘下，一并放入相应收衣袋内。

（2）将脱下的洁净服及口罩放于收衣桶内。退回到一更室后，穿回个人衣物，再穿戴好一般洁净区的工作鞋、工作帽及工作服，退出 D 级洁净区。

进出 D 级洁净区流程如图 S－2－1 所示，换洁净服的流程如图 S－2－2 所示。

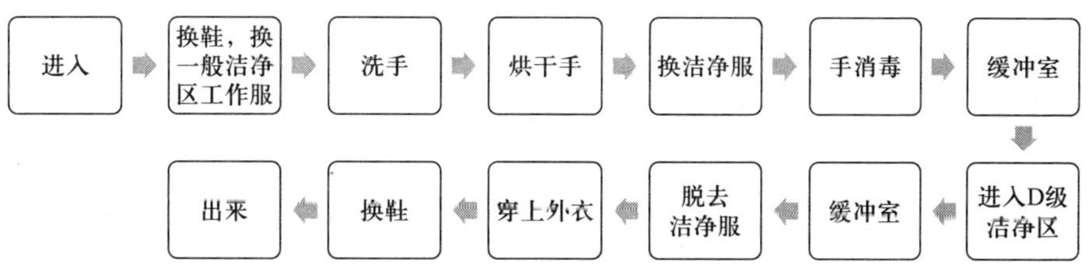

图 S－2－1　进出 D 级洁净区流程

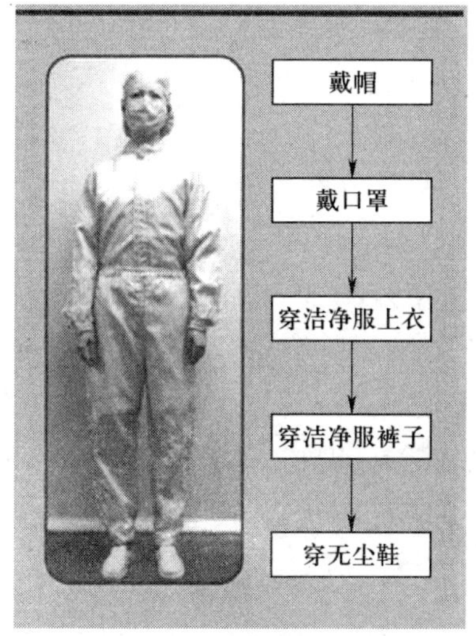

图 S－2－2　换洁净服的流程

注：出洁净区的更衣顺序与进入时的穿衣顺序相反。

3. 洗手和戴手套

（1）手清洗。手清洗可用七步洗手法，动作可参考图 S－2－3。

1）流水湿润双手，涂抹洗手液（或肥皂），掌心相对，手指并拢相互揉搓。

2）手心对手背沿指缝相互揉搓，双手交换进行。

3）掌心相对，双手交叉沿指缝相互揉搓。

4）弯曲各手指关节，半握拳把指背放在另一手掌心旋转揉搓，双手交换进行。

5）一手握另一手大拇指旋转揉搓，双手交换进行。

6）弯曲各手指关节，把指尖合拢在另一手掌心旋转揉搓，双手交换进行。

7）揉搓手腕、手臂，双手交换进行。

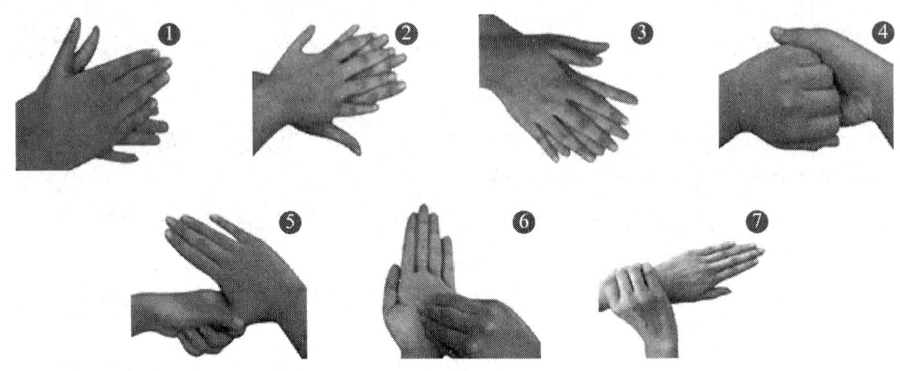

图 S－2－3　七步洗手法

（2）手消毒。手消毒具体方法如下：

1）用手掌接取消毒液。

2）在消毒液下卷曲手指，充分浸润指甲及手指。

3）离开消毒器，手掌相互揉搓。

4）重复七步洗手法后 5 个步骤。

5）揉搓至干。

（3）戴手套。对于需接触物料及取样的岗位人员，应在戴手套处戴上一次性手套。手套穿戴方式如下：

1）由取出方向拆开内袋，取出手套。

2）将手套指尖向前方平放。

3）将手套内面翻开。

4）左手拇指、食指将手套翻面处提起。

5）对准手套手指，将右手伸进手套内。

6）左手拉起手套，将卷边部分拉到手腕处。

7）右手以中间 3 指由翻面处轻轻提起手套，并顶住手套。

8）左手对准手套手指，将左手伸进手套内。

9）右手拉起手套，将卷边部分拉到手腕处。

10）穿戴好后将手套的翻面部分拉到袖口，并盖住洁净服袖口。

4. 实训要点

（1）洗手的步骤。

（2）穿洁净服的顺序及注意事项。

（3）戴手套的步骤。

四、实训测评

按表 S－2－1 所列实训评分标准进行测评，并做好记录。

表 S－2－1　　实训评分标准

序号	考核内容	考核标准	配分	得分
1	生产前准备	①复习生产人员进出 D 级洁净区流程 ②预习洁净服穿着方法、七步洗手法 ③实训材料确认 ④生产环境确认等	10	
2	生产操作	①进出 D 级洁净区方法正确 ②洁净服穿着方法、洗手消毒步骤正确	40	
3	质量控制与判断	①摘下手饰、手表等个人物品，存放在个人的更衣柜中，通过洁净区入口再进入 D 级洁净区一更室 ②进入二更室，从洁净袋中取出洁净服，以先上后下的顺序，先戴上口罩，再穿上洁净服上衣及裤子。全部穿戴好后，面对镜子，整理好头发、口罩、洁净服。头发不外露、口罩及洁净服穿戴整齐。穿衣过程中，不可使洁净服碰到地面，以免污染洁净服	20	
4	清洁与清场	①整理衣物、鞋帽 ②整理清洁实训场地 ③清洁水槽	15	
5	实训报告	按时上交，要素齐全，字迹清晰，总结到位，体会深刻	15	
合计			100	

第三章

制药用水

制药用水是制药生产过程中的重要原料之一，用量大、使用广泛。根据制药用水的使用范围及其质量要求，《中国药典》2020年版将收载的制药用水分为饮用水、纯化水、注射用水和灭菌注射用水。在实验和生产过程中，要严格根据生产实际选用制药用水。制水是制药生产过程中不可或缺的岗位，学生可以通过本章的学习，掌握制药用水的分类、用途、制备方法等基础知识。通过纯化水的制备实训，学生应学会制药用水的制备方法，具备制水岗位的理论基础和技能操作基础。

§3－1　制药用水基础知识

学习目标

1. 熟悉制药用水的质量要求。
2. 掌握制药用水的分类和用途。

一、制药用水的分类及用途

1. 制药用水的分类

（1）饮用水：天然水经净化处理所得的水。

（2）纯化水：饮用水经过蒸馏法、离子交换法、反渗透法或其他合适的方法制备的制药用水。

（3）注射用水：纯化水经蒸馏后所得的水。

（4）灭菌注射用水：注射用水经过灭菌所得的水。

2. 制药用水的用途

不同的制药用水在制药生产过程中有不同的用途。不同种类的制药用水及其用途见表3－1－1。

表 3-1-1　　不同种类的制药用水及其用途

制药用水种类	主要用途
饮用水	①制备纯化水的水源 ②中药材、中药饮片的清洗、浸润用水 ③口服、外用的普通制剂所用药材的提取 ④制药用具的粗洗
纯化水	①制备注射用水的水源 ②直接接触非无菌药品的设备、器具和包装材料的精洗 ③直接接触注射剂、无菌药品的包装材料的初洗 ④配制普通药物制剂用的溶剂或试验用水 ⑤口服、外用制剂配制用溶剂或稀释剂 ⑥中药注射剂、滴眼剂所用药材的提取溶剂
注射用水	①直接接触无菌产品的包装材料最后一次清洗 ②注射剂、无菌冲洗剂配料 ③无菌原料的精制
灭菌注射用水	注射用灭菌粉末的溶剂或者注射液的稀释剂

二、制药用水的质量要求

1. 饮用水的质量要求

饮用水应符合《生活饮用水卫生标准》（GB 5749—2022）的要求。

2. 纯化水的质量要求

（1）酸碱度：取纯化水 10 mL，加甲基红指示液 2 滴，不得显红色；另取 10 mL，加溴麝香草酚蓝指示液 5 滴，不得显蓝色。

（2）硝酸盐：取纯化水 5 mL 置于试管中，于冰浴中冷却，加 10% 氯化钾溶液 0.4 mL 与 0.1% 二苯胺硫酸溶液 0.1 mL，摇匀，缓缓滴加硫酸 5 mL，摇匀，将试管于 50 ℃水浴中放置 15 min，溶液产生的蓝色与标准硝酸盐溶液［取硝酸钾 0.163 g，加水溶解并稀释至 100 mL，摇匀，精密量取 1 mL，加水稀释成 100 mL，再精密量取 10 mL，加水稀释成 100 mL，摇匀，即得（每 1 mL 相当于 1 μg NO_3）］0.3 mL，加无硝酸盐的水 4.7 mL，用同一方法处理后的颜色比较，不得更深（0.000 006%）。

（3）亚硝酸盐：取纯化水 10 mL，置于纳氏管中，加对氨基苯磺酰胺的稀盐酸溶液（1→100）1 mL 与盐酸萘乙二胺溶液（0.1→100）1 mL，产生的粉红色，与标准亚硝酸盐溶液［取亚硝酸钠 0.750 g（按干燥品计算），加水溶解，稀释至 100 mL，摇匀，精密量取 1 mL，加水稀释成 100 mL，摇匀，再精密量取 1 mL，加水稀释成 50 mL，摇匀，即得（每 1 mL 相当于 1 μg NO_2）］0.2 mL，加无亚硝酸盐的水 9.8 mL，用同一方法处理后的颜色比较，不得更深（0.000 002%）。

（4）氨：取纯化水 50 mL，加碱性碘化汞钾试液 2 mL，放置 15 min；如显色，与氯化铵溶液（取氯化铵 31.5 mg，加无氨水适量使溶解并稀释成 1 000 mL）1.5 mL，加无氨水 48 mL 与碱性碘化汞钾试液 2 mL 制成的对照液比较，不得更深（0.000 03%）。

（5）总有机碳：不得超过0.50 mg/L。

（6）易氧化物：取纯化水100 mL，加稀硫酸10 mL，煮沸后，加高锰酸钾滴定液（0.02 mol/L）0.10 mL，再煮沸10 min，粉红色不得完全消失。

纯化水的其他质量要求具体参见《中国药典》2020年版。

3. 注射用水的质量要求

（1）pH值：取注射用水100 mL，加饱和氯化钾溶液0.3 mL，依法测定［《中国药典》2020年版（通则0631）］，pH值应为5.0～7.0。

（2）氨：取注射用水50 mL，照纯化水项下的方法检查，其中对照用氯化铵溶液改为1.0 mL，应符合规定（0.000 02%）。

（3）硝酸盐与亚硝酸盐、电导率、总有机碳、不挥发物与重金属：照纯化水项下的方法检查，应符合规定。

（4）细菌内毒素：取注射用水，依法检查［《中国药典》2020年版（通则1143）］，每1 mL中含内毒素的量应小于0.25 EU。

（5）微生物限度：取注射用水不少于100 mL，经薄膜过滤法处理，采用R2A琼脂培养基，30～35 ℃培养不少于5天，依法检查［《中国药典》2020年版（通则1105）］，100 mL供试品中需氧菌总数不得超过10 cfu。

（6）R2A琼脂培养基处方、制备及适用性检查试验：照纯化水项下的方法检查，应符合规定。

思考与练习

1. 请思考筛网的粗洗、安瓿的初洗、溶解青霉素粉针剂分别可以用哪类制药用水？
2. 纯化水和注射用水有哪些区别？请写出3点。

§3－2 纯化水制备

学习目标

1. 熟悉反渗透法、离子交换法、电去离子法的特点和制备流程。

2. 掌握反渗透法、离子交换法、电去离子法、蒸馏法的制备原理，重点掌握蒸馏法的特点和制备流程。

一、反渗透法

1. 反渗透法的原理

在U形管中用一个半透膜将纯水和盐水隔开，纯水将透过半透膜扩散到盐水一侧，该过程即为渗透。半透膜两侧液柱的高度差表示此盐水所具有的渗透压。当用高于此渗透压的压力作用于盐水一侧时，盐水中的水将向纯水一侧渗透，从而导致水从盐中分离出来，这个过程与渗透相反，称为反渗透（见图3-2-1）。

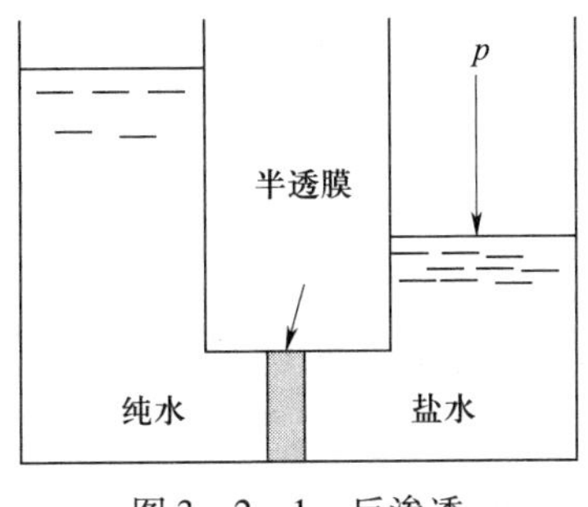

图3-2-1　反渗透

2. 反渗透法的特点

（1）设备体积小，操作简单，单位体积产水量大。

（2）除盐、除热原效率高。

（3）设备及操作工艺简单，能源消耗低。

（4）对原水质量要求比较高。

（5）制水过程基本为常温操作，对设备影响较小。

3. 反渗透法制备纯化水的流程

反渗透法制备纯化水的流程如图3-2-2所示。

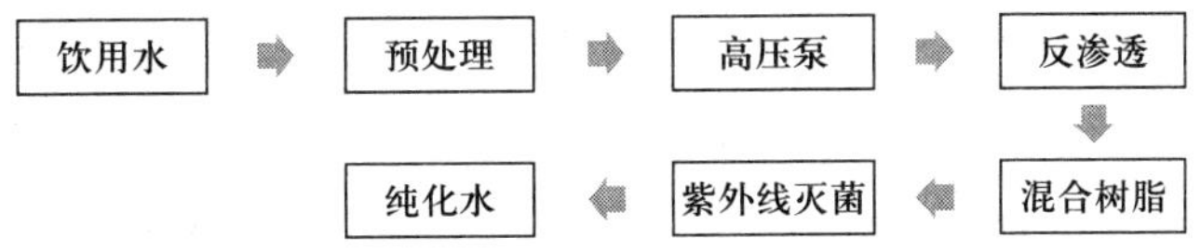

图3-2-2　反渗透法制备纯化水的流程

二、离子交换法

1. 离子交换法的原理

通过阴、阳离子交换树脂上的极性基团分别与水中存在的各种阴、阳离子进行交换，去除水中的离子，得到纯化水。

2. 离子交换法的特点

（1）设备简单。

（2）成本低。

（3）纯度高，可去除绝大部分的阴离子和阳离子。

（4）对热原、细菌有一定的清除作用。

（5）离子交换树脂需要再生，酸碱量消耗大。

3. 离子交换法制备纯化水的流程

离子交换法制备纯化水的流程如图 3-2-3 所示。

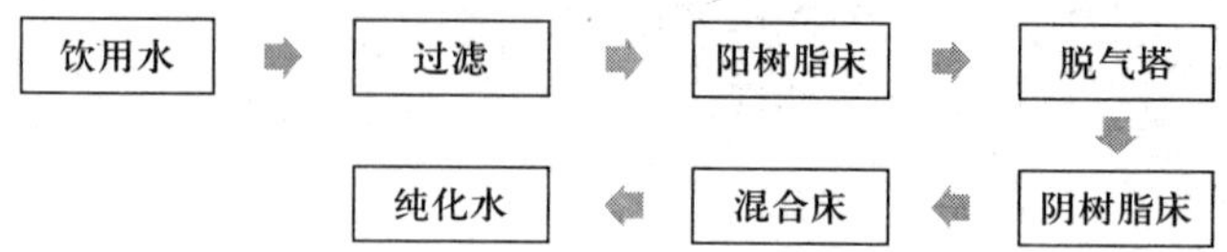

图 3-2-3 离子交换法制备纯化水的流程

【知识链接】

离子交换树脂是带有官能团（有交换离子的活性基团）、具有网状结构的不溶性高分子化合物，通常是球形颗粒物。

离子交换树脂在长期使用后，将无法进行离子交换反应。当污染离子与树脂基质上几乎所有可用的活性位点结合时，就会发生这种情况。这时需要去除树脂所吸附的离子，以便再次投入使用，即树脂再生。简单来讲，树脂再生就是用再生剂去除污染离子，使树脂重新恢复到最初的状态。常用的再生剂有盐酸、硫酸、氢氧化钠等。

三、电去离子法

1. 电去离子法的原理

在外加电场的作用下，利用离子定向迁移及阴、阳离子交换膜的选择透过性来达到去除阴、阳离子的效果。

在电去离子设备中交替排列着许多阳膜和阴膜，分隔成小室。当原水进入这些小室时，由于直流电场的作用，原水中的离子做定向迁移。阳膜只允许阳离子通过而把阴离子隔离下来，阴膜只允许阴离子通过而把阳离子隔离下来，使一部分小室变成含少量离子的淡水室，出水称为淡水。而与淡水室相邻的小室则变成聚集大量离子的浓水室，出水称为浓水。上述过程使离子得到分离和浓缩，水得到净化。

电去离子法制备纯化水原理如图 3-2-4 所示。

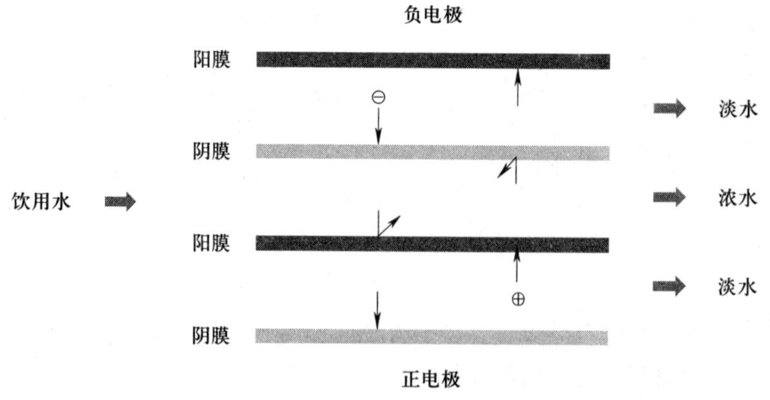

图 3-2-4 电去离子法制备纯化水原理

2. 电去离子法的特点

（1）树脂用量少，消耗的酸碱量少。

（2）无废酸、废碱排放，环境污染少。

（3）对进水水质要求较高。

3. 电去离子法制备纯化水的流程

电去离子法制备纯化水的流程如图 3－2－5 所示。

饮用水 ➡ 阴、阳离子膜室 ➡ 纯化水

图 3－2－5　电去离子法制备纯化水的流程

四、蒸馏法

1. 蒸馏法的原理

利用水中微生物、热原或者其他杂质的不挥发性，或者杂质与水沸点的不同，通过蒸发冷凝达到分离目的而制得纯化水。

2. 蒸馏法的特点

（1）操作简便。

（2）可有效去除热原。

（3）沸点接近水的物质去除困难。

3. 蒸馏法制备纯化水的流程

蒸馏法制备纯化水的流程如图 3－2－6 所示。

饮用水 ➡ 蒸馏水器 ➡ 冷凝 ➡ 纯化水

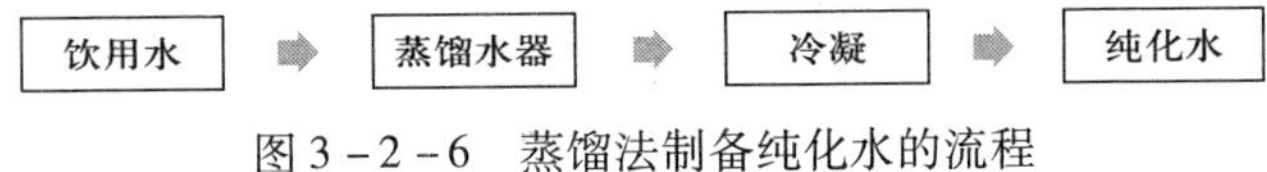

图 3－2－6　蒸馏法制备纯化水的流程

4. 蒸馏法制备纯化水的实验装置

蒸馏法制备纯化水的实验装置如图 3－2－7 所示。

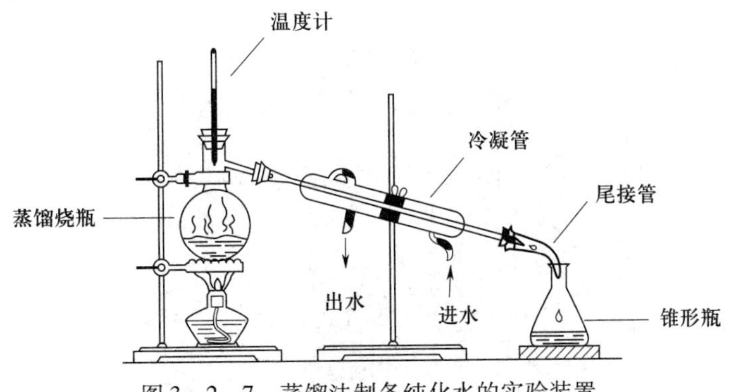

图 3－2－7　蒸馏法制备纯化水的实验装置

思考与练习

1. 简述蒸馏法制备纯化水的原理。

2. 反渗透法制备纯化水的优点有哪些?

§3－3 注射用水制备

学习目标

1. 了解多效蒸馏水器和气压式蒸馏水器的工作过程。
2. 熟悉多效蒸馏水器和气压式蒸馏水器的原理及其结构组成。

一、多效蒸馏水器

1. 多效蒸馏水器制备的原理

纯化水在设备内经过多次蒸发、分离、冷凝，达到充分分离不挥发性和挥发性物质的目的。

2. 多效蒸馏水器的结构组成

一效蒸馏水器的结构组成：一个蒸发换热器、一个分离装置和一个冷凝器。

多效蒸馏水器（见图3－3－1）的结构组成：两个或两个以上蒸发换热器、分离装置、冷凝器。

图3－3－1　多效蒸馏水器

3. 多效蒸馏水器的工作过程

多效蒸馏水器的工作过程如图 3-3-2 所示。

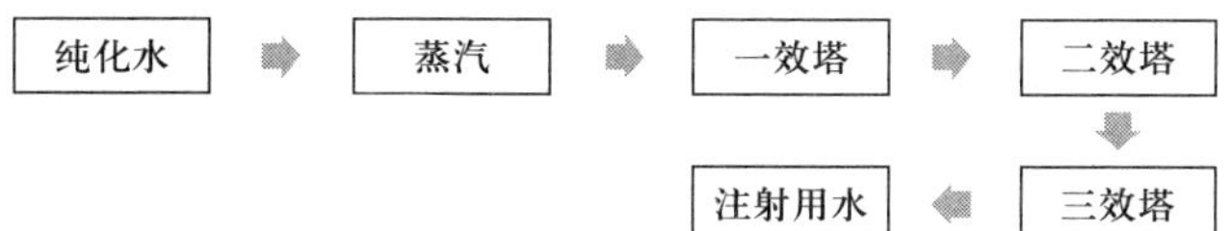

图 3-3-2　多效蒸馏水器的工作过程

二、气压式蒸馏水器

1. 气压式蒸馏水器制备的原理

将进料水加热汽化产生蒸汽，蒸汽经过压缩机压缩成过热蒸汽后，压强和温度同时升高，过热蒸汽通过列管壁进行热交换，水蒸发而过热蒸汽冷凝，从而得到注射用水。

2. 气压式蒸馏水器的结构组成

气压式蒸馏水器的主要结构有蒸发器、压缩机、热交换机、脱气器等。

3. 气压式蒸馏水器的工作过程

气压式蒸馏水器的工作过程如图 3-3-3 所示。

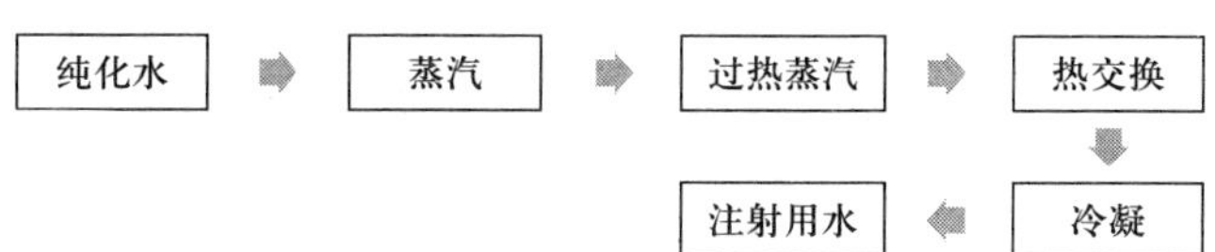

图 3-3-3　多气压式蒸馏水器的工作过程

【知识小结】

四类制药用水制备流程区别如图 3-3-4 所示。

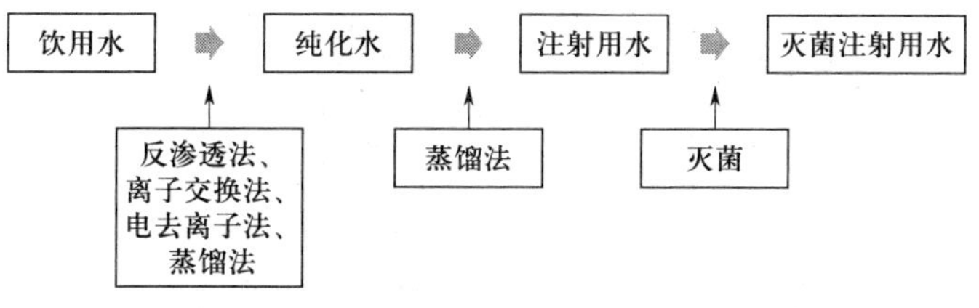

图 3-3-4　四类制药用水制备流程区别

思考与练习

简述饮用水、纯化水、注射用水在制备流程上的区别。

实训项目 3　蒸馏法制备纯化水

一、实训目的

1. 熟悉制药用水的制备方法。
2. 掌握蒸馏法制备纯化水的原理和操作步骤。
3. 建立 HSE（健康、安全、环保）意识。

二、器材准备

铁架台、酒精灯、500 mL 蒸馏烧瓶、冷凝管、锥形瓶、温度计、橡胶管、尾接管、沸石等。

三、实训内容与步骤

（1）HSE 内容。

1）请列出实验中可能对个人及他人身体造成危害的试剂或设备，并说明会造成什么样的伤害。

2）请列出本实验可能对环境造成的污染并列出解决方法。

（2）安装实验装置（见图 3－2－7）。

（3）烧瓶中加入 1/3～2/3 的水，加入沸石，然后用插有温度计的橡皮塞塞紧。

（4）给蒸馏烧瓶加热，橡胶管一边接自来水一边排废水。

（5）水蒸气经过冷凝管冷凝后，收集在锥形瓶中，这就是蒸馏水。

（6）将实验数据记录在表 S－3－1 中。

表 S－3－1　　蒸馏法制备纯化水实验记录

序号	温度/℃	蒸馏水量/mL	备注

（7）结束实验，整理实验操作台，处理废水、废渣。

【小提示】

（1）注意温度计水银球在蒸馏烧瓶支管的位置。

（2）注意冷凝管进水口和出水口的位置。

（3）蒸馏烧瓶的支管必须露出橡皮塞，以防蒸馏出来的水接触橡皮塞而带入杂质。

【知识链接】

蒸馏操作的口诀

隔网加热冷管倾，上缘下缘两相平。
需加碎瓷防暴沸，热气冷水逆向行。
瓶中液限掌握好，先撤酒灯水再停。

四、实训测评

按表 S－3－2 所列实训评分标准进行测评，并做好记录。

表 S－3－2　　实训评分标准

序号	考核内容	考核标准	配分	得分
1	器材准备	能根据实验需要准备好全部器材	10	
2	HSE	①能写明可能对人体造成伤害的试剂或设备，并说明具体伤害 ②能列出本实验可能对环境造成的污染并列出解决方法	15	
3	实验装置搭建	①能正确搭建实验装置 ②装置衔接合理，结构平整 ③各关键搭建点无错误	24	
4	蒸馏	①能按正确的步骤开始实训 ②能及时、正确解决实训过程中的问题 ③能准确判断实训停止的节点 ④能处理实训过程中的突发状况	16	
5	实验整理	①能正确拆卸实验装置 ②能正确洗涤实验器材 ③能正确归置实验器材 ④能正确处理实验废水、废渣 ⑤能按要求清理实验操作台面	20	
6	实验报告	实验报告完整，实验记录真实、准确、完整	15	
合计			100	

第四章

药物制剂单元操作

药物制剂单元操作是药物制剂技术的基础，包括粉碎、筛分、混合、干燥、蒸馏和蒸发等。本章对各基本生产技术做了概述，对各种技术方法、基本原理、常用设备和具体应用做了讲解。通过实训项目开展，学生应学会进行生产前准备，能按岗位操作法和标准操作规程进行生产、清洁和清场，具备职业岗位基本能力。

§4－1　粉碎、筛分、混合

学习目标

1. 了解粉碎、混合的基本原理。
2. 熟悉粉碎、筛分、称量、混合的常用设备。
3. 掌握粉碎的定义、目的及常用的粉碎方法。
4. 掌握筛分的定义、药筛规格和粉末的分等。
5. 掌握混合的定义、目的及混合方法。
6. 掌握粉碎、筛分、称量、混合的注意事项。

粉碎、筛分和混合是制剂生产中原辅料处理的基本技术。这些基本操作是否规范、科学、合理，将对制剂质量、稳定性、疗效等产生重要影响。

一、粉碎

1. 粉碎的定义和目的

（1）定义。粉碎是借助机械力将大块物料破碎成适宜大小颗粒或细粉的操作技术。

（2）目的和意义。粉碎的主要目的是减小粒径，增加比表面积。粉碎的意义如下：

1）增加药物的表面积，有利于固体药物的溶解与吸收，提高难溶性药物的溶出度和生物利用度。

2）适当的粒度有利于固体制剂中各组分混合均匀，便于加工制成多种剂量剂型。

3）有利于提高固体药物在液体、半固体、固体中的分散性，提高制剂质量与药效。

4）有助于从天然药物中提取有效成分等。

粉碎对制剂质量影响较大，粉碎过程也可能出现晶型破坏、热分解、黏附性与吸湿性增大、流动性变差和粉尘飞扬等不良现象，这些现象都将影响制剂的质量及稳定性。

2. 粉碎的基本原理

粉碎过程主要是依靠外加力破坏物质分子间的内聚力来实现的。粉碎过程常用的外加力有冲击力、压缩力、剪切力、弯曲力和研磨力等。被粉碎物料的性质、粉碎程度不同，所需施加的外力也不同。冲击力、压缩力对脆性物料更有效；剪切力对纤维状物料更有效；粗碎以冲击力和压缩力为主；细碎以剪切力和研磨力为主；要求粉碎产物能自由流动时，用研磨法较好。实际上，多数粉碎过程一般是上述几种力综合作用的结果。

粉碎度可用来表示物料被粉碎的程度。粉碎度常以粉碎前物料平均直径（d_1）与粉碎后物料平均直径（d_2）的比值（n）来表示。

$$n = \frac{d_1}{d_2}$$

对于同种物料，粉碎度越大，粉碎后的粒径越小。药物粉碎度的大小，应根据药物性质、剂型和使用要求来确定。例如，用于皮肤、黏膜的局部用散剂应为最细粉，以减轻刺激性；口服散剂一般为细粉。

3. 粉碎方法

（1）单独粉碎与混合粉碎，具体如下：

1）单独粉碎是指将一种物料单独进行粉碎的操作方法。单独粉碎可按粉碎物料的性质选取较为合适的粉碎设备，避免粉碎时因物料损耗导致含量不准确。单独粉碎适用于贵重物料、毒性物料、刺激性大的物料、混合易引起爆炸的物料（如氧化性物料和还原性物料混合）和适宜单独处理的物料（如滑石粉、石膏等）。

2）混合粉碎是指两种或两种以上物料同时粉碎的操作。混合粉碎可避免一些黏性物料或热塑性物料在单独粉碎时黏壁或物料间的聚结现象，又可将粉碎与混合操作同时进行。

（2）干法粉碎与湿法粉碎，具体如下：

1）干法粉碎是指物料经过适当干燥处理，使水分减少，再进行粉碎的操作。干法粉碎是制剂生产中最常用的粉碎方法。

2）湿法粉碎是指在物料中添加适量的水或其他液体进行研磨粉碎的方法。湿法粉碎可避免操作时粉尘飞扬，减轻某些有毒物料或刺激性物料对人体的危害。液体对物料有一定的渗透力和劈裂作用，可降低物料分子间的内聚力，有利于粉碎，降低能量消耗。湿法粉碎适用于刺激性较强物料或毒性物料、难溶于水的矿物类物料和贝壳类物料的粉碎。

（3）闭塞粉碎与自由粉碎，具体如下：

1）闭塞粉碎是在粉碎过程中，已达到粉碎要求的粉末不能及时排出而继续和粗粒一起粉碎的操作。闭塞粉碎中的细粉成为粉碎过程中的缓冲物，影响粉碎效果且能耗较大，故只适用于小规模的间歇操作。

2）自由粉碎则是在粉碎过程中，将已达到粉碎要求的粉末及时排出，使其不影响粗粒继续粉碎的操作。自由粉碎效率高，常用于连续操作。

（4）开路粉碎与循环粉碎，具体如下：

1）开路粉碎是连续把粉碎物料供给粉碎机的同时，不断地从粉碎机中取出已粉碎的细物料的操作，即物料只通过粉碎机一次的操作。该方法工艺简单，效率高，但粒度分布宽，适用于粗碎和粒度要求不高的粉碎。

2）循环粉碎是经粉碎机粉碎的物料通过筛子或分级设备，使粗粒重新回到粉碎机反复粉碎的操作。该法操作的动力消耗相对低，粒度分布窄，适用于粒度要求比较高的粉碎。

（5）低温粉碎。低温粉碎是利用物料在低温时脆性增加、韧性与延伸性降低的性质，提高粉碎效果的方法。低温粉碎适用于树脂、树胶、干浸膏等在常温下粉碎困难的物料，同时低温条件能保留物料中的香气及挥发性有效成分，并可获得更细的粉末。

（6）流能粉碎。流能粉碎是指利用高压气流使物料与物料之间、物料与器壁间相互碰撞而产生强烈的粉碎作用的操作。粉碎时，高压气流在粉碎室中膨胀产生冷却效应，故流能粉碎适用于热敏性物料和低熔点物料的粉碎。

【知识链接】

药物粉碎的特殊方法

根据药物的性质和粉碎度要求，还可以采取以下粉碎方法：

（1）加液研磨法。该法属于湿法粉碎，系将药物先放入研钵中，加入少量液体后进行研磨，直至药物被研细为止。研磨樟脑、冰片、薄荷脑等药时，常加入少量乙醇；研磨麝香时，则加入极少量水。注意要轻研冰片，重研麝香。

（2）水飞法。该法属于湿法粉碎。水飞法系将药物与水共置于研钵或球磨机中研磨，使细粉漂浮于液面或混悬于水中。倾出此混悬液，余下的药物再加水反复研磨，至全部药物研磨完毕。将所得混悬液合并，静置沉降，倾去上清液，将湿粉干燥即得极细粉。此法适用于矿物药、动物贝壳的粉碎，如朱砂、雄黄、炉甘石等，但水溶性的矿物药如硼砂、芒硝等则不能采用水飞法。

（3）串研法与串油法。串研法与串油法均属于混合粉碎，是将黏性或油性较大的药物经特殊处理后进行粉碎的方法。对于含糖较多的黏性药物如熟地黄、山茱萸、麦冬等，先将处方中其他干燥药物研成粗粉，然后掺入黏性药物中使成块状或颗粒状，于 60 ℃以下充分干燥后再粉碎，俗称串研法。对于含油脂较多的药物如杏仁、桃仁等，应先捣成稠糊状，再把处方中已粉碎的其他药粉分次掺研粉碎，使药粉及时将油吸收，以便于粉碎与过筛，俗称串油法。

（4）蒸罐法。处方中如含有树脂及糖分较多的药物，则应蒸制后再粉碎。该法先将适于蒸制的药物置于蒸罐中，加入适量黄酒加热蒸制，以酒被吸尽为度。另将处方中不宜蒸制的药物（如含有挥发油及芳香药）粉碎为粗粉，与蒸制的药物混合均匀，干燥后粉碎为细粉。

4. 粉碎设备

（1）研钵。研钵又称乳钵，一般用陶瓷、玻璃、金属或玛瑙制成，以瓷研钵和玻璃研钵最为常用。研钵由钵体和杵棒两部分组成，主要用于少量物料的粉碎和实验室小剂量的粉碎操作。瓷研钵内壁比较粗糙，适用于结晶性及脆性物料的粉碎，但吸附作用大，不宜用于少量物料的粉碎。玻璃研钵较适用于毒性物料或贵重物料的研磨。

用研钵粉碎物料时，每次所加物料一般不超过研钵容积的1/4，以防止研磨时物料溅出或影响粉碎效能。研磨时，杵棒由研钵中心按螺旋方式逐渐向外旋转，到达最外层后再逆向旋转至中心，如此反复，能提高研磨效率。研磨毒性或刺激性物料时，应注意避免粉尘飞扬。

（2）球磨机。球磨机是在圆柱形球磨缸内装入一定数量和大小不一的不锈钢或瓷制圆球。圆柱形球磨缸的轴固定在轴承上，当缸转动时，物料经圆球的冲击和研磨作用被粉碎。球磨机需要有适当的转速，才能使圆球沿壁运行到最高点落下，以产生最大的冲击力和良好的研磨作用。如果球磨机转速太慢，圆球不能达到一定高度落下；如果球磨机转速太快，圆球受离心力的作用而沿筒壁旋转，也达不到最好的粉碎效果。球磨机圆球运动状态如图4－1－1所示。

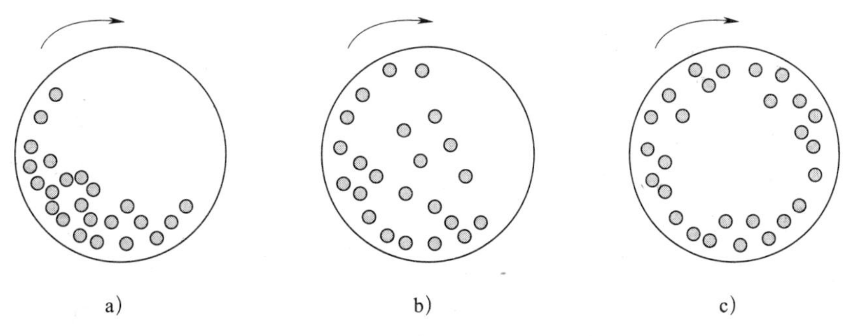

图4－1－1　球磨机圆球运动状态

a）转速太慢　b）转速适当　c）转速太快

球磨机是常用的粉碎设备之一，其结构简单，密闭操作，粉尘少，粉碎效率较低，粉碎时间较长。球磨机适用于贵重物料的粉碎、无菌粉碎、干法粉碎、湿法粉碎、间歇粉碎，必要时可充入惰性气体。对结晶性物料、硬而脆的物料来说，球磨机的粉碎效果尤佳。

（3）冲击式粉碎机。冲击式粉碎机对物料的作用力以冲击力为主，适用于脆性、韧性物料以及中碎、细碎、超细碎等物料的粉碎，又称为万能粉碎机。其典型的粉碎结构有锤击式和冲击柱式，如图4－1－2和图4－1－3所示。

锤击式粉碎机的组成包括带有衬板的机壳、高速旋转的旋转主轴（轴上安装有许多可

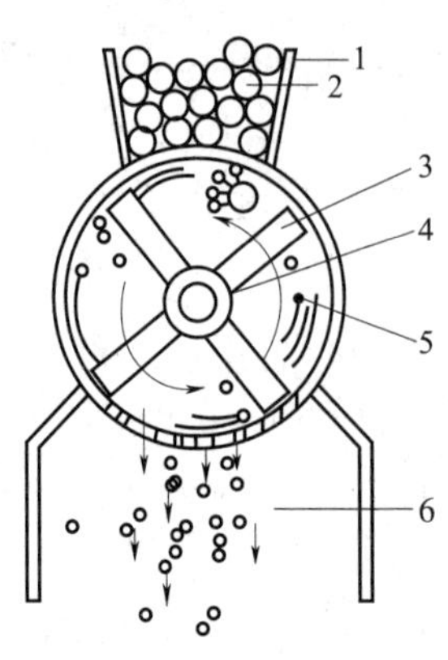

图 4－1－2　锤击式粉碎机

1—加料斗　2—原料　3—旋转锤　4—旋转主轴　5—未过筛颗粒　6—过筛颗粒

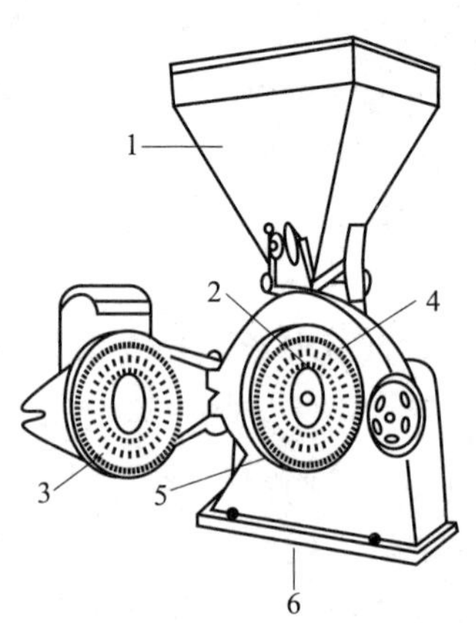

图 4－1－3　冲击柱式粉碎机

1—加料斗　2—转盘　3—固定盘　4—冲击盘　5—筛圈　6—出料口

自由摆动的 T 形锤)、加料斗、螺旋加料器、筛板以及产品排出口等。粉碎机工作时，粒径小于 10 mm 的固体物料自加料斗经螺旋加料器连续定量进入粉碎室时，物料受高速旋转锤的强大冲击作用、剪切作用和被抛向四周的撞击作用而被粉碎，细料通过筛板进出口排出为成品，粗料继续被粉碎。选用不同孔径大小的筛网，从锤击式粉碎机中能得到 4～325 目的粉碎物料。锤击式粉碎机结构简单，操作方便，粉碎成品粒度比较均匀，但这类粉碎机机器部件易磨损，产热量大，粒子过于微细时筛子容易堵塞，因此以 30～200 目为好。

冲击柱式粉碎机（也叫转盘式粉碎机）若干圈冲击柱分别刚性固定在转盘和相对应的固定盘上，物料由加料斗加入，由固定盘中心轴进入粉碎机。转盘高速旋转时产生的离心作用将物料抛向外壁，此时物料受到冲击柱的冲击，而且所受冲击力越来越大（因为转盘外圈速度大于内圈速度），物料越来越细，最后到达外壁，细粒自底部的筛孔出料，粗粒在机内继续被粉碎。

（4）气流粉碎机。气流粉碎机又称流能磨，如图 4－1－4 所示。它的基本粉碎原理：气流粉碎机利用高压气流带动物料，产生强烈的撞击、冲击、研磨等作用而使物料被粉碎，粉碎后的物料随着高压气流由出料口进入旋风分离器或袋滤器进行分离，较大颗粒沿器壁外侧重新进入粉碎室进行粉碎。常用的气流粉碎机有圆盘式和轮式，可进行粒度要求为 3～20 μm 的超微粉碎、热敏性物料和低熔点物料以及无菌粉末的粉碎。

（5）胶体磨。胶体磨为湿法粉碎机，主要作用力为剪切力。胶体磨一般由定子和转子组成，转子高速旋转，物料在定子和转子间的缝隙中受剪切力的作用而被粉碎成胶体状，粉碎产物在转子的离心作用下从缝隙中排出。胶体磨常用于混悬液与乳浊液的制备。

想一想

物料在粉碎过程中突然出现堵塞、卡死现象，应如何处理？

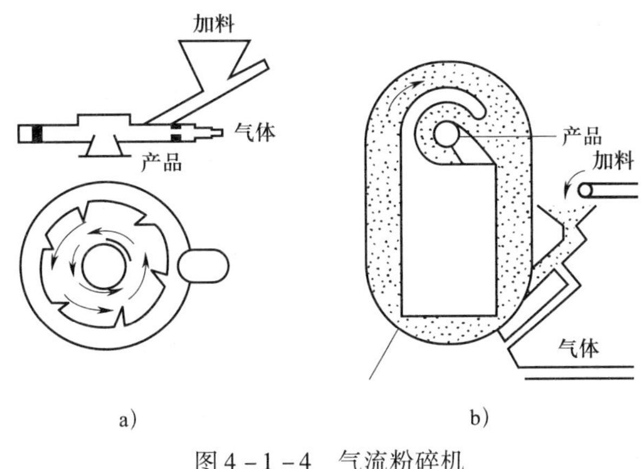

a）　　b）

图4-1-4　气流粉碎机

a）圆盘式　b）轮式

5. 粉碎的注意事项

各种粉碎设备的性能和作用力不同，可以根据被粉碎物料的性质和粒度要求选择适宜的粉碎设备。在使用和保养粉碎设备时应注意以下几点：

（1）操作时注意安全，要严格遵守操作规程，严禁在开机的情况下将手伸进机器内，以免发生事故。

（2）物料中不应夹杂硬物，以免卡塞转子而引起电动机发热或烧坏。粉碎前应对物料进行精选以除去夹杂的硬物（如铁钉等）。应在粉碎机的加料斗上附上电磁除铁装置，当物料通过电磁区时，铁钉等硬物即可被吸除。

（3）开启粉碎机后，应待其转速稳定后再加料。否则，若物料先进入粉碎室，机器难于启动，引起发热，会损坏电动机或因过热而停机。

（4）在每次使用后，应检查机件是否完整，清洗内外各部，添加润滑油后罩好。

（5）粉碎毒性、刺激性较强的物料时，应特别注意人员防护，以免中毒，同时也要做好防止物料交叉污染的措施。

【知识链接】

粉体的基本知识

1. 粉体的定义

粉体是无数个固体粒子集合体的总称。粉体中粒子粒径一般为0.1～100 μm。粉体的性质对制剂的成型和生产、药物的释放与疗效均会产生影响。

2. 粉体的性质

（1）粉体的密度。粉体的密度是指单位体积粉体的质量。由于粉体的粒子内部和粒子之间存在空隙，粉体的体积有不同的含义。根据所指的体积不同，粉体的密度包括真密度、粒密度和堆密度。

1）真密度。真密度指排除所有空隙（即排除粒子内部以及粒子之间的空隙）的体积测量的密度值，是该物质的真实密度。

2）粒密度。粒密度指排除粒子间的空隙，但不排除粒子内部空隙体积而求得的密度，是粒子本身的密度。

3）堆密度。堆密度又称松密度，指单位体积粉体的质量。该体积是包括粒子内部空隙以及粒子之间空隙在内的总体积。

对于同一种粉体来说，真密度>粒密度>堆密度。在药剂实践中，堆密度是最重要的。散剂的分剂量、胶囊剂的充填以及片剂的压制等都与堆密度有关。

（2）粉体的空隙率。粉体的空隙率是粉体中空隙所占有的比例。粉体空隙率的大小影响药物的崩解和溶出。一般说来，空隙率越大，崩解、溶出越快，越易吸收。

（3）粉体的流动性。粉体的流动性是粉体的重要性质，对制剂的生产和制剂的质量影响很大。粉体的流动性可用休止角、流出速度和压缩度来表示。为改善粉体流动性，可采取适当增加粒径，控制含湿量，添加少量细粉和润滑剂等措施。

（4）粉体的吸湿性。粉体的吸湿性是指固体表面吸附水分子的现象。药物粉末发生吸湿，会使粉末的流动性下降，并易出现固结、润湿、液化等不稳定现象。

临界相对湿度（critical relative humidity，CRH）可作为药物吸湿性指标，指吸湿量急剧增加时的相对湿度。一般，CRH 值越大，药物则越不易吸湿。为防止药物吸湿，应将生产及储存环境的相对湿度控制在药物的 CRH 值以下。

二、筛分

1. 筛分的定义和目的

（1）定义。筛分是运用粒子大小、相对密度、带电性以及磁性等粉体学性质，通过网孔状工具将粒度不同的物料进行分离的操作。

（2）目的。通过筛分可以除去不符合要求的粗粉或细粉，从而获得较均匀粒度的物料。同时，筛分还有混合作用。筛分除可对粉碎后的物料进行粉末分等外，还可及时筛出已达粒度要求的物料，减少粉碎时的能量消耗，提高粉碎效率。

2. 药筛的种类与规格

（1）药筛的种类。药筛根据制作方法不同可分为编织筛和冲制筛两种。编织筛的筛网由铜丝、不锈钢丝、尼龙丝、绢丝等编织而成，在使用时筛线易移位而使筛孔变形。尼龙丝对一般药物较稳定，在制剂生产中应用较多。冲制筛是在金属板上冲压出圆形筛孔，其筛孔牢固，孔径不易变动，常用于高速粉碎过筛联动机械。

（2）药筛的规格。《中国药典》2020 年版规定药筛选用国家标准的 R40/3 系列，共 9 种筛号，一号筛的筛孔内径最大，九号筛的筛孔内径最小。制药工业中，常以目数来表示筛号及粉末的粗细，即以每英寸（2.54 cm）长度有多少筛孔来表示。例如，每英寸长度有 65 个孔的药筛即 65 目筛。目数越大，筛孔越小。工业用筛的规格与《中国药典》2020 年版规定的筛号对照见表 4－1－1。

表 4－1－1　　工业用筛的规格与《中国药典》2020 年版规定的筛号对照

筛号	筛孔内径（平均值）/μm	目号/目
一号筛	2 000 ±70	10
二号筛	850 ±29	24
三号筛	355 ±13	50
四号筛	250 ±9.9	65
五号筛	180 ±7.6	80
六号筛	150 ±6.6	100
七号筛	125 ±5.8	120
八号筛	90 ±4.6	150
九号筛	75 ±4.1	200

3. 粉末的分等

粉末的分等是按通过相应规格的药筛而定的。《中国药典》2020 年版把固体粉末分为 6 个等级，见表 4－1－2。

表 4－1－2　　粉末的分等标准

等级	分等标准
最粗粉	能全部通过一号筛，但混有能通过三号筛不超过 20% 的粉末
粗粉	能全部通过二号筛，但混有能通过四号筛不超过 40% 的粉末
中粉	能全部通过四号筛，但混有能通过五号筛不超过 60% 的粉末
细粉	能全部通过五号筛，并含能通过六号筛不超过 95% 的粉末
最细粉	能全部通过六号筛，并含能通过七号筛不超过 95% 的粉末
极细粉	能全部通过八号筛，并含能通过九号筛不超过 95% 的粉末

4. 筛分设备

（1）摇动筛。摇动筛又称往复振动筛分机，由药筛和摇动装置两部分组成，摇动装置由连杆、摇杆和偏心轮构成。摇动筛利用偏心轮及连杆使药筛发生往复运动进行筛分。最下面为粉末接收器，最细药筛放在接收器上，最粗药筛放在顶上，然后把物料放入最上部的筛上，盖上盖，固定在摇动台上，启动电动机摇动和振荡数分钟，即可完成物料分等。

摇动筛属于慢速筛分机，其处理量和筛分效率都较低，常用于粒度分布的测定，多用于小量生产，也适用于筛分毒性、刺激性或相对密度小的物料，避免细粉飞扬。

（2）旋振筛。旋振筛又称旋涡式振荡筛，是生产上常用的筛分粗细不等的粉状、颗粒状物料的设备，如图4－1－5所示。旋振筛由料斗、振荡室、联轴器、电动机组成。可调节的偏心重锤经电动机驱动，在不平衡状态下产生离心力，使物料在筛内形成轨道旋涡，从而达到需要的筛分效果。重锤调节器的振幅可根据不同物料和筛网进行调节。可设几层筛网，实现两级、三级甚至四级分离。旋振筛结构紧凑，操作维修方便，分离效率高，单位筛面处理能力大，适用性强，故被广泛应用。

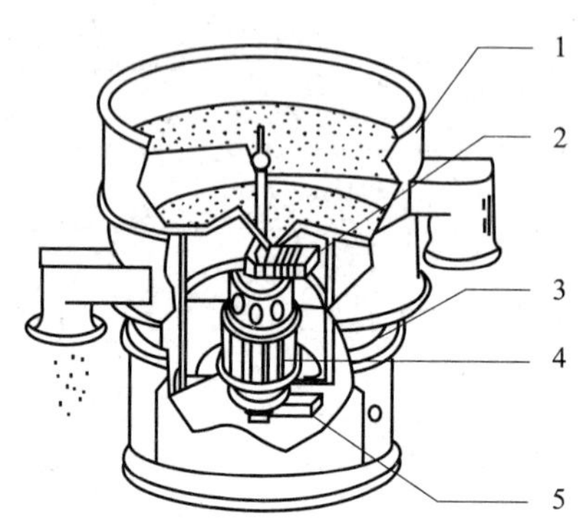

图4－1－5　旋振筛

1—筛网　2—上部重锤　3—弹簧　4—电动机　5—下部重锤

（3）悬挂式偏重筛粉机。该设备利用偏重轮转动时不平衡惯性产生振动，从而达到粉末筛选的目的。操作时，电动机带动主轴运动，偏重轮即产生高速的旋转。由于偏重轮一侧有偏重铁，两侧由于重量不平衡而产生振动，故通过筛网的粉末很快落入接收器中。偏重筛粉机结构简单，造价低，占地小，效率高，适用于矿物药、化学药品和无显著黏性的药材粉末的过筛。

【议一议】

过筛设备出现不抖动的情况，应如何处理？

5. 筛分的注意事项

（1）药粉在静止状态下由于受摩擦力和表面能的影响易结成块而不易通过筛孔，当施加外力振动时，各种力的平衡受到破坏，小于筛孔的粉末才能通过筛孔，故药筛应不断振动。振动时，药粉在筛网上的运动方式有滑动和跳动两种，跳动易通过筛孔。

（2）药粉含湿量增加，黏性增大，易成团或堵塞筛孔，故含水量较大的药粉应先干燥再筛分。易吸潮的药粉应及时筛分，或在干燥环境中筛分。此外，富含油脂的药材粉末易于结成团块，不易过筛。如果油脂无药用价值，可先脱脂，再粉碎过筛。

（3）当药粉在筛网上堆积过厚或运动速率过快时，上层小粒径药粉可能来不及与筛面接触而混于不可筛过的药粉中。因此，筛网上药粉厚度应适宜，而且药粉在筛网上的运动速率要适当。

（4）防止粉尘飞扬。筛分时，应有必要的防尘及捕尘设施，避免粉尘飞扬。

三、称量

1. 电子台秤的选择

称量操作的准确性对于保障药品质量具有重要影响。常用的称量工具为电子台秤，由承重台面、秤体、称重传感器、称重显示器和稳压电源等部分组成，如图 4－1－6 所示。称量时，物料质量通过称重传感器转换为电信号，由运算放大器经单片微处理机处理后，以数字形式显示出称量值。电子台秤具有自重轻，功能多，使用方便，称量速度快，精度高及使用时可按需放置等特点。

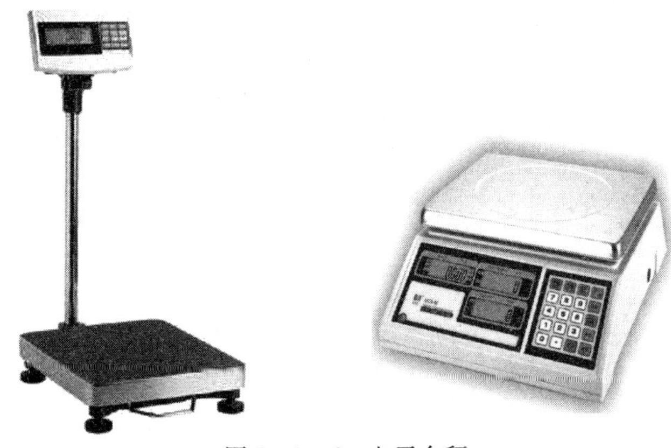

图 4－1－6　电子台秤

电子台秤的选择原则：首先要根据生产指令中被称物料量选择合适的量程（即最小和最大称量），其次要考虑称量的精确度（即感量）是否满足相关法规和产品工艺要求，还要考虑在药品生产过程中需要用到的拓展功能，如是否连接打印机、安装计算软件等。

【知识链接】

（1）最大称量与最小称量。电子台秤所能称量的最大载荷称为最大称量，可以达到准确度标准的最小称重量称为最小称量，物料称重范围不得超过电子台秤的最大称量与最小称量。

（2）感量。感量指电子台秤所能显示的最小刻度，即分度值。感量跟称量的精确度有关。

2. 电子台秤的监视

电子台秤的监视是指使用已检定的砝码，对已经检定和校准的电子台秤进行实时称量监控。

（1）监视的频次或时间。一般，在电子台秤使用前、后各进行一次使用点的监视，及时反映使用点的偏移程度，以确保称量的准确性。

（2）监视点的确定。最理想的情况是进行使用点的监视，也可根据大规模生产或不固定称量的实际情况，采用零点、日常使用最小称量点、日常使用最大称量点、自选日常使用中间称量点这 4 点来整体监视电子台秤情况。

（3）最大允许误差的规定。监视的变化值不得超过检定或者校准的最大允许误差。

3. 电子台秤的维保

（1）电子台秤应按计量部门规定进行定期检定。电子台秤在空载时示数为零，如不是，则需要调零。每批物料称量前，均应用标准砝码对电子台秤进行校准。

（2）根据称重物料的性质选择适当的容器，根据所称重物料的重量和称重的允许误差正确选择称量设备。称量不得超过最大载荷。

（3）电子台秤应安放在平整、坚实、无振动的位置，确保四脚平稳，并在同一水平面。如有水平气泡，应调至圈内。移动电子台秤位置时，应在计量人员指导下进行，移位后的电子台秤应重新校验合格后才能使用。

（4）电子台秤在称量前，应预热 15 min 以上。在通电情况下，禁止插拔各连接头。

（5）称量时动作要轻缓，避免物料飞溅或撒漏。每种物料称量完成后要做好表面清洁。

（6）称量完成后，应及时关闭电源，并按《电子台秤清洁操作规程》进行清场操作。

想一想

工作人员正在称量物料，车间内突然停电，应如何应对？

四、混合

1. 混合的定义和目的

（1）定义。混合是指将两种或两种以上组分的物质均匀混合的操作。

（2）目的。混合的目的是使处方中各组分分布均匀、含量均一、色泽一致，以保障用药剂量准确，安全有效。特别是对于含量较低的毒性药物、中毒浓度与有效血药浓度范围接近的药物等，主药的含量不均匀会对生物利用度及疗效带来极大的影响，甚至产生危险。因此，科学合理的混合操作是保障制剂质量的重要措施之一。

2. 混合原理

混合的原理包括对流混合、切变混合和扩散混合 3 种。

（1）对流混合。对流混合指固体粒子群在机械转动的作用下产生较大的位移，从一处转移到另一处，经过多次转移达到总体混合。

（2）切变混合。切变混合指由于粒子群内部力的作用而产生滑动面，破坏粒子群的团聚状态而进行的局部混合。

（3）扩散混合。由于粒子的无规则运动，相邻粒子间相互交换位置而进行的局部混合即扩散混合。

在实际混合过程中，一般是对流、切变、扩散等混合方式结合进行，因混合设备的类型、粉体性质、操作条件等不同而以其中的某种混合方式为主。

3. 混合方法

（1）搅拌混合。搅拌混合系将各物料置于适当大小容器中搅匀，多用于初步混合。大量生产时，常用混合机混合。

（2）研磨混合。研磨混合系将各组分物料置于乳钵中共同研磨的混合操作。此法适用于小量尤其是结晶性物料的混合，不适用于引湿性及爆炸性物料的混合。

（3）过筛混合。过筛混合系将处方中各组分物料先初步混合，再 1 次或多次通过适宜的药筛使之混匀。由于较细、较重的粉末先通过筛网，在过筛后应加以适当的搅拌混合。

4. 混合常用设备

（1）V 形混合机（见图 4－1－7）。混合容器由一定几何形状的筒构成，一般装在水平轴上并有支架，由传动装置带动绕轴旋转，其中以 V 形混合筒较为常用。密度相近的粉末可采用 V 形混合机混合。V 形混合筒在旋转混合时，装在筒内的干物料随着混合筒转动，并反复分离、混合，用较短时间即可混合均匀，在制药工业中应用非常广泛。

图 4－1－7　V 形混合机

（2）三维运动混合机。三维运动混合机（见图 4－1－8）主要由混合容器和机架组成。混合容器两端呈锥形圆筒状的，称为双锥形混合机。混合容器可在三维空间做多方向摆动和转动，使物料交叉流动与扩散，混合过程中无死角，混合均匀度高，适用于干燥粉末或颗粒的混合，是各种混合机中较理想的一种设备。

图 4－1－8　三维运动混合机

（3）槽形混合机。槽形混合机又称 U 形混合机，主要由混合槽、搅拌桨、水平轴构成，如图 4－1－9 所示。搅拌桨呈 S 形装于水平轴上，开机后搅拌桨转动以混合物料。槽形混合机除适用于混合各种粉料外，还常用于颗粒剂、片剂、丸剂的制软材。槽形混合机搅拌效率较低，混合时间较长，但操作简便，易于维修，得到广泛应用。

（4）双螺旋锥形混合机。该设备由锥形筒体和内装的两个螺旋推进器组成，如图 4－1－10 所示。工作时，由锥体筒体上部加料口进料，主轴带动左右两个螺旋杆在筒体内一边自转一边公转，产生较高的切变力使物料以双循环方式迅速混合，再从底部卸料，减轻了劳动强度。该设备混合速度快，效率高，动力消耗少，装载量大，适用于混合润湿、黏性大的固体物料。

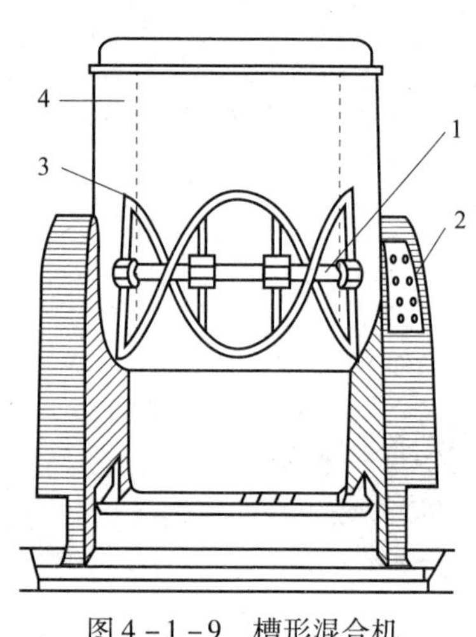

图 4－1－9　槽形混合机

1—水平轴　2—电气控制系统

3—搅拌桨　4—混合槽

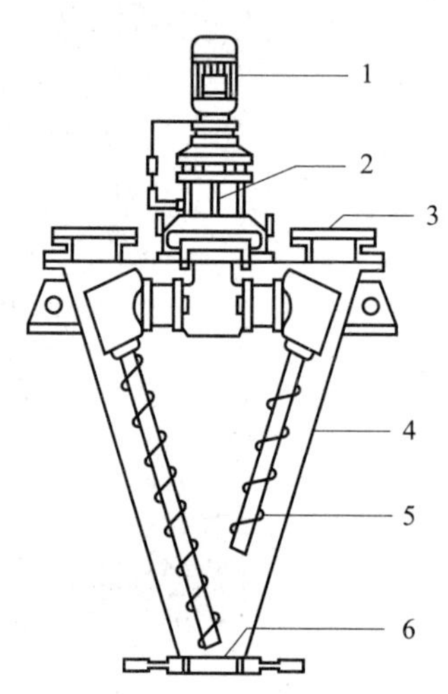

图 4－1－10　双螺旋锥形混合机

1—减速器　2—转臂　3—加料口

4—锥形筒体　5—螺旋杆部件　6—出料口

5. 混合的注意事项

影响混合的因素有很多，如各组分的比例、各组分的粒度与密度、混合时间等。为了达到均匀的混合效果，应注意以下几点：

（1）当各组分的比例相差过大时，难于混合均匀，此时应采用等量递加法混合。即量小的药物研细后，加入等体积其他细粉混匀，再加入与此等容积的其他细粉混匀，如此倍量增加混合至全部混匀。此法尤其适用于含毒性药物、贵重药物和小剂量药物的混合。

（2）各组分粒度相近时，物料容易混合均匀；相反，粒度相差较大时，由于粒子间的离析作用，物料不容易混合均匀。应先将粒径大的物料粉碎处理，力求各组分粒子大小一致后再进行混合。各组分密度相差较大时，一般将质轻的组分先放入混合容器中，再加入质重的组分混合，这样可以避免质轻的组分浮于上部或飞扬，而质重的组分沉于底部不易混匀。

（3）并非混合时间越长，混合的均匀性越好。要通过试验确定合适的混合时间。

（4）含液体组分时，可用处方中其他固体组分吸收。若液体量较大，可另加赋形剂吸收。若液体为无效组分且量过大，可采取先蒸发再加赋形剂吸收的方法。

思考与练习

1. 粉碎时要依据物料性质和制剂要求选择适宜的粉碎度。下列情形中，(　　) 不需要过大的粉碎度。

A. 易溶于水的药物

B. 难溶性药物

C. 具有不良臭味和刺激性的药物

D. 性质不稳定的药物

2. 请依据物料性质，选择适宜的粉碎方法，完成表 4－1－3。

表 4－1－3　　不同性质物料的粉碎方法

不同性质的物料	粉碎方法
性质和硬度相似的药物	
性质特殊的药物，如贵重药物、刺激性药物、性质差异较大的药物	
在常温条件下难以粉碎或熔点较低的药物	
硬度较大、刺激性较大或有毒药物	

3. 药筛和粉末如何分等?

4. 简述混合过程的注意事项。

§4－2　蒸馏、蒸发、干燥

学习目标

1. 了解蒸馏、蒸发、干燥常用方法的基本操作原理。

2. 熟悉影响蒸发、干燥的因素。

3. 掌握蒸馏、蒸发、干燥的常用方法、设备及应用特点。

蒸馏、蒸发与干燥是制剂生产中常用的单元操作。这些单元操作都是借助热的传递作用来进行的，在制剂生产中应用甚广。

一、蒸馏

1. 蒸馏的定义

蒸馏是指将液体加热使之汽化，再经冷却复凝为液体的过程。它利用液态混合物在一定温度及压力下汽化时各组分挥发性的差异进行物质的分离。

蒸馏除了用于制备蒸馏水、制药用水之外，在制剂生产中还广泛用于含挥发性组分药物的提取和精制、溶剂的回收以及稀溶液的浓缩等过程，是生产中常用的基本单元操作。

2. 常用的蒸馏方法与设备

（1）常压蒸馏。具体内容如下：

1）定义。常压蒸馏是指在常压下将液体在密闭的蒸馏器中加热使之汽化，再经冷却复凝为液体的一种蒸馏方法。

2）特点。常压蒸馏时，由于液体表面压力大，分子必须在较高的温度下才能汽化，因此物料受热时间长，不适用于对热不稳定的物料，主要用于耐热制剂的制备以及溶剂的回收和精制。常压蒸馏设备较简单，易于操作使用。

3）蒸馏装置。常压蒸馏装置主要由蒸馏器、冷凝器和接收器 3 部分组成。

4）操作方法。将需要蒸馏的物料放入蒸馏器中，通过蒸馏器底部的蒸汽进行加热，溶媒汽化后经过上升管道进入冷凝管被冷凝，流入下部接收器中。被浓缩的物料可从蒸馏器底部出口排出。

（2）减压蒸馏。具体内容如下：

1）定义。减压蒸馏是指在减压条件下，使被蒸馏的组分在较低的温度下蒸馏的方法。

2）特点。减压蒸馏时，被蒸馏的组分在较低的温度下汽化，因此具有高热时间短、温度低、效率高和速度快的特点。减压蒸馏主要用于不耐热成分的蒸馏。

3）设备。一般减压蒸馏装置主要由蒸馏器、冷凝器、接收器和真空泵四大部分组成，如图 4 - 2 - 1 所示。

4）操作方法。用时，先开启真空泵将内部空气抽出，再将待蒸馏的物料自入口吸入，继续抽至压力降至最低，慢慢开启蒸汽进口，放入适量高压蒸汽于夹层内，以保持蒸馏器内液体适度沸腾为宜。放入蒸汽的同时，应开启废气出口以放出不凝气体，并打开夹层排水口排掉冷凝水。等到不凝气体排尽，废气出口处有蒸汽外逸时，关闭废气出口，关小夹层排水口，以保持能继续排水即可。被蒸馏液体的蒸气经隔沫装置与气沫分开，进入冷凝器并冷凝，最后流到接收器中。蒸馏结束后，关闭真空泵，打开放气阀放入空气，浓缩液经出口放出。蒸馏时，可通过观察窗随时观察内部情况。

（3）精馏。具体内容如下：

1）定义。精馏（分馏）操作是多次蒸发汽化与冷凝同时连续进行的蒸馏方法。制剂生产中，精馏常用以提高乙醇等回收溶剂的浓度，供重复利用。

2）原理。当混合液受热部分汽化后，蒸气即上升至精馏塔，到冷凝器时，部分蒸气被冷凝，回流入精馏塔，途中与上升的蒸气接触进行热交换，使易挥发组分被汽化，难挥发组分被冷凝下来。难挥发组分浓度沿指向塔底方向逐渐增大，易挥发组分浓度沿指向塔顶方向逐渐增大，其中一部分作为塔顶产品（馏出物）取出，整个精馏塔的温度自上而下逐渐升高。

3）设备。精馏装置主要由精馏塔、塔顶冷凝器、塔底再沸器等组成，如图 4 - 2 - 2 所示。

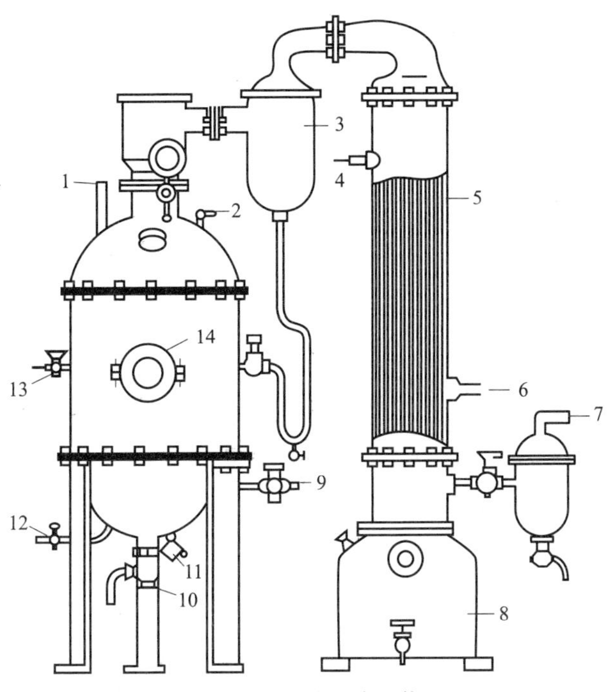

图 4－2－1　减压蒸馏装置

1—温度计　2—放气阀　3—隔沫装置　4—冷凝水出口　5—冷凝器　6—冷凝水入口　7—接真空泵　8—接收器　9—废气出口　10—浓缩液出口　11—夹层排水口　12—蒸汽进口　13—待浓缩液入口　14—观察窗

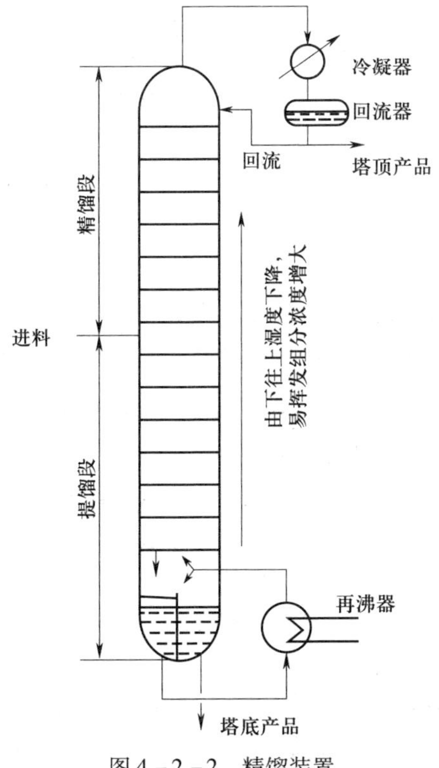

图 4－2－2　精馏装置

4）操作方法。原料液通过泵被送入精馏装置的加料板。在加料板上，原料液和精馏段下降的回流液汇合，逐板溢流下降，最后流入再沸器中。操作时，连续从再沸器中取出部分液体作为塔底产品（釜残液），部分液体汽化，产生上升蒸气依次通过各层塔板，最后在塔顶冷凝器中被全部冷凝。部分冷凝液利用重力作用或通过回流器流入塔内，其余部分经冷却器冷却后作为塔顶产品（馏出液）。

二、蒸发

1. 蒸发的定义

蒸发是用加热的方法使溶液中部分溶剂汽化并除去，以提高溶液浓度的方法。蒸发常用于浸出液等的浓缩。

蒸发的方式有自然蒸发和沸腾蒸发两种。自然蒸发是指在自然条件下，溶剂在低于沸点的情况下汽化，这种汽化仅发生在溶液的表面，故蒸发速度慢、效率低。沸腾蒸发是在沸腾状态下的蒸发。溶剂在沸腾状态下汽化时，溶液表面及溶液内部溶剂均在不断汽化，汽化的面积大大增加，故蒸发速度快、效率高，生产上多用此种蒸发形式。

2. 影响蒸发的因素

（1）蒸发温度。对于耐热的物料，蒸发温度越高，蒸发越快。

（2）蒸发面积。蒸发面积越大，蒸发越快。

（3）被蒸发溶液表面的压力。溶液表面压力越大，蒸发越慢。因此，减压蒸发可提高效率。

（4）蒸气浓度。被蒸发出来的蒸气浓度增大，会影响分子逸出，降低蒸发速度。若能及时排出（如用排气扇等）被蒸发出的蒸气，可加快蒸发速度。

（5）搅拌。蒸发现象在液面最显著，液面温度下降较快会影响进一步蒸发。搅拌可使液面和溶液内部不断进行热交换，增大传热系数，提高蒸发效率。

3. 常用的蒸发方法及设备

（1）常压蒸发。具体内容如下：

1）定义。对于有效成分耐热的溶液，在常压下进行的蒸发即常压蒸发。

2）特点。常压蒸发适用于耐热组分，操作简单易行，但效率较低。

3）操作形式。常压蒸发有无限空间（敞口式）蒸发和有限空间（封闭式）蒸发两种。一般多用敞口式蒸发，溶剂无须回收，但应注意生产环境的通风和排气，防止蒸气在操作现场弥漫，影响进一步的蒸发。封闭式蒸发主要用于耐热药剂的制备和溶剂的回收或转制。

4）常用设备。大量生产常用的设备为蒸汽夹层蒸发锅，常选用换热面积大及液柱静压小的形式。有的蒸发锅可旋转倾倒，如敞口倾斜式夹套锅，连接管自冷凝出口处拆开，即可倾倒出内容物，如图 4－2－3 所示。

（2）减压蒸发。具体内容如下：

1）定义。减压蒸发是指在蒸发器内形成一定的真空度，将溶液的沸点降低而进行的沸

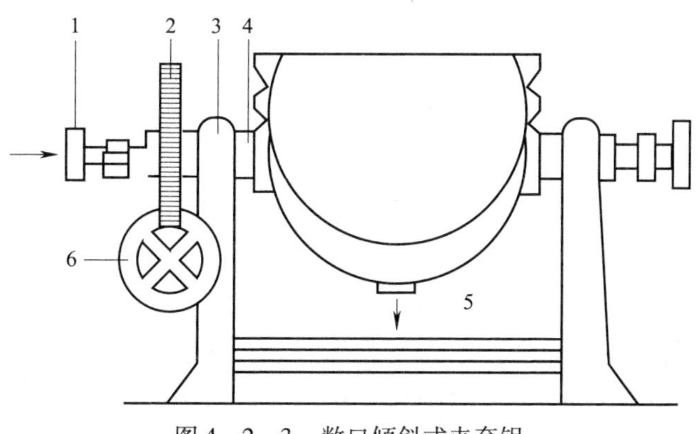

图4－2－3　敞口倾斜式夹套锅

1、5—连接管　2—蜗轮　3—有轴承的支柱　4—空心轴　6—舵轮

腾蒸发操作。

2）特点。减压蒸发降低了溶液的沸点（40～60 ℃），有效地保护了组分的稳定性，具有温度低、蒸发快、效率高的特点，适用于热敏性物料，在药剂生产中应用较广泛。

3）操作形式。减压蒸发可采用减压蒸馏蒸发和多效节能减压蒸发两种形式。

4）设备。减压蒸发采用减压蒸馏装置（见图4－2－1）和多效减压蒸发装置。三效减压蒸发装置如图4－2－4所示。减压蒸馏装置蒸发操作方法与减压蒸馏操作方法相同。

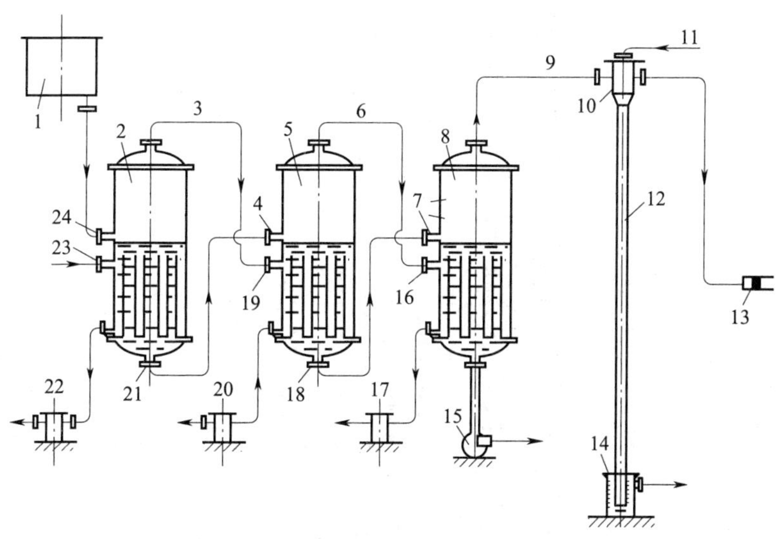

图4－2－4　三效减压蒸发装置

1—高位加液槽　2、5、8—蒸发器　3、6、9、11—导管　4、7、16、19、23、24—入口　10—冷凝器　12—气压管　13—抽气泵　14—水封　15—离心泵　17、20、22—蒸气阱　18、21—出口

在大量生产中，产生的二次蒸汽量很大。为了充分利用热能，通过多效减压蒸发装置，利用各效的压力差，将前效产生的蒸汽引入后一效作为加热蒸汽，依次向下循环，可使蒸汽

反复利用，大大降低热能的消耗。

（3）薄膜蒸发。具体内容如下：

1）定义。为了提高蒸发效率，使被浓缩的液体在蒸发器加热面上形成薄膜而进行的蒸发即薄膜蒸发。

2）特点。液体形成薄膜后具有极大的表面积，热传播快而均匀，无液体静压的影响，能较好地避免药液过热，药液受热时间短，可连续操作。薄膜蒸发适用于热敏性物料的蒸发，已成为国内外广泛应用的较先进蒸发方法。

3）操作形式。薄膜蒸发分为常压薄膜蒸发、减压薄膜蒸发，以及离心薄膜蒸发等形式。常压薄膜蒸发适用于大量生产，小量液体的蒸发一般使用小型减压薄膜蒸发器。

4）设备与装置。常压薄膜蒸发装置主要由列管式蒸发器、气液分离器、列管式预热器及冷凝器等组成，如图4－2－5所示。

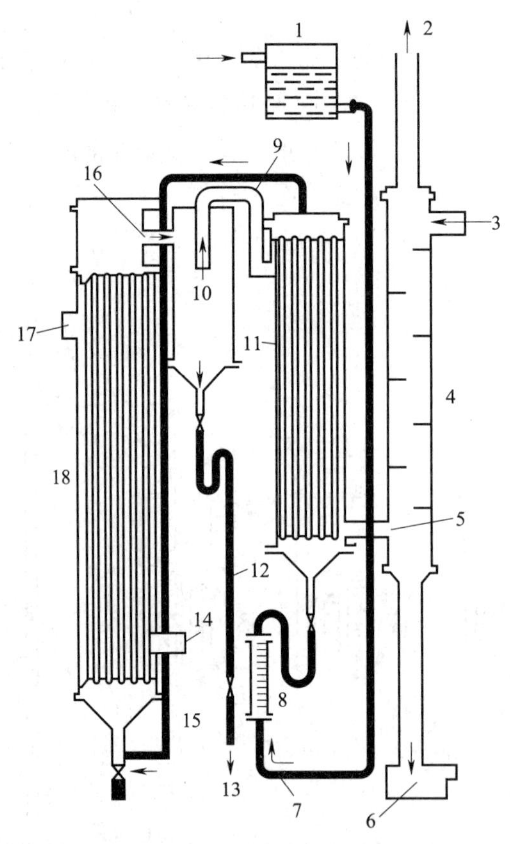

图4－2－5　常压薄膜蒸发装置

1—高位储液槽　2、5—废气出口　3—冷凝水进口　4—混合冷凝器　6—冷凝水出口　7、15—输液管　8—流量计　9—二次蒸汽导管　10—气液分离器　11—列管式预热器　12—浓缩液导管　13—浓缩液出口　14—蒸汽出口　16—气沫出口　17—蒸汽进口　18—列管式蒸发器

5）操作方法。欲蒸发的药液经输液管，通过流量计，进入列管式预热器预热后自上部流出，从蒸发器底部进入列管式蒸发器，被蒸汽加热后，汽化生成的泡沫和二次蒸汽沿加热

管上升，并把溶液拉拖成薄膜状沿管壁以高速向上流动。薄膜状溶液在上升的过程中，以泡沫的内外表面为蒸发面而迅速蒸发。泡沫与二次蒸汽的混合物自气沫出口进入气液分离器中，此时气沫分离为二次蒸汽与浓缩液。浓缩液经连接于气液分离器下口的导管流入接收器，二次蒸汽自导管进入列管式预热器的夹层中供预热药液之用。

升膜式蒸发器适用于蒸发量较大，有热敏性、黏度不大于0.05 Pa·s和不易结焦的溶液的蒸发。

刮板式薄膜蒸发器是利用旋转的刮板将料液分散成均匀的薄膜进行物料浓缩的装置。其浓缩比例大，一般为6∶1至10∶1，可得到高黏度的浓缩液。

三、干燥

1. 干燥的定义及目的

干燥是利用热能或其他适宜方法使物料中的湿分（水分或其他溶剂）汽化，并利用气流或真空带走汽化了的湿分，从而获得干燥固体产品的操作。

干燥的目的在于使物料便于进一步加工处理、运输、储存等，保障药品的质量和提高药物的稳定性。

2. 影响干燥的因素

（1）物料的性质。物料本身的结构、形状和大小是决定干燥速率的主要因素。干燥速率是单位时间内在单位干燥面积上汽化的水分的质量。一般来说，颗粒状物料比粉末状物料的干燥速率快，因为粉末之间孔隙小，内部的水分扩散慢。结晶性物料比浸出液膏状物干燥速率快。

（2）干燥介质的相对湿度。干燥介质的相对湿度越小，越易干燥。因此，烘房、烘箱中采用鼓风装置使空气流动更新。在流化干燥操作中，预先将气流本身进行干燥或预热，其目的就是降低干燥空间的相对湿度。

（3）干燥的压力。压力与蒸发量成反比，因而减压是改善蒸发条件、加快干燥速率的有效手段。减压干燥能降低干燥温度，加快蒸发，使产品疏松易碎并保持热敏组分的稳定性。

（4）干燥的速率。干燥应控制在一定速率下缓慢进行。在干燥过程中，首先进行表面干燥，然后内部水分扩散至表面继续蒸发。若一开始干燥温度过高，干燥速率过快，则物料表面水分很快蒸发，内部水分来不及扩散到表面，致使粉粒彼此紧密黏着，甚至结成硬壳，从而阻碍内部水分蒸发，使干燥不完全，造成外干内湿的假干燥现象。

（5）干燥的方法。在干燥过程中处于静态的物料，其暴露面积小，水蒸气散失慢，干燥效率低；在动态情况下，粉粒彼此分开且不停跳动，与干燥介质接触面积大，干燥效率高。

（6）空气的温度。在适当范围内提高空气的温度，可加快蒸发速率，加大蒸发量而利于干燥，但应根据物料的性质选择适宜的干燥温度，以防止某些组分被破坏。

（7）干燥的面积。干燥面积大小与干燥效率成正比。所以，对于相同体积的物料，干燥面积越大，干燥越快，反之就慢。

3. 常用的干燥方法和设备

（1）常压干燥。具体内容如下：

1）定义。常压干燥是指药材浓缩液在常压状态下进行干燥的方法，包括接触干燥和空气气流干燥两种形式。

2）特点。常压干燥简单易行，但干燥时间长，温度较高，易因过热破坏某些组分，干燥物较难粉碎，主要用于耐热物料的干燥。

3）设备和方法。生产中，常压干燥主要使用烘房、烘箱和滚筒式干燥器等。

①烘房操作方法。用烘房干燥时，将待干燥的物料均匀堆放在烘盘中，烘盘置于烘车上放入烘房。打开冷凝水排出阀门和蒸汽加热阀门，关闭烘房进行加热。开启鼓风机，使空气在烘房内循环加热。加热过程中，应打开排气阀门，以排出烘房内的湿空气。继续加热，并根据需要翻动物料至干燥为止。

②单滚筒式干燥器操作方法。用单滚筒式干燥器干燥时，将需要干燥的物料经离心泵导管不停地送入凹槽中。当物料自一定方向流回储存器时，滚筒的表面即黏附了一层物料。由于滚筒中间的蒸汽加热作用，滚筒表面的物料发生迅速蒸发及干燥作用。

（2）减压干燥。具体内容如下：

1）定义。减压干燥亦称真空干燥，是指在密闭的容器中抽去空气后进行干燥的方法。

2）特点。减压干燥常用于需要干燥但又不耐高温的药物。此法除能加速干燥，降低温度外，还能使干燥产品疏松和易于粉碎。此外，由于抽去了空气，减压干燥保证了易氧化药物的稳定性。

3）设备和方法。减压干燥器（见图4－2－6）主要由干燥箱、冷凝器与冷凝液接收器、真空泵3部分组成。干燥箱采用接触干燥结构，由多层蒸汽加热的盘管组成。

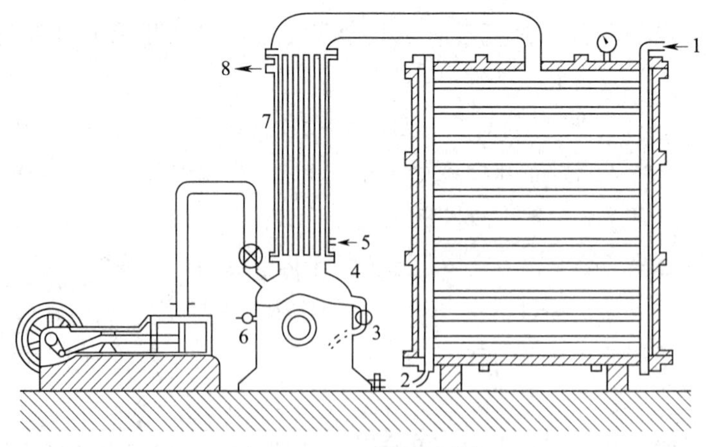

图4－2－6　减压干燥器

1—蒸汽入口　2—冷凝水出口　3、6—阀门　4—冷凝液接收器　5—进水口　7—列管式冷凝器　8—出水口

减压干燥器操作方法：将被干燥物平摊在接触加热干燥盘中，依次放在盘管上，关闭干燥箱和放气阀，开动真空泵将干燥箱内空气抽出到一定真空度。通入高压蒸汽，蒸汽进入夹层隔板内，对干燥盘上的物料不断进行加热，盘管中的冷凝水从下部出口处排出，箱内的蒸汽进入列管式冷凝器冷凝，保持干燥箱内负压。干燥结束后，先关闭真空泵电源，再关闭连接阀，打开放气阀，然后放出接收器中的冷凝液，最后取出干燥物品。

（3）喷雾干燥。具体内容如下：

1）定义。喷雾干燥是将药物溶液或混悬液用雾化器喷雾于干燥室内的热气流中，使水分迅速蒸发以直接制成球状干燥细颗粒的方法。

2）特点。水分蒸发的过程即液料浓缩、干燥、制粒的过程，可在数秒钟内完成。干燥过程中，雾滴温度不高，一般约为 50 ℃，故干燥制品质量好，特别适用于热敏性物料的干燥。干燥后物料多为松脆的空心颗粒，产品有较好的流动性，质地均匀，溶解性能好，可以改善某些制剂的溶出速率。因此，喷雾干燥技术在制剂生产中得到日益广泛的应用。

3）设备和方法。喷雾干燥装置主要由干燥室、喷雾器、预热空气和输送热空气设备以及细粉和废气分离装置等部分组成，如图 4－2－7 所示。

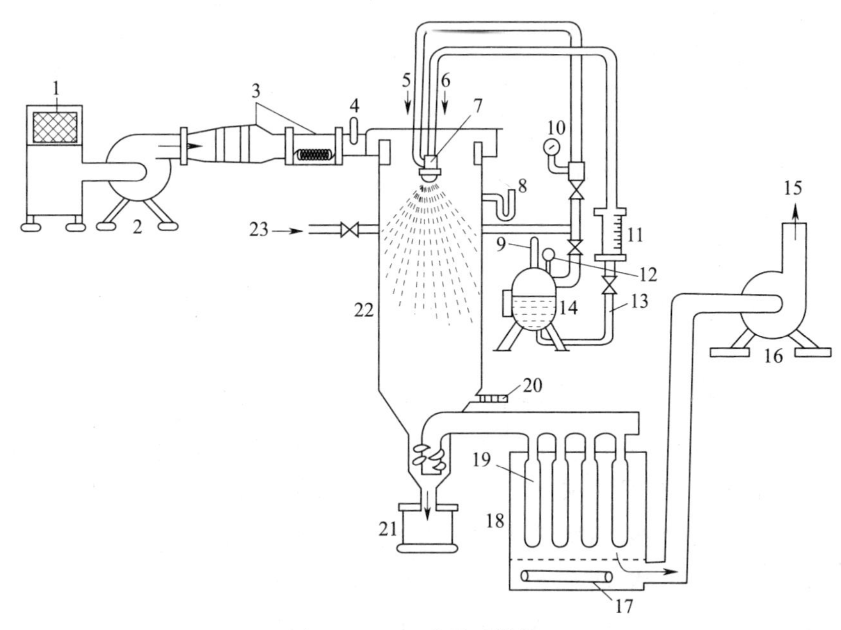

图 4－2－7　喷雾干燥装置

1—空气过滤器　2、16—鼓风机　3、17—预热器　4、8—风压表　5、23—压缩空气　6—药液　7—喷头　9、20—温度计　10、12—压力表　11—流量计　13—药液导管　14—储液罐　15—排气口　18—气粉分离室　19—布袋　21—收集桶　22—干燥室

喷雾干燥操作方法：操作时，药液自导管经流量计至喷头后，在进入喷头的压缩空气的作用下，形成雾滴喷入干燥室，雾滴与干燥室内的热空气迅速进行热交换，物料立即被干燥，已干燥的物料细粉落入收集桶内，部分细粉可被气粉分离室中的布袋捕捉。

（4）沸腾干燥。具体内容如下：

1）定义。沸腾干燥又称流化干燥，是利用热空气流使颗粒悬浮，呈沸腾（流化）状态进行干燥的方法。

2）特点。沸腾干燥热利用率较高，干燥速度快，产品质量好；物料在干燥床内的停留时间可调节，适用于热敏性物料的干燥；可在同一干燥器内进行连续或间歇操作，可自动出料，节省人力；物料处理量大，适于大规模生产；热能消耗大，设备清扫较麻烦；对被处理的物料有一定的限制，易黏结成团及易粘壁的物料处理困难，干燥后细粉较多。

3）设备和方法。使用较多的设备是负压卧式沸腾干燥床，主要由热源、沸腾室、扩大层、旋风分离器和细粉捕集室组成，如图 4－2－8 所示。

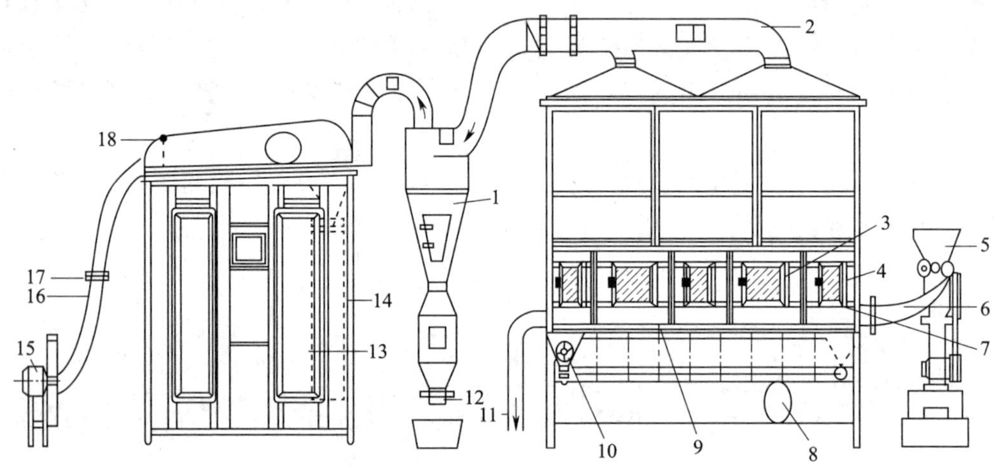

图 4－2－8　沸腾干燥床

1—旋风分离器　2、16—拔风管　3—沸腾室　4—观察窗　5—颗粒机　6—颗粒进口阀　7、18—挡板　8—热风进口　9—隔板　10—冷风进口　11—干颗粒出料口　12—粗粉出口　13—储粉室　14—布袋　15—鼓风机　17—风量调节器

沸腾干燥床操作方法：将湿物料输送到沸腾室，关闭观察窗和清洗门，用排风机将室内空气抽走，热气流经下部多孔板的小孔快速上升进入沸腾室，使湿颗粒在多孔板上不断跳动，快速进行热交换。干燥好的颗粒经出料口收集，进入扩大层上部的细粉通过拔风管到达旋风分离器，较粗的颗粒被分离器收集，更细的粉末进入细粉捕集室。

（5）红外线干燥。具体内容如下：

1）定义。红外线干燥是利用红外线辐射器所辐射出的红外线作用于被加热物质，引起分子激烈共振并迅速转变成热能，使水分汽化干燥的方法。

2）特点。红外线干燥具有干燥速度快、效率高、受热均匀、质量保持好的特点，适用于热敏性物料的干燥，尤其适用于具有多孔性薄层物料的干燥。缺点是热能消耗大。

3）设备。常用设备有振动式远红外干燥机等。

（6）冷冻干燥。具体内容如下：

1）定义。冷冻干燥是在低温低压条件下，利用水的升华性能而进行的一种干燥方法。

2）特点。冷冻干燥过程的低温和真空条件，特别适合易受热分解的药物，且干燥后所得的产品稳定，质地多孔疏松，易于溶解，含水量低，有利于药品的长期保存。冷冻干燥设备投资大，产品成本高，一般生物制品、酶、抗生素以及注射用无菌粉末多用此法干燥。

3）设备和方法。常用设备为冷冻干燥机，如图 4－2－9 所示。

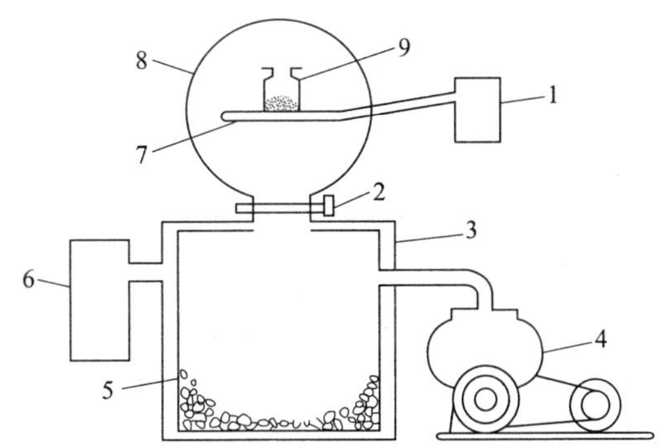

图 4－2－9　冷冻干燥机

1—小压缩机　2—阀门　3—冷凝室　4—真空泵　5—升华的冰
6—大压缩机　7—冷热板　8—干燥室　9—药液瓶

冷冻干燥操作方法：操作时，先用小压缩机将药液冷冻至－40 ℃，再用真空泵使压力降低，同时用大压缩机将干燥室和冷凝室温度降到－40 ℃，关闭小压缩机，利用电力缓慢加热使干燥室内的温度逐步升高到－20 ℃，药液中的水分即升华，疏松干燥的药物留在药瓶中。

（7）微波干燥。具体内容如下：

1）定义。微波干燥是指将湿物料置于高频电场内，湿物料中的水分子在微波电场的作用下迅速转动，发生剧烈的碰撞与摩擦，部分能量转化为热能，使物料本身被加热而干燥的方法。

2）特点。微波干燥具有加热迅速、均匀、干燥速度快、穿透力强、热效率高等优点，微波操作控制灵敏、方便，对含水物料的干燥特别有利。缺点是成本高，对有些物料的稳定性有影响。

（8）吸湿干燥。具体内容如下：

1）定义。吸湿干燥是指将干燥剂置于干燥柜架盘下层，而将湿物料置于架盘上层进行干燥的方法。常用的干燥剂有无水氧化钙、无水氯化钙、硅胶等。

2）特点。吸湿干燥一般在干燥的密闭容器中进行，常用于含湿量较少及某些具有芳香性成分药材的干燥。

思考与练习

1. 常用的蒸馏设备有哪些？各有何应用？

2. 简述影响蒸发的因素。

3. 简述影响干燥的因素。

4. 常用的干燥方法有哪几种？分别适用于哪些物料的干燥？

实训项目4　粉碎操作

一、实训目的

1. 能看懂粉碎操作批生产指令，并进行生产前准备。

2. 能按操作规程操作粉碎设备并进行清洁与维护。

3. 能对产品进行正确的质量判断和质量控制。

4. 能按清场规程进行清场工作。

二、器材准备

1. 生产设备：FGJ－300高效粉碎机。

2. 容器器具：不锈钢周转桶、洁净塑料袋、生产场地和设备状态标志牌、清洁毛巾、消毒毛巾、75%乙醇、标签。

三、实训内容与步骤

1. 生产前准备

（1）任务文件，具体如下：

1）《批生产指令单》。

2）《粉碎岗位操作法》。

3）《FGJ－300高效粉碎机标准操作规程》。

4）《FGJ－300高效粉碎机清洁操作规程》。

5）《生产用容器器具清洁操作规程》。

6）《生产场地清洁操作规程》。

（2）生产用物料。根据批生产指令领取物料，并核对物料的名称、规格、批号、数量、检验报告单或合格证等，确认无误后，交接双方在物料交接单上签字。

（3）生产前检查和准备，具体内容如下：

1）检查生产环境、设备的清洁状况，检查清场合格证，核对其有效期。若不合格，应重新清场，并经QA（质量保证）人员检查合格后，填写合格证，才能进行本岗位操作。

2）检查设备、容器器具是否洁净，检查齿盘螺栓是否松动，检查排风除尘系统是否运行正常。确认设备挂有“合格”“已清洁”标牌，用75%乙醇对设备及所用的容器器具进行消毒，并将粉碎机装好待用。

3）挂本次运行状态标志，进入生产操作。

2. 生产操作

（1）按工艺规程要求对需进行粉碎的物料进行粉碎操作，严格按《FGJ－300高效粉碎机标准操作规程》进行操作。

（2）将已粉碎物料装于内有洁净塑料袋的物料周转桶中，并内外各附标签1张，标明品名、规格、批号、数量、日期和操作人员等，送入暂存间存放。

（3）及时填写粉碎岗位生产记录，见表S－4－1。

3. 质量控制要点与质量判断

（1）质量控制要点如下：

1）固体制剂粉碎岗位操作室一般按D级洁净度要求。室内与相邻操作室呈负压，应有捕尘装置，温度为18～26℃，相对湿度为45%～65%。

2）物料含水量应不超过5%。

3）粉碎过程中的物料应有标识，防止发生混药、混批。

4）物料严禁混有金属物。

5）生产过程中随时注意设备声音。

（2）质量判断如下：

1）外观：色泽、粒度均匀。

2）异物：无异物。

3）粒度：粉碎后物料的粒度应符合制剂工艺规定。

4. 清洁和清场

按《生产场地清洁操作规程》《FGJ－300高效粉碎机清洁操作规程》《生产用容器器具清洁操作规程》进行清场、清洁。清场完毕，经QA人员检查合格后，发清场合格证，填写清场记录，见表S－4－2。

5. 填写记录

生产操作人员应及时、准确、真实、完整填写粉碎岗位生产记录并签名，复核人员确认无误后签名。

表S－4－1　　粉碎岗位生产记录

产品名称		规格		批号	
工序名称	粉碎	生产日期	年　月　日	批量	
生产场所	粉碎操作间	主要设备	FGJ－300高效粉碎机		

续表

<table>
<tr><td>序号</td><td colspan="3">指令</td><td colspan="2">工艺参数</td><td colspan="2">操作参数</td><td colspan="2">操作人员签名</td></tr>
<tr><td rowspan="3">①</td><td colspan="3">岗位上应具有“三证”</td><td colspan="2">清场合格证
设备完好证
计量器具检定合格证</td><td colspan="2">有□　无□
有□　无□
有□　无□</td><td colspan="2"></td></tr>
<tr><td colspan="3">生产现场</td><td colspan="2">压差
温度
相对湿度
上批遗留物</td><td colspan="2">数值：
数值：
数值：
有□　无□</td><td colspan="2"></td></tr>
<tr><td colspan="3">取下清场合格证，
附于本记录后</td><td colspan="2">—</td><td colspan="2">完成□　未办□</td><td colspan="2"></td></tr>
<tr><td rowspan="2">②</td><td colspan="3">检查设备清洁卫生</td><td colspan="2">FGJ－300 高效粉碎机
吸尘器
工具
周转容器
操作室
其他设备</td><td colspan="2">已清洁□　未清洁□
已清洁□　未清洁□
已清洁□　未清洁□
已清洁□　未清洁□
已清洁□　未清洁□
已清洁□　未清洁□</td><td colspan="2"></td></tr>
<tr><td colspan="3">空机试车</td><td colspan="2">—</td><td colspan="2">正常□　异常□</td><td colspan="2"></td></tr>
<tr><td>③</td><td colspan="3">与中转站管理人员
交接物料</td><td colspan="2">核对：
品名
规格
批号
数量
质量</td><td colspan="2">
符合□　不符□
符合□　不符□
符合□　不符□
符合□　不符□
符合□　不符□</td><td colspan="2"></td></tr>
<tr><td rowspan="2">④</td><td rowspan="2">粉碎</td><td>目数</td><td colspan="2">处理前质量/kg</td><td>处理后质量/kg</td><td colspan="2">物料平衡/%</td><td>操作人</td><td>复核人</td></tr>
<tr><td></td><td colspan="2"></td><td></td><td colspan="2"></td><td></td><td></td></tr>
<tr><td rowspan="2">⑤</td><td colspan="5">与中转站管理人员交接，接受人核对，并在递交单上签名</td><td colspan="4">已签□　未签□</td></tr>
<tr><td colspan="2">操作人</td><td></td><td>复核人</td><td></td><td>QA 人员</td><td></td><td>岗位负责人</td><td></td></tr>
<tr><td>⑥</td><td colspan="9">异常情况与处理记录：</td></tr>
</table>

表 S－4－2　　清场记录

<table>
<tr><td>产品名称</td><td></td><td>工序名称</td><td>粉碎</td></tr>
<tr><td>批　　号</td><td></td><td>规格</td><td></td></tr>
<tr><td>清场要求</td><td colspan="3">按《生产场地清洁操作规程》进行清场
将生产出的中间产品贴好标签，送至规定地点放置
将本批废弃物、剩余物料清离现场，室内不得存放与下批生产无关的物品
清洁设备，做到设备见本色，无物料遗留，无油垢污迹
清洁工具、容器，做到无异物，无物料遗留
清洁地面、门窗、天花板、地漏、开关箱外壳等，做到无积水，无积尘，无粉渣
清洗清洁工具，做到干净且无遗留物，干燥后置于规定位置</td></tr>
</table>

续表

<table>
<tr><td rowspan="10">清场情况</td><td rowspan="2">清场项目</td><td rowspan="2" colspan="2">操作要点</td><td colspan="2">清场结果</td></tr>
<tr><td>已清</td><td>未清</td></tr>
<tr><td>物料</td><td colspan="2">结料，剩余物料退中间站</td><td></td><td></td></tr>
<tr><td>中间产品</td><td colspan="2">清点，送规定地方放置</td><td></td><td></td></tr>
<tr><td>废弃物</td><td colspan="2">清离现场，置于规定地点</td><td></td><td></td></tr>
<tr><td>工艺文件</td><td colspan="2">若与下批生产无关，清离现场</td><td></td><td></td></tr>
<tr><td>工具器具</td><td colspan="2">冲洗干净，干燥后置于规定地点</td><td></td><td></td></tr>
<tr><td>生产设备</td><td colspan="2">湿抹或冲洗，见本色</td><td></td><td></td></tr>
<tr><td>工作场地</td><td colspan="2">清扫、湿抹或湿拖干净</td><td></td><td></td></tr>
<tr><td>清洁工具</td><td colspan="2">清洗干净，置于规定处干燥</td><td></td><td></td></tr>
<tr><td colspan="2">清场日期</td><td>年　　月　　日</td><td>清场人</td><td colspan="2"></td></tr>
<tr><td colspan="3">QA 人员现场检查</td><td colspan="3">上批清场合格证（粘贴处）</td></tr>
<tr><td colspan="3">检查结论：

检查人：

检查日期：　　年　　月　　日</td><td colspan="3"></td></tr>
</table>

注：本批生产结束后，填写清场记录，为正本。QA 人员检查结束后发放清场合格证，清场合格证粘贴在下一批记录上，为副本。

【注意事项】

粉碎设备使用和日常维护应注意以下几点：

（1）经常检查润滑油杯内的油量是否足够。

（2）电源应可靠接地，保持干燥，各种传动机构保持良好的润滑性。

（3）粉碎前应除去硬物杂质，以免卡塞，引起电动机发热或烧坏。例如，铁钉等进入粉碎室，长时间摩擦可引起电动机发热烧坏，在加料口设置电磁除铁装置可以解决这一问题。

（4）各种传动件必须连接可靠，保证机械正常运转。使用时，凡是高速旋转的粉碎机，均应先空转，待其转速稳定后再加物料。否则，若物料先进入粉碎室，机器难以启动，将引起发热，甚至会烧坏电动机。

（5）检查齿盘的固定和转动齿是否磨损严重。如果一侧磨损严重，应调整安装并使用另一侧；如果两侧磨损严重，应换齿。更换锤子时应将整套锤子一起进行更换，切不能只更换其中个别几只锤子。

（6）每季度检查一次电动机轴承，检查上、下皮带轮是否在同一平面内，检查皮带的松紧程度以及磨损情况，并及时调整更换。

四、实训测评

按表 S－4－3 所列实训评分标准进行测评，并做好记录。

表 S－4－3　　实训评分标准

序号	考核内容	考核标准	配分	得分
1	生产前准备	能正确解读生产任务文件，如《批生产指令单》《粉碎岗位操作法》《FGJ－300 高效粉碎机标准操作规程》等；能正确检查生产现场和环境；能正确领取生产用物料	15	
2	生产操作	能正确安装和调试高效粉碎机，能准确使用设备和场地状态标志牌，能按标准操作规程准确操作设备，能及时有效排除故障，产品外观、粒度等质量标准符合《中国药典》2020 年版要求，能正确处理中间产品	40	
3	质量控制与判断	熟悉质量控制要点，能对粒子外观、粒度进行检测并作出正确判断	15	
4	清洁与清场	能正确对生产设备、周转容器、称量用具、生产场地进行清洁和消毒，能正确处理剩余物料	20	
5	填写记录	生产记录填写及时、准确、真实、完整，修改符合规范	10	
合计			100	

实训项目 5　筛分操作

一、实训目的

1. 能看懂筛分操作批生产指令，并进行生产前准备。
2. 能按操作规程操作筛分设备并进行清洁与维护。
3. 能对产品进行正确的质量判断和质量控制。
4. 能按清场规程进行清场工作。

二、器材准备

1. 生产设备：XZS400－2 旋涡振动筛分机。

2. 容器器具：不锈钢周转桶、洁净塑料袋、生产场地和设备状态标志牌、清洁毛巾、消毒毛巾、75% 乙醇、标签。

三、实训内容与步骤

1. 生产前准备

（1）任务文件，具体如下：

1）《批生产指令单》。

2）《筛分岗位操作法》。

3）《XZS400－2 旋涡振动筛分机标准操作规程》。

4）《XZS400－2 旋涡振动筛分机清洁操作规程》。

5）《生产用容器器具清洁操作规程》。

6）《生产场地清洁操作规程》。

（2）生产用物料。根据批生产指令领取物料，并核对物料的名称、规格、批号、数量、检验报告单或合格证等，确认无误后，交接双方在物料交接单上签字。

（3）生产前检查和准备，具体内容如下：

1）检查是否有清场合格证，并确定是否在有效期内。

2）检查设备、容器、场地清洁是否符合要求。

3）检查电、水、气是否正常。

4）检查设备是否有“合格”“已清洁”标牌。

5）检查设备状况是否正常，如机器所有紧固螺栓是否全部拧紧，筛网规格是否符合要求，筛网有无破损，筛网是否锁紧，是否依次装好橡皮垫圈、钢套圈、筛网、筛盖，空机运行过程中是否有异常声音，机器运转是否平稳等。

6）用 75% 乙醇对设备及所用的容器器具进行消毒，并将筛分机装好待用。

7）挂本次运行状态标志，进入生产操作。

2. 生产操作

（1）按主机启动开关，待主机运转正常平稳后，开始加料。

（2）加料必须均匀，速度要适当，否则物料会溢出或影响筛分质量。

（3）筛分完毕，待不再出料后再停机。

（4）将已筛分物料装于内有洁净塑料袋的物料周转桶中，并内外各附标签一张，标明品名、规格、批号、数量、日期和操作人员等，送入暂存间存放。

（5）及时填写筛分岗位生产记录，见表 S－5－1。

3. 质量控制要点与质量判断

（1）质量控制要点如下：

1）筛分岗位操作室一般按 D 级洁净度要求。室内保持干燥且有捕尘装置，室内与相邻操作室呈负压，温度为 18～26 ℃，相对湿度为 45%～65%。

2）严格按操作规程设置药筛规格、筛分速度、料层厚度及筛分时间等。

3）物料保持干燥。

4）筛分过程中随时注意设备声音。

5）生产过程所有物料均应有标识，防止发生混药、混批。

6）按设备的清洁要求进行清洁。

（2）质量判断如下：

1）外观：色泽、粒度均匀。

2）粒度：筛分后粉体的粒度应符合制剂工艺规定。

4. 清洁和清场

按《生产场地清洁操作规程》《XZS400－2旋涡振动筛分机清洁操作规程》《生产用容器器具清洁操作规程》进行清场、清洁。清场完毕，经QA人员检查合格后，发清场合格证，填写清场记录，见表S－4－2。

5. 填写记录

生产操作人员应及时、准确、真实、完整填写筛分岗位生产记录并签名，复核人员确认无误后签名。

表S－5－1　筛分岗位生产记录

产品名称		规格		批号	
工序名称	筛分	生产日期	年　月　日	批量	
生产场所	筛分操作间	主要设备	XZS400－2旋涡振动筛分机		
序号	指令	工艺参数	操作参数	操作人员签名	
①	岗位上应具有“三证”	清场合格证 设备完好证 计量器具检定合格证	有□　无□ 有□　无□ 有□　无□		
	生产现场	压差 温度 相对湿度 上批遗留物	数值： 数值： 数值： 有□　无□		
	取下清场合格证，附于本记录后	—	完成□　未办□		
②	检查设备清洁卫生	XZS400－2旋振筛 吸尘器 工具 周转容器 操作室 其他设备	已清洁□　未清洁□ 已清洁□　未清洁□ 已清洁□　未清洁□ 已清洁□　未清洁□ 已清洁□　未清洁□ 已清洁□　未清洁□		
	空机试车	—	正常□　异常□		
③	与中转站管理人员交接物料	核对： 品名 规格 批号 数量 质量	 符合□　不符□ 符合□　不符□ 符合□　不符□ 符合□　不符□ 符合□　不符□		

续表

<table>
<tr><td>序号</td><td colspan="2">指令</td><td colspan="2">工艺参数</td><td colspan="2">操作参数</td><td colspan="2">操作人员签名</td></tr>
<tr><td rowspan="2">④</td><td rowspan="2">筛分</td><td>目数</td><td>处理前质量/kg</td><td>处理后质量/kg</td><td colspan="2">物料平衡/%</td><td>操作人</td><td>复核人</td></tr>
<tr><td></td><td></td><td></td><td colspan="2"></td><td></td><td></td></tr>
<tr><td rowspan="2">⑤</td><td colspan="4">与中转站管理人员交接，接受人核对，并在递交单上签名</td><td colspan="4">已签□　未签□</td></tr>
<tr><td>操作人</td><td></td><td>复核人</td><td></td><td>QA 人员</td><td></td><td>岗位负责人</td><td></td></tr>
<tr><td>⑥</td><td colspan="8">异常情况与处理记录：</td></tr>
</table>

【注意事项】

筛分设备使用和日常维护应注意以下几点：

（1）保证机器各部件完好可靠。

（2）设备外表及内部应洁净，无污物聚集。

（3）各润滑油杯和油嘴每班加润滑油和润滑脂。

（4）操作前检查筛网是否完好，是否变形，维修正常后方可生产。

（5）筛内药粉不宜过多，一般以药筛容积的 1/4 为宜。

（6）药筛使用完毕，应用软毛刷刷净，必要时用水冲洗，但应及时晾干。

四、实训测评

按表 S－5－2 所列实训评分标准进行测评，并做好记录。

表 S－5－2　　实训评分标准

序号	考核内容	考核标准	配分	得分
1	生产前准备	能正确解读生产任务文件，如《批生产指令单》《筛分岗位操作法》《XZS400－2 旋涡振动筛分机标准操作规程》等；能正确检查生产现场和环境；能正确领取生产用物料	15	
2	生产操作	能正确安装和调试旋振筛分机，能准确使用设备和场地状态标志牌，能按标准操作规程准确操作设备，能及时有效排除故障，产品质量符合《中国药典》2020 年版要求，能正确处理中间产品	40	
3	质量控制与判断	熟悉质量控制要点，能对粒子外观、粒度进行检测并作出正确判断	15	
4	清洁与清场	能正确对生产设备、周转容器、称量用具、生产场地进行清洁和消毒，能正确处理剩余物料	20	
5	填写记录	生产记录填写及时、准确、真实、完整，修改符合规范	10	
合计			100	

实训项目 6　混合操作

一、实训目的

1. 能看懂混合操作批生产指令，并进行生产前准备。
2. 能按操作规程操作混合设备并进行清洁与维护。
3. 能对产品进行正确的质量判断和质量控制。
4. 能按清场规程进行清场工作。

二、器材准备

1. 生产设备：HD－5 多向运动混合机。

2. 容器器具：不锈钢周转桶、洁净塑料袋、生产场地和设备状态标志牌、清洁毛巾、消毒毛巾、75% 乙醇、标签。

三、实训内容与步骤

1. 生产前准备

（1）任务文件，具体如下：

1）《批生产指令单》。

2）《混合岗位操作法》。

3）《HD－5 多向运动混合机标准操作规程》。

4）《HD－5 多向运动混合机清洁操作规程》。

5）《生产场地清洁操作规程》。

（2）生产用物料。根据批生产指令到中间站领取物料，并核对物料的名称、规格、批号、数量、检验报告单或合格证等，确认无误后，交接双方在物料交接单上签字。

（3）生产前检查，具体内容如下：

1）检查清场合格证（副本）是否符合要求，更换状态标志牌，检查有无空白生产原始记录。

2）检查压差、温度和湿度是否符合生产规定。

3）检查混料所用的计量器具是否清洁，计量范围是否与称量数量相符，查看合格证和有效期。

4）检查混料容器和用具是否已清洁、消毒，容器外有无原有的任何标记。

5）检查生产现场是否有上批遗留物。

6）用 75% 乙醇对设备及所用的容器器具进行消毒，并将混合机装好待用。

7）挂本次运行状态标志，进入生产操作。

2. 生产操作

（1）接通电源，点动设备，确认无异常声音后，启动设备，确认运转正常。

（2）观察料桶运动位置，使加料口处于理想的加料位置。松开加料口卡箍，取下平盖进行加料，加料量不得超过额定装量。

（3）加料完毕后，盖上平盖，上紧卡箍。

（4）根据工艺要求，调整好时间继电器，调整好混合转速，开机混合。

（5）混合机到设定的时间会自动停机，若出料口位置不理想，可点动开机，将出料口调整到最佳位置，切断电源，打开出料阀出料。

（6）出料时应控制出料速度，以便控制粉尘及避免物料损失。

（7）操作结束后，将容器密封，填写两张物料标识卡，标明物料名称、批号、数量（毛重、皮重、净重或容积），由称量人和复核人签名，注明配料日期，一张贴于容器外，一张放于容器内，交中间站管理人员。

（8）操作人员详细填写混合岗位生产记录（见表 S－6－1）并签名。

3. 质量控制要点与质量判断

（1）操作间必须保持干燥。

（2）生产过程中随时注意设备声音。

（3）生产过程所有物料均应有标识，防止发生混药、混批。

（4）控制混合时间、混合转速。

（5）外观色泽一致、混合均匀。

4. 清洁和清场

（1）更换状态标志牌。

（2）关闭设备的电源，按照相应的清洁操作规程对设备、器具等进行清洁，确保无油污、粉尘、污迹。

（3）对周转容器和工具等按规程进行清洁消毒，整齐摆放于存放间；清洁消毒天花板、墙面、地面等。

（4）完成清场记录（见表 S－4－2）的填写，请 QA 人员检查，合格后发给清场合格证。

5. 填写记录

生产操作人员应及时、准确、真实、完整填写混合岗位生产记录并签名，复核人员确认无误后签名。

表 S－6－1　　混合岗位生产记录

产品名称		规格		批号	
工序名称	混合	生产日期	年　月　日	批量	
生产场所	混合操作间	主要设备	HD－5 多向运动混合机		

续表

<table>
<tr><th>序号</th><th colspan="2">指令</th><th colspan="2">工艺参数</th><th colspan="2">操作参数</th><th colspan="2">操作人员签名</th></tr>
<tr><td rowspan="3">①</td><td colspan="2">岗位上应具有“三证”</td><td colspan="2">清场合格证
设备完好证
计量器具检定合格证</td><td colspan="2">有□　无□
有□　无□
有□　无□</td><td colspan="2"></td></tr>
<tr><td colspan="2">生产现场</td><td colspan="2">压差
温度
相对湿度
上批遗留物</td><td colspan="2">数值：
数值：
数值：
有□　无□</td><td colspan="2"></td></tr>
<tr><td colspan="2">取下清场合格证，
附于本记录后</td><td colspan="2">—</td><td colspan="2">完成□　未办□</td><td colspan="2"></td></tr>
<tr><td rowspan="2">②</td><td colspan="2">检查设备清洁卫生</td><td colspan="2">HD－5 多向运动混合机
吸尘器
工具
周转容器
操作室
其他设备</td><td colspan="2">已清洁□　未清洁□
已清洁□　未清洁□
已清洁□　未清洁□
已清洁□　未清洁□
已清洁□　未清洁□
已清洁□　未清洁□</td><td colspan="2"></td></tr>
<tr><td colspan="2">空机试车</td><td colspan="2">—</td><td colspan="2">正常□　异常□</td><td colspan="2"></td></tr>
<tr><td>③</td><td colspan="2">与中转站管理人员
交接物料</td><td colspan="2">核对：
品名
规格
批号
数量
质量</td><td colspan="2">
符合□　不符□
符合□　不符□
符合□　不符□
符合□　不符□
符合□　不符□</td><td colspan="2"></td></tr>
<tr><td rowspan="2">④</td><td rowspan="2">混合</td><td>混合时间</td><td>转速/(r/min)</td><td>混合前物料净重/kg</td><td>混合后物料净重/kg</td><td>物料平衡/%</td><td>操作人</td><td>复核人</td></tr>
<tr><td>时　分　秒至
时　分　秒</td><td></td><td></td><td></td><td></td><td></td><td></td></tr>
<tr><td rowspan="2">⑤</td><td colspan="5">与中转站管理人员交接，接受人核对，并在递交单上签名</td><td colspan="3">已签□　未签□</td></tr>
<tr><td>操作人</td><td></td><td>复核人</td><td></td><td>QA 人员</td><td></td><td>岗位负责人</td><td></td></tr>
<tr><td>⑥</td><td colspan="8">异常情况与处理记录：</td></tr>
</table>

【注意事项】

混合设备使用和日常维护应注意以下几点：

(1) 经常保持设备表面光洁，防止损坏加料口法兰及桶内抛光镜面。

(2) 设备工作时，如果出现异响或漏油等不正常现象，应立即停车检查。

(3) 保证机器各部件完好可靠，各润滑油杯和油嘴每班加润滑油和润滑脂。

(4) 每月检查地脚螺栓是否松动，加料口是否密封，放料阀是否密封、轻便。每月给链条加黄油并张紧链条。

(5) 整机每半年检查一次。

四、实训测评

按表 S－6－2 所列实训评分标准进行测评，并做好记录。

表 S－6－2　实训评分标准

序号	考核内容	考核标准	配分	得分
1	生产前准备	能正确解读生产任务文件，如《批生产指令单》《混合岗位操作法》《HD－5 多向运动混合机标准操作规程》等；能正确检查生产现场和环境；能正确领取生产用物料	15	
2	生产操作	能正确安装和调试多向运动混合机，能准确使用设备和场地状态标志牌，能按标准操作规程准确操作设备，能及时有效排除故障，产品质量符合《中国药典》2020 年版要求，能正确处理中间产品	40	
3	质量控制与判断	熟悉质量控制要点，能对混合物进行检测并作出正确判断	15	
4	清洁与清场	能正确对生产设备、周转容器、称量用具、生产场地进行清洁和消毒，能正确处理剩余物料	20	
5	填写记录	生产记录填写及时、准确、真实、完整，修改符合规范	10	
合计			100	

第五章

固体制剂

固体制剂类药剂是临床应用最广泛的制剂，包括散剂、颗粒剂、胶囊剂、片剂、丸剂、栓剂等制剂。本章对固体制剂类药剂的定义、特点和分类做了概述，对各种制剂的制备工艺、制备要点、质量检查做了讲解。通过各种固体制剂实训项目，学生应学会进行各类药剂的生产前准备，能按岗位操作规程生产各种固体制剂，会按要求进行设备清洁和清场工作，并正确填写原始记录。

§5－1　散剂

学习目标

1. 熟悉散剂的质量检查项目和包装、储存。
2. 掌握散剂的定义和特点，了解散剂的分类。
3. 掌握散剂的制备工艺与制备要点。
4. 能进行散剂制备并做质量检查。

散剂作为我国中药传统剂型之一，在我国早期的医药典籍中即有不少记载。至今，散剂仍是常用的一种剂型，临床应用广泛，中药散剂的应用比西药散剂更广泛。散剂根据给药途径可分为口服散剂和局部用散剂，也可按照组成分为单散剂和复方散剂。

一、散剂概述

1. 散剂的定义与特点

（1）散剂的定义。散剂系指药物或与适宜的辅料经粉碎、均匀混合制成的干燥粉末状制剂。

（2）散剂的特点如下：

1）粒径小，易分散，奏效快。散剂适用于小儿服用，特别是在不宜服用丸、片等剂型时可改服散剂。

2）外用覆盖面积大，用于溃疡病、外伤流血等可起到保护黏膜、吸收分泌物及促进凝血的作用。

3）不含液体，相对比较稳定，储存、运输、携带较方便。

4）制备工艺简单，剂量可随症增减，方便婴幼儿使用。

5）剂量较大的散剂，有时不如丸、片、胶囊等剂型便于服用。

6）比表面积大，挥发性组分易散失，药物化学稳定性相应地减弱。因此，一些有挥发性、易吸湿变质的药物不宜制备成散剂。

【知识链接】

散剂的粒度

不同用途的散剂对粒度的要求是有区别的。除另有规定外，口服散剂为细粉，儿科用及局部用散剂为最细粉，眼用散剂为极细粉。

2. 散剂的分类

（1）按用途不同，散剂可分为口服散剂和局部用散剂。口服散剂溶于或分散于水或其他液体中服用，也可直接用水送服。局部用散剂可供口腔、咽喉、腔道、皮肤等处应用。专供治疗、预防和润滑皮肤的散剂也可称为撒布剂或撒粉。

（2）按组分性质，散剂可分为中药散剂、浸膏散剂、含共熔成分散剂、泡腾散剂以及剧毒药散剂等。

【知识链接】

含共熔成分的散剂

两种或多种药物经混合后，出现熔化或湿润的现象，称为共熔。常见的发生共熔的药物有樟脑与苯酚、薄荷脑、麝香草酚等。能发生共熔的药物互相混合研磨时，根据其比例和当时的温度条件，可能表现出不同的变化，如液化、润湿或仍保持干燥。

（3）按药物组成，散剂可分为单散剂和复方散剂。单散剂系由一种药物组成，复方散剂系由两种或两种以上药物组成。

（4）按剂量，散剂可分为分剂量和不分剂量散剂。分剂量系指每包作为一个剂量；不分剂量系以多次服用量发出，由患者服用或使用时按医嘱自取。一般情况下，外用散剂多为不分剂量散剂，内服散剂则两者均采用，但剧毒药散剂必须分剂量。

练一练

查阅常见散剂标签和说明书，列举散剂种类，每种不少于3个制剂。

二、散剂的制备

1. 散剂的制备工艺

散剂的制备工艺是制备其他固体剂型的基础，其工艺流程如下：原辅料→粉碎→过筛→

混合→分剂量→包装。

对应的生产岗位包括称量、粉碎、过筛、混合岗位，以及分剂量岗位和包装岗位。

2. 散剂的制备要点

（1）备料。核对原辅料检验合格单的品名及批号，按处方要求，准确称量。

（2）粉碎、过筛与混合。固体药物的粉碎是将大块物料借助机械力破碎成适宜大小的颗粒或细粉的操作。散剂制备过程中所用的原辅料，除粒度已达到要求的外，均应进行粉碎。在内服散剂中，为加速难溶性药物的溶解和吸收，应将其粉碎成极细粉；对于易溶于水的药物，应将其粉碎成细粉。用于皮肤或伤口的外用散剂，一般要求粉碎成最细粉，以减轻对组织或黏膜的机械刺激作用。混合时，要注意设备能力、混合时间、加料顺序等，确保散剂中各组分分散均匀、色泽一致。对于混合比例相差悬殊的组分，应使用等量递加法（配研法）。药物粉碎、过筛与混合的原理与方法已在第四章中讲述，这里仅结合散剂作些说明。

【知识链接】

配研法制备倍散

中药制剂中，剧毒药的剂量小，除称取费时外，服用也容易损耗。倍散是在小剂量的剧毒药中添加一定量的填充剂制成的稀释散。在调剂工作中，常用5倍散、10倍散，亦有百倍散、千倍散。稀释倍数由剂量而定：剂量0.01～0.10 g可配成10倍散（即9份稀释剂与1份药物混合），0.001～0.010 g可配成百倍散，0.001 g以下应配成千倍散。倍散配制时，应采用等量递加法稀释。为了保证倍散的均匀性，有时可加着色剂（如胭脂红）染色。10倍散着色应深一些，百倍散着色稍浅些，这样可以根据倍散颜色的深浅，判别主药的浓度。

（3）分剂量。分剂量是指将混合均匀的散剂，按临床所需剂量分成等质量（或容积）份数的操作过程。常用的分剂量方法有目测法、重量法和容量法。

1）目测法（估分法）。此法系将散剂以目测分成若干等份的方法。此法简便，但误差较大，药房临时调配少量普通散剂时可用此法。剧毒药散剂不宜采用此法。

2）重量法。此法系用戥秤或天平逐份称重的方法。此法分剂量准确，但操作麻烦，效率低，适用于含剧毒药或贵重细料药散剂的分剂量。

3）容量法。此法系用固定容量的容器进行分剂量的方法。此法效率较高，但准确性不如重量法。目前，工业大生产中分剂量的方法主要选择容量法。

三、散剂的质量检查和包装、储存

1. 质量检查

（1）外观均匀度。取供试品适量，置于光滑纸上，平铺约5 cm^2，将其表面压平，在亮处观察，应色泽均匀，无花纹与色斑。

（2）粒度。取供试品10 g，精密称定，化学药散剂通过七号筛（中药散剂通过六号筛）的粉末质量应不低于95%。

（3）水分。中药散剂按照水分测定法测定，不得超过9.0%。

（4）干燥失重。除另有规定外，取供试品，按照干燥失重测定法测定，在105 ℃下干燥至恒重，减失质量不得超过2.0%。

（5）装量差异。单剂量包装的散剂，按照下述方法检查，并应符合表5－1－1的规定。取散剂10袋（瓶），除去包装，分别精密称定每袋（瓶）内容物的质量，求出内容物的装量与平均装量。每袋（瓶）装量与平均装量相比应符合规定，超出装量差异限度的散剂不得多于2袋（瓶），并不得有1袋（瓶）超出装量差异限度1倍。

表5－1－1　　散剂装量差异限度

散剂的装量	装量差异限度
0.1 g及0.1 g以下	±15%
0.1 g以上至0.5 g	±10%
0.5 g以上至1.5 g	±8%
1.5 g以上至6.0 g	±7%
6.0 g以上	±5%

练一练

现有一批散剂，标示装量为0.3 g。检查装量差异，抽检10袋，测得每袋内容物装量如下：

0.301 4 g　　0.287 5 g　　0.323 9 g　　0.317 6 g　　0.302 1 g

0.316 4 g　　0.282 1 g　　0.296 5 g　　0.287 3 g　　0.298 5 g

请根据《中国药典》2020年版质量要求判定该批散剂的装量差异是否合格。

2. 包装、储存

散剂粒度小且分散度大，容易出现潮解、结块、变色或霉变等不稳定现象，其吸湿性与风化性也较显著。散剂吸湿后易出现结块、失去流动性等物理变化，可导致变色、分解或效价降低等化学变化，也可导致微生物污染等生物学变化。所以，防潮是保障散剂质量的一项重要措施。

选用适宜的包装材料与储存条件可延缓散剂吸湿。分剂量散剂一般可用包装纸包装，不分剂量散剂可装于衬有蜡纸的盒中，或装入玻璃管、玻璃瓶中加盖并蜡封。生物制品应采用防潮材料包装，防止药物因吸湿而引起变质和结块，同时也可防止微生物污染。散剂在储存过程中，防潮是关键。除另有规定外，散剂应密闭储存，含挥发性原料药物或吸潮原料药物的散剂应密封储存。

思考与练习

1. 请根据1∶1 000硫酸阿托品散处方①，设计该散剂制备流程并阐明制备要点。

① 本书中制剂处方仅作实训用，准确处方请查询《中国药典》2020年版。

【处方】硫酸阿托品　　　　1.0 g
　　　　胭脂红乳糖（1%）　0.5 g
　　　　乳糖　　　　　　　998.5 g

2. 查阅《中国药典》2020 年版，撰写散剂水分检查和干燥失重质量检查的操作规程。

§5－2　颗粒剂

学习目标

1. 熟悉颗粒剂的质量检查项目和包装、储存。
2. 掌握颗粒剂的定义和特点，了解颗粒剂的分类。
3. 掌握一般颗粒剂、中药颗粒剂、泡腾颗粒剂的制备方法与工艺。
4. 能进行颗粒剂制备并做质量检查。

颗粒剂作为常见固体制剂，应用广泛，主要供内服，可直接吞服，也可分散或溶解在水中服用。目前，国内外已广泛应用颗粒剂，并且在生产工艺设备、质量控制、新型辅料的应用等方面都进行了深入研究，发展较快。

一、颗粒剂概述

1. 颗粒剂的定义与特点

（1）颗粒剂的定义。颗粒剂是药物或药材提取物与适宜的辅料或药材细粉制成的有一定粒度的干燥颗粒状制剂。

（2）颗粒剂的特点如下：

1）性质稳定，运输、携带、储存方便。

2）流动性较散剂好，易于分剂量。

3）可制成可溶颗粒、混悬颗粒和泡腾颗粒，保持液体药剂奏效快的特点，有利于药物在体内的吸收。

4）可根据临床不同的需要，制备成缓释、控释颗粒或肠溶颗粒，达到改变作用速度和作用部位的效果。

5）可加入适宜的矫味剂，以掩盖某些药物的苦味，尤其用于小儿用药。

6）因含糖较多，易引湿受潮和软化结块，影响质量。

想一想

颗粒剂与散剂相比，具有哪些优点和缺点？

2. 颗粒剂的分类

颗粒剂根据在水中溶解情况可分为可溶颗粒（通称为颗粒）、混悬颗粒、泡腾颗粒、肠溶颗粒，根据释放特性不同还有缓释颗粒和控释颗粒等。

（1）可溶颗粒：加入水中可全部溶解或轻微混浊的颗粒剂。

（2）混悬颗粒：难溶性固体药物与适宜辅料制成的具有一定粒度的干燥颗粒剂。

（3）泡腾颗粒：含有碳酸氢钠和有机酸，遇水可放出大量气体而呈泡腾状的颗粒剂。

（4）肠溶颗粒：采用肠溶材料包裹颗粒或其他适宜方法制成的颗粒状制剂，如地红霉素肠溶颗粒、肠必清肠溶颗粒。

（5）缓释颗粒：在水或规定的释放介质中缓慢地非恒速释放药物的颗粒剂。

（6）控释颗粒：在水或规定的释放介质中缓慢地恒速或接近于恒速释放药物的颗粒剂。

练一练

查阅常见颗粒剂标签和说明书，列举颗粒剂种类，每种不少于3个制剂。

二、颗粒剂的制备

1. 一般颗粒剂的制备

（1）生产工艺流程。原辅料→粉碎与过筛→混合→制粒→干燥→整粒→分剂量→包装。

（2）物料的处理。主药与辅料在混合前均需要经过粉碎、过筛或干燥处理，以通过80～100目筛为宜。剧毒药、贵重药需要碾磨更细，便于混合，使含量准确。颗粒剂制备辅料详见片剂章节（本章第四节）。

（3）制粒工艺如下：

1）制粒的目的。制粒是将原辅料混匀后加工制成一定形状和大小的颗粒状物料，使细小物料聚集成较大粒度产品的加工过程。制粒的目的如下：

①改善流动性。粉末制成颗粒后，粒径增大，减少了粒子间的黏附性、凝集性，从而大大改善颗粒的流动性。

②防止各组分离析。处方中各组分的粒度、密度存在差异时容易出现离析现象，混合后制粒或制粒后混合可有效防止离析。

③避免粉尘飞扬及在器壁上黏附。制粒可防止粉末飞扬及黏附，防止环境污染及原料的损失，达到GMP的要求。

④调整堆密度，改善溶解性能。

⑤在片剂生产中有助于压力均匀传递。

⑥便于服用，携带方便，提高商品价值。

2）湿法制粒。湿法制粒系在混合均匀的物料中加入润湿剂或黏合剂进行制粒的方法，在药品生产企业中应用最为广泛。根据制粒所用的设备不同，湿法制粒有以下几种：

①挤压制粒。挤压制粒系将处方中原辅料经混合均匀后加入黏合剂或润湿剂制成软材，再以挤压方式通过筛网（板）（10～14目）制成均匀颗粒的方法。小量制备可用手工制粒

筛，大量生产多用摇摆式颗粒机（见图5－2－1），而黏性较差的药料宜选用旋转式制粒机制粒。挤压制粒的常用设备是摇摆式颗粒机。

摇摆式颗粒机由制粒部分和传动部分组成，其结构主要有机座、电动机、带轮、蜗杆、蜗轮、齿条、滚筒、筛网、管夹（棘轮机构）。该设备利用滚筒的正反方向旋转运动，使刮刀对物料产生挤压和剪切作用，将物料挤过筛网制成颗粒。该设备为连续操作设备。摇摆式颗粒机一般与槽形混合机配套制粒，也可对干颗粒进行整粒。

图5－2－1　摇摆式颗粒机

②高速搅拌制粒。高速搅拌制粒系指将固体辅料、药物细粉以及黏合剂或润湿剂置于密闭的制粒容器内，利用高速旋转的搅拌桨与制粒刀的切割作用，一次完成物料混合、制软材、切割、制粒与滚圆的制粒方法。高速搅拌制粒的常用设备是湿法混合制粒机（见图5－2－2）。

湿法混合制粒机主要由机座、调速电动机、混合缸、水平搅拌桨、垂直制粒刀、气动出料阀和控制系统构成。其工作原理是由气动系统关闭出料阀，加入物料后，在封闭的容器内，依靠搅拌桨的旋转、推进和抛撒作用，使容器内的物料迅速翻转达到充分混合，黏合剂或润湿剂从上盖顶部加料口加入，同时，利用高速旋转且前缘锋利的制粒刀，将其迅速切割成均匀的颗粒，制得的颗粒由出料口放出。该设备为间歇操作设备。该设备在同一容器内完成混合和制粒两道工序，混合制粒时间短，制成的颗粒大小均匀，质地结实，细粉少，压片时流动性好，成片后硬度高，崩解、溶出性能好。该设备比槽形混合机消耗的黏合剂少，操作方便，成功把握较大。

图5－2－2　湿法混合制粒机

③流化制粒。流化制粒系将物料置于流化床内，在自下而上的热空气作用下，使物料粉末保持流化状态的同时，喷入润湿剂或液体黏合剂，使粉末相互接触聚结成颗粒，经反复喷雾、聚结与干燥而制成一定规格颗粒的方法。在流化制粒过程中，混合、制粒、干燥在同一台设备内完成。流化制粒常用的设备是FGL－03沸腾干燥制粒机（见图5－2－3）。

FGL－03沸腾干燥制粒机主要由风机、空气过滤器、加热器、进风口、物料容器、流化室、出风口、供液泵、喷枪等组成，可将混合、制粒、干燥工序并在一套设备中完成。其工作原理：物料粉末置于流化室下方的原料容器中，空气经过滤加热后，从原料容器下方进入，将物料吹起至流化状态，黏合剂经供液泵送至流化室顶部，与压缩空气混合经喷头喷出，物料与黏合剂接触聚结成颗粒。热空气对颗粒进行加热干燥，形成均匀的多微孔球状颗粒回落到原料容器中。此设备为间歇操作设备。设备使用时要注意以下4点：容器内装量应适当，一般为容器容积的60%～80%；起始风量不宜过大，以免堵塞；应控制进风量略大于出风量；应控制适宜的进风温度，避免温度过高。

图 5-2-3　FGL-03 沸腾干燥制粒机

④喷雾制粒。喷雾制粒系将药物溶液或混悬液用雾化器喷雾于干燥室内，在热气流的作用下，使雾滴中的水分迅速蒸发以直接制成干燥颗粒的方法。喷雾制粒制得的颗粒呈球状。该法可在数秒钟内完成药液的浓缩、干燥、制粒过程，原料液的含水量可达 70%，甚至 80% 以上，并能连续操作。此过程如果以干燥为目的，称为喷雾干燥；如果以制粒为目的，称为喷雾制粒。

3）干法制粒。干法制粒系将药物加入适宜的干燥黏合剂等辅料，用干法制粒机压成薄片，再粉碎成颗粒的方法。这种干法制粒新工艺，可防止有效成分损失，提高颗粒的稳定性、崩解性和溶散性，赋形剂用量少，剂量减小。干法制粒常用于热敏性物料、遇水易分解的药物及易压缩成型的药物制粒。根据制粒时采用的设备不同，干法制粒可分为重压法和滚压法。

①重压法（压片法）。重压法制粒技术系利用重型压片机将物料压制成直径为 20～50 mm 的胚片，然后破碎成一定大小颗粒的方法。重压法可使物料免受润湿及温度的影响，所得的颗粒密度高，但产量小，生产效率低，工艺可控性差。

②滚压法。滚压法系利用转速相同的两个滚轮之间的缝隙，将物料粉末滚压成板状物，然后破碎成一定大小颗粒的方法。滚压法与重压法相比，生产能力大，工艺可操作性强，润滑剂使用量小。

（4）干燥。湿颗粒制成后，应及时干燥，以免结块变形。干燥温度一般以 60～80 ℃为宜。干燥时温度应逐渐上升，否则颗粒的表面干燥过快，易结成一层硬壳而影响内部水分的蒸发，且颗粒中的糖粉骤遇高温时会熔化，使颗粒变得坚硬。生产中常用箱式干燥法、流化干燥法等。

【知识链接】

箱式干燥法生产操作要点

（1）将需要干燥的湿颗粒均匀放置在烘盘上，厚度以不超过 2 cm 为宜。

（2）将烘盘自上而下放入干燥箱，依次打开风机及加热器开关，设定干燥温度为 60～

70 ℃，干燥时间为1.5 h。为提高干燥效率，每30 min翻动一次。

（3）干燥时间到，关闭加热器，待温度降至50 ℃后关闭风机。

（4）自下而上取出烘盘，将烘盘内颗粒轻轻装入不锈钢桶内，交下道工序，并办理相关手续。

（5）整粒。湿颗粒在干燥过程中，有些可能出现结块、粘连等现象，应进行过筛整粒。

1）整粒的目的：使结块或粘连的颗粒分开，选出合适大小的颗粒。根据不同制剂工艺要求，去除过粗或过细的颗粒，将大颗粒磨碎，将小颗粒筛除。

2）整粒的方法：一般过12～14目筛除去粗大颗粒（磨碎再过），然后过60目筛除去细粉，使颗粒均匀。筛下的细粉可重新制粒，或并入下次同一批号药粉中，混匀制粒。处方中的芳香挥发性组分，宜溶于适量乙醇中，用雾化器均匀喷洒于干燥的颗粒上，密闭放置一定时间，待闷吸均匀后，才能包装。也可制成β－环糊精包合物后混入。

3）常用设备：摇摆式颗粒机。

（6）分剂量、包装。颗粒剂分剂量基本与散剂相同。整粒后的干燥颗粒应及时密封包装，生产上一般采用自动颗粒包装机进行分装。因颗粒剂中含有较多的糖粉，极易吸湿软化，以至结块霉变，故应选用不易透气、透湿的包装材料，如复合铝塑袋、铝箔袋或不透气的塑料瓶等，并应干燥储存。

2. 中药颗粒剂的制备

（1）提取。根据药材中有效成分不同，药材经过预处理后，可采用不同的溶剂和方法进行提取。一般多采用水提醇沉法，即用煎煮法分次浸提，过滤，滤液蒸发浓缩至一定浓度，再进行醇处理，蒸馏回收乙醇，滤液蒸发至稠膏状，得浓缩膏备用。

【知识链接】

水提醇沉法

水提醇沉法就是利用有效成分能溶于乙醇而杂质不溶于乙醇的特性，在加入乙醇后，有效成分转溶于乙醇中而杂质则被沉淀出来。醇沉的目的是除去杂质，保留药物有效成分。杂质主要包括水煎液中的淀粉、树胶、果胶、黏液质、蛋白质、鞣质、色素、无机盐等水溶性杂质。中药水提液经浓缩后在常温或低温下加入乙醇进行醇沉，乙醇既作为溶剂，溶解浓缩液中的有效成分，又作为沉淀剂来沉淀某些杂质。

（2）制粒。将浓缩膏加入适量的干燥糖粉和其他辅料，混合均匀，必要时加适量水或稀乙醇作为润湿剂制软材，用12～14目筛制成颗粒。浓缩膏与糖粉的比例，应视膏中所含药物成分的性质及膏中含水量而定，一般干浸膏为1∶3，稠浸膏为1∶5。为了减少糖粉用量，也可酌用部分糊精。

3. 泡腾颗粒剂的制备

（1）制备机理。泡腾颗粒剂是利用有机酸与弱碱遇水反应产生二氧化碳气体，使药液产生气泡呈泡腾状态的颗粒剂。常用作泡腾崩解剂的有机酸有酒石酸、枸橼酸等，弱碱有碳酸钠、碳酸氢钠等。使用时，酸与碱发生中和反应产生二氧化碳气体，使颗粒快速崩解，因此泡腾颗粒剂具有速溶性；二氧化碳溶于水后呈弱酸性，能刺激味蕾，因而可达到矫味的作用。

（2）制备要点。将处方药料按水溶性颗粒剂提取、精制得稠膏或干浸膏粉，分成两份。一份中加入弱碱及其他适量辅料制成碱性颗粒，干燥备用；另一份中加入有机酸及其他适量辅料制成酸性颗粒，干燥备用。再将两种颗粒混合均匀，整粒，包装即得。制备过程中应注意控制水分，以免服用前发生酸碱中和反应。

三、颗粒剂的质量检查和包装、储存

1. 质量检查

（1）外观。颗粒剂的外观应干燥，颗粒均匀，色泽一致，无吸潮、结块、潮解等现象。

（2）粒度。除另有规定外，按照粒度和粒度分布测定法（双筛分法）检查，不能通过一号筛（2 000 μm）与能通过五号筛（180 μm）的总和不得超过供试量的 15%。

（3）水分。中药颗粒剂按照水分测定法测定，除另有规定外，水分不得超过 8.0%（质量分数）。

（4）干燥失重。除另有规定外，化学药品和生物制品颗粒剂按照干燥失重测定法测定，于 105 ℃下干燥至恒重（含糖颗粒应在 80 ℃下减压干燥），减失质量不得超过 2.0%。

（5）溶化性。其质量检查方法如下：

1）可溶颗粒检查法：取供试品 10 g（中药单剂量包装取 1 袋），加热水 200 mL，搅拌 5 min，立即观察，可溶颗粒应全部溶化或轻微混浊。

2）泡腾颗粒检查法：取供试品 3 袋，将内容物分别转移至盛有 200 mL 水的烧杯中，水温为 15 ~25 ℃，应迅速产生气体呈泡腾状，5 min 内颗粒均应完全分散或溶解在水中。

（6）装量差异。单剂量包装的颗粒剂按下述方法检查：取供试品 10 袋（瓶），除去包装，分别精密称定每袋（瓶）内容物的质量，求出每袋（瓶）内容物的装量与平均装量。每袋（瓶）装量与平均装量相比较，超出装量差异限度的颗粒剂不得多于 2 袋（瓶），并不得有 1 袋（瓶）超出装量差异限度 1 倍。颗粒剂装量差异限度应符合表 5 -2 -1 中的有关规定。凡规定检查含量均匀度的颗粒剂，一般不再进行装量差异的检查。

表 5 -2 -1　颗粒剂装量差异限度

平均装量或标示装量	装量差异限度
1.0 g 及 1.0 g 以下	±10%
1.0 g 以上至 1.5 g	±8%
1.5 g 以上至 6.0 g	±7%
6.0 g 以上	±5%

练一练

现有一批维生素C颗粒剂，标示装量2 g，检查装量差异，抽检10袋，测得每袋内容物装量如下：

2.102 3 g	1.987 5 g	2.023 9 g	1.927 5 g	2.007 5 g
2.123 4 g	1.982 1 g	2.076 5 g	1.957 6 g	2.098 5 g

请根据《中国药典》2020年版质量要求判定该颗粒剂的装量差异是否合格。

想一想

查阅《中国药典》2020年版（通则0942）最低装量检查法，思考多剂量包装的颗粒剂应如何进行最低装量检查法？

2. 包装、储存

颗粒剂的比表面积较大，且含有较多的糖分，易吸湿软化，如果包装或储存不当，极易出现潮解、结块、变色、分解、霉变等一系列不稳定现象，严重影响制剂的质量以及用药的安全性。防潮是颗粒剂包装和储存的重点。整粒后的干燥颗粒应及时密封包装，生产上一般采用自动颗粒包装机进行包装。颗粒剂应注意选择适宜的储存条件，应储存于阴凉干燥处，避免高温和光照。

思考与练习

1. 简述常用湿法制粒的优缺点。
2. 简述颗粒剂制备的质量要求和质量控制要点。

§5－3 胶囊剂

学习目标

1. 熟悉胶囊剂的质量检查项目和包装、储存。
2. 掌握胶囊剂的定义和特点，了解胶囊剂的分类和适用范围。
3. 掌握硬胶囊、软胶囊（胶丸）、肠溶胶囊的制备方法与工艺。
4. 能进行胶囊剂制备并做质量检查。

胶囊剂作为广泛使用的口服剂型之一，在许多国家，其产量、产值仅次于片剂和注射剂居第3位。近年来，甲基纤维素、海藻酸钙、聚乙烯醇（PVA）等新型高分子材料应用于胶囊制备，以改变胶囊的溶解性或达到缓释、控释、肠溶的目的。

一、胶囊剂概述

1. 胶囊剂的定义与特点

（1）胶囊剂的定义。胶囊剂系指原料药物或与适宜辅料填充于硬质空心胶囊或密封于软质空心胶囊中制成的固体制剂，主要供内服，少数用于直肠、阴道、植入等给药。构成上述硬质或软质空心胶囊的材料称为囊材，主要材料为药用明胶，其填充内容物称为囊心物。

【知识链接】

药用明胶

明胶具有凝胶性、固水性、黏合性和溶解性等多种特性，在医药行业有广泛的用途，主要用于硬胶囊、软胶囊、代血浆和包衣等。药用明胶是用于医药产品生产的明胶。其使用方式：有些是直接的，如鱼肝油的生产；有些是间接的，如硬胶囊，作为药品的包装物使用。药用明胶和食用明胶、照相明胶、工业明胶一样，都是根据明胶的用途和质量指标要求不同划分出的一类明胶产品。目前，以明胶为原料的药用空心胶囊中重金属（铬、砷、汞、铅等）的含量限度问题是社会最关注的问题。根据《药用明胶》（QB 2354—2005），药用明胶重金属含量限度如下：镉（Cd）含量≤0.50 mg/kg，铬（Cr）含量≤2.0 mg/kg，砷（As）含量≤0.8 mg/kg。

（2）胶囊剂的特点如下：

1）药物在体内起效快，生物利用度高。不同于片剂、丸剂，胶囊剂在制备时无须加黏合剂和受压，所以在胃肠道中崩解快，服药后3～5 min可崩解释放药物，溶出和吸收好。

2）密封安全，提高药物的稳定性。对光、氧气敏感或遇湿不稳定的药物，如维生素、抗生素等，可装入不透光的胶囊中，与外界隔离，避免光线、空气、水分的影响。

3）掩盖药物的不良嗅味且外观美观。例如，胶囊剂可掩盖氯霉素的苦味、鱼肝油的腥味等。空心胶囊经抛光后外观整洁、美观。

4）弥补其他固体剂型的不足，可实现液态药物的固体剂型化。普通药油难以制成丸剂、片剂时宜制成胶囊剂，如鱼肝油胶囊剂等。剂量小、难溶于水、胃肠道内不易吸收的药物可使其溶于适当的油中，制成软胶囊，以利吸收。

5）可延缓药物的释放和定位释药。缓释、控释胶囊是将药物先制成颗粒，然后用缓释包衣材料按所需比例包衣制成缓释颗粒装入空心胶囊中，可达到延效的目的。口服肠溶胶囊剂可定位释放药物于小肠，结肠靶向胶囊剂可用于在结肠段吸收较好的蛋白质类、多肽类药物的制剂。

【知识链接】

胶囊剂的适用范围

以明胶为主要组分的胶囊剂囊材具有脆性和水溶性，故下列情况不适宜制成胶囊剂：

(1) 易导致胶囊溶化的液体药剂，如药物的水溶液或稀乙醇溶液。

(2) 具有易溶性和较强刺激性的药物，如卤化物。胶囊剂在胃中溶化时，若局部浓度过高，会刺激胃黏膜。

(3) 可使胶囊脆裂的易吸湿药物。加入少量惰性油与吸湿性药物混合，可延缓或预防囊壁变脆。

(4) 可使胶囊软化的易风化药物。

(5) O/W（水包油）型乳剂。该类乳剂与囊壁接触会使其软化。

(6) 酸性液体能使明胶水解，引起渗漏；碱性液体能使明胶鞣质化而影响溶解性。液体药物 pH 以 2.5 ~7.5 为宜。

---

2. 胶囊剂的分类

胶囊剂依据硬度、溶解性和释放性，分为硬胶囊、软胶囊（胶丸）、肠溶胶囊、结肠靶向胶囊、缓释胶囊和控释胶囊。

(1) 硬胶囊。硬胶囊系采用适宜的制剂技术，将药物（或加适宜辅料）制成粉末、颗粒、小丸或小片等充填于空心胶囊中。

(2) 软胶囊。软胶囊系将一定量的液体药物直接包封，或将固体药物溶解或分散在适宜的赋形剂中制备成溶液、混悬液、乳液或半固体，密封于球形、椭圆形或其他形状的软质囊材中制成的剂型。

(3) 肠溶胶囊。肠溶胶囊由硬胶囊或软胶囊经药用高分子材料处理或其他适宜方法加工而成，不溶于胃液，但能在肠液中崩解而释放活性成分。药物对胃有刺激性或遇胃酸不稳定，或需在肠内溶解吸收发挥疗效的均宜制成肠溶胶囊。

(4) 结肠靶向胶囊。结肠靶向胶囊系指用能在结肠部位溶解或酶解的高分子材料（如果胶钙、丙烯酸树脂等）制成的胶囊。

(5) 缓释胶囊。缓释胶囊系指在水中或规定的释放介质中缓慢地非恒速释放药物的胶囊剂。

(6) 控释胶囊。控释胶囊系指在水中或规定的释放介质中缓慢地恒速或接近恒速释放药物的胶囊剂。

练一练

查阅常见胶囊剂标签和说明书，并列举该胶囊剂所属的种类。

二、胶囊剂的制备

1. 硬胶囊的制备

(1) 空心胶囊制备工艺如下：

1) 空心胶囊的组成。空心胶囊的组成材料有明胶、增塑剂、着色剂、遮光剂及防腐剂等。

①明胶。空心胶囊的主要原料是明胶。明胶是从动物组织中提炼得到的一种复杂的蛋白质。除明胶外，还可用甲基纤维素、羟烷基淀粉、褐藻胶、海洋生物胶和淀粉等作为空心胶囊的原料。

②增塑剂。增塑剂能改善明胶的吸湿性和脱水性，增强其坚韧性和可塑性。常用的增塑剂有甘油、山梨醇，单独或混合使用；还可用羟丙基纤维素（HPC）、羧甲基纤维素钠、油酸酰胺磺酸钠等。

③着色剂。着色剂赋予空心胶囊颜色，使胶囊美观，便于识别。常用的着色剂为食用规格的水溶性染料。

④遮光剂。遮光剂赋予空心胶囊遮光性能，用于提高光敏药物的稳定性。常用的遮光剂有红、黄或棕色的氧化钛、炭黑、钛白粉（二氧化钛）等，其中二氧化钛最为常用，每千克明胶原料常加 2 ~ 12 g。

⑤防腐剂。防腐剂起防腐作用，常用的有对羟基苯甲酸类。

⑥其他。其他材料包括增加空心胶囊光洁度的十二烷基硫酸钠；香料，常用0.1%的乙基香草醛或2%的香精等。

2）空心胶囊的制备过程。空心胶囊的制备过程：溶胶→蘸胶制坯→干燥→截割→整理→检查→包装。空心胶囊有专门的生产厂家，为便于识别，多将空心胶囊制成各种颜色，囊帽与囊体的颜色也不相同。空心胶囊一般采用自动化生产，生产环境洁净度应达到B级。

【知识链接】

空心胶囊的规格

空心胶囊的规格由大到小分000、00、0、1、2、3、4、5号共8种。空心胶囊的规格不同，容积也不同。常见的空心胶囊规格及其容积见表5-3-1。空心胶囊的长度与壁厚应符合有关规定。

表5-3-1　常见的空心胶囊规格及其容积

空心胶囊规格	0号	1号	2号	3号	4号	5号
容积/mL	0.75	0.55	0.40	0.30	0.25	0.15

（2）物料的处理。物料的形式有粉末、颗粒、小片或小丸。粉状药物的处理基本上与散剂相同，而颗粒状药物的处理与颗粒剂相同。通常，化学药物经粉碎、混合、过筛等操作，制成均匀干燥的散剂后即可用于填充。以前主要填装药粉，现多改用颗粒或小丸填充，不仅改善药物的流动性，还可制成缓释胶囊、控释胶囊和肠溶胶囊，延长或控制药物的作用时间，提高药物的生物利用度。因此，可根据制剂技术对物料进行处理。

1）若纯药物粉碎至适宜粒度就能满足硬胶囊的填充要求，药物粉碎过筛后即可直接填充。

2）小剂量药物，应先用适宜的稀释剂稀释，混合均匀后再填充。

3）流动性差的药物，应将药物加适宜的辅料如蔗糖、乳糖、微晶纤维素、羟丙基纤维素、改性淀粉、硬脂酸盐、滑石粉等稀释剂、助流剂、崩解剂制成均匀的粉末、颗粒或小片后填充。

4）速释小丸、缓释小丸、控释小丸或肠溶小丸可单独填充或混合后填充，必要时加入适量空白小丸作填充剂。

5）将药物制成包合物、固体分散体、微囊或微球混合后填充。

6）挥发性物料则用吸收剂（如碳酸钙、轻质氧化镁、磷酸氢钙等）吸收后填充。

（3）填充方式如下：

1）手工填充。小剂量制备时，一般采用手工填充。该法粉尘易飞扬，剂量不准确，生产效率低。目前大多采用硬胶囊分装器手工填充物料，可提高工作效率，减少质量差。

2）机器填充。大量生产时，可用全自动胶囊填充机。

（4）常用填充设备。常用填充设备有 NJP－400 全自动胶囊填充机，如图 5－3－1 所示。该设备主要由机座和电控系统、液晶界面、胶囊料斗、播囊装置、旋转工作台、药物料斗、充填装置、胶囊扣合装置、胶囊导出装置组成。

图 5－3－1　NJP－400 全自动胶囊填充机

1）全自动胶囊填充机的特点。全自动胶囊填充机是近年研制开发的新型设备，主要功能是向空心胶囊内填充药物，配备不同规格的模具，能同时完成播囊、分离、充填、剔废、锁紧、成品出料、模块清洗等动作。机器全封闭设计，符合 GMP 要求，具有结构新颖、剂量准确、生产效率高、安全环保等特点，广泛应用于药品的生产。

2）全自动胶囊填充机的工作原理（见图 5－3－2）。装在料斗里的空心胶囊随着机器的运转，逐个进入顺序装置的顺序叉内，经过胶囊导槽和拨叉的作用，空心胶囊调头。机器每动作一次，释放一排空心胶囊进入模块孔内，并使其囊体在下、囊帽在上。转台的间隙转动使空心胶囊在转台的模块中被输出到各工位，真空分离系统将空心胶囊放进模块孔中的同时将帽体分开。随着机器的运转，下模块向外伸出，与上模块错开，以备填充物料。药粉由不锈钢料斗进入计量装置的盛粉环内，盛粉环内药粉的高度由料位传感器控制。充填杆把压实的药柱推到囊体内，调整每组充填杆的高度可以改变装药量。下模块缩回与上模块并合，经过推杆作用使充填好的胶囊扣合锁紧，并将扣好的成品胶囊推出收集。真空清理器清理模块孔后进入下一个循环。

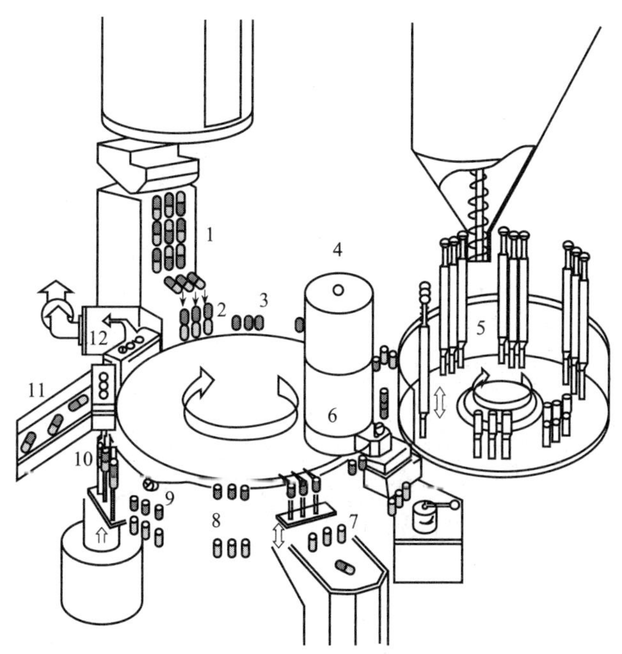

图 5-3-2　全自动胶囊填充机的工作原理

1—空心胶囊排列　2—空心胶囊校准方向　3—囊体囊帽分离　4、5、6—填充及余留扩展工位
7—剔除残次胶囊并吸掉　8、9—下模块向内运动并同时上升　10—套合
11—胶囊排出　12—吸尘器清理模孔后进入下一个循环

3）填充过程。全自动胶囊填充机每转一圈，即完成一套完整的胶囊填充全程。胶囊填充过程：空心胶囊供给→空心胶囊排列→空心胶囊校准方向→空心胶囊分离→填充内容物→胶囊套合或锁口→排出胶囊。

2. 软胶囊的制备

软胶囊的制备方法有压制法（又称模制法）和滴制法两种。

（1）压制法。压制法是先将明胶、甘油与水溶解制成胶液，再将胶液制成厚薄均匀的胶带（又称胶板或胶片），然后将填充物置于两张胶带之间，用钢模或旋转模压制成软胶囊的一种方法。压制法生产的软胶囊又称有缝胶丸，其制作过程可分为以下步骤：

1）配制胶液。根据囊材组成，取明胶加蒸馏水浸泡使之膨胀，溶解后将其他辅料加入，搅拌混合均匀即可。

2）制备胶带。将配制好的胶液涂于平坦的钢板表面，厚薄均匀，再用 90 ℃左右的温度加热，使之成为具有一定弹性的软胶带。

3）压制软胶囊。工厂大规模生产软胶囊多采用机械压制法，常用设备是滚模式软胶囊机，该设备填充的药液量由填充泵准确控制，填充药液与软胶囊模的形成是同步、协调进行的。GY 系列软胶囊机是由主机、制冷机、胶丸输送机、旋转干燥机、化胶罐、电气控制系统及其他辅助设备组成的一套滚模式软胶囊自动生产线。该生产线损耗功率小，生产率高，适合企业 24 h 连续生产。该生产线能把各类药品、食品、化妆品、各种油类物质和疏水悬液或糊状物定量压注并包封于明胶膜内，形成大小形状各异的密封软胶囊。滚模式软胶囊机如图 5－3－3 所示。

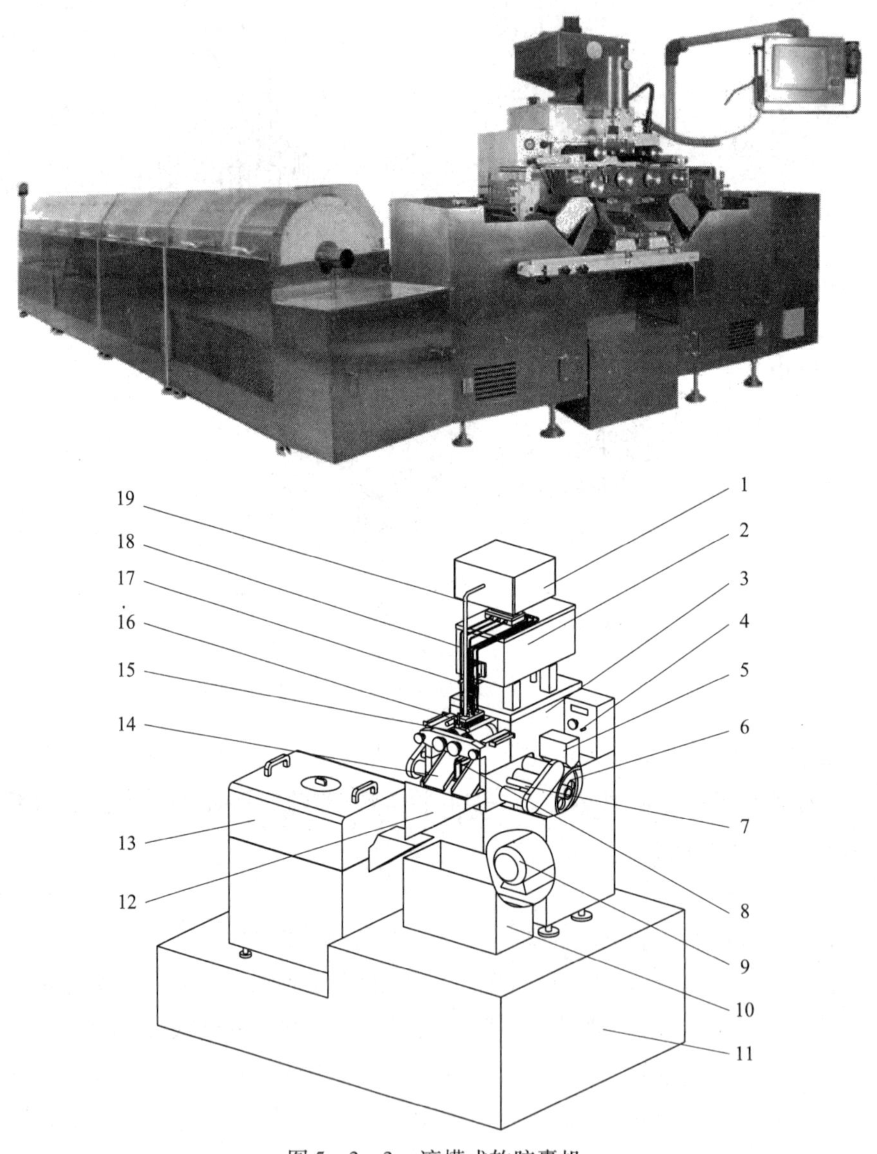

图 5－3－3　滚模式软胶囊机

1—料斗　2—供料泵　3—传动系统总成　4—控制系统　5—胶盒　6—胶皮轮　7—油滚系统　8—拨丸器　9—电动机　10—废胶桶　11—移动平台　12—胶囊输送溜斗　13—转笼干燥机　14—接丸溜斗　15—模具　16—加热注射器　17—加热注射器提升机构　18—注料管　19—多余物料返回管

（2）滴制法。滴制法又称滴丸法，是指通过滴丸机的喷头（或称滴头）用一定量的明胶液包裹一定量的药液，滴入另一种互不相溶的液体冷却剂中，明胶液在冷却剂中因表面张力作用而凝固成球形软胶囊（胶丸）的方法。滴制法生产的软胶囊又称无缝胶丸，常用设备是滴制式软胶囊机。

滴制式软胶囊机主要由滴制部分、冷却部分、电气控制系统、干燥部分等组成，如图 5－3－4 所示。明胶液与油状药液通过喷嘴喷出，明胶液包裹药液后滴入不相混溶的冷却液中，凝成丸状无缝软胶囊。该机结构紧凑，操作及维修方便，占地面积小，装量准确，成品率高，物耗少。滴制法制备软胶囊时，软胶囊的质量与胶液的组成、胶液的黏度、药物与明胶及冷却剂三者的密度、软胶囊在冷却剂中的下降速度（即是否有足够时间使之冷却成型）、冷却箱温度等因素有关，故滴制工艺的设计实施必须依据实验。

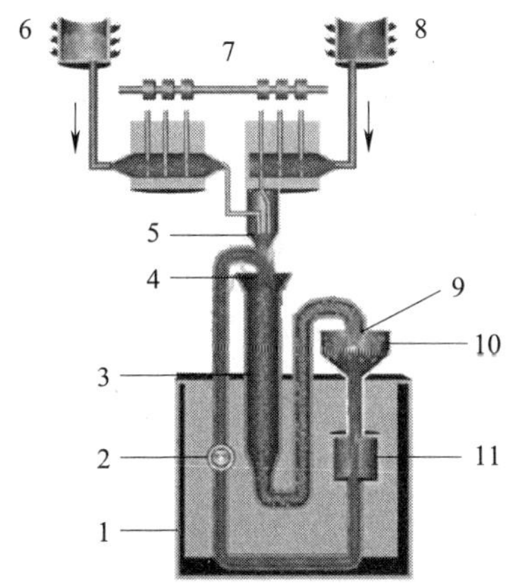

图 5－3－4　滴制式软胶囊机

1—冷却箱　2—循环泵　3—冷却柱　4—液体石蜡出口　5—喷嘴　6—药液储槽　7—定量装置　8—明胶液储槽　9—胶丸出口　10—过滤器　11—液体石蜡储箱

3. 肠溶胶囊的制备

（1）甲醛浸流法。其原理是使甲醛与明胶发生胺缩醛反应，生成甲醛明胶，使明胶无游离氨基存在，失去与酸结合的能力，故不溶于胃液。但明胶中仍含有羧基，能在肠液的碱性介质中溶解并释放药物。此处理法受甲醛浓度、处理时间、储存时间等因素影响较大，肠溶性不稳定，现已不用。

（2）采用具有肠溶性的囊心物制成胶囊。将颗粒、小丸进行肠溶包衣处理后装入普通硬胶囊中，可制成肠溶胶囊。

（3）肠溶材料制成空心胶囊。将肠溶性高分子材料溶液加到明胶液中，再加工成肠溶空心胶囊。例如，醋酸纤维素酞酸酯（CAP）、虫胶等作为肠溶材料制备肠溶软胶丸，具有较好的肠溶性能。

（4）用肠溶材料作为外层包衣。用明胶（或海藻酸钠）先制成空心胶囊，再涂上肠溶材料，如 CAP、丙烯酸树脂Ⅱ号等，其肠溶性较稳定。例如，用 PVP（聚乙烯吡咯烷酮）作为底衣，再用 CAP、蜂蜡等进行外层包衣，可以改善 CAP 包衣后“脱壳”的缺点。

三、胶囊剂的质量检查和包装、储存

1. 质量检查

（1）外观。胶囊剂应整洁，不得有黏结、变形、渗漏或囊壳破裂现象，并应无异臭。

（2）水分。中药的硬胶囊应根据《中国药典》2020 年版（四部）规定做水分检查。取硬胶囊的内容物，按照水分测定法［《中国药典》2020 年版（通则 0832）］测定，不得过 9.0%。

（3）装量差异。除另有规定外，取供试品 20 粒（中药取 10 粒），分别精密称定质量后，倾出内容物（不得损失囊壳），硬胶囊囊壳用小刷或其他适宜的用具拭净，软胶囊或内容物为半固体或液体的硬胶囊囊壳用乙醚等易挥发性溶剂洗净，置通风处使溶剂挥发干净，再分别精密称定囊壳质量，求出每粒内容物的装量与平均装量。每粒装量与平均装量相比较（有标示装量的胶囊剂，每粒装量应与标示装量比较），超出装量差异限度的不得多于 2 粒，并不得有 1 粒超出装量差异限度 1 倍。胶囊剂装量差异限度见表 5－3－2。凡规定检查含量均匀度的胶囊剂，可不进行装量差异限度的检查。

表 5－3－2　胶囊剂装量差异限度

平均装量	装量差异限度
0.3 g 以下	±10%
0.3 g 或 0.3 g 以上	±7.5%（中药 ±10%）

练一练

现有一批牙痛酊胶囊剂，检查装量差异，抽检 20 粒，测得每粒内容物装量如下：

0.304 5 g　0.324 5 g　0.317 0 g　0.301 2 g　0.304 5 g
0.323 4 g　0.312 1 g　0.276 5 g　0.257 6 g　0.298 5 g
0.282 3 g　0.284 3 g　0.293 2 g　0.310 8 g　0.312 1 g
0.342 1 g　0.302 3 g　0.302 1 g　0.303 5 g　0.306 5 g

请根据《中国药典》2020 年版质量要求判定该胶囊剂的装量差异是否合格。

（4）崩解时限。硬胶囊剂或软胶囊剂的崩解时限，除另有规定外，按照崩解时限检查法［《中国药典》2020 年版（通则 0921）］检查。检查方法：取供试品 6 粒，硬胶囊应在 30 min 内全部崩解，软胶囊应在 1 h 内全部崩解。如有 1 粒不能完全崩解，应另取 6 粒复试，均应符合规定。凡规定检查溶出度或释放度的胶囊剂，可不进行崩解时限的检查。

想一想

肠溶胶囊和结肠胶囊的崩解时限应如何表述？请查阅《中国药典》2020 年版进行比对。

（5）含量均匀度。除另有规定外，硬胶囊剂每粒标示量不大于 25 mg 或主药含量不大于每粒质量的 25% 者，以及内容物非均一溶液的软胶囊，均应检查含量均匀度。

（6）释放度。肠溶胶囊、缓释胶囊和控释胶囊应检查释放度。

2. 包装、储存

除另有规定外，胶囊剂必须选择适当的包装容器与储存条件。一般应选择干燥阴凉处、密闭储存，选用密闭性能良好的玻璃容器、透湿系数小的塑料容器和泡罩式包装。高温、高湿对胶囊剂可产生不良影响，不仅会使胶囊吸湿、软化、变黏、膨胀、内容物结团，而且会造成微生物滋生。一般来说，胶囊剂存放环境温度应不高于 30 ℃，相对湿度应不超过 60%，防止受潮、发霉、变质。

思考与练习

1. 分析滴制法制备软胶囊中影响其质量的因素。

2. 现有一批标示装量为 0.35 g 的硬胶囊剂，需要对其进行崩解时限检查，请查阅资料列举一种崩解仪，并说明使用方法。

§5－4　片剂

学习目标

1. 熟悉片剂制备方法和压片过程中可能发生的问题及解决方法，熟悉压片、包衣等常用设备基本结构、性能及使用。

2. 掌握片剂的定义、特点，片剂辅料的种类、作用和应用。

3. 掌握湿法制粒压片的制备工艺、糖衣片的包衣过程、片剂质量检查项目和方法。

4. 能对片剂典型处方进行分析，能对片剂进行制备和质量检查操作。

一、片剂概述

1. 片剂的定义与特点

（1）片剂的定义。片剂系指药物与适宜辅料均匀混合后通过制剂技术压制而成的圆形片状或异形片状制剂。常见的异形片有三角形、菱形、椭圆形等。片剂始创于 19 世纪 40 年代，是临床应用最广的剂型之一。

（2）片剂的特点如下：

1）产量大，成本较低，生产机械自动化程度高。

2）质量稳定。

3）分剂量准确，体积小，便于服用、运输和携带。

4）价廉，应用广，可通过各种制剂技术制成各种类型的片剂（缓释、控释、包衣片）。

5）婴幼儿和昏迷患者不易吞服。

6）有些片剂加入的辅料不当会影响药物的崩解度、溶出度和生物利用度。

7）某些含挥发性组分的片剂，长时间储存含量会有所下降。

2. 片剂的分类

片剂按给药途径和作用不同分为口服片剂、口腔用片、外用片剂和其他用途片剂。

（1）口服片剂。口服片剂指口服后通过胃肠道吸收而发挥作用的一类应用最广泛的片剂。常用品种如下：

1）普通压制片。普通压制片是指药物与适宜辅料均匀混合后通过制剂技术压制而成的普通片剂，片重一般为0.1～0.5 g。

2）包衣片。包衣片是指在普通压制片的外面包上一层衣膜的片剂。根据包衣材料的不同，包衣片又分为糖衣片和薄膜衣片。

3）咀嚼片。咀嚼片是指在口中吮服或嚼碎后咽下的片剂。这类片剂较适合儿童和治疗胃部疾患。小儿用咀嚼片常加入蔗糖、香料等矫味剂以调整口味，如健胃消食片。

4）控释片。控释片系指药物制剂在体内以受控形式恒速释放药物的片剂，如格列吡嗪渗透泵片。

5）分散片。分散片是指遇水能迅速崩解并均匀分散的片剂，可口服或加水分散后饮用，也可咀嚼吮服或含服，如雷尼替丁分散片。

6）缓释片。缓释片是指能延缓药物在体内作用时间的一类片剂，如氨茶碱缓释片。

7）泡腾片。泡腾片是指由碳酸氢钠和枸橼酸等酸碱系统构成泡腾崩解剂的片剂。泡腾片遇水可产生大量二氧化碳气体使片剂迅速崩解，如左旋多巴肠溶泡腾片。

8）多层片或包芯片。多层片或包芯片是由两层或多层组成的片剂，各层可含不同的药物或各层的药物相同而辅料不同。多层片是将组分不同的颗粒分上、下两层或多层压成一个药片。包芯片是将一种药物压成片芯，再将另一种药物压包在片芯之外，形成片中有片的结构。例如，由速释和缓释两种颗粒压成的复方氨茶碱片即双层片。

（2）口腔用片。常用品种如下：

1）舌下片。舌下片系指片剂置于舌下，药物经舌下黏膜直接吸收而发挥全身治疗作用的片剂，如硝酸甘油舌下片治疗心绞痛。舌下片可避免肝脏首过效应。

2）口含片（简称含片）。口含片系指含在口腔或颊腔内缓缓溶解而发挥局部治疗作用的片剂，主要用于口腔及咽喉疾患，如复方草珊瑚含片。

（3）外用片剂。常用品种如下：

1）溶液片。溶液片系指临用前加适量水溶解成一定浓度溶液后而使用的片剂。所用药物和辅料均为可溶性成分，一般供漱口、消毒、洗涤伤口等用，如复方硼砂漱口片。

2）阴道片。阴道片是指供塞入阴道内产生局部作用的片剂。阴道片可制成普通片或泡腾片使用，起消炎、杀菌、杀精子等作用，如甲硝唑泡腾片。

（4）其他用途片剂。常用品种如下：

1）植入片。植入片系指用特殊注射器或手术埋植于皮下产生持久药效的无菌片剂。例如，避孕药制成植入片已获得较好效果。

2）注射用片。注射用片系指临用时用灭菌注射用水溶解后供注射用的无菌片剂，供皮下或肌内注射。

二、片剂的辅料

片剂由药物和辅料两部分组成。辅料为片剂中除药物以外一切辅助物质的总称，也称赋形剂，它们赋予片剂一定的形态和结构，大多为非治疗性物质。片剂制备中加入辅料是为了满足片剂制备工艺和产品质量的要求。要制备出质量符合要求的片剂，物料必须具备以下条件：①一定的流动性，便于药物定量填充到模孔内；②一定的黏着性，便于物料压缩成型，使硬度适中；③一定的润滑性，使压制的片剂外观光洁，不粘冲头和冲模；④在体液中能迅速崩解、溶出和吸收。实际上，很少有药物能完全具备以上所有条件，因此必须加入适宜的辅料或经适当处理以达到上述基本要求。

辅料应为“惰性物质”，化学性质稳定，不与主药发生反应；不影响主药含量测定和疗效；价廉易得，对人体无害等。实际上，完全符合上述要求的辅料很少，辅料对片剂的性质和药效有时可产生很大的影响。因此，必须掌握各种辅料的特点，根据主药理化性质和生物学性质，结合具体生产工艺，选用适宜的辅料。根据辅料在片剂制备中所起作用不同，辅料可分为稀释剂、吸收剂、润湿剂、黏合剂、崩解剂、润滑剂和其他附加剂。

1. 稀释剂和吸收剂

稀释剂和吸收剂统称为填充剂。稀释剂的作用是增加片剂的质量与体积，利于成型和分剂量。片剂冲模直径一般不小于 6 mm，片重一般都在 100 mg 以上，剂量小于 100 mg 必须加入一定量的稀释剂以增加片重，便于压片成型。吸收剂的作用是吸收物料中的液体成分。若含较多的挥发油或其他液体药物不能制片时，则应加入一定量吸收剂吸收液体或油类，使药物呈干燥粉末状态，便于制备片剂。常用稀释剂和吸收剂的主要特点和应用见表 5－4－1。

表 5－4－1　　常用稀释剂和吸收剂的主要特点和应用

名称	主要特点	应用
淀粉	不溶于水，稳定，吸水膨胀，可压缩性差，色泽好，美观	最常用的辅料，常与糊精、糖粉合用
预胶化淀粉	可压性、流动性、崩解性好，并有自身润滑性和干黏合性	常用于粉末直接压片
糖粉	有黏合和矫味作用，但用量不能超过 20%，否则引湿性大，使制粒与压片发生困难	较适用于口含片，也用于口服溶液片。常与糊精、淀粉等合用
糊精	为淀粉不完全水解的产物，使用不当可影响药物的溶出度	作填充剂，也常作干黏合剂
甘露醇	易溶于水，溶解时吸热，稳定，无吸湿性，所制片剂光滑、美观、口感好	多用于咀嚼片
硫酸钙	稳定，制片外观好，崩解度和硬度都较理想	会干扰四环素类的吸收

续表

名称	主要特点	应用
乳糖	可溶于水，性质稳定，无吸湿性，压缩成型性和流动性较好，压成的片剂表面光亮美观、硬度较大，药物的溶出度较好	价贵，可用于湿法制粒，也可用于粉末直接压片
微晶纤维素	可压性好，有较强的结合力，制成的片剂有较大的硬度，崩解性好	用于粉末直接压片

2. 润湿剂和黏合剂

润湿剂是一类本身无黏性的液体，加入某些具有黏性的药物和辅料中，可润湿片剂物料并诱发物料的黏性，使其能聚结成软材并制成颗粒。常用润湿剂的主要特点和应用见表5－4－2。

黏合剂是一类具有黏性的固体粉末或黏稠液体，可使无黏性或黏性不足的物料黏结成软材并制成颗粒或被压缩成型。常用黏合剂的主要特点和应用见表5－4－3。

表5－4－2　　常用润湿剂的主要特点和应用

名称	主要特点	应用
纯化水	易被物料吸收，不宜单独使用；应注意制粒的湿度均匀性，以免结块，导致颗粒松紧不匀；在压片时易出现花斑和水印等现象	适于耐热、遇水不易水解的药物，常与淀粉（淀粉浆）及乙醇合用
乙醇	干燥温度低、速度快，制粒时宜迅速搅拌，立即制粒，以减少乙醇的挥发损失	适用于不耐湿热的药物，可以诱发物料的黏性。体积分数为30%～70%的乙醇较为常用

表5－4－3　　常用黏合剂的主要特点和应用

名称	主要特点	应用
淀粉浆	具有黏合和润湿作用，压成的片剂崩解性能好	适用于对湿热稳定的药物制粒，常用浓度为8%～15%（质量分数）
糖粉和糖浆	黏性较强，可增加片剂硬度和片面光洁度	适用于纤维较多、质地疏松的中药材和易失去结晶水的药物制粒。常用糖浆浓度为50%～70%（质量分数）
胶浆	黏性很强	适用于质地疏松又不宜用淀粉浆作黏合剂的药物及含片的制粒。常用10%～25%的阿拉伯胶浆、10%～20%的明胶胶浆等
糊精	润湿后可产生一定黏性	常与淀粉浆混合作黏合剂用。当用作填充剂的糊精用量超过50%时，则不宜用淀粉浆作黏合剂，而是用40%～50%稀醇作润湿剂，即可制得硬度适宜的颗粒
微晶纤维素	常作干黏合剂，黏性较糖粉弱	适用于粉末直接压片
羟丙基甲基纤维素	干黏合剂，有良好的流动性和可压性	常用浓度为2%～5%，可作粉末直接压片的干黏合剂
聚维酮	稳定性好，吸湿性强，水中易溶胀，崩解快，溶出速度快，改善药物的润湿性而有利于药物溶出	常用其3%～15%的醇溶液。常用于对水敏感的药物，也较适用于疏水性药物。制成的颗粒可压性好，且是一步制粒机制粒的良好黏合剂

【知识链接】

淀粉浆的制法

淀粉浆的制法主要有冲浆法和煮浆法两种。冲浆法是将淀粉混悬于少量（1.0～1.5倍）水中，然后根据浓度要求冲入一定量的沸水，不断搅拌糊化而成。煮浆法是将淀粉混悬于全部量的水中，在夹层容器中加热并不断搅拌，直至糊化。

3. 崩解剂

崩解剂多为亲水性物质，具有良好的吸水性和膨胀性，可消除因黏合剂或高度压缩而产生的结合力，促使片剂在胃肠液中迅速崩解裂碎成细小颗粒或粉末。

（1）崩解剂的加入方法如下：

1）内加法。将崩解剂在制粒前加入，片剂崩解将发生在颗粒的内部，崩解较慢，一经崩解便成粉末，利于药物的溶出。

2）外加法。将崩解剂加入整粒后的干颗粒中，片剂崩解发生在颗粒之间，崩解迅速。因颗粒内无崩解剂，片剂不会崩解成粉末，故药物溶出稍差。

3）内外加入法。将崩解剂分成两份，占崩解剂总量50%～75%的按内加法加入，剩余的25%～50%按外加法加入，以达到良好的崩解效果，在生产中一般采用此法。

表面活性剂作为辅助崩解剂的加入方法也有3种：①溶于黏合剂中；②与崩解剂混匀后加入干颗粒中；③制成醇溶液喷入干颗粒中。

想一想

为什么淀粉是填充剂，干淀粉是崩解剂，淀粉浆是黏合剂？

（2）崩解剂种类。常用的崩解剂有淀粉及其衍生物、低取代羟丙基纤维素（L－HPC）、交联羧甲基纤维素钠（CCNa）、交联聚维酮（PVPP）、泡腾崩解剂、表面活性剂等，其主要特点和应用见表5－4－4。

表5－4－4　　常用崩解剂的主要特点和应用

名称	主要特点	应用
干淀粉	吸水性较强，吸水膨胀率约为186%。有些药物如水杨酸钠、对氨基水杨酸钠可使淀粉胶化，影响其崩解作用	适用于水不溶性或微溶性药物。用量一般为配方总量的5%～20%。如用湿法制粒，应控制湿颗粒的干燥温度，以免淀粉胶化而影响其崩解作用
羧甲基淀粉钠（CMS－Na）	流动性、可压性好，其吸水后膨胀为原体积的300倍，具有良好的崩解性能	既适用于不溶性药物，也适用于水溶性药物的片剂
低取代羟丙基纤维素（L－HPC）	崩解性能远优于淀粉，吸水膨胀率为500%～700%	作崩解剂的用量为2%～5%，用法同羧甲基淀粉钠
交联羧甲基纤维素钠（CCNa）	水中溶胀不溶解，有较好的崩解性和流动性，引湿性较大	常用量为5%。当与羧甲基淀粉钠合用时崩解效果更好

续表

名称	主要特点	应用
交联聚维酮（PVPP）	流动性良好的白色粉末，有极强的吸湿性，不溶于水，水中可迅速溶胀形成无黏性的胶体溶液，崩解性能非常优越	一般用量为片剂的1% ~4%
泡腾崩解剂	水中溶胀不溶解，无黏性，吸水速度快，崩解效果好，但引湿性较大。遇水产生二氧化碳气体，使片剂迅速崩解，注意严格防水	新型的优良崩解剂，片中用量较少，效果好。最常用的是由碳酸氢钠与枸橼酸组成的混合物，泡腾片专用
表面活性剂	可改善疏水性片剂的润湿性，使水易于渗入片剂，加速片剂崩解	常与淀粉合用于疏水性药物

4. 润滑剂

润滑剂使压片时能顺利加料和出片，并减少粘冲及降低颗粒与颗粒、药片与模孔壁之间的摩擦力，使片面光滑美观。

（1）润滑剂的作用如下：

1）助流作用。润滑剂可降低颗粒间或粉末间的摩擦力，增强颗粒或粉末的流动性，改善颗粒的填充，减少重量差异。

2）抗黏着作用。润滑剂可防止压片时物料黏着于冲头和冲模表面，并使片剂表面光洁。

3）润滑作用。润滑剂主要增加颗粒间的滑动性，降低颗粒间以及颗粒与冲头和模孔壁间的摩擦力，保证压片时压力分布均匀，防止裂片。

理想的润滑剂应具有上述3种作用，但目前还没有同时兼有这3种作用的润滑剂。润滑剂用量一般不超过1%，加入前至少过100目以上的筛，粉末越细，表面积越大，润滑性能越好。

（2）润滑剂的种类。常用的润滑剂有疏水性及水不溶性润滑剂和水溶性润滑剂。疏水性及水不溶性润滑剂用量要少，否则会影响片剂的崩解度。水溶性润滑剂用于需要完全溶于水的片剂，如注射用片、溶液剂、泡腾片。常用润滑剂的主要特点和应用见表5－4－5。

表5－4－5　常用润滑剂的主要特点和应用

名称	主要特点	应用
硬脂酸镁	疏水性润滑剂，附着性好，但助流性较差，用量大时片剂不易崩解或裂片	广泛应用，常用量为0.1% ~1.0%。若使用不当，可影响片剂崩解和药物的溶出度
滑石粉	与多数药物不起作用，价廉，助流，质重，易分层	常与硬脂酸镁配合应用，常用量为0.1% ~3.0%
聚乙二醇	水溶性润滑剂	常用于溶液片、泡腾片、分散片等
十二烷基硫酸钠	水溶性润滑剂，并有崩解作用	常与硬脂酸镁合用改善片剂的润湿性
液体石蜡	单独使用时不易分布均匀，应与滑石粉合用	常用量为0.5% ~1.0%
微粉硅胶	流动性好，亲水性强，对药物有吸附作用	常用于粉末直接压片

想一想

同学们，你们吃过的片剂都有哪些味道？哪些颜色？

5. 其他附加剂

（1）着色剂。着色剂可改善片剂外观并使之便于识别。着色剂为药用或食用色素，用量一般不超过0.05%。

（2）矫味剂。矫味剂可改善片剂口味和矫正臭味。口含片和咀嚼片常用芳香剂和甜味剂作矫味剂，以缓和或消除药物不适味道，使患者乐于服用。

三、片剂的制备

片剂的制备方法可分为制粒压片和直接压片。制粒是改善物料流动性和压缩成型性的最有效方法之一，因此制粒压片法是最传统、最基本的片剂制备方法。制粒压片法又分为湿法和干法两种，这里主要介绍湿法制粒压片和干法制粒压片。

1. 湿法制粒压片

湿法制粒压片系将药物和辅料粉末混合后加入黏合剂或润湿剂制成颗粒，经干燥后压制成片的工艺方法。该法可以较好地解决粉末流动性和可压性差的问题，常用于对湿热稳定的药物。湿法制粒压片工艺流程如图5－4－1所示。

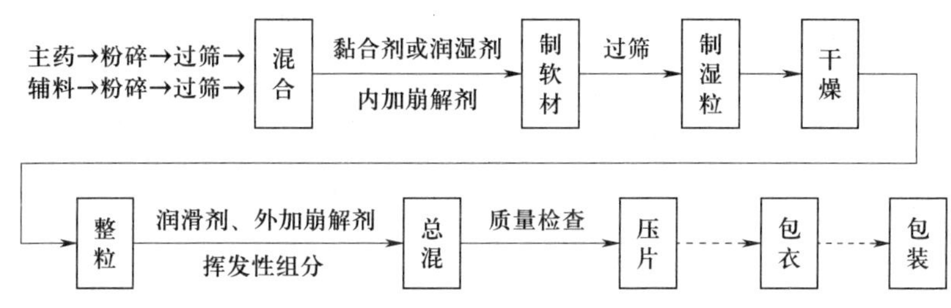

图5－4－1　湿法制粒压片工艺流程

（1）原辅料的准备和处理。主药和辅料在投料前应进行质量检查，鉴别和含量测定合格的物料经干燥、粉碎后过80～100目筛，剧毒药、贵重药及有色药物宜更细（120目左右），然后按照处方规定量称取主药和辅料投料。

（2）制颗粒。制备颗粒的方法见本章第二节。

（3）压片前干颗粒的处理过程如下：

1）干颗粒质量检查。干颗粒除了应具备良好的流动性和可压性外，还应达到以下要求：

①主药含量应符合要求。

②干颗粒的含水量为1%～3%，过多会引起粘冲，过少引起松片或裂片。

③干颗粒的松紧度以手用力一捻能碎成细粉者为宜。干颗粒的松紧度与压片时重量差异和片剂外观均有关系，太松易发生顶裂，太紧会出现麻面。

④干颗粒的含细粉量一般控制在20%～40%，干颗粒的含细粉量与片剂外观和重量差

异有关。颗粒质硬、片剂小，细粉可多一些。细粉太多会造成松片和裂片，太少会造成片剂表面粗糙、重量差异超限。

2）整粒。整粒的目的是使粘连或结块的颗粒分散开，以得到大小均匀、适合压片的颗粒。干颗粒的整粒一般用摇摆式颗粒机，一些坚硬的大块物料可用旋转式制粒机。整粒的筛网孔径应根据干颗粒的松紧情况灵活掌握。

3）总混。总混的过程如下：

①加入润滑剂与崩解剂。一般将润滑剂过 100 目以上筛，外加崩解剂预先干燥过筛，然后加入整粒的干颗粒中，置于 V 形混合筒内进行总混。

②加入挥发油及挥发性药物。挥发油可加在润滑剂与颗粒混合后筛出的部分细粒中，或直接用 80 目筛从干颗粒筛出适量的细粉吸收挥发油后，再与全部干颗粒总混。若挥发性的药物为固体（薄荷脑、樟脑等），可用适量乙醇溶解，或与其他组分混合研磨共熔后喷入干颗粒中混合均匀，密闭数小时，使挥发性药物在颗粒中渗透均匀。

③加入主药剂量小或对湿热不稳定的药物。有些情况下，先制成不含药物的空白干颗粒或将稳定性的药物与辅料制成颗粒，然后将剂量小或对湿热不稳定的主药加入整粒后的上述干颗粒中进行总混。

（4）压片。总混后测定主药含量，计算片重后即可压片。常用的压片机主要有单冲撞击式压片机和多冲旋转式压片机，其压片过程基本相同。在此基础上，根据不同的特殊要求，还有二次或三次压制压片机、多层片压片机、压缩包衣机等。

1）片重计算。片重计算主要有以下两种方法：

①按颗粒中主药含量计算片重。压片前对干颗粒中主药的实际含量进行测定，然后按以下公式计算片重：

$$\text{片重}=\frac{\text{每片含主药量（标示量）}}{\text{颗粒中主药的百分含量（实测值）}}$$

例：某片剂中每片含主药量为 0.20 g，测得颗粒中主药的百分含量为 80%，应压片重范围为多少？

解：

$$\text{片重}=\frac{0.20\ \text{g}}{80\%}=0.25\ \text{g}$$

因片重为 0.25 g<0.30 g，按照《中国药典》2020 年版（四部）规定，片剂的重量差异限度为 ±7.5%，本品应压的片重范围为 0.231 3 g～0.268 8 g。

②按干颗粒总重计算片重。在大量生产时，根据生产中主辅料的损耗，适当增加投料量，按以下公式计算片重：

$$\text{片重}=\frac{\text{干颗粒重}+\text{压片前加入的辅料重}}{\text{应压总片数}}$$

成分复杂，没有含量测定方法的中草药片剂可按此式计算片重。

例：制备每片含四环素 0.25 g 的片剂 50 万片，共制得干颗粒 178.9 kg。压片前加入硬脂酸镁 2.2 kg、干淀粉 0.3 kg。求应压片重范围。

解：

$$片重 = \frac{(178.9 + 2.2 + 0.3) \times 1\,000}{50 \times 10\,000}\ g \approx 0.36\ g$$

因片重 0.36 g > 0.30 g，重量差异限度为 ±5%，应压片重范围为 0.342 0 g ~ 0.378 0 g。

2）单冲撞击式压片机结构和压片过程。单冲撞击式压片机主要结构有转动轮、饲料器、压缩部件、调节装置 4 部分，如图 5-4-2 所示。其中，转动轮是压片机的动力部分，一般可以手动和电动兼用。饲料器由加料斗和饲粉器构成，负责将颗粒填充到模孔中，并把被下冲从模孔中顶出的片剂推至收集器中。压缩部件由上冲、下冲、模圈构成，是直接实施压片的部分，并决定片剂的大小、形状。调节装置由出片调节器、片重调节器、压力调节器构成。

出片调节器连在下冲，负责调节下冲出片时的抬起高度，使之恰好与模圈的上缘相平，从而把压制成型的片剂顺利顶出模孔，被饲粉器推开。

片重调节器连在下冲杆下段，负责调节下冲下降时的深度，从而通过调节模孔填充的容积来控制片重。下降越深，模孔内容积越大，片重越大。

压力调节器连在上冲杆上，负责调节上冲下降的深度。下降越深，则撞击时上、下冲间距离越近，压力越大，片剂越硬。

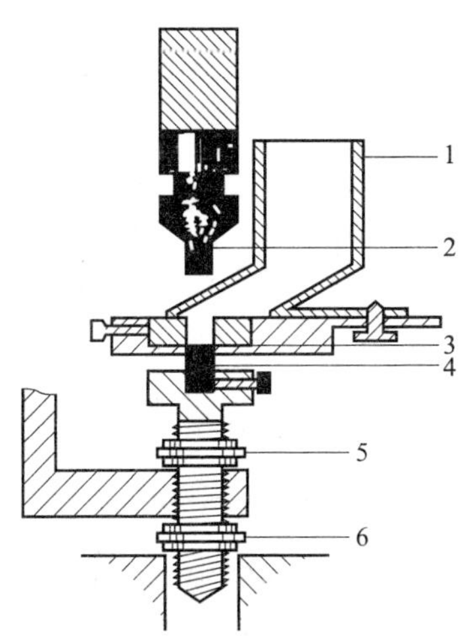

图 5-4-2　单冲撞击式压片机主要结构

1—加料斗　2—上冲　3—模圈　4—下冲　5—出片调节器　6—片重调节器

单冲撞击式压片机的压片过程分为填料、压片和出片 3 个步骤。如图 5-4-3 所示，①上冲抬起，饲粉器移动到模孔之上；②下冲下降到适宜深度，饲粉器在模上摆动，颗粒填满模孔；③饲粉器由模孔移开，使模孔中的颗粒与模孔的上缘相平；④上冲下降并将颗粒压缩成片，此时下冲不移动；⑤上冲抬起，下冲随之抬起到与模孔上缘相平，将药片由模孔中推出，同时进行第二次填料。

单冲撞击式压片机的产量一般为 80 ~ 100 片/分，压片时由上冲单向撞击加压，压片时的撞击噪声较大，易出现裂片、松片、重量差异大等问题，一般仅用于新产品的试制。

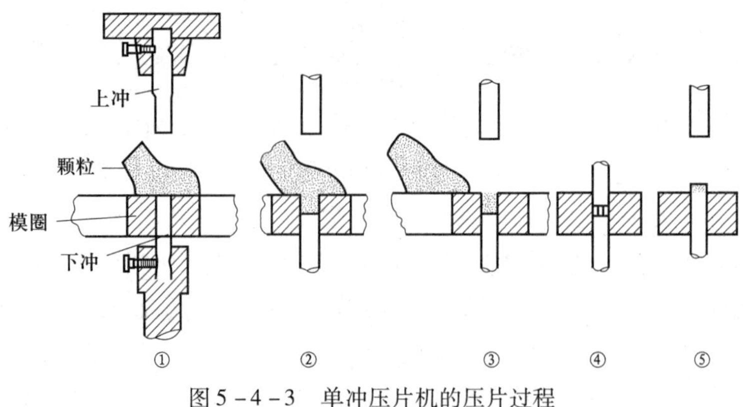

图 5-4-3 单冲压片机的压片过程

想一想

你了解的制药设备有哪些？图 5-4-3 中压片机的工作原理是什么呢？

3）多冲旋转式压片机结构和压片过程。多冲旋转式压片机是大量生产中广泛使用的压片机，由均匀分布于转台的多副冲模按一定轨道做圆周升降运动，通过上、下压轮挤压将颗粒状物料压制成片剂。多冲旋转式压片机的结构如图 5-4-4 所示，主要由动力部分、传动部分及工作部分组成。

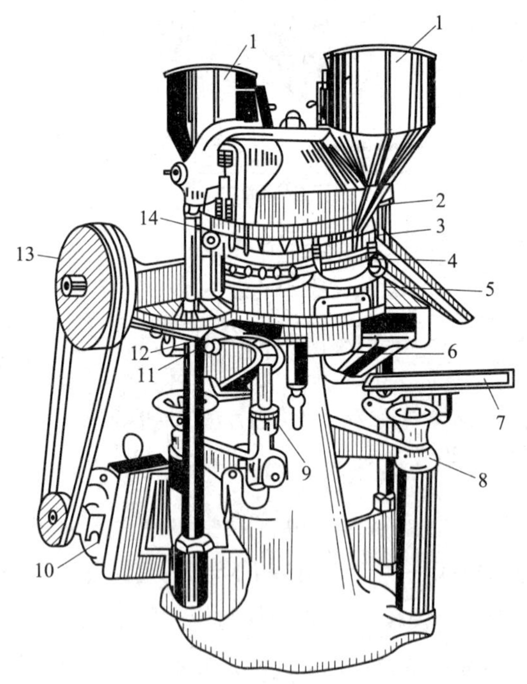

图 5-4-4 多冲旋转式压片机的结构

1—加料斗 2—饲料器 3—刮粉器 4—中横盘 5—下冲 6—片重调节器 7—置盘架 8—安全装置 9—压力调节器 10—电动机 11—开关 12—下压轮 13—皮带轮 14—上冲

①动力部分：电动机、无级变速轮。

②传动部分：以皮带轮和蜗杆、蜗轮组成的转动部分，带动压片机的机台（亦称中盘）。

③工作部分：由装有冲头和模圈的机台、上压轮、下压轮、片重调节器、压力调节器、推片调节器、加料斗、饲粉器、刮粉器、吸尘器和防护装置等部件构成。机台转盘装于机座的中轴上并绕轴顺时针转动，机台分为3层：机台的上层为上冲转盘，上冲均匀分布装于此盘内，上冲转盘之上有一个垂直安装的上压轮；机台中层（中盘）为固定模圈的模盘，沿圆周方向等距离装有若干个模圈；下层为下冲转盘，下冲均匀分布装于此盘内，下冲转盘之下对应位置有一个下压轮。上冲和下冲各随机台转动并沿固定的轨道有规律地升降，当每副上冲与下冲随机台转动经过上、下压轮时，被压轮施加压力，对模孔中的物料加压。机台中层之上有一固定不动的刮粉器，加料斗下端的饲粉器出口对准刮粉器，颗粒可源源不断地被刮粉器均匀刮入模孔。片重调节器装于下冲轨道上，是一个可以调节高低的铜质斜板，使下冲上升或下降，用以调节下冲经过刮板时下降的深度，以调节模孔的容积，多余的颗粒由刮粉器刮去，以保证片重准确。压力调节器调节下压轮的位置，当下压轮升高时，上、下压轮间距离缩短，上、下冲头距离近，压力加大，片剂硬；反之，压力降低，片剂松。

多冲旋转式压片机的压片过程（见图5－4－5）与单冲撞击式压片机相同，亦可分为填料、压片和出片3个步骤，两者不同之处是单冲撞击式压片机压片靠的是上冲与下冲的撞击，而多冲旋转式压片机压片靠上、下压轮的挤压。①填充：当下冲转到饲粉器之下时，颗粒填入模孔，当下冲继续运行到片重调节器时略有上升，经刮粉器将多余的颗粒刮去。②压片：当下冲行至下压轮上面，上冲行至上压轮下面时，两冲间的距离最近，将颗粒挤压成片。③出片：上冲和下冲分别沿各自轨道上升，当下冲运行至推片调节器上方时，片剂被推出模孔并被刮粉器推开倒入容器中，如此反复进行，实现片剂连续化生产。为了防止粉尘飞扬，压片机一般带有吸粉捕尘装置。

多冲旋转式压片机按冲模数目分为16冲、19冲、27冲、33冲、55冲、75冲等多种型号，但结构和工作原理类似；按流程分为单流程型和双流程型两种。单流程型仅有一套上、下压轮，中盘旋转一周每副冲仅压制出一个药片，如国产ZP－19型压片机。双流程型有两套压轮、饲粉器、刮粉器、片重调节器和压力调节器等，均装于对称位置，中盘旋转一周，每副冲压制出两个药片，双流程压片机的冲数皆为奇数。多冲旋转式压片机的饲粉方式合理，由上、下冲同时加压，压力分布均匀，重量差异小，生产效率高，机械振动和噪声小，在国内应用广泛，使用最多的是ZP－33型压片机，压片速度为900～1 600片/分。51冲、55冲压片机效率更高，已在国内部分企业使用，压片速度为59万片/时，能自动剔除过大、过小的药片。

压片机的冲和模（见图5－4－6）是压片机的重要工作部件，应用优质钢材制成，以具备足够的机械强度和耐磨性能。冲与模孔径差不大于0.06 mm，冲头长度差不大于0.1 mm。冲和模一般均为圆形，端部具有不同的弧度，如深弧度的一般用于压制包糖衣片的芯片。此外，还有压制异形片的冲模，如三角形、椭圆形等。

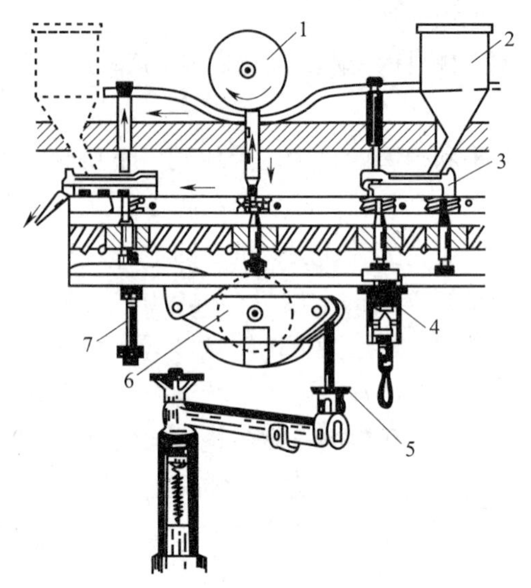

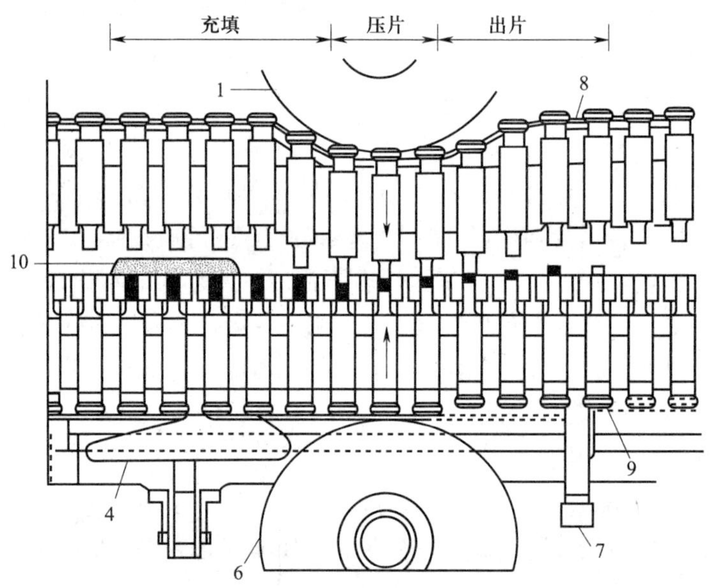

图 5-4-5　多冲旋转式压片机的压片过程

1—上压轮　2—加料斗　3—刮粉器　4—片重调节器　5—压力调节器　6—下压轮　7—推片调节器　8—上冲轨道　9—下冲轨道　10—饲粉器

图 5-4-6　压片机冲和模

2. 干法制粒压片

制粒方法详见本章第二节颗粒剂的制备内容，压片方法参考上述湿法制粒压片。

3. 直接压片法

直接压片法分为结晶直接压片法和粉末直接压片法，其优点是设备简单，生产工艺少，利于连续自动化生产，尤其适合对湿热不稳定的药物制片。

结晶药物直接压片时，药物为结晶状，流动性和可压性较好，只需适当粉碎、筛分和干燥，加入适量崩解剂、润滑剂混合均匀后即可直接压片。结晶直接压片法适用于如氯化钠、氯化钾、硫酸亚铁、溴化钠等药物的片剂。

粉末直接压片是片剂制备的新工艺，目前国外已有40%的片剂品种采用了这种工艺，但国内的发展相对滞后（主要受辅料和压片机的制约）。当药物本身有良好的流动性和可压性，并且剂量较大时，可采用粉末直接压片法。当药物粉末不具有良好的流动性和可压性，粉末直接压片有一定困难时，可通过改善压片用物料和压片机的性能来解决。粉末直接压片时应选用具有良好流动性和可压性的辅料，常用的辅料有微晶纤维素、微粉硅胶、可压性淀粉、喷雾干燥乳糖、磷酸氢钙二水合物、甘露醇、山梨醇等，微粉硅胶是粉末直接压片常用的优良助流剂。

【知识链接】

传统的压片机不适用于粉末直接压片，应对压片机进行改进。

（1）改善饲粉装置。压片时，粉体由于密度不同，在饲粉器内可能分层。压片机的饲粉器应加振荡装置，实施强制饲粉，使粉末能均匀流入模孔。

（2）增加预压机构，有利于粉末中空气的排出，减少裂片。

（3）改进除尘设施，应有吸粉捕尘装置。

4. 片剂制备过程中可能出现的问题和解决办法

在压片过程中，因药物性质、颗粒质量、机械故障、操作技术和环境等因素的影响，可能发生松片、粘冲、崩解迟缓、重量差异超限、叠片、变色与花斑等问题，以致影响压片操作和片剂质量。生产中遇到具体问题应具体分析，找出原因加以解决。片剂制备过程中常见问题和解决办法见表5-4-6。

表5-4-6　片剂制备过程中常见问题和解决方法

现象	主要原因	解决方法
松片	①黏合剂或润滑剂用量不足或细粉多、黏性差、颗粒松 ②颗粒的含水量过多、结晶水失去多	①选择适当黏合剂，重新制粒 ②喷入适量稀乙醇或与含水量多的颗粒掺和压片
裂片	①黏合剂用量不足或黏性差、颗粒不均匀、细粉过多 ②颗粒中的油类成分多，降低黏合力 ③颗粒的含水量过多、结晶水失去多 ④药物本身具有弹性 ⑤压力过大、车速过快	①选用适当的黏合剂，重新制粒 ②加吸收剂 ③喷入适量稀乙醇或与含水量多的颗粒掺和压片 ④加糖粉增加黏性，降低弹性 ⑤减低压力，减慢车速

续表

现象	主要原因	解决方法
粘冲	①颗粒含水量过多、车间湿度过大 ②润滑剂用量不足或混合不匀 ③冲头粗糙或不净	①继续干燥颗粒，降低车间湿度 ②加大润滑剂用量，充分混匀 ③更换冲头
崩解迟缓	①崩解剂的用量不足 ②黏合剂黏性过强，颗粒太硬 ③润滑剂的用量过大 ④压力过大	①加大崩解剂的用量 ②降低黏合剂的用量或换用其他黏合剂 ③减少润滑剂的用量或换用其他润滑剂 ④降低压力
重量差异超限	①颗粒流动性不好、大小不匀 ②加料斗的装量时多时少 ③冲头与模孔的吻合性不好	①重新制粒 ②停车，检修 ③更换冲头、模圈

想一想

叠片的主要原因和解决方法有哪些？

四、片剂的包衣

1. 包衣概述

片剂的包衣系指在普通压制片（称为片芯或素片）的表面包上适宜材料的衣层，使药物与外界隔离的操作过程。包成的片剂称包衣片，包衣的材料称包衣材料或“衣料”。

（1）包衣的目的如下：

1）改善片剂外观和便于识别。特别是中药浸膏片剂，经包衣后外观得到改善。

2）掩盖药物的不良味道，如盐酸黄连素片、复方胎盘片等。

3）增加药物稳定性。衣层可防潮，避光，隔绝空气，防止药物挥发，如多酶片、硫酸亚铁片。

4）防止药物配伍变化。可将有配伍禁忌的药物分别制粒包衣后再压片，也可将一种药物压制成片芯，片芯外包隔离层后再与另一种药物颗粒压制成包芯片。

5）改变药物的释放部位。可将对胃有刺激或易受胃酸、胃酶破坏的药及肠道驱虫药等制成肠溶衣片，如阿司匹林肠溶片、胰酶片等。

6）控制药物的释放速度。采用不同的包衣材料，调整包衣膜的厚度和通透性，可使药物达到缓释、控释作用。

（2）包衣的种类。根据包衣材料不同，包衣片通常分为糖衣片和薄膜衣片。薄膜衣片根据溶解性能不同，又可分为胃溶型、肠溶型及胃肠不溶型薄膜衣片 3 类。

（3）包衣的质量要求如下：

1）片芯要有适宜的弧度。选用深弧度的冲头，使包衣材料能覆盖边缘部位。

2）片芯的硬度、崩解度符合《中国药典》2020 年版有关规定，其硬度能承受包衣过程中的振动、碰撞和摩擦。

3）衣层应均匀牢固，层层干燥，包衣材料与药物不起任何作用。

4）储存期间仍能保持光亮美观，色泽一致，无裂片、变色，不影响片剂的崩解及药物释放等性质。

2. 包衣工艺与材料

（1）糖衣片。糖衣片是指以蔗糖为主要包衣材料的包衣片。糖衣可掩盖药物的不良气味；改善外观，易于吞服，对片剂崩解度影响较小；具有一定的防潮、隔绝空气作用。包糖衣历史悠久，是国内广泛应用的一种包衣方法。包糖衣生产工艺流程如图 5 -4 -7 所示。

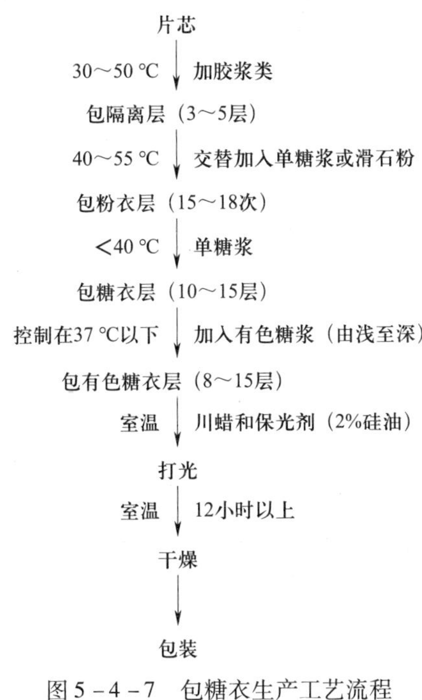

图 5 -4 -7　包糖衣生产工艺流程

1）包隔离层。包隔离层可将药物与外界隔绝，防止药物吸潮变质或防止糖衣被酸性药物破坏，同时还可增加片剂硬度。

①材料：10% ~15% 明胶浆、30% ~35% 阿拉伯胶浆、10% 玉米朊乙醇溶液、15% ~20% 虫胶乙醇溶液、10% 醋酸纤维素酞酸酯（CAP）乙醇溶液。CAP 是肠溶材料，选用 CAP 应控制好衣层厚度，否则会影响包衣片在胃中的崩解。

②操作要点：一定量的片芯置于包衣锅内，开动包衣锅，加适量胶浆（使片芯表面润湿为度），用手（戴橡皮手套）帮助搅拌，使胶浆能均匀黏附于片剂表面。可加适量滑石粉到恰不粘连为止，继续搅拌，使其均匀黏附于片芯上，开始加热或吹热风（30 ~50 ℃），每层干燥时间约 30 min，一般包 3 ~5 层。注意防火防爆，因包隔离层使用的是有机溶剂。

2）包粉衣层。包粉衣层可清除片剂的棱角，使片面平整。

①材料：过 100 目筛的滑石粉与质量分数为 65% ~75% 的单糖浆交替加入。

②操作要点：撒一次浆，撒一次粉，温度控制在 40 ~55 ℃，热风干燥 20 ~30 min，重

复操作 15 ~ 18 次，直到片剂棱角消失。为了增加糖浆的黏度，可以在糖浆中加入 10% 明胶浆或阿拉伯胶浆。

3）包糖衣层。包糖衣层是为了增加衣层牢固性和甜味，使片剂光洁圆整，细腻美观。

①材料：单糖浆。

②操作要点：每次加入稍稀的糖浆后，用手搅拌使片剂表面湿润即可，然后逐次减少用量，40 ℃以下低温缓缓吹风干燥，使其表面形成细腻的蔗糖晶体衣层，一般重复包 10 ~ 15 层。

4）包有色糖衣层。包有色糖衣层可使片剂美观和便于识别。

①材料：着色糖浆（在糖浆中添加食用色素，色泽由浅到深），亦可用浓色糖浆，按不同比例与单糖浆混合配制。

②操作要点：加入有色糖浆由浅到深，使用量逐次减少，避免产生花斑，一般包 8 ~ 15 层。开始温度控制在 37 ℃，然后逐渐降至室温，上色至最后一层时不宜太湿或太干，否则不易打光。

5）打光。打光可使片剂光泽、美观，增加表面疏水防潮性能。

①材料：虫蜡细粉，即米心蜡（川蜡）精制后加入 2% 硅油混匀冷却后磨成的细粉（过 80 目筛）。

②操作要点：每万片用量 5 ~ 10 g，打光操作一般在最后一次有色糖浆加完后接近干燥时进行。停止包衣锅转动并盖上锅盖，转动数次使锅内温度降至室温，撒入适量蜡粉（总量的 2/3），开动包衣锅，使糖衣片在锅内滚动相互摩擦产生光泽，再撒下余下蜡粉，直至片剂表面极为光亮。

6）干燥。将已打光的片剂移至硅胶干燥器内干燥或放入石灰干燥橱中干燥，温度在 45 ℃左右，相对湿度为 50%，或室温干燥 12 h 以上。

包糖衣工艺较复杂，在相当程度上依赖于操作者的经验和技艺，这种技能须在长期的实际操作中获得，操作细节方面因人、因生产厂而异。

（2）薄膜衣片。薄膜衣是指在片芯外面包上一层比较稳定的高分子成膜材料，膜层较薄，故称薄膜衣。

【知识链接】

薄膜衣相比糖衣的优缺点见表 5 –4 –7。

表 5 –4 –7　　薄膜衣相比糖衣的优缺点

优点	缺点
①操作简单，生产周期短，效率高，适合生产自动化 ②节省材料和降低成本；衣层薄，仅使片重增加 2% ~4% ③提高了生物利用度，包衣后不影响药片崩解 ④控制药物释放部位和速度。采用不同性质高分子材料，可制成胃溶、肠溶、缓释及控释制剂 ⑤提高制剂质量或改变其用途。可用于各种固体制剂，如片、丸、颗粒剂、胶囊剂等剂型的包衣，以拓宽医疗用途	①包衣过程中有机溶剂不易回收 ②衣层薄，片芯原有色泽不易掩盖 ③有色薄膜衣色泽不均匀，以及片剂棱角包不严等

薄膜衣材料应具备的性能：①能溶解或均匀混悬于适当溶媒中；②能形成坚韧连续的薄膜，无粘连；③无毒、无味、无臭、无色；④服用后在一定的 pH 条件下可溶解或崩裂；⑤抗透湿性、抗透气性、抗裂性好；⑥物理、化学性质稳定，不与药物片芯起反应，能与某些附加剂混合使用。

1）包薄膜衣物料。包薄膜衣的物料主要有3 部分：高分子薄膜衣材料、溶剂和添加剂。

①高分子薄膜衣材料。高分子薄膜衣材料按化学结构分为纤维素衍生物类、丙烯酸树脂类、乙烯聚合物及其他等，按溶解性能分为胃溶型、肠溶型和水不溶型三大类。

胃溶型薄膜衣即在胃中能溶解的高分子材料，适用于一般药物。常用的有 HPMC、HPC、丙烯酸和甲基丙烯酸甲酯的共聚物、PVP、聚乙烯缩乙醛二乙胺乙酸（AEA）、玉米朊。

肠溶型薄膜衣是指在胃酸条件下不溶，而在中性、偏碱性肠液（pH 为6.0～7.4）中能迅速溶解的高分子薄膜衣材料。肠溶型薄膜衣用于易被胃液破坏、对胃有刺激性或要求在肠道吸收发挥特定疗效的药物包衣，常用的有 CAP、羟丙甲纤维素邻苯二甲酸酯（HPMCP）、聚丙烯酸树脂Ⅰ号、聚丙烯酸树脂Ⅱ号、聚丙烯酸树脂Ⅲ号、聚乙烯酞酸酯（PVAP）、虫胶、醋酸羟丙甲纤维素琥珀酸酯（HPMCAS）等肠溶材料。

水不溶型薄膜衣指在水中不溶解的高分子薄膜衣材料，常用的有乙基纤维素（EC）和醋酸纤维素（CA）。

②溶剂。溶剂能溶解、分散薄膜衣材料及增塑剂，并影响薄膜衣材料在片剂表面的均匀分布，蒸发速度快，常用乙醇、丙酮等低毒的有机溶剂。近年来，国外日趋普遍采用不溶性高分子材料的水分散体（制成水混悬液或水包油假胶乳）进行包衣。国内也正在研制水分散体用于缓释、控释片剂的薄膜包衣。

③添加剂。常用的添加剂有增塑剂、着色剂、掩蔽剂、遮光剂、增光剂、速度调节剂、固体物料等。

增塑剂用来改变高分子薄膜衣材料的物理机械性能，使衣膜脆性和硬度降低，减少衣膜裂纹的产生，使其柔韧性增加。常用的增塑剂有水溶性和水不溶性两类。水溶性的可作为某些纤维素包衣材料的增塑剂，常用甘油、丙二醇、聚乙二醇（PEG）等含羟基的亲水化合物。水不溶性的增塑剂有邻苯二甲酸二乙酯（或二丁酯）、蓖麻油、玉米油、甘油三醋酸酯、甘油单醋酸酯、液体石蜡等，用于水不溶性聚合物的增塑剂。

包衣过程中，有些薄膜衣材料黏性过大，易出现粘连，可加入适当的固体粉料。常用的固体粉料有滑石粉、硬脂酸镁、胶态二氧化硅。

在水不溶性薄膜衣材料中加入一些水溶性物质，如蔗糖、氯化钠、HPMC、表面活性剂、PEG 等，遇水后，这些水溶性物质迅速溶解，使薄膜衣膜成为微孔薄膜。可根据薄膜衣材料性能选择不同致孔剂。例如，乙基纤维素薄膜衣可选用吐温类、司盘类、MC（甲基纤维素）、HPMC 等，丙烯酸树脂类薄膜衣可选用黄原胶等作致孔剂。

加入着色剂或掩蔽剂的目的是改善产品外观，便于识别，掩盖某些有色斑的片芯或不同批号片芯间色调差异。常用的着色剂有水溶性、水不溶性色素和色淀3类。色淀是用氢氧化铝、滑石粉、硫酸钙等惰性物质吸收水溶性色素沉淀而成。为了提高遮盖作用，还可加适量的遮光剂二氧化钛，以提高片芯内药物对光的稳定性。

2）包薄膜衣的生产工艺。采用流化包衣技术是包薄膜衣最理想、可靠的方法，但国内主要采用滚转包衣法，较多采用高效包衣机或埋管喷雾包衣机进行包衣，生产效率高，环境污染少。滚转包衣法包薄膜衣工艺流程如图5－4－8所示。

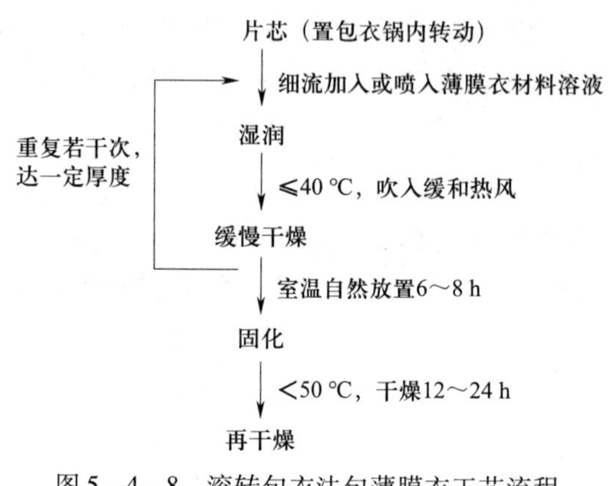

图5－4－8　滚转包衣法包薄膜衣工艺流程

3）包薄膜衣的操作要点如下：

①在包衣锅内装入适当形状金属挡板，以利于片芯转动和翻动。

②包衣锅装上良好的排气装置，以提高空气交换效率，排出有毒、易燃的有机溶剂，最好采用埋管式喷雾包衣锅。

③湿润。将片芯置于锅内转动，将一定量薄膜衣材料溶液喷洒在片芯表面使其均匀润湿。

④缓慢干燥。吹入缓和热风使溶剂蒸发，控制温度不超过40 ℃，以免干燥过快，出现皱皮或起泡现象。干燥速度不能太慢，否则会出现剥落或粘连现象。

⑤重复上述操作若干次，喷入的薄膜衣材料溶液用量逐次减少，直至达到一定厚度为止。

⑥固化。大多数薄膜衣需要一个固化期，时间长短因材料、方法、厚度而异。一般在室温或略高于室温下自然放置6～8 h可固化完全。

⑦再干燥。为了除尽残余的有机溶剂，一般在50 ℃以下再干燥12～24 h。

因为大多数薄膜衣材料需采用有机溶剂溶解，给包衣工序带来了不安全因素、环境污染和劳动保护等一系列问题。采用密闭的高效包衣机和流化床包衣设备可有效地避免这些问题，同时还可提高生产效率和降低成本。

（3）半薄膜衣片和肠溶衣片具体内容如下：

1）半薄膜衣片。半薄膜衣片是糖衣片与薄膜衣片的结合，即先在片芯上包裹几层粉衣层和糖衣层（减少糖衣的层数），然后再包上2～3层薄膜衣层。这样可改善薄膜衣片的外观，使之光洁、美观，又能发挥薄膜衣层的作用。

2）肠溶衣片。凡药物易被胃液破坏、对胃有刺激性或要求在肠道吸收发挥特定疗效者，均宜制成肠溶衣片。包肠溶衣可用滚转包衣法、流化包衣法及压制包衣法。

①滚转包衣法：片芯先包粉衣层，到无棱角时，加入肠溶衣液包肠溶衣到适宜厚度，最后再包数层粉衣层及糖衣层，以免在包装运输过程中肠衣受到损坏。包衣液和撒粉操作最好采用喷雾法，以保证衣层均匀、厚薄一致。应用 CAP 和丙烯酸树脂类包肠溶衣时，也可不包粉衣层而直接包成透明的肠溶薄膜衣。

②流化包衣法：将肠溶衣液喷包于悬浮的片剂表面，成品光滑，包衣速度快，效果更好。

③压制包衣法：利用压制包衣机将肠溶衣物料的干颗粒压在片芯外而成干燥衣层。

3. 包衣方法与设备

常用的包衣方法有滚转包衣法、流化包衣法和压制包衣法等。

（1）滚转包衣法。滚转包衣法是指在包衣锅中，片剂做滚转运动，使包衣材料一层层均匀黏附于片剂表面上形成包衣的方法，亦称锅包衣法，是生产中最常用的方法。滚转包衣法包括滚转锅包衣法（普通锅包衣法）、埋管锅包衣法、高效锅包衣法。

1）滚转锅包衣法。滚转锅包衣法的主要设备为普通包衣机（见图 5－4－9），其包括包衣锅、动力部分、加热和鼓风装置、吸尘装置等。

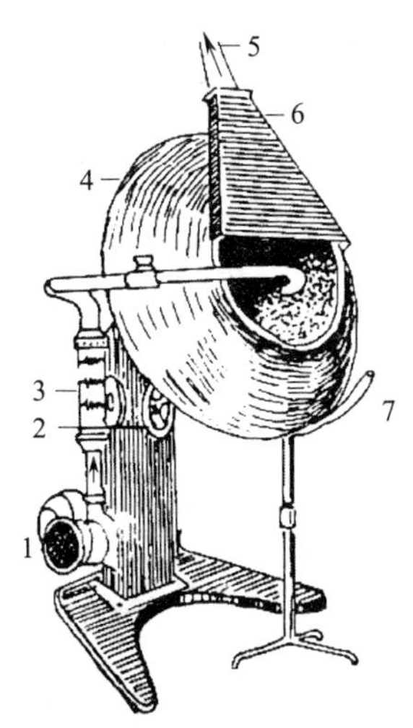

图 5－4－9 普通包衣机

1—鼓风机 2—包衣锅角度调节 3—电热丝 4—包衣锅 5—接排风 6—吸粉罩 7—煤气管加热器

①包衣锅。包衣锅由性质稳定、具有良好导热性的材料如不锈钢或紫铜等性质稳定并具有良好导热性的材料制成。包衣锅形状有荸荠形或莲蓬形，生产上多用荸荠形。包衣锅中轴与水平线的夹角一般为 30°～45°，包衣锅的倾斜角度、转速、温度和风量均可随意调节。包衣锅的转速直接影响包衣效率，通常根据包衣锅的直径、片芯大小、片芯质量、片剂的硬度来调节。包衣锅转速一般控制在 20～40 r/min，产生的离心作用应使锅内的药片转至最高点后做弧形运动落下，并进行均匀有效的翻转，使加入的包衣材料分布均匀。

②动力部分。动力部分由电动机和调速器组成。

③加热和鼓风装置。加热方式有两种。一种是采用电热丝加热空气，然后经鼓风机向锅内吹入热风进行加热，同时鼓风机还可以吹入冷风，起冷却和除尘作用。此法升温较慢，但锅内受热均匀。另一种是直接用煤气或电热丝加热锅壁，此法升温快，但锅体受热不均匀。一般采用两者联合加热方法进行加热。

④吸尘装置。在锅口上方装有吸尘罩，以加速水蒸气和粉尘的排出，利于干燥和劳动保护。

2）埋管锅包衣法。埋管锅包衣法是指在普通包衣锅底部安装通入包衣材料溶液、压缩空气和热空气的埋管，埋管喷头和空气入口管插入物料层内，不仅可防喷液飞扬，还能加快物料运动和干燥速度。埋管锅包衣机如图 5－4－10 所示。

近年来，国内已设计制造了全自动包衣机，由电脑程序控制包衣的全部过程。

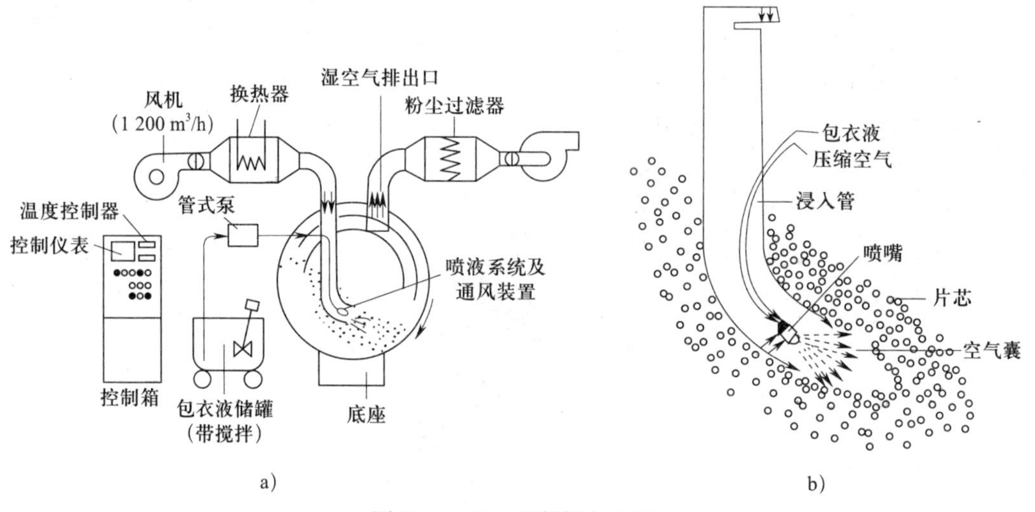

图 5－4－10　埋管锅包衣机

a）埋管锅包衣机结构　b）埋管喷头喷液系统

3）高效锅包衣法。国内常用机型有 YBJ、GBJ 型高效包衣机。YBJ 型高效包衣机由主机、热风柜、排风柜、电脑控制系统、糖衣装置、水相薄膜喷雾装置、有机薄膜喷雾装置、控温装置（由液晶屏显示温度及转速）、自动清洗装置及下料装置等部件组成，如图 5－4－11 所示。被包衣的片芯在包衣主机的密闭包衣滚筒内做连续复杂的轨迹运动，在运动过程中，由电脑可编程序控制系统控制，按工序顺序和已选定的工艺参数，将泵压的包衣材料溶液经喷枪（或滴流管）自动地喷洒或滴流在药片片芯表面；同时，热风柜送入洁净恒温可控制的热风，对药片进行加热通风干燥，排风柜及时排出包衣锅废气。包衣锅为有无数微孔的短圆柱体，沿水平轴旋转，四周为多孔壁，热风由上方热风柜引入，由锅底排风柜排出废气。药片表面快速干燥形成坚固、细密、光滑的衣膜。此种包衣锅具有密闭、防尘、防交叉污染的特点，并可根据不同类型片剂的包衣工艺，由电脑程序控制包衣全过程，实现了包衣的自动化、程序化，特别适宜于薄膜衣和肠溶衣片的制备。

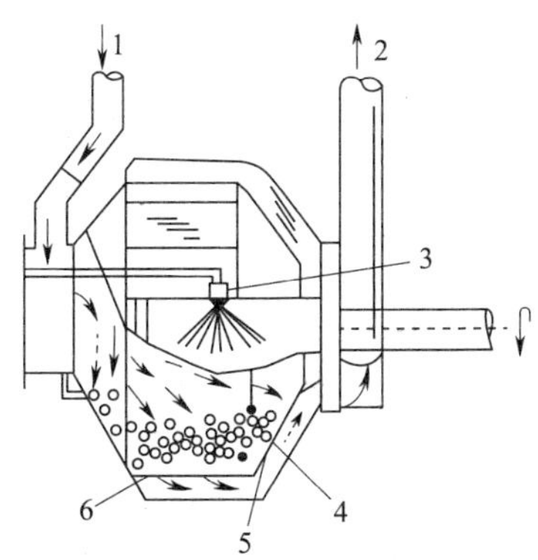

图 5－4－11　YBJ 型高效包衣机

1—进气　2—排气　3—自动喷雾器　4—药片　5—气夹套　6—多孔板

（2）流化包衣法。流化包衣法亦称沸腾包衣法或悬浮包衣法，包衣原理与流化喷雾制粒相类似。流化包衣装置如图 5－4－12 所示。将待包衣的片芯（或颗粒、胶囊、小丸等）置于流化床中，通入热气流使流化床中的片芯悬浮翻腾呈流化状态。同时，喷入包衣材料溶液，使片芯表面黏附一层包衣材料，由于热空气流作用，溶剂迅速挥发，片芯表面干燥形成薄膜状衣层。按上述方法包制若干层，得到符合规定要求的薄膜衣片。其整个包衣过程在密闭容器内进行，卫生、安全、可靠；包衣速度快，时间短，工序少，自动化程度高；无需特别熟练的操作技艺，一般薄膜衣包制只需 1 h，适合工业化大生产。流化包衣法可用于片剂、丸剂、颗粒剂、胶囊剂等多种剂型包薄膜衣和肠溶衣。

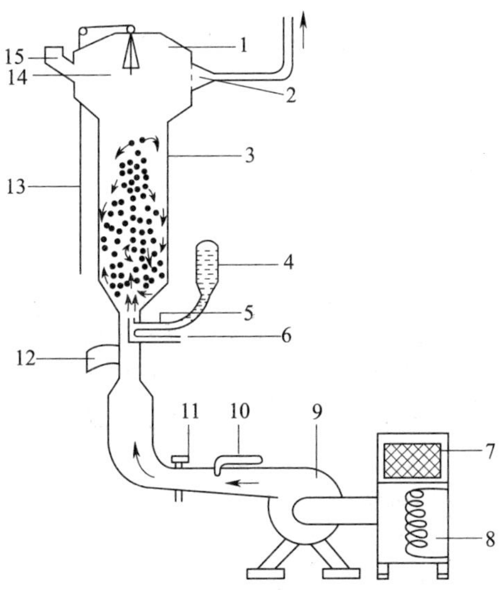

图 5－4－12　流化包衣装置

1—扩大室　2—栅网　3—包衣室　4—包衣材料溶液筒　5—喷嘴　6—压缩空气进口　7—空气过滤器　8—预热器　9—鼓风机　10—温度计　11—风量调节器　12—出料口　13—起动拉绳　14—起动塞　15—进料口

（3）压制包衣法。压制包衣机由两台旋转式压片机用特制的传递器连接配套而成，如图 5－4－13 所示。一台压片机专门用于压制片芯，然后传递器将压成的片芯输运至包衣转台上已填有部分包衣材料作底层的模孔中，再加入包衣材料填满模孔并第二次压制成包衣片。该设备采用自动控制装置，可以检出不含片芯的空白片，并自动将其抛出。

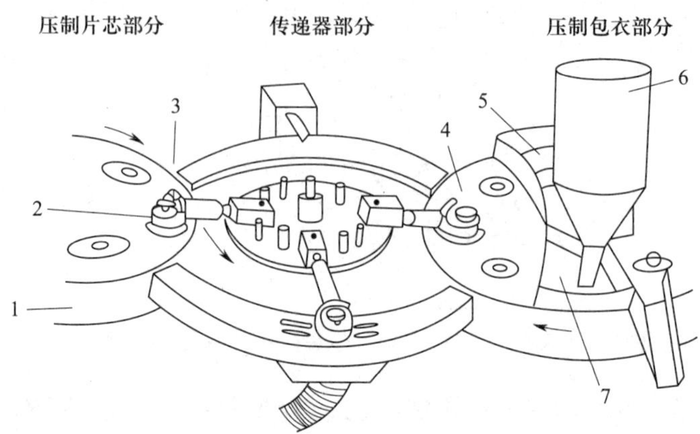

图 5 –4 –13　压制包衣机

1—转盘　2—输送杯　3—杆起片芯　4—置入片芯　5—包衣材料上部填充
6—料斗（包衣材料）　7—包衣材料底部填充

4. 包衣过程中可能出现的问题和解决办法

包衣的好坏直接影响产品的外观和内在质量。如果包衣片芯的质量（如形状、水分、硬度等）未达要求、所用包衣材料或配方组成不合适、包衣工艺和操作方法不当等，均可导致包衣片发生质量问题。包衣过程中常见问题和解决方法见表 5 –4 –8。

表 5 –4 –8　　包衣过程中常见问题和解决方法

包衣类别	发生的问题	原因	解决方法
糖衣片	片芯粘在锅壁	加糖浆过多，黏性大，搅拌不匀	糖浆的含量应恒定，一次用量不宜过多，锅温不宜过低
	龟裂或爆裂	糖浆与滑石粉用量不当，芯片太松，温度太高，干燥过快，析出粗糖晶使片面留有裂缝呈龟板状	控制糖浆和滑石粉用量，注意干燥时的温度和速度，更换片芯
	脱壳（衣层部分或全部脱落）	片芯层未充分干燥或糖衣层未层层干燥，崩解剂用量过多	片芯含水量应符合要求，糖衣层注意要层层干燥，控制胶浆或糖浆的用量
	色泽不匀	片面粗糙不平，有色糖浆用量过少且未搅匀；温度太高，干燥过快，糖浆在片面上析出过快，衣层未干就加蜡打光	针对原因予以解决，如可用浅色糖浆，增加所包层数，“勤加少上”，控制温度。情况严重时，可洗去蜡料层或部分糖衣层，重新包衣
	露边或麻面	包衣材料用量不当，温度过高或吹风过早	注意糖浆和滑石粉用量，糖浆以均匀润湿片芯为度，粉料以能在片面均匀黏附一层为宜，片面不见水分和产生光亮时，再吹风
	片面不平	加浆及干燥时的温度过高，水分蒸发快，撒粉太多，衣层未干就包下一层，锅壁粗糙不平	改进操作方法，做到低温干燥，勤加料，多搅拌，适当掌握加浆及干燥时的温度及速度，保持锅壁光滑

续表

包衣类别	发生的问题	原因	解决方法
薄膜衣片	皱皮	选择包衣材料不当或用量太多，干燥条件不当	更换包衣材料或控制用量，改善成膜温度
	起泡	固化条件不当，干燥速度过快	掌握成膜条件，控制干燥温度和速度
	花斑	增塑剂、色素等选择不当。干燥时，溶剂将可溶性成分带到衣膜表面	改变包衣材料配方，调节空气温度和流量，降低干燥速度
	剥落	选择包衣材料不当，两次包衣间的加料间隔过短	更换包衣材料，调节加料间隔时间，调节干燥温度和适当降低包衣液的浓度
	色泽不匀	喷雾设备未调节好，喷雾不均匀，色素在包衣浆中分布不匀	将包衣材料配成稀溶液，少量多次喷雾，或色素与包衣材料在球磨机中研磨均匀再喷入
	片面粗糙	干燥温度高，溶剂蒸发快，或包衣混入杂质等	降低干燥温度，使用合适的包衣材料，或改变配方
	衣膜表面有液滴或呈油状	包衣材料的配方不恰当，组成间有配伍禁忌	重新调整包衣材料的配方
	肠溶片不能安全通过胃部	选择包衣材料不当或衣层太薄（胃内崩解或溶解）	重新选择包衣材料或改变配方，调整工艺，针对原因，合理解决
	肠溶片肠内不溶解	选择包衣材料不当或衣层太厚（肠内不溶解），储存时变质	重新选择包衣材料或改变配方，调整工艺，针对原因，合理解决

五、片剂的质量检查与包装、储存

1. 质量检查

《中国药典》2020 年版除对片剂的外观、硬度作了一般规定外，对片剂的重量差异和崩解时限也作了具体规定，同时还规定对小剂量片剂进行含量均匀度检查，某些片剂应做溶出度或释放度检查。

（1）外观性状。表面完整光洁，色泽均匀，字迹清晰，无杂色斑点和异物。

（2）重量差异。为了把各种片剂的重量差异控制在最小限度内，《中国药典》2020 年版规定，片剂重量差异限度应符合表 5－4－9 的有关规定。

表 5－4－9　片剂重量差异限度

平均片重或标示片重	重量差异限度
0.30 g 以下	±7.5%
0.30 g 及 0.30 g 以上	±5%

检查方法：取 20 片药片，精密称定总质量，求得平均片重后，再分别精密称定每片的质量，每片质量与平均片重比较（凡无含量测定的片剂或有标示片重的中药片剂，每片质量应与标示片重比较），按表 5－4－9 中的规定，超过重量差异限度的不得多于 2 片，并不得有 1 片超出重量差异限度 1 倍。

糖衣片的片芯应检查质量差异并应符合规定，包糖衣后不再检查重量差异。薄膜衣片应在包薄膜衣后检查质量差异并应符合规定。

凡《中国药典》2020年版规定检查含量均匀度的片剂，一般不再进行重量差异检查。

(3) 硬度和脆碎度。片剂的硬度不仅影响包装和运输时片剂的完整，而且对主药的崩解和溶出速率也有影响。生产中，除采用经验检查法（指压法）外，常用片剂四用测定仪测定硬度。一般，能承受30～40 N压力的片剂认为合格。

脆碎度是指片剂经过震荡、碰撞而引起的破碎程度。将片剂（片重小于或等于0.65 g取若干片，使总重约为6.5 g。片重大于0.65 g取10片）刷去表面吸附的细粉，称重，放入脆碎度测定仪（见图5－4－14）转鼓内，以25 r/min的速度转动100次，按规定检查，且不得检出断裂、龟裂及粉碎的药片。精密称定，将损失质量与原质量相比，其百分比即为脆碎度。一般，减失的质量不得超过1%，如减失的质量超过1%，复检两次，三次的平均减失质量不得超过1%。

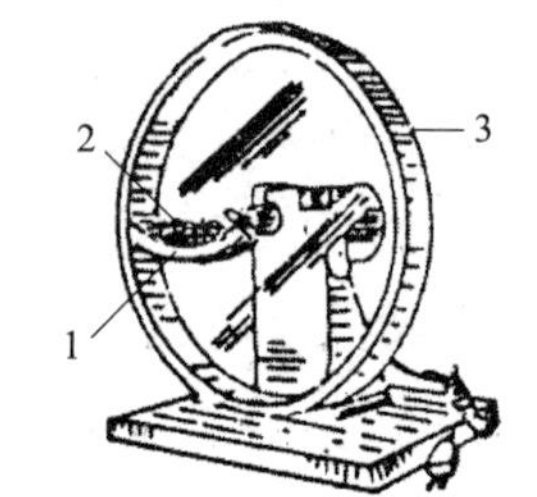

图5－4－14　脆碎度测定仪

1—挡板　2—片剂样品　3—转鼓

练一练

请使用片剂四用测定仪，对维生素C片进行质量检查。

(4) 崩解时限。崩解时限系指内服固体制剂在检查时限内全部崩解或溶散成碎粒，除不溶性包衣材料或破碎的胶囊壳外，通过直径为2.0 mm的筛网。

检查方法：图5－4－15所示为崩解装置，将吊篮通过上端的不锈钢轴悬挂于支架上，浸入1 000 mL烧杯中，并调节吊篮位置使其下降至低点时筛网距烧杯底部25 mm，烧杯内盛有温度为37 ℃ ±1 ℃的水，调节水位高度使吊篮上升至高点时筛网在水面下15 mm处，吊篮顶部不可浸没于溶液中。

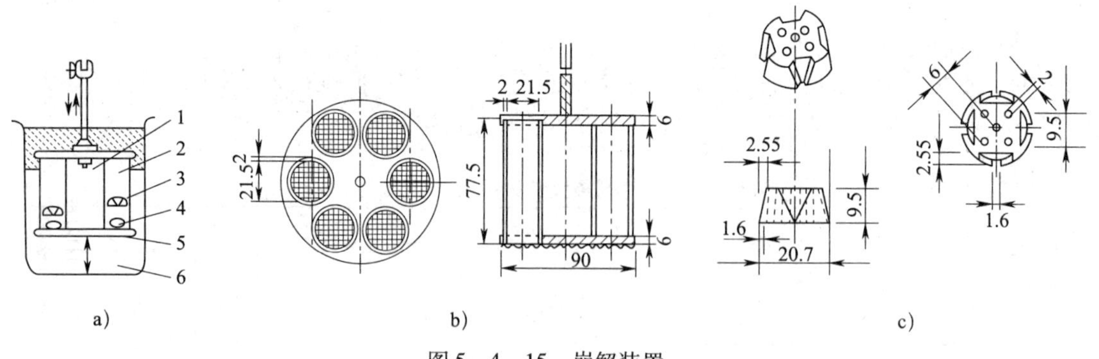

图5－4－15　崩解装置

单位：mm

a) 崩解装置　b) 吊篮结构　c) 挡板结构

1—吊篮　2—玻璃管　3—挡板　4—药片　5—镶有不锈钢筛网的底板　6—烧杯

除另有规定外，取供试品6片，分别置于上述吊篮的玻璃管中，启动崩解装置进行检查，各片均应在 15 min 内全部崩解。如果有 1 片不能完全崩解，应另取 6 片复试，均应符合规定。片剂崩解时限见表 5－4－10。

凡规定检查溶出度、释放度的片剂，一般不再进行崩解时限检查。

表 5－4－10　　片剂崩解时限

片剂种类	崩解时限/min
普通压制片	15
浸膏片	60
泡腾片	5
糖衣片	60
胃溶薄膜包衣片	30
肠溶衣片	人工胃液中 2 h 不得有裂缝、崩解或软化现象，洗涤后换人工肠液，加挡板 1 h 内全部崩解或溶散并通过筛网

（5）溶出度和释放度。溶出度系指活性药物从片剂、胶囊剂或颗粒剂等普通制剂在规定条件下溶出的速率或程度，在缓释制剂、控释制剂、肠溶制剂及透皮贴剂等制剂中也称释放度。凡含有在消化液中难溶的药物片剂、长时间存放后溶解度降低的药物片剂、与其他成分容易相互作用的药物片剂，以及剂量小、药效强、副作用大的药物片剂，《中国药典》2020 年版规定均应进行溶出度测定。通常采用溶出度或释放度试验代替体内试验，以控制固体制剂内在质量指标。

《中国药典》2020 年版（四部　通则）收载了 7 种溶出度测定方法：第一法（篮法）、第二法（桨法）、第三法（小杯法）、第四法（桨碟法）、第五法（转筒法）、第六法（流池法）、第七法（往复筒法）。同时测定 6 片，按标示含量计算，均应不低于规定限度。具体测定方法及判断标准详见《中国药典》2020 年版（四部　通则 0931）。凡测定溶出度的片剂，不再做崩解时限检查。

（6）含量均匀度。含量均匀度是指小剂量内服片剂中每片含量偏离标示量的程度。《中国药典》2020 年版规定了每片标示量小于 25 mg 或主药含量小于每片质量 25% 者均应检查含量均匀度。凡检查含量均匀度的制剂，一般不再检查重（装）量差异。检查方法和判断标准详见《中国药典》2020 年版（四部　通则 0941）。

（7）微生物限度。以动物、植物、矿物为来源的非单体成分制成的片剂，生物制品片剂，以及黏膜或皮肤炎症或腔道等局部用片剂（如口腔贴片、外用可溶片、阴道片、阴道泡腾片等），按照非无菌产品微生物限度检查法（微生物计数法①和控制菌检查法②及非无菌药品微生物限度标准③）进行检查，并应符合规定。规定检查杂菌的生物制品片剂，可不进行微生物限度检查。

① 详见《中国药典》2020 年版（四部　通则 1105）。
② 详见《中国药典》2020 年版（四部　通则 1106）。
③ 详见《中国药典》2020 年版（四部　通则 1107）。

（8）鉴别和含量测定。根据片剂中所含药物的特殊反应或用光谱法、色谱法等进行定性鉴别。测定含量时，抽取10～20片样品，研细混合后，精密称取一定量供试品，按照《中国药典》2020年版规定的方法测定含量，其含量应在《中国药典》2020年版规定的限度内。

2. 包装、储存

适宜的包装与储存是保障片剂质量的重要措施。片剂的包装与储存应当做到密封、防潮，使制剂到达患者手中时依然保持原有的物理、化学稳定性和生物学的活性。

（1）片剂的包装。片剂的包装材料应从防潮、轻巧及美观方面着手，不仅要考虑储运过程中片剂质量的稳定性，而且应考虑片剂产品的销售和与国际市场接轨。片剂包装常采用以下两种形式：

1）单剂量包装。单剂量包装是指将片剂单个隔开包装，每片均处于密封状态。单剂量包装可提高对药片的保护作用，避免交叉污染，外观美观，使用更为方便。

①泡罩式包装。无毒聚氯乙烯（PVC）硬片经红外加热器加热后，在成型滚筒上形成水泡眼，片剂进入水泡眼与无毒铝箔（背层材料）热压形成泡罩式包装。铝箔背层材料上可印上药品名称、规格等说明。PVC成为泡罩，透明、坚硬，美观而显贵重。

②窄条式包装。窄条式包装是由两层膜片（铝塑复合膜、双纸塑料复合膜等）经黏合或热压形成的带状包装，较泡罩式简便价廉。

2）多剂量包装。几片至几百片合装在一个容器中为多剂量包装。常用的包装容器有玻璃瓶、塑料瓶，也有用软性的薄膜、低塑复合膜、金属箔复合膜等制成的药袋。

（2）片剂储存。《中国药典》2020年版规定，片剂宜密封储存，防止受潮、发霉、变质。除另有规定外，一般应将包装好的片剂放在阴凉20 ℃以下，通风、干燥处储存。受潮易分解的片剂，应在包装容器内放入一小袋干燥剂（如干燥硅胶）。对光敏感的片剂，应避光保存。

片剂是一种较稳定的固体剂型，只要包装和储存得当，一般可保持数年不变质。由于所含药物性质不同，片剂的稳定性不同，故须注意每种片剂的有效期。

六、片剂举例

学习下列片剂典型实例，掌握片剂辅料与制备工艺对片剂质量的影响，并通过分析处方，充分认识各种辅料在片剂中的作用。

1. 性质稳定药物的片剂

例：盐酸环丙沙星片

	原辅料	每万片用量
【处方】	盐酸环丙沙星	2.91 kg
	淀粉	1.00 kg
	L－HPC	0.40 kg
	1.5% HPMC	适量
	十二烷基硫酸钠	0.14 kg
	硬脂酸镁	0.4 kg

【制法】将盐酸环丙沙星、淀粉、L－HPC、十二烷基硫酸钠混合均匀，加入适量1.5%

HPMC 制成软材，过 14 目筛制粒，湿粒在 60 ℃下通风干燥，干颗粒过 14 目筛整粒，整粒后颗粒加入硬脂酸镁混合均匀，压片，包薄膜衣即得。

【作用与用途】抗生素类药，用于呼吸道感染、泌尿道感染、肠道和腹腔内感染以及其他敏感菌的感染。

【注解】处方分析：盐酸环丙沙星为主药，淀粉为稀释剂，1.5% HPMC 为黏合剂，L－HPC 为崩解剂并兼有黏合剂作用，十二烷基硫酸钠为崩解剂，硬脂酸镁为润滑剂。

2. 不稳定药物的片剂

例：复方阿司匹林片

	原辅料	每万片用量
【处方】	乙酰水杨酸	2.68 kg
	对乙酰氨基酚	1.36 kg
	咖啡因	0.334 kg
	淀粉	0.66 kg
	16% 淀粉浆	0.85 kg
	酒石酸	0.027 kg
	轻质液体石蜡	0.025 kg
	滑石粉	0.25 kg

【制法】称取对乙酰氨基酚、咖啡因分别磨成细粉过 100 目筛后，与 1/3 量的淀粉混匀，加入淀粉浆制软材（10 ~ 15 min），过 14 目尼龙筛制粒，湿粒在 70 ℃下干燥，干颗粒过 12 目尼龙筛整粒，整粒后颗粒加入乙酰水杨酸和酒石酸混合均匀，加剩余的淀粉（预先在 100 ~ 105 ℃下干燥）和吸附了轻质液体石蜡的滑石粉混匀，再过 12 目尼龙筛，颗粒经含量测定合格后，压片。

【作用与用途】具有解热镇痛、抗炎作用，常用于伤风感冒、头痛发热及风湿性疾病。

【注解】

（1）处方分析：对乙酰氨基酚、乙酰水杨酸、咖啡因为主药，淀粉浆为黏合剂，淀粉为崩解剂，酒石酸为稳定剂，轻质液体石蜡和滑石粉为润滑剂。

（2）制备注意问题：①乙酰水杨酸遇水易水解成水杨酸和醋酸，因此加入酒石酸（乙酰水杨酸量的 1%）可有效地减少乙酰水杨酸的水解；②乙酰水杨酸的可压性极差，制粒应采用较高浓度的淀粉浆（15% ~16%）作为黏合剂；③乙酰水杨酸的水解受金属离子的催化，因此采用尼龙筛制粒、整粒，同时不得使用硬脂酸镁，而是采用滑石粉作为润滑剂；④加入滑石粉量的 10% 的轻质液体石蜡，可使滑石粉更易吸附在颗粒表面上，压片时振动不易脱落；⑤为避免乙酰水杨酸直接与水和热接触，乙酰水杨酸在整粒后加入；⑥乙酰水杨酸具有一定的疏水性，必要时可加入适宜的表面活性剂，如吐温－80 等以加快片剂的崩解和溶出。

思考与练习

1. 请阐述单冲撞击式压片机的工作原理，以及三个调节器的名称、位置、作用。

2. 请根据《中国药典》2020 年版相关标准对表 5－4－11 中叶酸片的重量差异进行分析。

表 5－4－11　　叶酸片重量差异判断

叶酸片平均粒重		重量差异限度/%	
下限		上限	
每片质量：0.239 5 g、0.237 5 g、0.238 7 g、0.249 9 g、0.242 8 g、0.241 0 g、0.237 7 g、0.236 8 g、0.238 8 g、0.240 1 g、0.248 0 g、0.248 5 g、0.238 7 g、0.249 9 g、0.242 8 g、0.241 0 g、0.238 5 g、0.238 8 g、0.239 7 g、0.241 2 g			
结论			

3. 请对下述硝酸甘油片进行处方分析。

硝酸甘油片

	原辅料	每千片用量
【处方】	乳糖	88.8 g
	糖粉	38.0 g
	17%淀粉浆	适量
	10%硝酸甘油乙醇溶液（硝酸甘油量）	0.6 g
	硬脂酸镁	1.0 g

§5－5　丸剂、滴丸剂

学习目标

1. 掌握丸剂、滴丸剂的概念，了解其特点。
2. 掌握丸剂、滴丸剂赋形剂的种类及特点。
3. 掌握丸剂、滴丸剂的生产工艺和制备方法，了解其质量控制。
4. 能对丸剂进行制备和质量检查操作。

一、丸剂概述

丸剂系指药物细粉或药材提取物加适宜的黏合剂或其他辅料制成的球形或类球形剂型。丸剂分为蜜丸、水蜜丸、水丸、糊丸、蜡丸和浓缩丸等类型。丸剂是我国最古老的传统剂型之一，是在汤剂的基础上发展起来的，自从片剂、胶囊剂等剂型出现后，丸剂的使用范围日益缩小。本节主要介绍中药丸剂的相关概念。

1. 丸剂的分类与特点

（1）按赋形剂分类。丸剂按赋形剂可分为水丸、蜜丸、水蜜丸、浓缩丸、糊丸、蜡丸、糖丸等。

1）水丸。水丸又称水泛丸，系指药材细粉以水（或根据制法用黄酒、醋、稀药汁、糖液等）为黏合剂制成的丸剂。

2）蜜丸。蜜丸系指药材细粉以炼蜜为黏合剂制成的丸剂。其中，每丸质量在0.5 g（含0.5 g）以上的称大蜜丸，每丸质量在0.5 g以下的称小蜜丸。

3）水蜜丸。水蜜丸系指药材细粉以炼蜜和水为黏合剂制成的丸剂。

4）浓缩丸。浓缩丸系指药材或部分药材提取浓缩后，与适当的辅料或其余药材细粉，以水、炼蜜或炼蜜和水为黏合剂制成的丸剂。根据所用黏合剂的不同，浓缩丸分为浓缩水丸、浓缩蜜丸和浓缩水蜜丸。

5）糊丸。糊丸系指药材细粉用米粉、米糊或面糊等为黏合剂制成的丸剂。

6）蜡丸。蜡丸系指药材细粉以蜂蜡为黏合剂制成的丸剂。

7）糖丸。糖丸系指以适宜大小的糖粒或基丸为核心，用糖粉或其他辅料的混合物作为撒粉材料，选用适宜的黏合剂或润湿剂制丸，并将原料药物以适宜的方法分次包裹在糖丸中而制成的制剂。

（2）按制法分类。丸剂按制法可分为塑制丸和泛制丸。塑制丸是指将药材细粉与赋形剂混合，制成软硬适度的可塑性丸块，然后分割成丸粒的丸剂，如蜜丸、糊丸等。泛制丸指药材细粉用适宜的液体赋形剂泛制而成的丸剂，如水丸和浓缩丸。

（3）丸剂的特点如下：

1）丸剂作用缓和、持久，适用于慢性病用药物、调和气血用药物、剧毒药物的制备。我国古代就有“丸者缓也”“大毒者须用丸”的说法。

2）丸剂在胃肠道中缓慢崩解，逐渐释放药物，作用持久，吸收显效迟缓，减小了毒性和不良反应。

3）丸剂不仅能容纳固体、半固体药物，还可以较多地容纳黏稠性和液体药物，并且可通过包衣来掩盖药物的不良气味。

4）丸剂生产技术和设备均较简单。

但是，一般中药丸剂的服用剂量大，小儿吞服困难；若制备技术不当，其制品的崩解度难控制；丸剂大多由原药材粉碎加工而成，很容易污染微生物而霉烂变质；丸剂有效成分的含量标准难以掌握。

【知识链接】

人体吸收药物快慢与剂型的关系

人体吸收药物速度：散剂 > 颗粒剂 > 胶囊剂 > 片剂 > 丸剂。丸剂的吸湿性、刺激性比散剂、颗粒剂小，稳定性比散剂、颗粒剂好。

2. 丸剂的赋形剂

（1）黏合剂。黏合剂主要用于增加药物细粉的黏性，增加丸块的可塑性，帮助成型。

1）蜂蜜。蜂蜜是中药丸剂中应用最广的一种黏合剂。蜂蜜为半透明、带有光泽、浓稠的液体，白色至淡黄色或橘黄色至黄褐色，放久或遇冷渐有白色颗粒状结晶析出，气味芳香，味极甜，有补中润燥、止痛、解毒等作用。

蜂蜜在使用前一般要进行炼制，炼制的目的主要是除去杂质，破坏酶，杀灭微生物，除去部分水分，促进部分糖的转化，增加其稳定性等。根据加热时间、温度、颜色、水分等的不同，炼制蜂蜜分为嫩蜜、中蜜和老蜜 3 种，见表 5 －5 －1。

表 5 －5 －1　　炼制蜂蜜分类

种类	炼蜜温度/℃	含水量	相对密度	用途
嫩蜜	105 ~ 115	18% ~ 20%	约 1.34	用于黏性较强的药物
中蜜	116 ~ 118	4% ~ 16%	约 1.37	用于黏性适中的药物
老蜜	109 ~ 122	10% 以下	约 1.4	用于黏性较差的药物

练一练

如何炼制三种规格的蜂蜜？请尝试蜂蜜的炼制。

【小提示】

将蜂蜜置于锅中，加适量清水，加热熔化后，过筛除去死蜂及浮沫等杂质，再入锅继续加热至沸腾，直到符合炼蜜标准。①炼制程度：根据处方中药物的性质、药粉含水量来掌握炼制时间、温度、炼蜜颜色、水分等。②判断标准：嫩蜜——颜色无明显变化，略带黏性；中蜜——炼至均匀淡黄色有细气泡时，用手捻之有黏性，两手指离开无长白丝；老蜜——炼至有较大红棕色气泡时，黏性强，用手捻之两手指离开出现长白丝。

2）米糊或面糊。米糊或面糊系以米粉、糯米、小麦及神曲等的细粉制成的糊。糯米粉最常用，黏合力较强。制糊的方法有调糊法、煮糊法、蒸糊法等。

3）蜂蜡。蜂蜡又称黄蜡，虫白蜡（川蜡）及石蜡都不能用。蜂蜡为不规则团块，大小不一，呈黄色、淡黄棕色或黄白色，不透明或微透明，表面光滑，质轻，蜡质，断面砂粒状，用手搓捏能软化，有蜂蜜样香气，味微甜。熔点为 62 ~ 67 ℃，相对密度为 0.965 ~ 0.969。使用前要进行精制。

（2）润湿剂。常用的润湿剂有以下几种：

1）水（蒸馏水或冷沸水）。水本身无黏性，但可湿润或溶解药物中的黏液质、糖类、胶类等，使药物具有黏性而能泛制成丸。

2）酒（黄酒：含醇量为 12% ~ 15%；白酒：含醇量为 50% ~ 70%）。酒常用于散瘀活血、消肿止痛丸剂中。

3）水蜜混合物。水蜜混合物用于水蜜丸的制备。

4）米醋。

5）药汁（处方中有些药材的水煎液）等。

3. 丸剂的制备

中药丸剂的制备方法主要有两种：塑制法、泛制法。

（1）塑制法。塑制法是由药材细粉与适量的赋形剂混匀，制成可塑性丸块，丸块再制成丸条，丸条经分割、搓圆制成丸剂。此法适用于中药蜜丸、糊丸、蜡丸等制备。

生产工艺：原材料的准备→制丸块→制丸条→分割与搓圆→干燥整理→质量检查→包装→出厂。

生产岗位有前处理岗位、粉碎岗位、捏合岗位、制丸岗位、干燥灭菌岗位、整丸质检岗位和包装岗位等。

1）原材料的准备。除另有规定外，供制丸剂用的药材细粉应为细粉或最细粉。

2）制丸块。制丸块又称合药、合坨。取混匀的药材细粉，加入适量的黏合剂，搓捏使形成不黏手、不松散、不黏附器壁、湿度适宜的可塑性丸块。合药是搓丸法的关键工序，其软硬程度及黏稠度影响丸粒成型与储存中是否变形。

3）制丸条、分割与搓圆。生产上广泛应用自动制丸机将制条、分粒及搓圆一次完成。操作时，将已混匀的丸块投入料斗中，药料经螺旋推进器挤压推出均匀的丸条，在导轮控制下，丸条进入制丸刀轮中，刀轮做径向和轴向运动，将丸条切割并搓圆制成大小均匀的药丸。制丸过程中，由喷头喷洒乙醇润滑。

4）干燥整理。搓圆后，根据丸剂的性质选择适宜温度进行干燥或灭菌。干燥温度除另有规定外，一般在 80 ℃以下。如果含芳香挥发性组分，应在 60 ℃以下干燥。蜜丸一般不干燥，其使用的蜜已炼制，水分已控制在一定范围。干燥方法有干燥箱加热、远红外辐射、微波加热等。丸剂的整理有人工挑选整理、用筛丸机或造丸机筛选等，以获得大小均匀的丸剂，最后包装。

（2）泛制法。泛制法系指将药材细粉用水或其他液体润湿剂交替润湿，撒布在适宜的容器中，不断翻滚，逐层增大的一种制丸法。泛制法主要用于水丸、水蜜丸、浓缩丸、糊丸等制备，有手工泛制和机械泛制两种。

1）手工泛制。这是我国传统制丸的主要方法，小量生产或特殊品种的制备可用此法。手工泛制劳动强度大，产量低，易被微生物污染，在大量生产中基本上被机械泛制代替。常用工具有泛丸匾、刷子、小帚、粉勺、水勺、选丸筛等。其基本操作过程：起模→成丸→盖面→干燥→筛选。

①起模。用刷子蘸取少量水，涂布于药匾内一侧（1/4），取少量药粉均匀黏附在匾上并润湿，然后用小帚轻轻刷下，形成很多细小的丸核，再取少量药粉撒布在丸核上，转动药匾使药粉均匀黏附在丸核上。如此洒水、撒粉反复操作，直至丸核圆整，直径增大到 0.5 ~ 1.0 mm，成为丸模，这一过程称为起模。筛去过大、过小部分则得均匀的丸模。

②成丸。成丸是将已筛选均匀的丸模，逐渐加大至接近成品的过程。经过筛选，将丸模置于药匾中，反复加水润湿和加药粉，经过旋、撞、滚动等操作，直至大小符合要求为止。剔除过小或过大的丸粒。

③盖面。最后一次加药粉（应为通过八号筛的极细粉），用少量水润湿（或加药物和水的混合液），再滚动磨光（盖面）。

④干燥。自然干燥或低温（60 ~ 70 ℃）烘干即得。

⑤筛选。筛选丸粒，确保大小均匀一致。

2）机械泛制。其泛制过程与手工泛制相似，包括起模、成丸、盖面、干燥、筛选等，只是使用的设备不同，药品生产企业大多以包衣锅代替药匾进行泛制。生产岗位有前处理岗位、粉碎岗位、成丸岗位、干燥灭菌岗位、选丸岗位、包衣岗位、质检岗位和包装岗位等。

其操作过程：将少量药粉置于包衣锅中，用喷雾器将润湿剂如水等喷入包衣锅药粉上，转动包衣锅或人工搓揉使药粉均匀润湿，并成为细小颗粒；继续转动，使小粒坚实、致密，再撒布药粉，喷入水，反复操作直至成丸。有时需包衣，可加入包衣材料，使丸粒不断滚动，包衣材料附在丸面上。包衣完成后，撒入川蜡粉，继续转动 30 min 即得。包衣前必须将水泛丸充分干燥，以免包衣发生裂丸。

在丸剂的制备过程中，尤其是泛制法制丸，由于各种因素的影响，往往会使丸粒出现大小不均匀和畸形现象。所以，在干燥后应筛选丸粒。药厂中大多使用滚筒筛、筛丸机、检丸器等。

4. 丸剂的质量检查和包装、储存

（1）质量检查。《中国药典》2020 年版（四部　通则）对丸剂的质量要求和检查项目规定如下：

1）外观。丸剂外观应圆整均匀，色泽一致。蜜丸应细腻滋润，软硬适中。蜡丸表面应光滑、无裂纹，丸内不得有蜡点和颗粒。

2）水分限度。除另有规定外，按水分测定法测定，蜜丸和浓缩蜜丸含水量不得超过 15.0%，水蜜丸、浓缩水蜜丸含水量不得超过 12.0%，水丸、糊丸、浓缩丸含水量不得超过 9.0%。蜡丸不检查水分。

3）重量差异。丸剂重量差异限度检查方法及标准如下：

①除另有规定外，糖丸按照下述方法检查，并应符合规定：取供试品 20 丸，精密称定总质量，求得平均丸重后，再分别精密称定每丸的质量。每丸质量与标示丸重相比较（无标示丸重的，与平均丸重比较），按表 5－5－2 中的规定，超出重量差异限度的不得多于 2 丸，并不得有 1 丸超出重量差异限度 1 倍。

表 5－5－2　糖丸的重量差异限度

标示丸重或平均丸重	重量差异限度
0.03 g 及 0.03 g 以下	±15%
0.03 g 以上至 0.3 g	±10%
0.3 g 以上	±7.5%

②除另有规定外，其他丸剂按照下述方法检查，并应符合规定：以 10 丸为 1 份（丸重为 1.5 g 及以上的以 1 丸为 1 份），取供试品 10 份，分别称定质量，再与每份标示质量（每丸标示量×称取丸数）相比较（无标示重量的丸剂，与平均质量比较），按表 5－5－3 规定，超出重量差异限度的不得多于 2 份，并不得有 1 份超出重量差异限度 1 倍。

表 5－5－3 其他丸剂的重量差异限度

标示丸重或平均丸重	重量差异限度
0.05 g 及 0.05 g 以下	±12%
0.05 g 以上至 0.1 g	±11%
0.1 g 以上至 0.3 g	±10%
0.3 g 以上至 1.5 g	±9%
1.5 g 以上至 3 g	±8%
3 g 以上至 6 g	±7%
6 g 以上至 9 g	±6%
9 g 以上	±5%

包糖衣丸剂应检查丸芯的重量差异并应符合规定，包糖衣后不再检查重量差异；其他包衣丸剂应在包衣后检查重量差异并应符合规定。凡进行装量差异检查的单剂量包装丸剂及进行含量均匀度检查的丸剂，一般不再进行重量差异检查。

练一练

请根据《中国药典》2020 年版相关标准对表 5－5－4 中保和丸（水丸）的重量差异进行分析。

表 5－5－4 保和丸重量差异判断

平均丸重		重量差异限度/%	
下限		上限	
每份质量：0.510 1 g、0.530 5 g、0.540 6 g、0.550 3 g、0.516 2 g、0.535 2 g、0.528 2 g、0.556 0 g、0.496 8 g、0.488 9 g			
结论			

4）装量差异。除糖丸外，单剂量包装的丸剂，按照下述方法检查，并应符合规定：取供试品 10 袋（瓶），分别称定每袋（瓶）内容物的质量，每袋（瓶）装量与标示装量相比较，按表 5－5－5 规定，超出装量差异限度的不得多于 2 袋（瓶），并不得有 1 袋（瓶）超出装量差异限度 1 倍。

表 5－5－5 丸剂的装量差异限度

标示装量	装量差异限度
0.5 g 及 0.5 g 以下	±12%
0.5 g 以上至 1 g	±11%
1 g 以上至 2 g	±10%
2 g 以上至 3 g	±8%
3 g 以上至 6 g	±6%
6 g 以上至 9 g	±5%
9 g 以上	±4%

5）溶散时限。除另有规定外，取供试品 6 丸，选择适当孔径筛网的吊篮（丸剂直径在 2.5 mm 以下，用直径约 0.42 mm 筛网；丸剂直径在 2.5～3.5 mm 的，用孔径约 1.0 mm 筛网；丸剂直径在 3.5 mm 以上的，用孔径约 2.0 mm 筛网），按照片剂崩解时限项下的方法，加挡板检查。除另有规定外，小蜜丸、水蜜丸或水丸应在 1 h 内全部溶散，浓缩水丸、浓缩蜜丸、浓缩水蜜丸和糊丸应在 2 h 内全部溶散。如果有丸剂黏附挡板妨碍检查，则另取供试品 6 丸，不加挡板，按规定检查。

上述检查，应在规定时间内全部通过筛网。如果有细小颗粒状未通过筛网，但已软化且无硬芯者，可按符合规定论。

蜡丸按照崩解时限检查法片剂项下的肠溶衣片检查法检查溶散时限，并应符合规定。

除另有规定外，大蜜丸不检查溶散时限。

6）微生物限度。按照微生物限度检查法检查，并应符合规定。

二、滴丸剂概述

1. 滴丸剂定义与特点

（1）滴丸剂的定义。滴丸剂系指固体或液体药物与适宜的基质加热熔融后溶解，乳化或混悬于基质中，再滴入不相混溶、互不作用的冷凝液中，由于表面张力的作用使液滴收缩成球状而制成的剂型。

（2）滴丸剂的特点如下：

1）设备简单，操作方便，利于劳动保护，工艺周期短，生产效率高。

2）工艺条件易于控制，质量稳定，剂量准确，受热时间短，易氧化及具有挥发性的药物溶于基质后可增加其稳定性。

3）可使液态药物固体化，如芸香油滴丸。

4）用固体分散技术制备的滴丸具有吸收迅速、生物利用度高的特点。

5）发展了耳、眼科用药的新剂型。五官科制剂多为液态或半固态剂型，作用时间不持久，制成滴丸剂可起到延效的作用。

【知识链接】

滴丸的发展

滴丸的发展史可以追溯到 1933 年丹麦首次制成的维生素 AD 滴丸。在我国，中药滴丸的研制始于 20 世纪 70 年代末，上海医药工业研究院等单位对苏合香丸进行研究，将原方的 10 余味中药精简为苏合香脂和冰片两味，采用固体分散技术，用滴制法制备苏冰滴丸。

近几年来，我国的滴丸品种迅速增加，技术扩散到各种药品的制备中，在中成药中尤为突出，如速效救心丸与复方丹参滴丸等。其产品不仅用于口服，还可用于局部用药，如耳部用药、眼部用药等。

2. 常用基质和冷凝液

滴丸剂的制法是将药物溶解、乳化或混悬于适宜的熔融基质中，然后通过适宜的滴管滴加到冷凝剂中，冷却而得。所以，选择适宜的基质及冷凝剂十分重要。

（1）基质质量要求。滴丸中除主药以外的赋形剂均称基质。应尽可能选择与主药性质相似的物质作为基质。基质应不与药物起化学反应，不影响药物的疗效，熔点较低，在一定的温度下为熔融液体，骤冷后又能凝成固体（在室温下仍保持固体状态），对人体无害。

基质分为水溶性和油脂性基质两类。水溶性基质有聚乙二醇 6000、聚乙二醇 4000、硬脂酸钠、尿素、泊洛沙姆等。油脂性基质有硬脂酸、单硬脂酸甘油酯、十六醇、十八醇等。

（2）冷凝液质量要求。冷凝液必须安全无害，不与主药或基质相混溶或互相作用，不影响主药疗效；具有适当的相对密度，即与液滴的相对密度相近，使滴丸在其中缓缓下沉或上浮；有适当的黏度，以利于液滴的收缩成丸。

对于用油脂性基质制丸的，常用水、醇液等为冷凝剂；对于用水溶性基质制丸的，常用液体石蜡、植物油、煤油以及它们的混合物为冷凝剂。

3. 滴丸剂的制备

（1）一般工艺流程：原材料的准备→混悬或熔融→滴制→洗丸→干燥→选丸→质检。

制备方法如下：

1）根据药物性质选择适宜的水溶性或油脂性基质，必要时选择两类基质的混合物，并加热熔融，加入药物使之溶解或乳化或混悬于基质中，制成药液。

2）将药液加入滴丸机的恒温储液罐中（在 80～100 ℃保温），并通过一定大小管径的滴头，等速滴入冷凝液中，冷凝液应事先选择好并装入滴丸机的冷却柱内，凝固形成的丸粒在冷凝液中徐徐下沉或上浮。

3）滴丸制完后取出，除去表面的冷凝液，干燥。

4）进行质量检查，剔除次品。

5）选择适当容器包装。

（2）滴丸机。滴丸剂制备时，应根据滴丸与冷凝液相对密度的差异，选用不同的滴制设备，如图 5－5－1 所示。

4. 滴丸剂的质量检查

（1）外观。滴丸剂应大小均匀，色泽一致，无粘连现象，表面无残留冷凝液。

（2）重量差异。除另有规定外，滴丸按照下述方法检查，并应符合规定：取供试品 20 丸，精密称定总质量，求得平均丸重后，再分别精密称定每丸的质量。每丸质量与标示丸重相比较（无标示丸重的，与平均丸重比较），按表 5－5－6 中的规定，超出重量差异限度的不得多于 2 丸，并不得有 1 丸超出重量差异限度 1 倍。

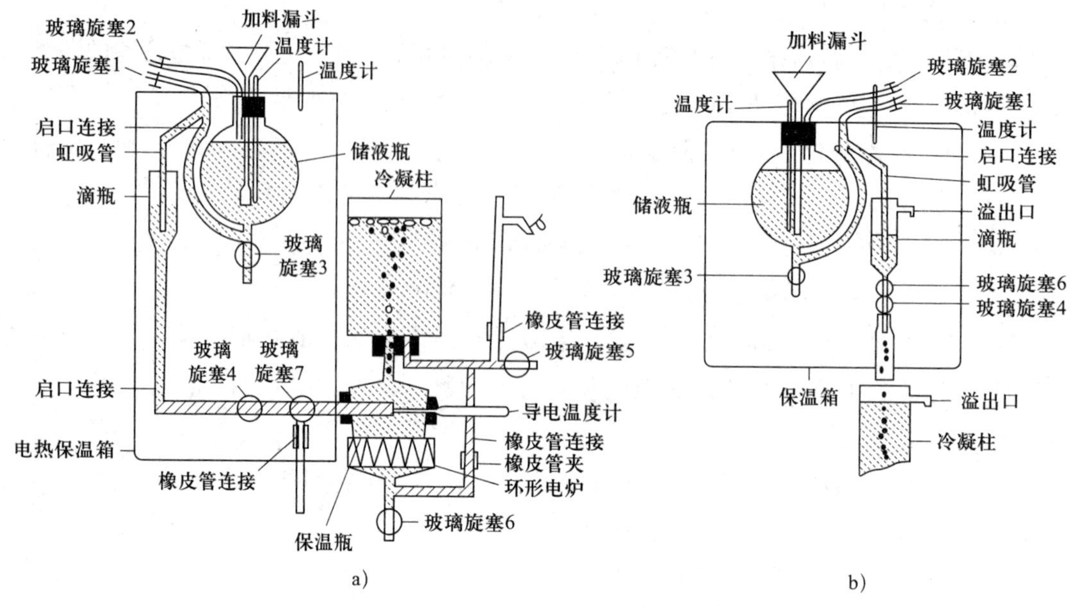

图 5－5－1　滴丸设备

a）由下向上滴　b）由上向下滴

表 5－5－6　　滴丸剂的重量差异限度

标示丸重或平均丸重	重量差异限度
0.03 g 及 0.03 g 以下	±15%
0.03 g 以上至 0.1 g	±12%
0.1 g 以上至 0.3 g	±10%
0.3 g 以上	±7.5%

包糖衣滴丸应在包衣前检查丸芯的重量差异，符合规定后方可包衣，包糖衣后不再检查重量差异。薄膜衣滴丸应在包薄膜衣后检查重量差异并应符合规定。

（3）溶散时限。按照《中国药典》2020 年版（四部　通则 0108）丸剂项下溶散时限检查法进行检查，普通滴丸应在 30 min 内全部溶散，包衣滴丸应在 1 h 内全部溶散。如果有 1 粒不能完全溶散，应另取 6 粒复试，均应符合规定。以明胶为基质的滴丸，可改在人工胃液中进行检查。

滴丸剂还应符合微生物限度检查及各品种项下要求。

思考与练习

1. 简述蜜丸的制备工艺流程。

2. 简述炼制蜂蜜的分类及其特点。

3. 请根据《中国药典》2020 年版相关标准对表 5－5－7 中复方丹参滴丸的重量差异进行分析。

表 5-5-7　　复方丹参滴丸重量差异判断

标示丸重	25 mg	重量差异限度/%	
下限		上限	
每丸质量：0.025 0 g、0.025 1 g、0.024 7 g、0.023 8 g、0.023 9 g、0.025 6 g、0.028 4 g、0.026 8 g、0.025 3 g、0.025 8 g、0.025 4 g、0.025 9 g、0.026 7 g、0.027 8 g、0.028 3 g、0.027 6 g、0.023 4 g、0.025 7 g、0.025 3 g、0.025 8 g			
结论			

§5-6　栓剂

学习目标

1. 掌握栓剂的概念、作用特点、质量要求、常用基质及其选用、热熔法制备栓剂的操作。
2. 熟悉栓剂的分类、质量检查。
3. 了解栓剂的吸收途径、药物剂量的确定、基质用量计算、包装与储存。
4. 能对栓剂进行制备和质量检查操作。

一、栓剂的概念

1. 栓剂的定义与特点

（1）栓剂的定义。栓剂是指药物与适宜的基质制成供腔道给药的固体制剂。栓剂专供塞入直肠、阴道等腔道使用，其形状和质量一般与所施用的腔道相适应。栓剂在常温下通常为固体，塞入人体腔道后在体温条件下能迅速熔化、软化或溶解于腔道分泌液，逐渐释放药物而产生药效。

（2）栓剂的作用特点。栓剂给药不仅可以起到局部治疗作用，而且在药物经机体吸收后可起全身的治疗作用。

1）局部作用。栓剂具备一定的大小、形状和硬度，可塞入相应的腔道中，使其中的药物分散于黏膜表面而发挥作用。栓剂的不同基质具有不同的释药特性，可以缓和药物的刺激性。

发挥局部作用的直肠栓，常用于通便、止痛、缓和刺激、止痒以及其他肛门、直肠炎症。例如甘油栓，由于甘油较高的渗透压和硬脂酸钠的刺激性，可引起肠蠕动而呈现通便之效。

发挥局部作用的阴道栓，一般用于抗菌消炎、杀虫及月经失调、外阴瘙痒等症。例如，甲硝唑栓用于防治厌氧菌引起的妇科、阴道手术切口感染等，治疗阴道滴虫病疗效显著。

2）全身作用。栓剂中的药物可以通过直肠黏膜吸收入血，起全身的治疗作用，常用于解热、镇痛、镇静、抗菌、消炎等。特别是近年来，吸收促进剂的开发和使用使得许多药物能在直肠内被较好地吸收，从而扩大了栓剂的作用范围，提高了临床治疗效果。例如，吲哚美辛栓具有消炎、镇痛、解热作用，常用于治疗风湿性或类风湿性关节炎。

想一想

栓剂用于全身作用，与口服剂型相比较有哪些特点？

2. 栓剂的分类

（1）按施用腔道分类。栓剂因施用腔道的不同而分为直肠栓、阴道栓、尿道栓、鼻用栓、耳用栓和喉道栓等。常用的栓剂是直肠栓和阴道栓，形状如图 5－6－1 和图 5－6－2 所示。

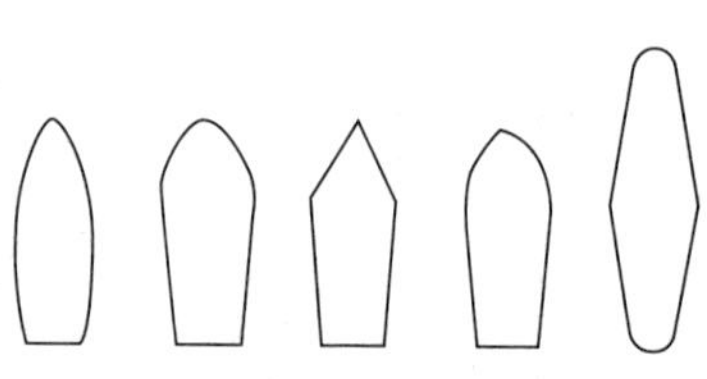

图 5－6－1　直肠栓的形状

图 5－6－2　阴道栓的形状

（2）按制备方法分类如下：

1）普通栓剂。普通栓剂是将药物与基质混合均匀，采用适宜的方法使之一次成形而制备的栓剂。

2）控释栓剂。控释栓剂是采用新工艺制备的、能持续释药的新型栓剂，包括中空栓剂、双层栓剂、微囊栓剂、渗透泵栓剂、凝胶栓剂和骨架控释栓剂。

3. 栓剂的质量要求

栓剂在生产与储存期间均应符合《中国药典》2020 年版的有关规定，具体如下：

（1）制备栓剂用的固体原料药物，除另有规定外，应预先用适宜方法制成细粉或最细粉。可根据施用腔道和使用需要，制成各种适宜的形状。

（2）栓剂中的原料药物与基质应混合均匀，外形完整光滑；放入腔道后应无刺激性，应能熔化、软化或溶化，并与分泌液混合，逐渐释放出药物，产生局部或全身作用；应有适宜的硬度，以免在包装或储存时变形。

（3）除另有规定外，应在 30 ℃以下密闭储存和运输，防止因受热、受潮而变形、发霉、变质。

二、栓剂的基质

栓剂的基质按照性质可分为油脂性基质和水溶性基质。基质不仅具有载负药物和赋形作用，还直接影响药物释放、吸收，影响药物局部或全身作用。

【知识链接】

优良栓剂基质的要求

（1）栓剂在体外及室温下应具有适宜的硬度和韧性，塞入腔道时不变形或不碎裂，在体温和腔道体液中易软化、熔化，能与体液混合或溶解于体液。

（2）栓剂应具有润湿或乳化的能力，能吸纳较多的水。

（3）对于油脂性基质，要求酸值在0.2以下，皂化值在200～245，碘值小于7，熔点与凝固点的间距小。

（4）适用于冷压法或热熔法制备栓剂，且易于脱模。

（5）不因晶型的转化而影响栓剂的形状和质量。

（6）对黏膜无刺激性，无毒性，无过敏性，释药速度符合治疗要求。局部作用者一般需释药缓慢而持久，全身作用者则需释药迅速。

（7）本身性质稳定，与药物混合后不起反应，不妨碍主药的作用和含量测定，不易发霉变质。

1. 油脂性基质

油脂性基质在常温下为固体，在体温时能很快熔化，易于分布于黏膜表面，有利于药物的吸收。其中，在体腔内熔化时间最短的是可可脂与半合成椰油脂，纳入体腔后4～5 min即熔化；一般油脂性基质的熔化时间约为10 min。该类基质化学性质稳定，与主药不起化学反应，能与多种药物相配伍。根据临床治疗需要，油脂性基质既可以制成直肠栓，也可以用于阴道栓。但油脂性基质抗热性能差，在夏季高温季节，要控制储存条件。

（1）可可脂。可可脂系由梧桐科植物可可树的种仁经烘烤、压榨而得的固体脂肪，在常温下为黄白色固体，气味佳，性质稳定，无刺激性。可可脂熔点为29～34 ℃，加热至25 ℃即开始软化，在体温时能迅速熔化，在10～20 ℃时性脆易粉碎成粉末，加入10%羊毛脂可增加其塑性。可可脂可以采用冷压法制备，也可用热熔法制备。

（2）半合成脂肪酸甘油酯类。该类基质多从植物果实中提取脂肪油，经水解、分馏得C_{12}～C_{18}脂肪酸，再与甘油酯化而制得。常用的有半合成山苍子油脂、半合成椰油脂、半合成棕榈酸酯、硬脂酸丙二醇酯等。

（3）氢化植物油。该类基质主要是从植物提取出的油，经过精制、漂白、氢化等过程而制得，在常温下为半固体或固体。氢化植物油有氢化棉籽油，熔点为40.5～41.0 ℃；部分氢化棉籽油，熔点为35～39 ℃；氢化椰子油，熔点为34～37 ℃；氢化花生油，熔点为30～45 ℃。该类基质性质稳定，无毒，无刺激性，不易酸败，但释药能力较差。

2. 水溶性基质

水溶性基质熔点高，不受温度的影响；进入体内后可吸水膨胀、溶解或分散在体液中而释放药物发挥作用；抗热性能好，储存比较方便；吸湿性大，对直肠有刺激作用，一般多用于制备阴道栓。

（1）甘油明胶。甘油明胶系由明胶、甘油与水按一定的比例经加热、溶解、去除部分水分、冷却而制成。甘油明胶有弹性，不易折断，在体温时不熔化，但可缓缓溶于腔道体液而释放药物，药效缓和而持久。药物的溶出速度与明胶、甘油、水三者的比例有关，甘油与水的含量越高，溶出速度越快，明胶、甘油、水的配比以 10∶20∶70 为宜。

甘油明胶常用作阴道栓的基质，如呋喃西林栓、复方氧氟沙星栓等。明胶是蛋白质的水解产物，凡与蛋白质产生配伍禁忌的药物，如鞣质、重金属盐等均不能用甘油明胶作基质。甘油明胶具有吸水性，并易发霉，需加入适宜的防腐剂。甘油能防止栓剂变干、变硬，但在干燥环境中储存时，甘油明胶具有失水性，因此应密闭储存。

（2）聚乙二醇（PEG）类。该类基质是由环氧乙烷聚合而成的杂链聚合物，其物理性状由乙二醇的聚合度、相对分子质量决定。平均相对分子质量为 200、400 及 600 者为无色透明液体，相对分子质量在 1 000 以上者为蜡状白色固体，熔点随着相对分子质量的增加而升高。一般将聚乙二醇 1000、聚乙二醇 1500、聚乙二醇 4000、聚乙二醇 6000 等品种两种或两种以上按适当比例配合，加热熔融以制得具有理想特性（如熔点、释药性能等）的栓剂。聚乙二醇类无生理作用，在体温时不熔化，但在体液中能渐渐溶解，释放水溶性药物或油溶性药物而发挥作用。聚乙二醇类吸湿性较强，受潮后易变形，对黏膜有一定的刺激性，加入 20% 以上的水则可减轻。

（3）聚氧乙烯（40）单硬脂酸酯。该基质系由聚乙二醇与硬脂酸缩合而成的，商品名为 Mrij52，商品代号为 S-40。该基质在常温下为白色至淡黄色蜡状固体，可溶于水，释药性能较好。

（4）聚山梨酯-61。该基质为淡琥珀色可塑性固体，熔点为 35～49 ℃，不溶于水，但能在水中均匀分散，可与药物水溶液形成稳定的 O/W 型乳剂基质。该基质无毒，无刺激性，在水中能自行乳化，性质稳定，能与多种药物相配伍，易于保存。

（5）泊洛沙姆。该基质为聚氧乙烯与聚氧丙烯的共聚物。较常用的是商品名普朗尼克 F68，在常温时为白色或微黄色半透明蜡状固体，熔点为 46～52 ℃，易溶于水，能促进药物的吸收并起到缓释与延效的作用。

想一想

栓剂可产生局部作用或全身作用。当制备局部作用的栓剂时，如何根据药物的性质选择基质？当制备全身作用的栓剂时，如何根据药物的性质选择基质？

三、栓剂的制备

栓剂的制备方法有搓捏法、冷压法、热熔法，具体可根据基质的性质和制备的数量加以选择。用油脂性基质制备栓剂时，冷压法和热熔法均可采用；用水溶性基质制备栓剂时，多采用热熔法。

1. 冷压法制备栓剂

冷压法是将基质磨碎或锉沫，与另行粉碎的药物置于适宜的容器内混合均匀，然后装入制栓机的圆筒内，通过模型挤压而成一定形状。冷压法制法简单，外形美观，可避免加热对药物与基质稳定性的影响，防止不溶性药物在基质中沉降。但冷压法生产效率低，不适宜大量生产，成品中常常夹带空气而影响栓剂的质量以及药物与基质的稳定性。目前生产上较少采用冷压法。

2. 热熔法制备栓剂

热熔法制备栓剂是应用最为广泛的方法。其方法是将基质在水浴或蒸汽浴上加热熔化，然后按药物性质以不同方式加入药物，使药物均匀分布于基质中，再注入冷却并涂有润滑剂的栓模中至稍溢出模口为度，放冷，至完全凝固后，用刀刮去溢出部分，开启栓模，推出栓剂，包装即得。

（1）药物加入的方法。栓剂中药物与基质的混合可按以下方法进行：①对于油溶性药物，可直接将其溶解在油脂性基质中，但若加入的药物量较大而使基质的熔点降低或使栓剂硬度不够，可加入适量石蜡或蜂蜡以调节其熔距；②对于水溶性药物，可加少量水制成浓溶液，用适量羊毛脂吸收后再与基质混合；③对于不溶于油脂、水或甘油的药物，可先将药物粉碎成细粉，并全部通过六号筛，再与基质混合均匀。

（2）基质用量的计算。置换价是用以计算栓剂基质用量的参数。置换价是指药物的质量与同体积基质质量的比值。不同的栓剂处方，用同一栓模所制得的栓剂体积是相同的，但其质量则随基质与药物密度的不同而改变。一般，栓模容纳的质量是指以可可脂为代表的基质质量。根据置换价，可以对药物置换基质的质量进行计算。

置换价的测定方法：取基质作空白栓，称得平均质量为 G；另取基质与药物定量混合制成含药栓，称得平均质量为 M；每粒栓剂中药物平均质量为 W。$M-W$ 为含药栓中基质的质量，$G-(M-W)$ 为纯基质栓与含药栓中基质质量之差，即与药物同体积的基质质量，则置换价 f 为：

$$f=\frac{W}{G-(M-W)}$$

制备含药栓剂 n 粒，基质的用量 x 为：

$$x=\left(G-\frac{W}{f}\right)n$$

（3）热熔法制备栓剂应注意的事项如下：

1）加热基质应避免过热。加热温度不宜太高，一般在 50 ℃左右，适当搅拌以防止局部过热；加热时间不宜太长，一般在基质熔融达 2/3 量时即可停止加热，以防止基质物理性状的改变。

2）注模时，熔融的混合物应迅速一次注完，以免分层凝固。

3）选择合适的润滑剂。栓剂模孔内所涂润滑剂通常有两类：油脂性基质的栓剂常用肥皂酊（即软肥皂、甘油、90% 乙醇以 1∶1∶5 的配比所制的醇溶液）；水溶性基质的栓剂则用油类溶剂，如液体石蜡、植物油等。可可脂和聚乙二醇为基质的栓剂可不用润滑剂。

4）适于小量制备的栓剂模型如图5－6－3、图5－6－4所示。该类栓剂模型一般用金属制成，表面镀铬或镀镍，以免金属与药物发生反应。对于栓剂的大量生产，采用机械自动化设备来完成热熔法的全过程（注模、冷却、刮平、启模）。

图5－6－3　直肠栓模型

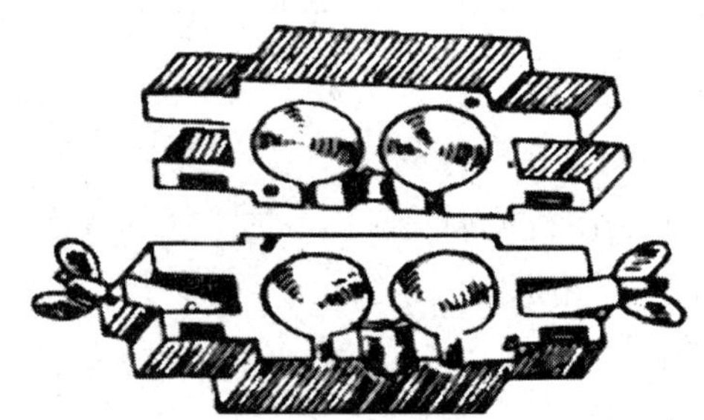
图5－6－4　阴道栓模型

练一练

某含药量为20%的栓剂10枚重20 g，空白栓5枚重9 g，计算该药物对此基质的置换价。

四、栓剂的质量检查和包装、储存

1. 质量检查

（1）重量差异。取供试品10粒，精密称定总质量，求得平均粒重后，再分别精密称定每粒的质量。每粒质量与平均粒重相比较（有标示粒重的中药栓剂，每粒质量应与标示粒重比较），按表5－6－1中的规定，超出重量差异限度的不得多于1粒，并不得超出重量差异限度1倍。

凡规定检查含量均匀度的栓剂，一般不再进行重量差异检查。

表5－6－1　栓剂重量差异限度

平均粒重	重量差异限度
1.0 g及1.0 g以下	±10%
1.0 g以上至3.0 g	±7.5%
3.0 g以上	±5.0%

练一练

已知阿司匹林栓的规格为0.3 g，根据《中国药典》2020年版相关标准判断重量差异限度，并计算上下限数值。

（2）融变时限。除另有规定外，按照融变时限检查法［《中国药典》2020年版（四部通则0922）］检查，并应符合规定。

（3）膨胀值。除另有规定外，阴道膨胀栓应检查膨胀值，并应符合规定。

检查方法：取供试品3粒，用游标卡尺测其尾部棉条直径，滚动约90°再测一次，每粒测两次，求出每粒测定的2次平均值（R_i）；将上述3粒栓用于融变时限测定结束后，立即取出剩余棉条，待水断滴，均轻置于玻璃板上，用游标卡尺测定每个棉条的两端以及中间三个部位，滚动约90°后再测定三个部位，每个棉条共获得6个数据，求出测定的6次平均值（r_i），计算每粒的膨胀值（$P_i = r_i/R_i$），3粒栓的膨胀值均应大于1.5。

（4）微生物限度。除另有规定外，按照非无菌产品微生物限度检查法检查，并应符合规定。

2. 包装、储存

栓剂制成后一般置于密闭的、互不接触的容器内。普遍使用的包装形式有两种。一种是先用硫酸纸，或蜡纸、锡纸、铝箔，或塑料薄膜小袋逐个包裹栓剂，然后再装入外层包装盒。此法多用于小量生产的手工操作，生产效率低。另一种是将栓剂逐个嵌入塑料硬片的凹槽中，再将另一张配对的塑料硬片盖上，然后用高频热合器将两张塑料硬片热合在一起。此法一般在大生产中使用。

栓剂由于基质的特性，易受温度、湿度的影响而发生质量变异现象。储存温度较高能引起栓剂软化变形或熔化；如果包装不严，水溶性基质的栓剂如甘油栓和以甘油明胶或聚乙二醇为基质的栓剂具有引湿性，吸潮后引起栓剂软化、变形、发霉、变质；若气候干燥，栓剂失水将变硬或收缩。因此，栓剂一般应在30 ℃以下密闭保存，防止因受热、受潮而变形、发霉、变质。对遇光易变色的栓剂，应密闭、避光，在凉处保存。

思考与练习

1. 克霉唑栓

【处方】克霉唑1.5 g，聚乙二醇400 12 g，聚乙二醇4000 12 g，共制10粒。

根据处方分析克霉唑栓的作用特点。

2. 欲制备鞣酸栓100粒，每粒含鞣酸0.2 g，空白栓质量为2.0 g，鞣酸对可可脂的置换价为1.5，所需可可脂基质的量为多少？

3. 请根据《中国药典》2020年版相关标准对表5－6－2中甘油栓的重量差异进行分析。

表5－6－2　甘油栓重量差异判断

甘油栓平均粒重		重量差异限度/%	
下限		上限	
每粒质量：0.801 0 g、0.801 1 g、0.802 1 g、0.802 8 g、0.804 6 g、0.802 7 g、0.802 6 g、0.802 1 g、0.802 8 g、0.831 6 g			
结论			

实训项目 7　散剂制备

一、实训目的

1. 会进行散剂制备前准备。
2. 能按处方制备痱子粉散剂。
3. 能对产品进行正确的质量判断。
4. 会按要求进行设备清洁和清场工作。

二、器材准备

薄荷脑、薄荷油、樟脑、麝香草酚、升华硫、水杨酸、硼酸、氧化锌、淀粉、滑石粉、天平、称量皿、乳钵、搪瓷盘、120 目筛等。

三、实训内容与步骤

1. 痱子粉处方

薄荷脑	6.0 g	樟脑	6.0 g
麝香草酚	6.0 g	薄荷油	6.0 mL
水杨酸	11.4 g	硼酸	85.0 g
升华硫	40.0 g	氧化锌	60.0 g
淀粉	100.0 g	滑石粉	加到 1 000.0 g

2. 制备方法

先取薄荷脑、樟脑、麝香草酚研磨至全部熔化，并与薄荷油混合。另将升华硫、水杨酸、硼酸、氧化锌、淀粉、滑石粉研磨混匀，过 120 目筛。将共熔混合物与混合的细粉研磨混匀或将共熔物喷入细粉中，过筛，即得。

3. 质量控制要点与质量判断

（1）外观均匀度。取适量散剂置于光滑的纸上，平铺约 5 cm^2，用药匙或适宜工具将表面压平，在光亮处观察其表面，应呈均匀的色泽，无花纹与色斑。本法简便易行，但常因带有主观性而误差较大。

（2）粒度。局部用散剂一般按单筛分法检查。取供试品 10 g，精密称定，置七号筛，筛上加盖，并在筛下配有密合的接收容器。按水平方向旋转振摇至少 3 min，并不时在垂直方向轻叩筛。取筛下的粉末，精密称定通过筛网的粉末质量，应不低于 95%。

【注意事项】

含共熔组分的散剂是否采取先共熔、后制备的方法，应根据共熔后对药理作用的影响及处方中所含其他固体组分的数量而定。

（1）若药物共熔后，药理作用较单独混合好，则宜采用共熔法。例如，氯霉素与尿素、灰黄霉素与聚乙二醇6000等，形成共熔混合物比其单独成分吸收快、疗效高。

（2）某些药物共熔后，药理作用几乎无变化，但处方中固体组分较多时，可将共熔组分先共熔，再与其他组分吸收混合，使分散均匀。

（3）在处方中若含有挥发油或其他足以溶解共熔组分的液体时，可先将共熔组分溶解，再喷雾加入混合。

四、实训测评

按表S－7－1所列实训评分标准进行测评，并做好记录。

表S－7－1　实训评分标准

序号	考核内容	考核标准	配分	得分
1	制备前准备	①能按处方领取物料，并核对品名、规格、批号、数量和质量 ②能正确领取制备所需用具	10	
2	制备操作	①会正确称量所需要的原辅料 ②能正确选取共熔药物先共熔 ③能正确完成物料的混合、筛分，操作流程正确，操作条件控制符合要求	40	
3	质量控制与判断	熟悉质量控制要点，会进行散剂外观、粒度检测并对质量做正确判断	20	
4	清洁与清场	①能正确对制备场地进行清洁，如桌面、墙面、地面等 ②能正确对设施设备进行清洁消毒，如天平、称量皿、乳钵、搪瓷盘、120目筛 ③能正确处理实验废弃物	20	
5	填写记录	应及时、准确、真实、完整填写记录，修改处应符合规范	10	
合计			100	

实训项目8　颗粒剂生产

一、实训目的

1. 会进行生产前准备。
2. 能按岗位操作规程生产颗粒剂。
3. 能使用设备完成颗粒剂整粒。

4. 会按要求进行设备清洁和清场工作。

5. 会正确填写原始记录。

二、器材准备

1. 生产设备：沸腾干燥制粒机、摇摆式颗粒机。

2. 物品用具：维生素 C、淀粉浆、电磁炉及配套锅、不锈钢桶、不锈钢面盆、烧杯、玻璃棒、不锈钢勺子、筛网、塑料袋若干、清洁毛巾、消毒毛巾、75% 乙醇、专用工具一套、标签。

三、实训内容与步骤

1. 颗粒剂制备

（1）生产前准备如下：

1）任务文件。《批生产指令单》《制粒岗位操作法》《沸腾干燥制粒机标准操作规程》《沸腾干燥制粒机清洁操作规程》，以及制粒生产记录、清场记录。

2）生产用物料。按照批生产指令领取所需物料，并核对品名、规格、批号、数量和质量。

（2）生产操作如下：

1）打开空气压缩机总开关，按空气压缩机“1”键，开启连接沸腾干燥制粒机的压缩空气阀门。

2）更换状态标志牌，打开沸腾干燥制粒机总开关，将机器由“0”转至“1”，进入操作界面。

3）确认喷枪、蠕动泵正常，确认布袋干净，按“顶缸升”按钮（边缘对齐），打开风机，调节风机频率至 20 Hz，打开加热器、照明灯、振打电机，确认正常。

4）关闭振打电机、照明灯、加热器、风机，按“顶缸降”按钮，拆开连接管路，向左水平推出缸体，加入物料，推进沸腾室，再按“顶缸升”按钮（边缘对齐），插上连接管路（橙色：压缩空气，雾化黏合剂；白色：连接黏合剂；上绿色：压缩空气，测锅内负压；下绿色：物料温度探头）。

5）打开喷枪，调节雾化压力至 20 kPa。打开风机，调节风机频率至 20 Hz。打开照明灯、振打电机，按“时间重置”按钮，打开加热器，将进风温度调至工艺要求，进入混合状态。

6）待混合约 6 min 后配制淀粉浆，将管路插入淀粉浆中，打开蠕动泵，速度调至 10 r/min。当淀粉浆即将进入喷枪时，调节雾化压力至 150 kPa，进入制粒状态。制粒过程中，根据物料状态及时调整工艺参数。制粒结束后，关闭蠕动泵、喷枪，调节进风温度至工艺要求，进入干燥状态。

7）控制风量和进风温度，关闭蠕动泵，切换蠕动泵运动方向，再开启蠕动泵，将余液放出。待物料干燥后，关闭加热器。待进风温度低于 50 ℃后，关闭风机，继续振打约 10 s，关闭振打电机。按“顶缸降”按钮，向左水平推出缸体，出料，盛装于洁净不锈钢桶内，贴标签交中间站，办理交接手续。

（3）质量控制要点与质量判断如下：

1）质量控制要点。制粒操作室必须保持干燥，室内呈负压。严格按工艺规程和称量配料标准操作程序进行配料，称量配料过程中要严格实行双人复核制，做好记录并签字。

生产过程所有物料均应有标识，防止发生混药、混批。操作中要重点控制黏合剂种类和浓度、喷浆速度、雾化压力、锅内负压、进风温度、出风温度、风机速度、干燥时间等。生产前检查喷枪和沸腾床，确认喷枪不堵，确认沸腾床不堵且干燥。

2）质量判断。干燥后颗粒含水量控制在1.5%以内。

（4）清洁和清场如下：

1）更换状态标志牌。

2）拆下喷枪、沸腾床、布袋等部件，进行清洗消毒。

3）关闭电子天平，并对其进行清洁，对沸腾干燥制粒机进行清洁消毒。

4）清洗不锈钢面盆等容器用具。

5）按照“先上后下、先里后外、先整后零”原则对操作室进行清场。

6）对容器用具和设备表面用75%乙醇进行消毒。

（5）填写记录。生产操作人员应及时、准确、真实、完整填写制粒生产记录（表S－8－1）并签名，复核人员复核确认无误后签名。

表S－8－1　　制粒生产记录

产品名称	维生素C颗粒	规格	3.0 g/袋	批号	
工序名称	制粒	生产日期	年　月　日	批量	500袋
生产场所	制粒间	主要设备	沸腾干燥制粒机		
序号	指令	工艺参数	操作参数	操作人员签名	
①	岗位上应具有“三证”	清场合格证 设备完好证 计量器具检定合格证	有□　无□ 有□　无□ 有□　无□		
	取下清场合格证，附于本记录后	—	完成□　未办□		
②	检查设备的清洁卫生	沸腾干燥制粒机 蠕动泵 工具 周转容器 操作室 其他设备	已清洁□　未清洁□ 已清洁□　未清洁□ 已清洁□　未清洁□ 已清洁□　未清洁□ 已清洁□　未清洁□ 已清洁□　未清洁□		
	空机试车	—	正常□　异常□		

续表

<table>
<tr><th>序号</th><th colspan="2">指令</th><th colspan="4">工艺参数</th><th colspan="4">操作参数</th><th>操作人员签名</th></tr>
<tr><td rowspan="6">③</td><td colspan="2">与中转站管理人员
交接物料</td><td colspan="4">核对：
品名
规格
批号
数量
质量</td><td colspan="4">符合□　不符□
符合□　不符□
符合□　不符□
符合□　不符□
符合□　不符□</td><td rowspan="6"></td></tr>
<tr><td rowspan="5">物料领用</td><td>桶号</td><td colspan="2">毛重/kg</td><td colspan="2">皮重/kg</td><td colspan="4">净重/kg</td></tr>
<tr><td>1</td><td colspan="2"></td><td colspan="2"></td><td colspan="4"></td></tr>
<tr><td>2</td><td colspan="2"></td><td colspan="2"></td><td colspan="4"></td></tr>
<tr><td>3</td><td colspan="2"></td><td colspan="2"></td><td colspan="4"></td></tr>
<tr><td>4</td><td colspan="2"></td><td colspan="2"></td><td colspan="4"></td></tr>
<tr><td rowspan="10">④</td><td rowspan="10">运行参数
记录</td><td>时间</td><td></td><td></td><td></td><td></td><td></td><td></td><td></td><td></td><td rowspan="10"></td></tr>
<tr><td>风机频率/Hz</td><td></td><td></td><td></td><td></td><td></td><td></td><td></td><td></td></tr>
<tr><td>空气流量/(m^3/h)</td><td></td><td></td><td></td><td></td><td></td><td></td><td></td><td></td></tr>
<tr><td>进风温度/℃</td><td></td><td></td><td></td><td></td><td></td><td></td><td></td><td></td></tr>
<tr><td>物料温度/℃</td><td></td><td></td><td></td><td></td><td></td><td></td><td></td><td></td></tr>
<tr><td>雾化压力/kPa</td><td></td><td></td><td></td><td></td><td></td><td></td><td></td><td></td></tr>
<tr><td>炉内负压/Pa</td><td></td><td></td><td></td><td></td><td></td><td></td><td></td><td></td></tr>
<tr><td>喷浆速度/(r/min)</td><td></td><td></td><td></td><td></td><td></td><td></td><td></td><td></td></tr>
<tr><td>出风温度/℃</td><td></td><td></td><td></td><td></td><td></td><td></td><td></td><td></td></tr>
<tr><td>出口压差/Pa</td><td></td><td></td><td></td><td></td><td></td><td></td><td></td><td></td></tr>
<tr><td rowspan="7">⑤</td><td rowspan="3">制得
干颗粒</td><td>桶号</td><td colspan="3">毛重/kg</td><td colspan="3">皮重/kg</td><td colspan="2">净重/kg</td><td rowspan="3"></td></tr>
<tr><td>1</td><td colspan="3"></td><td colspan="3"></td><td colspan="2"></td></tr>
<tr><td>2</td><td colspan="3"></td><td colspan="3"></td><td colspan="2"></td></tr>
<tr><td colspan="6">与中转站管理人员交接，接受人核对，并在递交单上签名</td><td colspan="5">已签□　未签□</td></tr>
<tr><td colspan="2">领入量/kg</td><td colspan="3">颗粒总质量/kg</td><td colspan="2">可利用余粉质量/kg</td><td colspan="3">不可用余粉质量/kg</td><td>物料平衡/%</td></tr>
<tr><td colspan="2"></td><td colspan="3"></td><td colspan="2"></td><td colspan="3"></td><td></td></tr>
<tr><td>计算人</td><td></td><td>复核人</td><td colspan="2"></td><td>QA 人员</td><td colspan="2"></td><td colspan="2">岗位负责人</td><td></td></tr>
<tr><td>⑥</td><td colspan="11">异常情况与处理记录：</td></tr>
</table>

2. 整粒

（1）生产前准备如下：

1）任务文件。《批生产指令单》《制粒岗位操作法》《摇摆式颗粒机标准操作规程》《摇摆式颗粒机清洁操作规程》，以及整粒生产记录、清场记录。

2）生产用物料。整粒设备生产所用物料是沸腾干燥制粒机所生产的干颗粒，生产前应核对品名、批号、数量、质量，填写交接单。

（2）生产操作如下：

1）安装规定目数的筛网，关上前后两扇塑料门。

2）接通电源，启动设备，确认正常后，将不锈钢桶移至物料出口处。

3）将物料放于料斗中，接通电源，按“启动”按钮，进行整粒操作，并根据物料性能选用合适的转速和加料速度。注意一次不能加太多，避免堵住，影响整粒效率。

4）整粒完毕，关闭设备，将颗粒扎紧，盛装于洁净不锈钢桶内，贴标签交中间站，办理交接手续。

（3）质量控制要点与质量判断如下：

1）质量控制要点。整粒操作室必须保持干燥，室内呈负压。筛网材质、筛网目数等应正确。

2）质量判断。颗粒中各组分均匀，不能通过一号筛和能通过五号筛的总和不得超过供试量的15%。

（4）清洁和清场如下：

1）更换状态标志牌。

2）拆下筛网等部件，进行清洁消毒。

3）清洗不锈钢桶等容器和工具。

4）按照“先上后下、先里后外、先整后零”原则对操作室进行清场。

5）对容器用具和设备表面用75%乙醇进行消毒。

（5）填写记录。生产操作人员应及时、准确、真实、完整填写整粒生产记录（表S－8－2）并签名，复核人员复核确认无误后签名。

表S－8－2　　整粒生产记录

<table>
<tr><td>产品名称</td><td colspan="2">维生素C颗粒</td><td>规格</td><td>3.0 g/袋</td><td>批号</td><td></td></tr>
<tr><td>工序名称</td><td colspan="2">整粒</td><td>生产日期</td><td>年　月　日</td><td>批量</td><td>500袋</td></tr>
<tr><td>生产场所</td><td colspan="2">制粒车间</td><td>主要设备</td><td colspan="3">摇摆式颗粒机</td></tr>
<tr><td>序号</td><td colspan="2">指令</td><td>工艺参数</td><td colspan="2">操作参数</td><td>操作人员签名</td></tr>
<tr><td rowspan="2">①</td><td colspan="2">岗位上应具有“三证”</td><td>清场合格证
设备完好证
计量器具检定合格证</td><td colspan="2">有□　无□
有□　无□
有□　无□</td><td></td></tr>
<tr><td colspan="2">取下清场合格证，
附于本记录后</td><td>—</td><td colspan="2">完成□　未办□</td><td></td></tr>
<tr><td rowspan="2">②</td><td colspan="2">检查设备的清洁卫生</td><td>摇摆式颗粒机
筛网
工具
周转容器
操作室
其他设备</td><td colspan="2">已清洁□　未清洁□
已清洁□　未清洁□
已清洁□　未清洁□
已清洁□　未清洁□
已清洁□　未清洁□
已清洁□　未清洁□</td><td></td></tr>
<tr><td colspan="2">空机试车</td><td>—</td><td colspan="2">正常□　异常□</td><td></td></tr>
</table>

续表

<table>
<tr><th>序号</th><th colspan="2">指令</th><th colspan="2">工艺参数</th><th colspan="3">操作参数</th><th>操作人员签名</th></tr>
<tr><td rowspan="4">③</td><td colspan="2">与中转站管理人员
交接干颗粒</td><td colspan="2">核对：
品名
规格
批号
数量
质量</td><td colspan="3">
符合□　不符□
符合□　不符□
符合□　不符□
符合□　不符□
符合□　不符□</td><td></td></tr>
<tr><td rowspan="3">整粒前干颗粒领用</td><td>桶号</td><td>毛重/kg</td><td>皮重/kg</td><td colspan="3">净重/kg</td><td rowspan="3"></td></tr>
<tr><td>1</td><td></td><td></td><td colspan="3"></td></tr>
<tr><td>2</td><td></td><td></td><td colspan="3"></td></tr>
<tr><td rowspan="2">④</td><td rowspan="2">运行参数记录</td><td>筛网材质</td><td colspan="2"></td><td colspan="3"></td><td rowspan="2"></td></tr>
<tr><td>筛网目数</td><td colspan="2"></td><td colspan="3"></td></tr>
<tr><td rowspan="7">⑤</td><td rowspan="3">整粒后</td><td>桶号</td><td>毛重/kg</td><td colspan="2">皮重/kg</td><td colspan="2">净重/kg</td><td rowspan="3"></td></tr>
<tr><td>1</td><td></td><td colspan="2"></td><td colspan="2"></td></tr>
<tr><td>2</td><td></td><td colspan="2"></td><td colspan="2"></td></tr>
<tr><td colspan="5">与中转站管理人员交接，接受人核对，并在递交单上签名</td><td colspan="3">已签□　未签□</td></tr>
<tr><td colspan="2">整粒前干颗粒质量/kg</td><td>整粒后干颗粒质量/kg</td><td colspan="2">可利用物料质量/kg</td><td colspan="2">不可用物料质量/kg</td><td>物料平衡/%</td></tr>
<tr><td colspan="2"></td><td></td><td colspan="2"></td><td colspan="2"></td><td></td></tr>
<tr><td>计算人</td><td></td><td>复核人</td><td></td><td>QA 人员</td><td></td><td>岗位负责人</td><td></td></tr>
<tr><td>⑥</td><td colspan="8">异常情况与处理记录：</td></tr>
</table>

【注意事项】

（1）沸腾干燥制粒机全套设备必须定期维护，使设备发挥应有性能，保持正常运转，仪器、仪表应保持干燥，设备周围、操作现场要经常打扫，保持清洁。

1）压缩空气过滤器：每 6 ~ 12 个月拆开过滤器用软刷刷零件，每次运转前除净下部积水。

2）油雾器：每隔 5 天应加注食用植物油一次，以使气动元件能及时得到润滑。

3）蠕动泵：喷液泵工作时应在进料管内装满液料。

4）喷枪：每周应用有机溶剂彻底清洗零件，以免堵塞。

5）布袋：随时检查其透气性能，一旦堵塞，应予以清洗。停机和更换品种时，应予以清洗。

6）分布板：分布板如发生堵塞，物料流化时就会产生沟流现象，造成流化不良，应及时加以清洗。

7）进风过滤器：过滤器一旦堵塞，将造成进风量不足，以至流化恶化，因而每隔 2 ~ 3 个月清洗或更换过滤器。

8）过滤网：每班工作完毕，应清洗黏结剂料桶下部的过滤网，以免堵塞。

（2）摇摆式颗粒机注意事项如下：

1）停机时间较长时，易生锈的外表面应涂抹防锈油，并用防护布罩好。

2）每月对设备进行例行检查，检查传动件的运动是否灵活及磨损情况，检查油泵出油是否正常及油管是否通畅。

3）定期检查电气线路的绝缘和接地线是否正常，各连接处是否牢固、无松脱。

4）减速器内的存油量应保持在油面线以上，油质应保持清洁，油中如混有太多的粉料或过于混浊应及时更换新油。

四、实训测评

按表 S－8－3 所列实训评分标准进行测评，并做好记录。

表 S－8－3　　实训评分标准

序号	考核内容	考核标准	配分	得分
1	生产前准备	①能正确解读生产任务文件，如《批生产指令单》《制粒岗位操作法》《沸腾干燥制粒机标准操作规程》《摇摆式颗粒机标准操作规程》等 ②能按批生产指令领取物料，并核对品名、规格、批号、数量和质量 ③能正确领取容器用具	10	
2	生产操作	①会正确配制淀粉浆，控制浓度 ②能正确控制喷浆速度、雾化压力、锅内负压 ③能正确控制进风温度、出风温度、风机速度、干燥时间 ④能使用沸腾干燥制粒机完成颗粒剂制备 ⑤能正确选择摇摆式颗粒机所需筛网 ⑥能使用摇摆式颗粒机完成颗粒剂整粒	40	
3	质量控制与判断	熟悉质量控制要点，会进行颗粒剂外观、粒度、水分质量检测并对质量做正确判断	20	
4	清洁与清场	①能正确对生产场地进行清洁，如天花板、墙面、地面等 ②能正确对容器用具、设备零部件和设备进行消毒	20	
5	填写记录	生产记录应及时、准确、真实、完整，修改处应符合规范	10	
合计			100	

实训项目 9　胶囊剂生产

一、实训目的

1. 会进行生产前准备。

2. 能按岗位操作规程生产胶囊剂。

3. 会按要求进行设备清洁和清场工作。

4. 会正确填写原始记录。

二、器材准备

1. 生产设备：全自动胶囊填充机。

2. 物品用具：维生素颗粒、空心胶囊、16 目筛网、不锈钢盆、生产场地和设备状态标志牌、专用工具箱（含扳手、套筒、通针刷等）、清洁毛巾、消毒毛巾、75% 乙醇、塑料袋若干、自封袋若干、标签等。

三、实训内容与步骤

1. 生产前准备

（1）任务文件如下：

1）《批生产指令单》。

2）《胶囊填充岗位操作法》。

3）《全自动胶囊填充机标准操作规程》。

（2）生产用物料。按照批生产指令领取所需物料，并核对品名、规格、批号、数量和质量。

2. 生产操作

（1）按《全自动胶囊填充机标准操作规程》依次装好各个部件，接通电源，连接空气压缩机，调试机器，确认机器处于正常状态。

（2）让机器空运转，确认无异常后，将空心胶囊加入囊斗中，药物粉末或颗粒加入料斗，试填充，调节装量并称重，计算装量差异，检查外观、套合、锁口，确认符合要求并经 QA 人员确认合格。

（3）试填充合格后，机器进入正常填充。填充过程中经常检查胶囊的外观、锁口以及装量差异是否符合要求，随时进行调整。

（4）填充过程每隔 15 min 测一次质量，确保装量差异在规定范围内，并随时观察外观，做好记录。

（5）料斗内所剩颗粒较少时，降低车速，及时调整装量，以保证生产出合格的胶囊剂。计量盘内颗粒填充不满时，关闭主机。

3. 质量控制要点与质量判断

（1）质量控制要点如下：

1）胶囊填充操作室按 D 级洁净度要求，室内相对室外呈正压。

2）认真检查和核对物料，如外观性状、水分、含量、均匀度等应符合质量要求。

3）填充过程随时检测胶囊装量，及时进行调整。

4）胶囊套合应到位，锁口整齐，松紧合适，防止有叉口或凹顶的现象。

（2）质量判断如下：

1）外观。套合到位，锁口整齐，松紧合适，无叉口或凹顶现象，应随时观察，及时调整。

2）装量差异。装量差异是胶囊填充质量控制最关键的环节，应引起高度重视。装量差异与多方面因素有关，应经常测定，及时调整，使装量差异符合内控标准要求。

3）水分。水分与空间温度和湿度、物料及时密封有关，应做好相关工作，使水分符合内控标准要求。

4. 清洁和清场

（1）更换状态标志牌。

（2）对周转容器和工具等进行清洁消毒。

（3）对胶囊填充机内外壁进行清洁消毒。

（4）清洁消毒天花板、墙面、地面。

5. 填写记录

生产操作人员应及时、准确、真实、完整填写胶囊填充生产记录（表S－9－1、表S－9－2）并签名，复核人员复核确认无误后签名。

表S－9－1　　胶囊填充生产记录一

<table>
<tr><td colspan="2">产品名称</td><td>维生素C胶囊</td><td>规格</td><td>400 mg/粒</td><td>批号</td><td></td></tr>
<tr><td colspan="2">工序名称</td><td>胶囊填充</td><td>生产日期</td><td>年　月　日</td><td>批量</td><td>10万粒</td></tr>
<tr><td colspan="2">生产场所</td><td>胶囊填充间</td><td>主要设备</td><td colspan="3">全自动胶囊填充机</td></tr>
<tr><td>序号</td><td colspan="2">指令</td><td>工艺参数</td><td colspan="2">操作参数</td><td>操作人员签名</td></tr>
<tr><td rowspan="2">①</td><td colspan="2">岗位上应具有“三证”</td><td>清场合格证
设备完好证
计量器具检定合格证</td><td colspan="2">有□　无□
有□　无□
有□　无□</td><td></td></tr>
<tr><td colspan="2">取下清场合格证，
附于本记录后</td><td>—</td><td colspan="2">完成 □　未办 □</td><td></td></tr>
<tr><td rowspan="3">②</td><td colspan="2">检查设备的清洁卫生</td><td>全自动胶囊填充机
抛光机
吸尘器
工具
周转容器
操作室
其他设备</td><td colspan="2">已清洁□　未清洁□
已清洁□　未清洁□
已清洁□　未清洁□
已清洁□　未清洁□
已清洁□　未清洁□
已清洁□　未清洁□
已清洁□　未清洁□</td><td></td></tr>
<tr><td colspan="2">领取空心胶囊</td><td>形状：
规格：</td><td colspan="2">符合□　不符□
符合□　不符□</td><td></td></tr>
<tr><td colspan="2">空机试车</td><td>—</td><td colspan="2">正常□　异常□</td><td></td></tr>
</table>

续表

<table>
<tr><th>序号</th><th colspan="2">指令</th><th colspan="2">工艺参数</th><th colspan="2">操作参数</th><th colspan="2">操作人员签名</th></tr>
<tr><td rowspan="5">③</td><td colspan="2">与中转站管理人员交接物料</td><td colspan="2">核对：
品名
规格
批号
质量
数量</td><td colspan="2">符合□　不符□
符合□　不符□
符合□　不符□
符合□　不符□
符合□　不符□</td><td colspan="2"></td></tr>
<tr><td rowspan="4">物料领用</td><td>品名</td><td>规格</td><td>批号</td><td>检验单号</td><td>数量</td><td>操作人</td><td>复核人</td></tr>
<tr><td>维生素 C</td><td></td><td></td><td></td><td></td><td></td><td></td></tr>
<tr><td>空心胶囊</td><td></td><td></td><td></td><td></td><td></td><td></td></tr>
<tr><td>其他</td><td></td><td></td><td></td><td></td><td></td><td></td></tr>
<tr><td rowspan="2">④</td><td>标准装量/mg</td><td colspan="3"></td><td>装量范围/mg</td><td colspan="3"></td></tr>
<tr><td colspan="7">确定装量；试车，调整装量，使胶囊符合工艺参数要求</td><td></td></tr>
<tr><td>⑤</td><td colspan="2">抛光操作</td><td colspan="6"></td></tr>
<tr><td rowspan="7">⑥</td><td rowspan="3">填充后胶囊</td><td>桶号</td><td>毛重/kg</td><td>皮重/kg</td><td>净重/kg</td><td>折胶囊数/万粒</td><td colspan="2" rowspan="3"></td></tr>
<tr><td>1</td><td></td><td></td><td></td><td></td></tr>
<tr><td>2</td><td></td><td></td><td></td><td></td></tr>
<tr><td colspan="6">与中转站管理人员交接，接受人核对，并在递交单上签名</td><td colspan="2">已签□　未签□</td></tr>
<tr><td>领入量
（折万粒）</td><td colspan="2">胶囊总质量
（折万粒）</td><td colspan="2">可利用余粉
（折万粒）</td><td colspan="2">不可用余粉
（折万粒）</td><td>物料平衡/%</td></tr>
<tr><td></td><td colspan="2"></td><td colspan="2"></td><td colspan="2"></td><td></td></tr>
<tr><td>计算人</td><td></td><td>复核人</td><td></td><td>QA 人员</td><td></td><td>岗位负责人</td><td></td></tr>
<tr><td>⑦</td><td colspan="8">异常情况处理：</td></tr>
</table>

表 S-9-2　　胶囊填充生产记录二

<table>
<tr><td colspan="2">产品名称</td><td colspan="2">维生素 C 胶囊</td><td colspan="2">规 格</td><td colspan="2">400 mg/粒</td><td>批号</td><td></td></tr>
<tr><td colspan="2">工序名称</td><td colspan="2">胶囊填充</td><td colspan="2">生产日期</td><td colspan="2">年　月　日</td><td>批量</td><td>10 万粒</td></tr>
<tr><td colspan="2">生产场所</td><td colspan="2">胶囊填充间</td><td colspan="2">主要设备</td><td colspan="4">全自动胶囊填充机</td></tr>
<tr><td rowspan="7">①</td><td rowspan="7">胶囊填充巡回检查</td><td>时间</td><td></td><td></td><td></td><td></td><td></td><td></td><td></td></tr>
<tr><td>粒数</td><td></td><td></td><td></td><td></td><td></td><td></td><td></td></tr>
<tr><td>总重/g</td><td></td><td></td><td></td><td></td><td></td><td></td><td></td></tr>
<tr><td>平均装量/g</td><td></td><td></td><td></td><td></td><td></td><td></td><td></td></tr>
<tr><td>外观</td><td></td><td></td><td></td><td></td><td></td><td></td><td></td></tr>
<tr><td>生产速度</td><td></td><td></td><td></td><td></td><td></td><td></td><td></td></tr>
<tr><td colspan="4">操作人员：</td><td colspan="4">复核人：</td></tr>
</table>

续表

②	装量差异检查	时间（第一次）							
		1		6		11		16	
		2		7		12		17	
		3		8		13		18	
		4		9		14		19	
		5		10		15		20	
		总质量/g	平均装量/g		最高装量/g		最低装量/g	装量差异/%	
		操作人员：						复核人：	
		时间（第二次）							
		1		6		11		16	
		2		7		12		17	
		3		8		13		18	
		4		9		14		19	
		5		10		15		20	
		总质量/g	平均装量/g		最高装量/g		最低装量/g	装量差异/%	
		操作人员：						复核人：	
QA 人员							岗位负责人		

【注意事项】

（1）经常对传动部件各连杆的关节轴承加注润滑油。检查传动链条是否松动，如有过松现象，应调整张紧链轮，链条涂润滑油。

（2）检查紧固各部位连接螺栓是否牢固。

（3）检查润滑部位，加注润滑油脂，轴承、滑轮、凸轮滚轮涂润滑脂。

（4）检查运动部位是否清洁。

（5）检查真空过滤器是否清洁，管路是否清洁、漏水。

（6）做好运行情况以及故障情况等记录。

（7）发现问题立即停机，并与管理人员联系，进行维修。

四、实训测评

按表 S－9－3 所列实训评分标准进行测评，并做好记录。

表 S-9-3　　实训评分标准

序号	考核内容	考核标准	配分	得分
1	生产前准备	①能正确解读生产任务文件，如《批生产指令单》《胶囊填充岗位操作法》《全自动胶囊填充机标准操作规程》 ②能按批生产指令领取物料，并核对品名、规格、批号、数量和质量 ③能正确领取容器用具	10	
2	生产操作	①能正确安装、调试全自动胶囊填充机 ②能正确加入物料、调节装量 ③能及时调整装量，以保证生产出合格的胶囊剂 ④能判断外观、套合、锁口质量	40	
3	质量控制与判断	熟悉质量控制要点，会进行胶囊剂外观、装量差异、水分质量检测并对质量做正确判断	20	
4	清洁与清场	①能正确对生产场地进行清洁，如天花板、墙面、地面等 ②能正确对设施设备进行清洁消毒，如周转容器和工具、胶囊填充机内外壁等	20	
5	填写记录	生产记录应及时、准确、真实、完整，修改处应符合规范	10	
合计			100	

实训项目 10　片剂生产

一、实训目的

1. 会进行生产前准备。
2. 能按岗位操作规程生产片剂。
3. 会进行设备清洁和清场工作。
4. 会填写原始记录。

二、器材准备

1. 生产设备：ZPS008 旋转式压片机。
2. 物品用具：谷维素颗粒等。

三、实训内容与步骤

1. 生产前准备

（1）任务文件。《批生产指令单》《压片岗位操作法》《ZPS008 旋转式压片机标准操作规程》《ZPS008 旋转式压片机清洁操作规程》，以及压片生产记录、清场记录。

（2）生产用物料。按照批生产指令领取合格的颗粒，并核对品名、规格、批号、数量和质量。

2. 生产操作

（1）按《ZPS008 旋转式压片机标准操作规程》依次装好各个部件，接通电源，连接空气压缩机，调试机器，确认机器处于正常状态。

（2）依次装好中模、上冲、下冲、刮粉器、饲料斗、出片槽、除尘机，连接好片剂除粉器。

（3）异形压片模具的安装：装上冲模，用上冲模定位装中模，并且模具按编号对号入位，其他程序同普通压片。将其他生产用器具准备好。

（4）用手转动手轮，使转台转动 1 ~ 2 圈，确认无异常后，关闭玻璃门，将适量颗粒送入料斗，手动试压，调节片重、压力，测片重及重量差异、崩解时限、硬度，确认符合要求并经 QA 人员确认合格。

（5）试压合格后，继续加入颗粒，开机正常压片。

（6）压片过程每隔 15 min 测一次片重，确保重量差异在规定范围内，并随时观察片剂外观，做好记录。

（7）料斗内所剩颗粒较少时，降低车速，及时调整充填量，以保证压出合格的片剂。模圈内颗粒填充不满时，关闭主机。

3. 质量控制要点与质量判断

（1）质量控制要点如下：

1）压片操作室洁净度按 D 级要求，操作室控制适宜的温度和湿度。

2）压片机不得用水冲洗，以免发生短路。

3）在压片过程中经常观察片剂外观，每隔 15 min 检查一次重量差异。

4）生产过程所有物料均应有标识，防止发生混药、混批。

5）控制车速、预压轮压力、主压轮压力，监测冲头、加料器状态，统计废片量。

（2）质量判断如下：

1）外观。应完整光洁，色泽均匀，有适宜的硬度和耐磨性。

2）重量差异。检查重量差异是压片质量控制最关键的环节，应引起高度重视。重量差异与多方面因素有关，应经常测定，及时调整，使重量差异符合内控标准要求。

3）崩解时限。崩解时限与多方面因素有关，应控制主压力，使崩解时限符合内控标准要求。

4. 清洁和清场

（1）更换状态标志牌。

（2）拆下中模、上冲、下冲、刮粉器、饲料斗、出片槽、除尘机及除粉器等零部件，用刷子将表面的粉刷干净，放到小推车上，转移至清洗间，进行清洗消毒。

（3）对周转容器和工具等进行清洗消毒。

(4) 对压片机内外壁进行清洗消毒。

(5) 关闭电子天平，并对其进行清洁。

(6) 清洁消毒天花板、墙面、地面。

5. 填写记录

生产操作人员应及时、准确、真实、完整填写压片生产记录（表 S－10－1、表 S－10－2）并签名，复核人员复核确认无误后签名。

表 S－10－1　压片生产记录一

<table>
<tr><td colspan="2">产品名称</td><td colspan="2">谷维素片</td><td colspan="2">规格</td><td>300 mg/片</td><td>批号</td><td></td></tr>
<tr><td colspan="2">工序名称</td><td colspan="2">压片</td><td colspan="2">生产日期</td><td>年　月　日</td><td>批量</td><td>2 万片</td></tr>
<tr><td colspan="2">生产场所</td><td colspan="2">压片间</td><td colspan="2">主要设备</td><td colspan="3">ZPS008 旋转式压片机</td></tr>
<tr><td>序号</td><td colspan="3">指令</td><td colspan="2">工艺参数</td><td colspan="2">操作参数</td><td>操作人员签名</td></tr>
<tr><td rowspan="2">①</td><td colspan="3">岗位上应具有“三证”</td><td colspan="2">清场合格证
设备完好证
计量器具检定合格证</td><td colspan="2">有□　无□
有□　无□
有□　无□</td><td></td></tr>
<tr><td colspan="3">取下清场合格证，
附于本记录后</td><td colspan="2">—</td><td colspan="2">完成□　未办□</td><td></td></tr>
<tr><td rowspan="3">②</td><td colspan="3">检查设备的清洁卫生</td><td colspan="2">ZPS008 旋转式压片机
筛片机
吸尘器
工具
周转容器
操作室
其他设备</td><td colspan="2">已清洁□　未清洁□
已清洁□　未清洁□
已清洁□　未清洁□
已清洁□　未清洁□
已清洁□　未清洁□
已清洁□　未清洁□
已清洁□　未清洁□</td><td></td></tr>
<tr><td colspan="3">领取模具，
模具清洁</td><td colspan="2">模具形状：
模具直径：</td><td colspan="2">符合□　不符□
符合□　不符□</td><td></td></tr>
<tr><td colspan="3">空机试车</td><td colspan="2">—</td><td colspan="2">正常□　异常□</td><td></td></tr>
<tr><td rowspan="3">③</td><td colspan="3">与中转站管理人员
交接颗粒</td><td colspan="2">核对：
品名
规格
批号
数量
质量</td><td colspan="2">符合□　不符□
符合□　不符□
符合□　不符□
符合□　不符□
符合□　不符□</td><td rowspan="3"></td></tr>
<tr><td rowspan="2">颗粒领用</td><td colspan="2">桶号</td><td>毛重/kg</td><td>净重/kg</td><td>总净重/kg</td><td>主药含量/%</td></tr>
<tr><td colspan="2"></td><td></td><td></td><td></td><td></td></tr>
<tr><td>④</td><td colspan="3">确定片重，试车，调整片重、压力（硬度），使片剂符合工艺参数要求</td><td colspan="2">片　重：
差异限度：
片重范围：
硬　度：</td><td colspan="2">平均片重：
重量差异：
外　观：
硬　度：</td><td></td></tr>
</table>

续表

<table>
<tr><td>序号</td><td colspan="4">指令</td><td colspan="3">工艺参数</td><td colspan="3">操作参数</td><td>操作人员签名</td></tr>
<tr><td rowspan="7">⑤</td><td rowspan="2" colspan="2">压片后片剂</td><td colspan="2">桶号</td><td colspan="2">毛重/g</td><td colspan="2">皮重/g</td><td colspan="2">净重/g</td><td rowspan="2"></td></tr>
<tr><td colspan="2"></td><td colspan="2"></td><td colspan="2"></td><td colspan="2"></td></tr>
<tr><td colspan="7">与中转站管理人员交接，接受人核对，并在递交单上签名</td><td colspan="4">已签 □ 未签 □</td></tr>
<tr><td colspan="2">颗粒领入量/g</td><td colspan="2">片剂净重/g</td><td colspan="2">可利用余粉质量/g</td><td colspan="2">不可利用余粉质量/g</td><td colspan="2">物料平衡/%</td></tr>
<tr><td colspan="2"></td><td colspan="2"></td><td colspan="2"></td><td colspan="2"></td><td colspan="2"></td></tr>
<tr><td>计算人</td><td></td><td>复核人</td><td></td><td>QA 人员</td><td></td><td colspan="4">岗位负责人</td></tr>
<tr><td>⑥</td><td colspan="11">异常情况与处理记录：</td></tr>
</table>

表 S-10-2　　压片生产记录二

<table>
<tr><td colspan="2">产品名称</td><td colspan="2">谷维素片</td><td colspan="2">规格</td><td colspan="2">300 mg/片</td><td>批号</td><td colspan="2"></td></tr>
<tr><td colspan="2">工序名称</td><td colspan="2">压片</td><td colspan="2">生产日期</td><td colspan="2">年 月 日</td><td>批量</td><td colspan="2">2 万片</td></tr>
<tr><td colspan="2">生产场所</td><td colspan="2">压片间</td><td colspan="2">主要设备</td><td colspan="5">ZPS008 旋转式压片机</td></tr>
<tr><td rowspan="7">①</td><td rowspan="7">压片巡回检查</td><td>时间</td><td></td><td></td><td></td><td></td><td></td><td></td><td></td><td></td></tr>
<tr><td>片数</td><td></td><td></td><td></td><td></td><td></td><td></td><td></td><td></td></tr>
<tr><td>总重/g</td><td></td><td></td><td></td><td></td><td></td><td></td><td></td><td></td></tr>
<tr><td>平均片重/g</td><td></td><td></td><td></td><td></td><td></td><td></td><td></td><td></td></tr>
<tr><td>外观</td><td></td><td></td><td></td><td></td><td></td><td></td><td></td><td></td></tr>
<tr><td>生产速度</td><td></td><td></td><td></td><td></td><td></td><td></td><td></td><td></td></tr>
<tr><td colspan="9">操作人员：</td></tr>
<tr><td rowspan="20">②</td><td rowspan="20">装量差异检查</td><td colspan="9">时间（第一次）</td></tr>
<tr><td>1</td><td></td><td>6</td><td></td><td>11</td><td></td><td>16</td><td colspan="2"></td></tr>
<tr><td>2</td><td></td><td>7</td><td></td><td>12</td><td></td><td>17</td><td colspan="2"></td></tr>
<tr><td>3</td><td></td><td>8</td><td></td><td>13</td><td></td><td>18</td><td colspan="2"></td></tr>
<tr><td>4</td><td></td><td>9</td><td></td><td>14</td><td></td><td>19</td><td colspan="2"></td></tr>
<tr><td>5</td><td></td><td>10</td><td></td><td>15</td><td></td><td>20</td><td colspan="2"></td></tr>
<tr><td>总质量/g</td><td colspan="2">平均片重/g</td><td colspan="2">最高片重/g</td><td colspan="2">最低片重/g</td><td colspan="2">重量差异/%</td></tr>
<tr><td></td><td colspan="2"></td><td colspan="2"></td><td colspan="2"></td><td colspan="2"></td></tr>
<tr><td colspan="9">操作人员：</td></tr>
<tr><td colspan="9">时间（第二次）</td></tr>
<tr><td>1</td><td></td><td>6</td><td></td><td>11</td><td></td><td>16</td><td colspan="2"></td></tr>
<tr><td>2</td><td></td><td>7</td><td></td><td>12</td><td></td><td>17</td><td colspan="2"></td></tr>
<tr><td>3</td><td></td><td>8</td><td></td><td>13</td><td></td><td>18</td><td colspan="2"></td></tr>
<tr><td>4</td><td></td><td>9</td><td></td><td>14</td><td></td><td>19</td><td colspan="2"></td></tr>
<tr><td>5</td><td></td><td>10</td><td></td><td>15</td><td></td><td>20</td><td colspan="2"></td></tr>
<tr><td>总质量/g</td><td colspan="2">平均片重/g</td><td colspan="2">最高片重/g</td><td colspan="2">最低片重/g</td><td colspan="2">重量差异/g</td></tr>
<tr><td></td><td colspan="2"></td><td colspan="2"></td><td colspan="2"></td><td colspan="2"></td></tr>
<tr><td colspan="9">操作人员：</td></tr>
<tr><td colspan="2">计算人</td><td></td><td>复核人</td><td></td><td>QA 人员</td><td></td><td>岗位负责人</td><td colspan="3"></td></tr>
</table>

【注意事项】

设备日常使用和维护中应注意以下几点：

（1）一周保养一次，由每组组长负责。

（2）定期检查机件，每月进行 1～2 次，检查项目为蜗轮、蜗杆、轴承、上下导轨等各活动部分，检查是否转动灵活和磨损情况，发现缺陷应及时修复。

（3）如停用时间较长，必须将冲模全部拆下，并将机器全部揩擦清洁，机件的光面涂上防锈油，用布篷罩好。

（4）应将冲模放置在有盖的整理箱内保养，使冲模全部浸入油中，并要保持清洁，勿使其生锈和碰伤。最好能定制整理箱，每一种规格装一箱，可避免使用时装错，也有助于掌握缺损情况。

（5）使用场所应经常打扫，不宜有灰尘存在。

四、实训测评

按表 S－10－3 所列实训评分标准进行测评，并做好记录。

表 S－10－3　　实训评分标准

序号	考核内容	考核标准	配分	得分
1	生产前准备	①能正确解读生产任务文件，如《批生产指令单》《压片岗位操作法》《ZPS008 旋转式压片机标准操作规程》《ZPS008 旋转式压片机清洁操作规程》 ②能正确领取所需物料，并核对品名、规格、批号、数量和质量	10	
2	生产操作	①能正确安装和调试旋转式压片机 ②能正确使机器运转，正确加入料斗、物料 ③能调节片厚和填充量至规定要求 ④能检查外观、片重、硬度是否符合要求	40	
3	质量控制与判断	熟悉质量控制要点，能对片剂外观、装量差异、硬度进行质量检测并对质量做正确判断	20	
4	清洁与清场	①能正确对生产场地进行清洁，如天花板、墙面、地面等 ②能正确对设施设备做清洁消毒，如周转容器和工具、压片机内外壁等	20	
5	填写记录	生产记录应及时、完整、真实，修改处应符合规范	10	
合计			100	

实训项目 11　丸剂制备

一、实训目的

1. 会进行制备前准备。

2. 能按操作步骤和要点制备丸剂。

3. 会进行仪器清洁和清场工作。

4. 会填写原始记录并完成实训报告。

二、器材准备

1. 搓丸板、研钵、标准筛（三号、五号、六号和七号）、白瓷盘、天平、烘箱、烧杯、药匙、量筒、量杯、玻璃棒、电炉、锅、温度计。

2. 熟地黄、山茱萸（制）、山药、泽泻、牡丹皮、茯苓、蜂蜜。

三、实训内容与步骤

1. 操作前准备

（1）处方分析。

六味地黄丸

【处方】熟地黄 80 g、山茱萸（制）40 g、山药 40 g、泽泻 30 g、牡丹皮 30 g、茯苓 30 g、炼蜜 4 g。

由于该处方既含有熟地黄等滋润性成分，又含有茯苓、山药等粉性较强的成分，所以宜用中蜜，可用塑制法制备大蜜丸，也可用泛制法（每 10 g 药粉用炼蜜 3.5 ~ 5 g 和适量的水泛制）制成小蜜丸。本次实训选用塑制法制备大蜜丸。

（2）实训用物料。按照领料标准领取所需物料，并核对品名、规格、批号、数量和质量。

2. 实训操作

（1）药物处理。将山药、泽泻、牡丹皮、茯苓这 4 味药材共研成粗粉，取其中一部分与熟地黄、山茱萸（制）共研成不规则的块状，放入烘箱，设置温度在 60 ℃以下，烘干后与其他粗粉混合研成细粉，过五号筛混匀，备用。

（2）炼蜜。将适量蜂蜜倒入锅中，加入少量清水，搅拌，加热至沸腾后，用三号筛过滤，除去蜡、死蜂、泡沫等杂质。然后继续加热除去部分水分，促进部分糖的转化，当手拭之有一定黏性，两手指离开时无长丝出现，且蜜表面起黄色气泡时，停止加热，将锅从电炉上取下，此时蜜温约为 116 ℃。

（3）制丸块。将药粉放于白瓷盘中，每 50 g 药粉加入 45 g 左右的炼蜜（70 ~ 80 ℃），手动混合揉搓制成均匀滋润的丸块。

（4）制丸条、分割搓圆。先用手掌将丸块搓成条状，再用搓条板将其滚动搓捏成丸条，使丸条的长短粗细与搓丸板规格相适应。在搓丸板上涂抹少量润滑剂，然后将丸条放在搓丸板的沟槽底板上，手持上板使两板对合，由轻至重前后搓动数次，直至丸条被分割搓圆成丸（每丸重 9 g）。

3. 操作要点和注意事项

（1）蜂蜜炼制时应不断搅拌，以免溢锅。炼蜜程度应掌握恰当，过嫩含水量高，粉末黏合不好，成丸易霉坏；过老丸块较硬，难以搓丸，成丸崩解困难。

（2）药粉与炼蜜应充分混合均匀，以保证搓条、制丸的顺利进行。

（3）为避免丸块、丸条黏着搓条板、搓丸板和双手，操作前可在手掌和工具上涂抹少量润滑油，润滑剂可由麻油 1 000 g 和蜂蜡 120 ~ 180 g 熔融混合制成。

4. 质量检查

根据本章第五节丸剂的质量检查，对蜜丸的外观和重量差异展开检查。

5. 清洁清场和记录填写

（1）对周转容器和工具等进行清洗消毒。

（2）清洁消毒台面、墙面、地面。

（3）操作人员应及时、准确、真实地完成实训报告。

四、实训测评

按表 S－11－1 所列实训评分标准进行测评，并做好记录。

表 S－11－1　实训评分标准

序号	考核内容	考核标准	配分	得分
1	制备前准备	①能正确进行处方分析 ②能正确领取所需物料，并核对品名、规格、批号、数量和质量	10	
2	实训操作	①能将药物研成规定粗细的粉末，并混合均匀 ②能控制温度，将生蜂蜜炼制成中蜜 ③能控制药粉与炼蜜的用量，制得黏度适中、不粘手、不松散、有一定弹性，受外力能变形的丸块 ④能合理选用润滑油并适量涂抹	40	
3	质量检查	①能制得细腻滋润、软硬适中的蜜丸 ②能将蜜丸重量差异控制在规定限度内	20	
4	清洁与清场	①能正确对实训场地进行清洁，如台面、墙面、地面等 ②能正确对仪器做清洁消毒	20	
5	实训报告	操作记录应及时、完整、真实，修改处应符合规范	10	
合计			100	

实训项目 12　栓剂制备

一、实训目的

1. 会进行制备前准备。
2. 能按操作步骤和要点制备栓剂。

3. 会进行仪器清洁和清场工作。

4. 会填写原始记录并完成实训报告。

二、器材准备

1. 栓模、研钵、标准筛（五号和六号）、天平、水浴锅、烧杯、烧杯夹、表面皿、药匙、软膏刀、量筒、玻璃棒、温度计、棉花、镊子、称量纸等。

2. 甘油、硬脂酸钠、纯化水、明胶、液体石蜡等。

三、实训内容与步骤

1. 操作前准备

（1）处方分析：

【处方1】甘油栓	甘油	18.20 g
	水	1.0 mL
	硬脂酸钠	1.8 g
	制成	10 粒
【处方2】甘油明胶栓	甘油	12.0 g
	明胶	5.4 g
	纯化水	40.0 mL
	制成	10 粒

栓剂基质常用油脂性基质和水溶性基质。可用热熔法制备栓剂，将熔融液注入栓模冷却即可，工艺流程如图 S-12-1 所示。

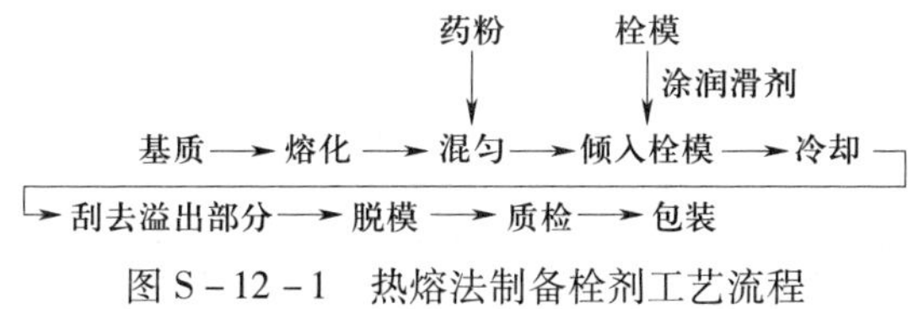

图 S-12-1　热熔法制备栓剂工艺流程

（2）实训用物料。按照领料标准领取所需物料，并核对品名、规格、批号、数量和质量。

2. 实训操作

（1）甘油栓：取表面皿称取处方量的甘油，将表面皿放在水浴锅上加热至 100 ℃，加入研细干燥的硬脂酸钠，不断搅拌，继续保持 100 ℃左右，直至溶液澄明，然后加入规定量的水，静置待气泡消失即倾入已涂有润滑剂的栓模内，冷却后，用软膏刀刮去溢出部分，取出后包装即得。

（2）甘油明胶栓：取处方量的明胶，置于称重的蒸发皿中，加纯化水 40.0 mL，浸泡约 30 min，使之膨胀变软，再加甘油在水浴锅上加热使明胶溶解，继续加热使质量达 30 g 为止，并迅速倾入已涂有润滑剂的栓模内，至稍微溢出模口，冷后刮平，取出后包装即得。

3. 操作要点和注意事项

（1）甘油栓中含有大量甘油（90%～95%），与硬脂酸钠混合凝结成硬度适宜的块状，两者均具有轻泻作用。

（2）分批加入硬脂酸钠后，加热搅拌至完全溶解，并尽可能排出产生的气泡，以免影响栓剂的质量。

（3）制备甘油栓时，待温度稍微降低、溶液澄明后加入1.0 mL水。温度过高时加入水易产生泡沫，过早加入时水挥发将失去意义，加水过多溶液易混浊。

（4）栓模预热至80 ℃左右，将溶液一次性倾入每个栓模中。若分次倾倒，制出的栓剂会分开几节。此外，溶液应稍溢出栓模，以免冷却后栓剂凹下去。

（5）水溶性基质涂油性润滑剂，油脂性基质涂水溶性润滑剂。本次实训选用油性润滑剂液体石蜡，应适量涂抹，润滑剂过多会导致栓剂凹陷，过少则脱模困难。

（6）冷凝后将栓剂从栓模中取出，若冷凝时间不足，可用物理降温加速凝固。

4. 质量检查

根据本章第六节栓剂的质量检查，对栓剂的外观、重量差异、融变时限等展开检查。

5. 清洁清场和记录填写

（1）对周转容器和工具等进行清洗消毒。

（2）清洁消毒台面、墙面、地面。

（3）操作人员应及时、准确、真实地完成实训报告。

四、实训测评

按表S－12－1所列实训评分标准进行测评，并做好记录。

表S－12－1　　实训评分标准

序号	考核内容	考核标准	配分	得分
1	制备前准备	①能正确进行处方分析 ②能正确领取所需物料，并核对品名、规格、批号、数量和质量	10	
2	实训操作	①能按照操作步骤和注意事项制备甘油栓 ②能按照操作步骤和注意事项制备甘油明胶栓	40	
3	质量检查	①能制得栓剂，使其外观完整光滑，色泽一致，均匀性适当，有适宜硬度，无不正常的斑点、气味、起泡等现象 ②能将栓剂重量差异控制在规定限度内	20	
4	清洁与清场	①能正确对实训场地进行清洁，如台面、墙面、地面等 ②能正确对仪器做清洁消毒	20	
5	实训报告	操作记录应及时、完整、真实，修改处应符合规范	10	
合计			100	

第六章

液体制剂

液体制剂的品种多，临床应用广泛，它们的性质、理论和制备工艺在药物制剂技术中占有重要地位。液体制剂通常是将药物以不同的分散方法和不同的分散程度分散在适宜的分散介质中制成的，其理化性质、稳定性、药效甚至毒性等均与药物粒子的大小有密切关系。所以，研究液体制剂必须着眼于制剂中药物粒子的分散程度。药物以分子状态分散在介质中形成均相液体制剂，如溶液剂、高分子溶液剂等；药物以微粒状态分散在介质中形成非均相液体制剂，如溶胶剂、乳剂、混悬剂等。本章第一节介绍液体制剂的基础理论，第二节至第七节分别介绍液体制剂常见的剂型如糖浆剂、溶胶剂、混悬剂、乳剂、中药浸出制剂、注射剂等。

§6－1　液体制剂基础

学习目标

1. 了解液体制剂常用溶剂。
2. 了解液体制剂的质量要求。
3. 熟悉液体制剂的含义、特点和分类。
4. 熟悉表面活性剂。
5. 熟悉液体制剂常用附加剂。
6. 能计算液体制剂的 HLB 值。

一、液体制剂概述

1. 液体制剂的含义

液体制剂系指药物分散在适宜的分散介质中制成的可供内服或外用的液体形态的制剂。

2. 液体制剂的特点

（1）液体制剂的优点如下：

1）药物以分子或微粒状态分散在介质中，分散度大，吸收快，能较迅速地发挥药效。

2）给药途径多，可以内服，也可以外用，如用于皮肤、黏膜和人体腔道等。

3）易于分剂量，服用方便，特别适用于婴幼儿和老年患者。

4）能减小药物的刺激性。调整液体制剂浓度，可减小刺激性，避免固体药物（溴化物、碘化物等）口服后由于局部浓度过高而引起胃肠道刺激。

（2）液体制剂的缺点如下：

1）药物分散度大，易引起药物的化学降解，降低药效，甚至失效。

2）液体制剂体积较大，携带、运输、储存等不方便。

3）水性液体制剂容易霉变，应加入防腐剂。

4）非均相液体制剂的药物分散度大，分散粒子具有很大的比表面积，易产生一系列的物理稳定性问题。

3. 液体制剂的分类

（1）按分散系统分类。液体制剂按分散系统可分为均相液体制剂和非均相液体制剂。

1）均相液体制剂。均相液体制剂是药物以分子状态分散在分散介质中形成的澄明溶液，是热力学稳定体系，具体包括以下两种：

①低分子溶液剂：由低分子药物形成的液体制剂，也称溶液剂。

②高分子溶液剂：由高分子化合物形成的液体制剂。高分子化合物在水中溶解时，因为分子较大（<100 nm），亦称亲水胶体溶液。

2）非均相液体制剂。非均相液体制剂是药物以微粒状态分散在分散介质中形成的液体制剂，系多相分散体系，热力学不稳定。非均相液体制剂包括以下几种：

①溶胶剂：不溶性药物以纳米粒（<100 nm）分散的液体制剂，又称疏水胶体溶液。

②乳剂：不溶性液体药物以乳滴分散在分散介质中形成的液体制剂。

③混悬剂：不溶性固体药物以微粒分散在分散介质中形成的液体制剂。

按分散系统分类，分散微粒的大小决定了液体制剂的特征。液体制剂中微粒大小与特征见表 6－1－1。

表 6－1－1　液体制剂中微粒大小与特征

液体类型	微粒大小/nm	特征与制备方法
低分子溶液剂	<1	以分子或离子分散的澄明溶液，稳定，用溶解法制备
高分子溶液剂	<100	以分子或离子分散的澄明溶液，稳定，用胶溶法制备
溶胶剂	1~100	以胶态分散形成的多相体系，热力学不稳定，用分散法或凝聚法制备
乳剂	>100	以液体微粒分散形成的多相体系，热力学和动力学不稳定，用分散法制备
混悬剂	>500	以固体微粒分散形成的多相体系，热力学和动力学不稳定，用分散法或凝聚法制备

（2）按给药途径分类。液体制剂按给药途径可分为内服液体制剂和外用液体制剂。

1）内服液体制剂，如糖浆剂、乳剂、混悬液、滴剂等。

2）外用液体制剂。外用液体制剂可以分为：皮肤用液体制剂，如洗剂、搽剂等；五官科用液体制剂，如洗耳剂、滴耳剂、滴鼻剂、含漱剂、滴牙剂等；直肠、阴道、尿道用液体制剂，如灌肠剂、灌洗剂等。

二、表面活性剂

1. 表面活性剂概述

能使液体表面张力明显降低的物质称为该液体的表面活性剂。表面活性剂中含有极性的亲水基团和非极性的疏水基团，这一结构特点使其可以集中在溶液表面、两种不相混溶的液体界面或集中在液体和固体的界面，很少的用量就可以起到降低表面张力或界面张力的作用，进而改变包括混合、铺展、润湿与吸附等表面现象。

表面活性剂的疏水基团通常是8～20个碳原子的烃链，可以是直链、饱和或不饱和的偶氮链等，疏水结构的变化会引起表面张力降低能力的改变。例如，在疏水基的羟基中引入碳链分支，会导致临界胶束浓度显著增大，进而提高降低表面张力的能力。亲水基团一般为电负性较强的原子团或原子，可以是阴离子、阳离子、两性离子或非离子基团，如硫酸基、磺酸基、磷酸基、羧基、羟基、醚基、巯基、胺基、酰胺基、聚氧乙烯基等。亲水基团在表面活性剂分子的相对位置对其性能也有影响，亲水基团在分子中间较在末端的润湿作用强，在末端较在中间的去污作用强。

2. 表面活性剂的分类

表面活性剂的分类方法有多种：根据来源，可分为天然表面活性剂和合成表面活性剂；根据分子组成特点和极性基团的解离性质，分为离子型表面活性剂和非离子型表面活性剂，离子型表面活性剂又可分为阳离子型表面活性剂、阴离子型表面活性剂和两性离子表面活性剂；根据溶解性，可分为水溶性表面活性剂和油溶性表面活性剂；根据相对分子质量，可分为高分子表面活性剂和低分子表面活性剂。

（1）离子型表面活性剂如下：

1）阴离子型表面活性剂。阴离子型表面活性剂在水中解离后，生成由疏水基烃链和亲水基阴离子组成的表面活性部分及带有相反电荷的反离子。阴离子型表面活性剂起表面活性的部分是阴离子。

①高级脂肪酸盐。高级脂肪酸盐的通式为（$RCOOH^-$）$_n M^{n+}$。脂肪酸的烃链R一般为C_{11}～C_{17}，以硬脂酸（C_{18}）、油酸（C_{18}）、月桂酸（C_{12}）等较为常见。根据M的不同，高级脂肪酸盐可分为碱金属皂、多价金属皂和有机胺皂等。

碱金属皂（一价皂）为可溶性皂，是脂肪酸的碱金属盐类，通式为$RCOOH^-M^+$。脂肪酸的烃链R一般为C_{12}～C_{18}，一般为钠盐或钾盐等。例如，常用的脂肪酸有月桂酸（C_{12}）、棕榈酸（C_{16}）和硬脂酸（C_{18}）等，这类表面活性剂在pH大于9时稳定，在pH小于9时易析出脂肪酸而失去表面活性。这类表面活性剂具有良好的乳化油脂能力，是O/W型体系的乳化剂，亲水亲油平衡（HLB）值一般为15～18，刺激性大，常用于外用乳膏当中。

多价金属皂为不溶性皂，是多价金属的高级脂肪酸皂，常见的多价离子有Ca^{2+}、Mg^{2+}、Al^{3+}等。该类表面活性剂不溶于水，也不溶于乙醇和乙醚，在水中不解离、不水解，抗酸性比碱金属皂略强。该类表面活性剂的亲水基团强于亲油基团，是W/O（油包水）型乳剂的辅助乳化剂。例如，硬脂酸钙既可以作为片剂的润滑剂，也可以用于软膏的基质中。

有机胺皂是脂肪酸和有机胺反应形成的皂类。有机胺主要是三乙醇胺等。该类表面活性剂一般为O/W型体系的乳化剂，如硬脂酸三乙醇胺可作为O/W型乳膏剂的乳化剂。

②硫酸酯盐。硫酸酯盐主要是由硫酸化油和高级脂肪醇形成的硫酸单酯或硫酸双酯，通式为$ROSO_3^-M^+$，脂肪醇的烃链R为C_{12}～C_{18}。硫酸单酯易溶于水，硫酸双酯不溶于水。因为硫酸单酯溶于水后容易逐渐水解成醇和硫酸，故加入碱与硫酸酯中和可得到稳定的硫酸酯盐，硫酸酯盐能与一些大分子的阳离子型药物发生作用。该类表面活性剂的乳化性很强，较皂类乳化剂稳定，即使在低浓度时，对黏膜也有一定的刺激性，常作为外用乳膏的乳化剂及固体制剂的润湿剂或增溶剂。常用的高级硫酸酯盐表面活性剂包括月桂醇硫酸钠、月桂醇硫酸镁、十八烷基富马酸钠等。

月桂醇硫酸钠又称为十二烷基硫酸钠，结构式为$C_{12}H_{25}OSO_3Na$，为白色至微黄色结晶性粉末，略溶于醇，易溶于水，不溶于三氯甲烷。月桂醇硫酸钠临界胶束浓度为8.6×10^{-3} mol/L，HLB值为40，可用作润湿剂、起泡剂、去污剂或乳化剂和固体制剂中的增溶剂，但对肾、肝、肺的毒性较大，不能用于静脉注射。

月桂醇硫酸镁为白色结晶性粉末，有特臭，溶于水，微溶于醇，不溶于三氯甲烷和醚，可用作润滑剂和乳化剂。

③磺酸盐。磺酸盐是脂肪酸、脂肪醇或不饱和脂肪油经磺酸化后，用碱中和所得的化合物。因磺酸盐不是酯，所以在酸性条件下不水解，遇热比较稳定。磺酸盐主要包括脂肪族磺酸化物、烷基芳基磺酸化物和烷基萘磺酸化物。牛黄胆酸钠等胆盐也属于磺酸盐。胆盐在消化道中有大量分泌，可以作为胃肠道中脂肪的乳化剂和单硬脂酸甘油酯的增溶剂。胆盐能显著促进难溶性或水溶性药物的口服吸收。

2）阳离子型表面活性剂。在该类表面活性剂的结构中，阳离子亲水基团与疏水基团相连，荷正电，又称为阳性皂或逆行肥皂。其亲水基团一般为含氮化合物，少数为含磷、砷、硫化合物。在医药上应用较多的是季铵型阳离子型表面活性剂，水溶性好，在酸性与碱性溶液中较稳定，虽具有增溶、乳化、分散等作用，但因毒性大，一般不单独用作药剂学辅料，主要外用消毒、灭菌等。药学中常用的阳离子型表面活性剂有苯扎氯铵（洁尔灭）、苯扎溴铵（新洁尔灭）、消毒净等。

3）两性离子表面活性剂。此类表面活性剂的分子结构中同时具有阴离子和阳离子亲水基团。两性离子表面活性剂既是一个酸，也是一个碱，随着溶液pH的变化而表现不同的性质。pH在等电点范围内（一般在微酸性）呈中性；在等电点以上（碱性介质中）呈阴离子型表面活性剂的性质，具有很好的起泡、去污作用；在等电点以下（酸性介质中）则呈阳离子型表面活性剂的性质，具有很强的杀菌性。两性离子表面活性剂有天然与合成的两种类型。

卵磷脂为天然来源的两性离子表面活性剂，亲水基团由一个磷酸基团和一个季铵盐碱基组成，疏水基团含两个较长的烃链。卵磷脂是一种混合物，主要包含磷脂酰胆碱、磷脂酰乙醇胺、磷脂酰丝氨酸、磷脂酰肌醇、磷脂酸等，还有糖脂、中性脂、胆固醇和神经鞘脂等。来源和制备过程不同，卵磷脂各组分的比例可发生很大的变化，从而影响其使用性能。卵磷脂为透明或半透明的黄色或黄褐色油脂状物质，对热敏感，在 60 ℃以上数天内即变为不透明的褐色，在酸性、碱性条件下以及酯酶作用下易水解。卵磷脂类乳化剂具有很强的乳化能力，可作为脂肪乳的乳化剂，也是脂质体的主要膜材。

氨基酸型和甜菜碱型为两类合成的两性离子表面活性剂，阴离子部分主要是羧酸盐，阳离子部分为季铵盐或铵盐。

（2）非离子型表面活性剂。非离子型表面活性剂在水中不会解离，在分子结构上，构成亲水基团的主要是含氧基团（一般是羟基和醚基），其亲油基团是长链脂肪酸或长链脂肪醇以及烷芳基等。该类表面活性剂的稳定性高，不易受电解质与溶液 pH 等的影响，毒性低，溶血作用小。非离子型表面活性剂在药物制剂中的应用非常广泛，可用作增溶、分散、乳化剂等，除可用于外用和口服制剂外，少数可用于注射给药。根据亲水基团的不同，非离子型表面活性剂分为聚乙二醇型和多元醇型。

1）聚乙二醇型。聚乙二醇型（简称 PEG 型）是环氧乙烷（EO）与疏水基原料进行加成的产物，也称聚氧乙烯型。根据疏水基团的不同，PEG 型非离子型表面活性剂可划分为以下几种：

①脂肪醇聚氧乙烯醚与烷基酚聚氧乙烯醚：由高级醇或烷基酚与 EO 加成而得，具有醚式结构。该类表面活性剂主要包括西土马哥 1000（Cetomacrogol 1000）、苄泽（Brij）类、乳化剂 OP（辛苯昔醇）、平平加 O－20 等。例如，Brij30 与 Brij35 是由不同数目的聚乙二醇与月桂酸缩聚而成的；蓖麻油聚氧乙烯醚的临界胶束浓度极低（0.09 mg/mL），HLB 值为 12～14，可用于紫杉醇的增溶。该类表面活性剂的主要用途是增溶剂和 O/W 型乳化剂。

②聚氧乙烯脂肪酸酯：由聚氧乙烯与长链脂肪酸缩合而成的酯，通过羧基将疏水基团和亲水基团连接，也称为聚乙二醇酯型表面活性剂。该类表面活性剂主要包括卖泽（Myrij）类、聚乙二醇－15 羟基硬脂酸酯、聚乙二醇 1000 维生素 E 琥珀酸酯等。该类表面活性剂的水溶性强，乳化能力强。

③聚氧乙烯聚氧丙烯共聚物：也称泊洛沙姆（Poloxamer），商品名为普朗尼克（Pluronic），由相对分子质量为 1 000～2 500 的聚氧丙烯（PO）疏水基团与聚氧乙烯（EO）加成而得，特别是 Poloxamer－188 毒性、刺激性小，不易引起过敏反应。泊洛沙姆常用作消泡剂、润湿剂与增溶剂。

2）多元醇型。该类表面活性剂为疏水性脂肪酸与亲水性多元醇如甘油、季戊四醇、失水山梨醇等作用生成的酯，主要包括以下几种：

①脂肪酸山梨坦：即失水山梨醇脂肪酸酯，是由山梨醇及其单酐和二酐与脂肪酸反应而成的酯类化合物，又称司盘（Span）类。短链至中链脂肪酸的失水山梨醇能溶解或分散于水中或者热水中，在一些亲水性与亲油性物质中具有一定的溶解性，如司盘20和司盘40，可作为O/W型分散体系的辅助乳化剂；随着脂肪酸链长的增加和脂肪酸基团数量的增多，在醚、液体石蜡或脂肪油等非极性溶剂中的溶解度增加，如司盘60，可作为W/O型分散体系的乳化剂。《中国药典》2020年版收载了司盘20（月桂山梨坦）、司盘40（棕榈山梨坦）、司盘60（硬脂山梨坦）、司盘80（油酸山梨坦）和司盘85（三油酸山梨坦），对其酸值、皂化值、羟值和过氧化值作出了明确规定。不同脂肪酸山梨坦的HLB值见表6－1－2。

表6－1－2　　不同脂肪酸山梨坦的HLB值

化学名	商品名	熔点/℃	HLB值
失水山梨醇单月桂酸酯	司盘20	油状	8.6
失水山梨醇单棕榈酸酯	司盘40	42～46	6.7
失水山梨醇单硬脂酸酯	司盘60	49～53	4.7
失水山梨醇三硬脂酸酯	司盘65	44～48	2.1
失水山梨醇单油酸酯	司盘80	油状	3.7
失水山梨醇倍半异硬脂酸酯	司盘83	油状	4.3
失水山梨醇三油酸酯	司盘85	油状	1.8

②聚氧乙烯失水山梨醇脂肪酸酯：在司盘类的剩余羟基上结合聚氧乙烯得到的酯类化合物，也称为聚山梨酯，商品名为吐温（Tween）。根据脂肪酸链长的不同，聚山梨酯有不同的分类，理化性质也不同。例如，《中国药典》2020年版收载了聚山梨酯20、聚山梨酯40、聚山梨酯60、聚山梨酯80。聚山梨酯20主要用作乳化剂、润湿剂和稳定剂，而聚山梨酯40主要用作乳化剂和增溶剂。由于增加了亲水性的聚氧乙烯基，聚山梨酯一般易溶于水，可用作难溶性药物的增溶剂及O/W型分散体系的乳化剂。例如，聚山梨酯80用于多西他赛的增溶。不同聚山梨酯的HLB值见表6－1－3。

表6－1－3　　不同聚山梨酯的HLB值

化学名	商品名	溶点/℃	HLB值
聚氧乙烯失水山梨醇单月桂酸酯	吐温20	油状	16.7
聚氧乙烯失水山梨醇单棕榈酸酯	吐温40	油状	15.6
聚氧乙烯失水山梨醇单硬脂酸酯	吐温60	油状	14.9

续表

化学名	商品名	溶点/℃	HLB 值
聚氧乙烯失水山梨醇三硬脂酸酯	吐温 65	27~31	10.5
聚氧乙烯失水山梨醇单油酸酯	吐温 80	油状	15.0
聚氧乙烯失水山梨醇三油酸酯	吐温 85	油状	11.0

（3）高分子表面活性剂。相对分子质量大于 1 000，结构中同时存在亲水与疏水结构的材料称为高分子表面活性剂，也称为双亲性共聚物。若无特殊说明，表面活性剂一般泛指低分子表面活性剂。与低分子表面活性剂相比，高分子表面活性剂胶束的缔合数量、形态、结构等均表现出明显的差别；在功能方面，高分子表面活性剂降低表面张力或界面张力的能力较弱，渗透性较差，但乳化作用、分散性和稳定性较强。该类表面活性剂主要有 PEG 嵌段共聚物，如聚己内酯-聚乙二醇（PCL-PEG）、聚乳酸-聚乙烯吡咯烷酮（PLA-PVP）和聚乳酸-聚乙二醇（PLA-PEG）等嵌段共聚物；氨基糖类，如疏水性基团修饰的壳聚糖；羧甲基纤维素衍生物等。

3. 表面活性剂的基本性质

（1）对表面张力的影响。表面活性剂可以聚集于水溶液表面，形成单分子层，并发生定向排列，亲水基团朝向内部，疏水基团朝向外部。此时，表面水分子被表面活性剂中的碳氢链或其他非极性基团代替，由于水分子和非极性疏水基团间的作用力小于水分子间的作用力，因此表面收缩力降低，从而降低表面张力。表面活性剂降低表面张力的能力即表面活性。表面活性除与浓度有关外，还与分子结构、碳链的长短、不饱和程度及亲水亲油平衡程度等有关。

（2）形成胶束。低浓度时，表面活性剂会在液体界面发生定向排列，形成亲水基团朝向内、疏水基团朝向外的单分子层，此时疏水基团离开水性环境，体系处于最低自由能状态。随着表面活性剂浓度的增加，当液体表面不能容纳更多的表面活性剂分子时，剩余的表面活性剂自发形成亲水基团朝向水、疏水基团在内的缔合体，这种缔合体称为胶束。常见的胶束结构如图 6-1-1 所示。表面活性剂在溶液中形成胶束的最低浓度称为临界胶束浓度（CMC）。当溶液达到临界胶束浓度后，在一定范围内，胶束数量与表面活性剂的总浓度几乎成正比，且溶液的一系列物理性质包括电导率、表面张力、去污能力、渗透压、增溶能力与吸附量等均会发生突变。

不同的表面活性剂有其各自的临界胶束浓度。临界胶束浓度除了与结构和组成有关外，还可随外部条件的变化而变化，如温度、溶液的 pH 及电解质等均影响临界胶束浓度的大小。另外，测定方法不同，得到的结果也会有差别。常见表面活性剂的临界胶束浓度见表 6-1-4。

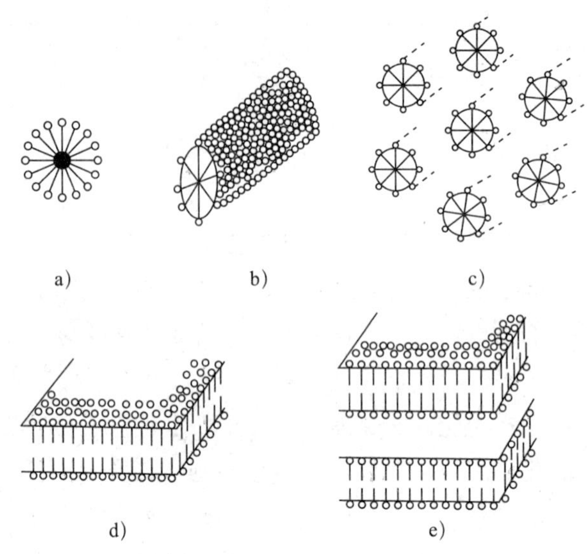

图6-1-1　常见的胶束结构

a）球状　b）棒状　c）束状　d）板状　e）层状

表6-1-4　常见表面活性剂的临界胶束浓度

名称	温度/℃	CMC/(mol/L)	名称	温度/℃	CMC/(mol/L)
氯化十六烷基胺	25	1.6×10^{-2}	聚氧乙烯（6）	25	8.7×10^{-5}
氯化十二烷基胺	—	9.12×10^{-5}	泊洛沙姆188	—	1.25×10^{-3}
溴化十六烷基胺	25	1.6×10^{-2}	蔗糖单月桂酸酯	—	2.38×10^{-5}
溴化十二烷基胺	—	1.23×10^{-2}	蔗糖单棕榈酸酯3	—	9.5×10^{-5}
辛烷基硫酸钠	40	1.36×10^{-1}	蔗糖单硬脂酸酯	—	6.6×10^{-5}
十二烷基硫酸钠	40	8.6×10^{-3}	三甲基十二烷基甘氨酸钠	29	1.1×10^{-3}
十四烷基硫酸钠	25	9.0×10^{-3}	N，N-二乙醇基十二烷基甘氨酸	40	1.1×10^{-2}
十六烷基硫酸钠	40	2.4×10^{-3}	N，N-二乙醇基十四烷基甘氨酸	40	1.4×10^{-2}
十八烷基硫酸钠	40	5.8×10^{-4}	吐温20	25	6.0×10^{-2}
十二烷基磺酸钠	40	1.7×10^{-4}	吐温40	25	3.1×10^{-2}
硬脂酸钾	50	4.5×10^{-4}	吐温60	25	2.8×10^{-2}
油酸钾	50	1.2×10^{-3}	吐温65	25	5.0×10^{-2}
月桂酸钾	25	1.25×10^{-2}	吐温80	25	1.4×10^{-2}
二异辛基琥珀酰磺酸钠	25	1.24×10^{-2}	吐温85	25	2.3×10^{-2}
对-十二烷基苯磺酸钠	25	1.4×10^{-2}			

4. 表面活性剂的应用

在微粒制剂、固体制剂、透皮吸收制剂等药物制剂中，表面活性剂的应用非常广泛，如用于增溶、乳化、润湿、分散、消泡、灭菌等。

（1）增溶作用。具体内容如下：

1）概念与机制。很多药物存在溶解度低的问题，为了达到治疗所需的药物浓度，利用表面活性剂形成胶束的原理，使难溶性活性成分的溶解度增加而溶于分散介质的过程称为增溶，所使用的表面活性剂称为增溶剂，被增溶的物质称为增溶质。表面活性剂的增溶能力可用最大增溶浓度（maximum additive concentration，MAC）表示，达到 MAC 后继续加入药物，体系将会变成热力学不稳定体系，即变为乳浊液或有沉淀产生。该类表面活性剂的 HLB 值为 15～18，多数是亲水性较强的非离子型表面活性剂，如吐温、卖泽等。

增溶是表面活性剂在溶液中达到 CMC 形成胶束后发生的行为。表面活性剂的种类、溶剂性质与难溶性活性成分的结构等不同，表面活性剂增溶位置不同，即活性药物进入胶束的位置不同，如图 6－1－2 所示。

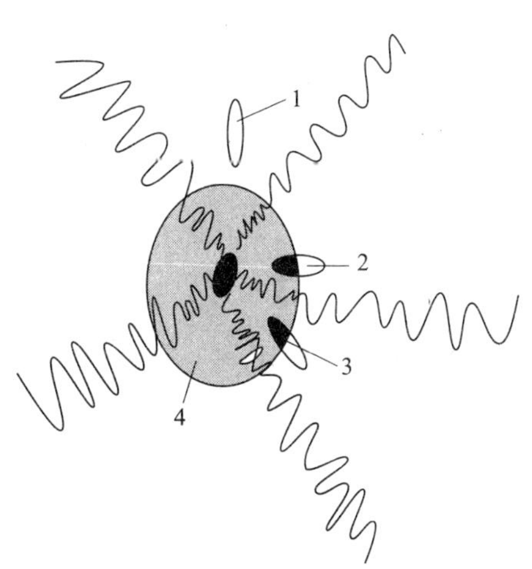

图 6－1－2　表面活性剂增溶位置

1—胶束疏水内核　2—胶束栅栏层深处　3—胶束栅栏层　4—胶束亲水层表面

2）影响因素。影响增溶的因素如下：

①表面活性剂的结构与性质。在同系物类表面活性剂中，碳氢链的延长对 MAC 有明显提高，因此碳氢链越长，CMC 越小，胶束越容易形成；而支链结构的存在会阻碍胶束的形成，影响 MAC。离子型表面活性剂增溶极性有机物如长链醇和硫醇，其碳氢链长度接近或大于极性有机物时，MAC 会被明显降低；碳氢结构中的易极化结构如苯环的存在，将降低碳氢链的疏水性，如油酸钾的 CMC 为 1.2×10^{-3} mol/L，而月桂酸钾的 CMC 为 4.5×10^{-5} mol/L。不同的表面活性剂具有不同的 HLB 值，对烃类与极性有机物的增溶作用不同，其增溶作用的主要顺序为非离子型表面活性剂＞阳离子型表面活性剂＞阴离子型表面活性剂。这是因为非离子型表面活性剂的 CMC 小，而离子型表面活性剂除了 CMC 较大以外，形成的胶束结构也较为松散。

②药物的结构与性质。同系物的脂肪烃与烷基芳烃，增溶量随链长增加而降低。碳氢链原子数相同的条件下，带环化合物与不饱和化合物的增溶量大于饱和化合物，碳氢链中支链与直链的存在对化合物的增溶量影响不大。多环化合物的相对分子质量越大，增溶量越小。一般而言，极性小的化合物由于增溶位置在胶束疏水内核，分子难以进入核内，故增溶量较小；极性较大的化合物增溶位置位于胶束栅栏层，有利于增溶量的增加。

③添加剂。无机盐的加入会导致离子型表面活性剂的 CMC 明显降低，胶束聚集数量增加，胶束变大，因此能使烃类化合物的增溶量增加。然而，无机盐的添加会降低栅栏层之间的排斥力，增加其致密性，从而导致增溶空间减小，降低增溶量。对于非离子型表面活性剂，一般认为无机盐的添加对化合物的增溶量影响较小。

表面活性剂溶液中添加烃类非极性有机化合物，胶束会变大，栅栏层变大，有利于极性有机物增溶量的提高；同样地，极性有机物的添加也会导致非极性的烃类化合物增溶量增加。普遍认为，极性有机物碳氢链增加或极性的减弱会导致非极性的烃类化合物增溶量增加。由于栅栏空间位置有限，增溶一种极性有机物后会导致另一种有机物增溶量降低。

④温度。一般认为，温度升高，表面活性剂的浓度增加，从而提高化合物的溶解量。当然，其本身的溶解度也会因温度升高而增加。对于离子型表面活性剂而言，温度升高会使极性与非极性有机物的增溶量增加，可能是因为热运动使胶束结构变得疏松。对于非离子型表面活性剂而言，温度对增溶量的影响与增溶质紧密相关。对于非极性增溶质，增溶位置在胶束疏水内核，温度升高会使聚氧乙烯链发生去水化作用，促进胶束的形成，特别是当温度升高至浊点时，胶束的数量明显增多，体积明显增大，进而导致增溶量显著提高。但是另一方面，温度升高会使聚氧乙烯链脱水，使胶束外壳变得紧密，进而导致短链极性增溶质的增溶能力下降。

（2）润湿作用。促进液体在固体表面铺展或渗透的作用称作润湿，起润湿作用的表面活性剂称为润湿剂。润湿剂的 HLB 值通常为 7～9，润湿剂应具有一定的溶解度。一般来说，非离子型表面活性剂有较好的润湿效果，且碳氢链越长，对固体药物的吸附作用越强，而阳离子型表面活性剂的润湿效果较差。

润湿的机制主要包括交换吸附、离子对吸附、氢键形成吸附、π 电子极化吸附、物理吸附、疏水吸附等。

润湿剂在片剂、颗粒剂、混悬剂等剂型的制备过程中有着广泛的应用，也会影响制剂在体内的行为如溶出与吸收等。例如，制备复方硫黄洗剂时，由于硫黄颗粒不溶于水，表面难以被液体润湿和分散，在处方中添加一定量的吐温 80 后，表面活性剂的疏水链在疏水表面吸附，会降低固—液界面的界面张力和接触角，使固体易被润湿且均匀分散于液体中。又如在片剂制备中，在制粒过程中加入一定量的润湿剂，一方面可增加颗粒的流动性，利于片剂的生产；另一方面，当片剂经口服进入消化道后，润湿剂能促进水分子渗入片芯，使崩解剂易于吸水，促进片剂崩解，加快片剂润湿、崩解和药物溶出的过程。

（3）乳化作用。乳液是一相以液滴的形式分散于另一相中的热力学不稳定体系，可分为 O/W 和 W/O 两种类型。体系的稳定存在必须依靠第三种物质乳化剂。表面活性剂是常用的乳化剂，其 HLB 值决定乳液的类型。一般来说，HLB 值在 8 ~ 16 的表面活性剂可用于稳定 O/W 型分散体系，HLB 值在 3 ~ 8 的表面活性剂适用于稳定 W/O 型分散体系。表面活性剂对乳液的乳化作用主要包括降低油—水界面的表面张力，产生静电与位阻排斥效应、界面张力梯度与吉布斯马兰戈尼效应，提高界面黏度，形成液晶相，在液滴表面形成刚性界面膜［可能通过将疏水链（区）插入油相实现对乳滴的包裹］，混合表面活性剂产生自稠化效应等。

表面活性剂作为乳化剂在纳米乳剂、软膏剂、栓剂等剂型的制备中有广泛应用，并且在使用时两种或多种表面活性剂配合使用，可达到更佳的效能。一般认为，离子型表面活性剂由于毒性较大，主要用于外用乳剂，如软膏剂；两性离子表面活性剂如磷脂、食物蛋白（如乳球蛋白、乳白蛋白等）、西黄蓍胶等可用于口服乳剂；大部分非离子型表面活性剂可用于口服乳剂，部分可用于注射给药乳剂。

（4）助悬与分散作用。混悬剂是指药物颗粒分散于水性介质的非均一体系，如果体系中不添加其他物质，药物颗粒会很快发生聚集与沉降。表面活性剂是常用的助悬剂，其在体系中的作用主要如下：①在疏水药物颗粒表面形成水化膜（通过水分子与表面活性剂相互作用）并荷电，降低液—固界面的表面张力，提高颗粒间的排斥力，从而提高颗粒的润湿性与分散性，减少沉降；②高分子表面活性剂的加入可以进一步提高分散介质的黏度，延缓药物颗粒的沉降。

（5）起泡和消泡作用。泡沫是微米至毫米大小的气泡分散于液体中的气—液分散体系。泡沫形成时，气—液界面的面积快速增加，界面吸附表面活性剂并形成吸附膜，实现泡沫的稳定存在，这就是表面活性剂的起泡或稳泡作用。能产生泡沫与稳定泡沫存在的表面活性剂称为起泡剂和稳泡剂。起泡与稳泡是两个不同的概念，前者指的是表面活性剂产生泡沫的能力，后者指的是使泡沫稳定存在的能力。表面活性剂的稳泡机制主要包括降低气—液界面张力，形成高强度的界面膜，增加表面黏度与电荷，产生表面张力梯度修复液膜等。表面活性剂一般都是较好的起泡剂，但稳泡能力不一定强。通常，阴离子型表面活性剂的起泡能力强于非离子型表面活性剂，助表面活性剂（一类能够破坏液体表面的表面张力，以促进液体间混合和分散的表面活性剂）如醇与醇酰胺等具有较好的稳泡能力，因此这两种表面活性剂配合使用能产生稳定性较好的泡沫。在人体腔道给药与皮肤表面给药中，起泡剂和稳泡剂有一定的应用。例如，在一些外用栓剂中加入起泡剂和稳泡剂后，通过起泡与稳泡作用使药物均匀分布于腔道且不易流失，从而起到治疗作用。

使泡沫破灭的物质称为消泡剂。表面活性剂是常用的消泡剂，HLB 值一般为 1 ~ 3。表面活性剂的消泡作用机制：表面活性剂吸附于气—液界面并取代原有的起泡剂，通过减弱或摧毁吉布斯马兰戈尼效应使液膜破裂。

（6）去污作用。去污指的是表面活性剂吸附在固体基底与污垢表面，从而降低污垢与固体表面的黏附作用，在外力如水流与机械力的作用下，使污垢从固体表面分离并被乳化、分散以及增溶的过程。该类表面活性剂称为去污剂或洗涤剂，HLB 值一般为 13 ~ 15。表面活性剂的洗涤去污作用在日常生活中应用广泛，一般，非离子型表面活性剂的去污能力强于阴离子型表面活性剂。

（7）消毒杀菌作用。含有长碳链的季铵盐类阳离子型表面活性剂对生物膜具有强烈的溶解作用，可以完全溶解包括细菌细胞在内的各种细胞膜。因此，该类表面活性剂可以作为杀菌剂和消毒剂使用，主要应用于术前皮肤消毒、医疗器械消毒与环境消毒、伤口或黏膜消毒等。该类表面活性剂主要有苯扎氯铵（洁尔灭）、苯扎溴铵（新洁尔灭）、消毒净等。

（8）复配作用。表面活性剂相互之间或与其他化合物的配合使用称为复配，主要包括阴离子与阳离子、阴离子与非离子、阳离子与非离子、阴离子与两性离子的混合物。复配通过协同作用或增效作用能显著改善表面活性剂的效能，如增溶、润湿、铺展与乳化等。例如，在制备 O/W 型纳米乳时，两种表面活性剂的配合使用能提高乳剂的稳定性。这是因为复配作用能使表面活性剂在油—水界面处所形成的界面膜与油滴之间具有更匹配的自然曲率与弯曲刚度，实现对油滴更为完美的“包裹”。复配体系可分为二元理想混合体系与非理想混合体系。

与单组分相比，离子型与非离子型表面活性剂复配体系具有更高的表面活性、表面张力与浊点，具有更优良的洗涤性与润湿性等；非离子型与阴离子型表面活性剂的相互作用强于非离子型与阳离子型表面活性剂的相互作用。

在阴离子型与阳离子型表面活性剂复配体系中，由于正、负电荷的强烈吸引与疏水基团之间的相互吸引，表面活性剂更容易缔合成胶束而被界面吸附，具有更高的表面活性。该复配体系会同时具备两种表面活性剂的应用特性，如同时具有乳化、增溶、润湿、起泡、消毒作用等。

三、液体制剂的溶剂及附加剂

1. 液体制剂的常用溶剂

液体制剂的溶剂对溶液剂来说可称为溶剂；对溶胶剂、混悬剂、乳剂来说，药物并不溶解而是分散，因此称为分散介质。液体制剂的溶剂对液体制剂的制备方法、稳定性及药效等都产生影响。选择溶剂的原则如下：①对药物具有较好的溶解性和分散性；②性质稳定，不与药物或附加剂发生反应；③不影响药效的发挥和含量测定；④毒性小，无刺激性，无不适的臭味。

溶剂按介电常数大小分为极性溶剂、半极性溶剂和非极性溶剂。

（1）极性溶剂，具体如下：

1）水。水是最常用的溶剂，能与乙醇、甘油、丙二醇等以任意比例混合，能溶解大多数的无机盐类和极性大的有机药物，能溶解药材中的生物碱盐类、糖类、树胶、黏液质、鞣质、蛋白质、酸类及色素等。但有些药物在水中不稳定，易产生霉变，故不宜长久储存。配制水性液体制剂时，应使用纯化水。

2）甘油。甘油为无色黏稠性澄明液体，有甜味，毒性小，与水、乙醇等以任意比例混合，对硼酸、苯酚和鞣质的溶解度比水大。含甘油 30% 以上有防腐作用，可供内服或外用，其中外用制剂应用较多，常用于保湿剂和防腐剂。

3）二甲基亚砜。二甲基亚砜为无色澄明液体，具有大蒜臭味，有较强的吸湿性，能与水、乙醇等以任意比例混合。二甲基亚砜溶解范围广，有万能溶剂之称。

（2）半极性溶剂，具体如下：

1）乙醇。没有特殊说明时，乙醇指95%乙醇，可与水、甘油等以任意比例混合，能溶解大部分有机药物和药材中的有效成分，如生物碱及其盐类、挥发油、树脂、鞣质、有机酸和色素。乙醇有一定的生理活性，有易挥发、易燃烧等缺点，20%以上的乙醇即有防腐作用，40%以上的浓度则能延缓某些药物（如巴比妥钠等）的水解。

2）丙二醇。药用一般为1，2－丙二醇，性质与甘油相近，但黏度较小，可作为内服及肌内注射剂的溶剂。丙二醇毒性小，无刺激性，能延缓许多药物的水解，增加稳定性。丙二醇可与水、乙醇、甘油、丙酮、三氯甲烷等以任意比例混合，可溶于乙醚或某些挥发油中，但不能与脂肪油相混溶。

3）聚乙二醇。聚乙二醇的相对分子质量在1 000以下者为液体。常用聚乙二醇的相对分子质量为300～600，为无色澄明液体，理化性质稳定，能与水、乙醇、丙二醇、甘油等溶剂以任意比例混合。聚乙二醇与水的混合溶液能溶解许多水溶性无机盐和水不溶性的有机药物。聚乙二醇对易水解的药物有一定的稳定作用，添加到洗剂中能增加皮肤的柔韧性，具有一定的保湿作用。

（3）非极性溶剂，具体如下：

1）脂肪油。脂肪油多指植物油，如麻油、大豆油、花生油、橄榄油等。脂肪油能与非极性溶剂混合，而且能溶解油溶性药物，如激素、挥发油、游离生物碱和许多芳香族药物。脂肪油容易酸败，也易受碱性药物的影响而发生皂化反应，进而影响制剂的质量。脂肪油多为外用制剂的溶剂，如洗剂、搽剂、滴鼻剂等。

2）液体石蜡。液体石蜡是从石油产品中分离得到的液状混合物，分为轻质和重质两种。液体石蜡为无色澄明的油状液体，无色无臭，化学性质稳定，但接触空气能被氧化。液体石蜡能与非极性溶剂混合，而且能溶解生物碱、挥发油及一些非极性药物等。液体石蜡在肠道中不分解也不吸收，能使粪便变软，有润肠通便作用，可作口服制剂和搽剂的溶剂。

3）乙酸乙酯。乙酸乙酯是无色油状液体，微臭，相对密度（20 ℃）为0.897～0.906，有挥发性和可燃性，在空气中容易氧化。乙酸乙酯能溶解挥发油、甾体药物及其他油溶性药物，常作为搽剂的溶剂。

2. 液体制剂的常用附加剂

（1）增溶剂。常用的增溶剂为聚山梨酯类和聚氧乙烯脂肪酸酯类。

（2）助溶剂。助溶剂多为低分子化合物，可与难溶性药物形成可溶性络合物、复盐或缔合物，以增加药物在溶剂（主要是水）中的溶解度。助溶剂的选择与药物的性质有关，如碘的助溶剂为碘化钾（KI），茶碱的助溶剂为二乙胺，咖啡因的助溶剂为苯甲酸钠等。

（3）潜溶剂。潜溶剂是指能形成氢键的混合溶剂。能与水形成潜溶剂的有乙醇、丙二醇、甘油、聚乙二醇等。例如，甲硝唑在水与乙醇混合溶剂中的溶解度比在水中的溶解度高5倍。

(4) 防腐剂。防腐剂系指防止药物制剂由于细菌、酶、真菌等微生物污染而变质的添加剂。液体制剂特别是以水为溶剂的液体制剂易被微生物污染而发霉变质。尤其是含有糖类、蛋白质等营养物质的液体制剂，更容易引起微生物滋长和繁殖。抗菌药的液体制剂也能生长微生物，因为抗菌药都有一定的抗菌谱。污染微生物的液体制剂不仅发生理化性质的变化，严重影响制剂质量，而且会产生细菌毒素，对人体有害。在液体制剂的制备过程中完全避免微生物污染很困难，对于少量的微生物污染，可加入防腐剂，抑制其生长繁殖，以达到防腐的目的。

防腐剂可分为以下 4 类：①酸碱及其盐类：苯酚、山梨酸及其盐等；②中性化合物类：三氯叔丁醇、聚维酮碘等；③汞化合物类：硫柳汞、硝酸苯汞等；④季铵化合物类：苯扎氯铵、溴化十六烷铵、度米芬等。常用的防腐剂有以下几种：

1) 羟苯酯类。羟苯酯类包括对羟基苯甲酸甲酯、乙酯、丙酯、丁酯，商品名为尼泊金。该类防腐剂的抑菌作用随烷基碳数增加而增加，但溶解度则减小，即丁酯的抗菌力最强，溶解度却最小。该类防腐剂混合使用有协同作用，通常是乙酯和丙酯 (1:1) 或乙酯和丁酯 (4:1) 合用，浓度均为0.01% ~0.25%。该类防腐剂化学性质稳定，在酸性、中性溶液中均有效，在酸性溶液中作用较强，但在弱碱性溶液中作用减弱，这是因为酚羟基解离所致。聚山梨酯类和聚乙二醇等与该类防腐剂能产生络合作用，虽然能增加其在水中的溶解度，但抑菌能力降低，因为只有游离的对羟基苯甲酸酯类才有抑菌作用，所以应避免合用。该类防腐剂遇铁会变色，遇弱碱或强酸易水解，塑料能吸附该类防腐剂，使用时应加以注意。

2) 苯甲酸。苯甲酸在水中的溶解度为 0.29%，在乙醇中的溶解度为43% (20 ℃)，用量一般为 0.03% ~0.10%。苯甲酸的 pKa (酸度系数) 为 4.2，起防腐作用的是未解离的分子，故在酸性溶液中抑菌效果较好，最适 pH 是4，溶液的 pH 增高时解离度增大，防腐效果降低。0.25% 的苯甲酸和 0.05% ~0.10% 的尼泊金联合应用对防止发霉和发酵最为理想，特别适用于中药液体制剂。苯甲酸钠在酸性溶液中的防腐能力与苯甲酸相当。

3) 山梨酸。山梨酸在 30 ℃水中的溶解度为 0.125%，在沸水中的溶解度为 3.8%。山梨酸对细菌的最低抑菌浓度为 0.02% ~0.04% ($pH<6$)，对酵母、霉菌的最低抑菌浓度为 0.8% ~1.2%。山梨酸的 pKa 为 4.76，起防腐作用的是未解离的分子，在 pH 为 4.5 的水溶液中效果较好。山梨酸与其他抗菌剂联合使用将产生协同作用。山梨酸钾、山梨酸钙的作用与山梨酸相同，在水中的溶解度更大。山梨酸作为防腐剂时应在酸性溶液中使用。

4) 苯扎溴铵。苯扎溴铵又称新洁尔灭，为阳离子型表面活性剂。苯扎溴铵为淡黄色黏稠液体，溶于水和乙醇，在酸性和碱性溶液中稳定。苯扎溴铵作为防腐剂使用的浓度为 0.02% ~0.20%，多外用。

5) 醋酸氯己定。醋酸氯己定又称醋酸洗必泰，微溶于水，溶于乙醇、甘油、丙二醇等溶剂。醋酸氯己定为广谱杀菌剂，用量为 0.02% ~0.05%，多外用。

6) 邻苯基苯酚。邻苯基苯酚微溶于水，使用浓度为 0.005% ~0.200%。邻苯基苯酚为广谱杀菌剂，低毒无味，是较好的防腐剂，亦可用于水果、蔬菜的防霉保鲜。

7）其他防腐剂。一些挥发油也有防腐作用，如桉叶油使用浓度为0.01% ~0.05%，桂皮油使用浓度为0.01%，薄荷油使用浓度为0.05%。

（5）抗氧剂。氧化变质是药物不稳定的主要表现之一，合理选择抗氧剂能有效地防止或延缓药物的氧化变质。抗氧剂可分为水溶性和油溶性两种。

1）水溶性抗氧剂：主要用于水溶性药物的抗氧化。常用的水溶性抗氧剂有维生素C、亚硫酸钠、亚硫酸氢钠、焦亚硫酸钠、硫代硫酸钠等。

①维生素C。维生素C具有烯醇结构，有还原性，可清除游离基，同时还因具有羰基和邻位的羟基而可与金属离子发生络合反应，降低金属离子催化自动氧化的活性；羟基还具有一定的酸性，可降低pH而使氧化反应减慢。

②亚硫酸钠。亚硫酸钠为白色结晶性粉末，具有较强的还原性。亚硫酸钠水溶液呈碱性，主要用于偏碱性药物的抗氧剂。亚硫酸钠与酸性药物、盐酸硫胺等有配伍禁忌。

③亚硫酸氢钠。亚硫酸氢钠为白色结晶性粉末，具有二氧化硫臭味，有还原性。亚硫酸氢钠水溶液呈酸性，主要用于酸性药物的抗氧剂。亚硫酸氢钠与碱性药物、钙盐、对羟基衍生物如肾上腺素等有配伍禁忌。

④焦亚硫酸钠。焦亚硫酸钠为白色结晶性粉末，有二氧化硫臭味，味酸咸，具有较强的还原性。焦亚硫酸钠水溶液呈酸性，主要用于酸性药物的抗氧剂。

⑤硫代硫酸钠。硫代硫酸钠为无色透明结晶或细粉，无臭，味咸，具有强烈的还原性。硫代硫酸钠水溶液呈弱碱性，在酸性溶液中易分解，主要用于偏碱性药物的抗氧剂。硫代硫酸钠与强酸、重金属盐类有配伍禁忌。

2）油溶性抗氧剂：主要用于油溶性药物的抗氧化。常用的抗氧剂有维生素E、叔丁基对羟基茴香醚、2，6-二叔丁基羟基甲苯等。维生素E是天然的抗氧剂，一般将维生素E和维生素C合用。维生素E和茶多酚合用具有良好的协同作用，可用于脂溶性药物的抗氧剂。

（6）矫味剂。为掩盖和矫正药物制剂的不良臭味而加到制剂中的物质称为矫味剂。常用的矫味剂有甜味剂和芳香剂，还有干扰味觉的胶浆剂、泡腾剂等。

1）甜味剂：根据来源分为天然的和合成的两大类。

①天然的甜味剂。天然的甜味剂有蔗糖、单糖浆、橙皮糖浆、桂皮糖浆等，不但能矫味，而且也能矫臭。山梨醇、甘露醇等也可作甜味剂。天然甜味剂甜菊苷有清凉的甜味，甜度约为蔗糖的300倍，常用量为0.025% ~0.050%。甜菊苷甜味持久且不被吸收，但甜中带苦，故常与蔗糖和糖精钠合用。

②合成的甜味剂。阿司帕坦为天门冬酰苯丙氨酸甲酯，也称蛋白糖，为二肽类甜味剂，又称天冬甜精。甜度比蔗糖高150~200倍，不致龋齿，可以有效地降低热量，适用于糖尿病、肥胖症患者。

2）芳香剂：香料与香精统称为芳香剂。香料分天然和人造香料两大类。

①天然香料。天然香料是指由植物中提取的芳香性挥发油，如柠檬、薄荷挥发油等，以及它们的制剂，如薄荷水、桂皮水等。

②人造香料。人造香料是指在人工香料中添加一定量的溶剂调和而成的混合香料，因此亦称调和香料，如苹果香精、香蕉香精等。

3）胶浆剂：具有黏稠缓和的性质，可以干扰味蕾的味觉而能矫味，如阿拉伯胶、羧甲基纤维素钠、琼脂、明胶、甲基纤维素等的胶浆。例如，在胶浆剂中加入适量甜菊苷等甜味剂，则增加其矫味作用。

4）泡腾剂：将有机酸与碳酸氢钠混合后，遇水产生大量二氧化碳，二氧化碳能麻痹味蕾起矫味作用，对盐类的苦味、涩味、咸味有所改善。

（7）着色剂。有些药物制剂本身无色，但经常需要对制剂进行调色。着色剂能改善制剂的外观颜色，可用来识别制剂的品种，区分应用方法，减少患者对服药的厌恶感。尤其是选用的颜色与矫味剂能够配合协调，更易为患者所接受。

1）天然色素：包括植物性和矿物性色素，可用作食品和内服制剂的着色剂。

植物性色素：①红色的有苏木、甜菜红、胭脂虫红等；②黄色的有姜黄、胡萝卜素等；③蓝色的有松叶兰、乌饭树叶；④绿色的有叶绿酸铜钠盐；⑤棕色的有焦糖等。

矿物性色素：氧化铁（棕红色）。

2）合成色素：色泽鲜艳，价格低廉，大多数毒性比较大，用量不宜过多。我国批准的合成色素有苋菜红、柠檬黄、胭脂红、靛蓝等，通常配成1%储备液使用，具体用量和使用范围参考《食品安全国家标准　食品添加剂使用标准》（GB 2760—2014）。

（8）其他附加剂。在液体制剂中为了增加稳定性或减小刺激性等目的，有时还需要加入pH调节剂、金属离子络合剂等。

四、液体制剂的质量要求与包装、储存

1. 质量要求

（1）液体制剂的一般质量要求。均匀相液体制剂应是澄明溶液，非均匀相液体制剂的药物粒子应分散均匀；口服的液体制剂外观良好、口感适宜，外用的液体制剂应无刺激性；液体制剂在保存和使用过程不应发生霉变；包装容器适宜，方便患者携带和使用。

（2）液体制剂的特殊质量要求。除以上一般要求外，《中国药典》2020年版对某些特殊液体制剂的质量作了特别规定。例如，糖浆剂含蔗糖量应不低于45%[①]，另外还应对其相对密度、pH、装量、微生物限度等进行检查。注射剂要检查装量、装量差异、渗透压摩尔浓度、可见异物、不溶性微粒、中药注射剂有关物质、重金属及有害元素残留量、无菌、细菌内毒素或热原。眼用液体制剂要检查可见异物、粒度、沉降体积比、金属性异物、装量差异、装量、渗透压摩尔浓度、无菌等。

2. 包装与储存

（1）包装。液体制剂的包装关系到产品的质量、运输和储存。液体制剂体积大、稳定

① 此处的45%表示溶液100 mL中含有溶质45 g。

性较差，如果包装不当，在运输和储存过程中会发生变质。因此，包装容器的材料选择、容器的种类和形状以及封闭的严密性等都极为重要。

传统上，液体制剂的包装常用玻璃，但目前品种繁多的塑料对液体不存在或存在很低的渗透性，也广泛用于液体制剂的包装。水性制剂是最常见的液体制剂，常用的包装材料如高密度聚乙烯，适用于药品中、短期的储存，不会出现水分的损失。油类可能被塑料吸附，导致制剂的药效改变或塑料容器损坏。制剂处方中的挥发油用于提供产品的芳香或调味，如果其与塑料包装存在亲和性，即使塑料对油类的吸附量很少，也会显著改变产品的味道或气味。

许多液体制剂要求无菌，因此该类制剂的包装材料应能耐受终端灭菌。玻璃是无菌液体制剂最好的包装材料，因为它通常不受灭菌过程的影响，可被制成多种形式（如大瓶、小瓶、安瓿）。

在注射剂中使用的塑料包装材料主要包括聚丙烯输液袋、瓶，多层共挤输液用膜制袋等。其中，聚丙烯输液瓶包含瓶和组合盖两部分，输液袋通常含袋、接口、组合盖。由于塑料输液袋具有一定的透湿、透气性，对于某些不稳定的产品，可在直接接触药品的包装基础上，使用具有一定阻隔性能的外袋，即所谓的内外袋组合包装。某些产品在内外袋间还会使用吸氧剂，如氨基酸注射液等。

（2）储存。液体制剂的储存条件应满足产品稳定性要求。例如，糖浆剂应密封、避光置于干燥处储存，在储存期间不得有发霉、酸败、产生气体或其他变质现象，允许有少量摇之易散的沉淀。医院液体制剂应尽量减小生产批量，缩短存放时间，有利于保障液体制剂的质量。

思考与练习

单项选择题

1. 与表面活性剂乳化作用有关的性质是（　　）。

A. 表面活性

B. 在溶液中形成胶束

C. 具有昙点

D. 在溶液表面做定向排列

E. HLB 值

2. 关于浊点的叙述正确的是（　　）。

A. 浊点又称 Krafft（克拉夫特）点

B. 浊点是离子型表面活性剂的特征值

C. 浊点是含聚氧乙烯基非离子型表面活性剂的特征值

D. 普朗尼克 F68 有明显浊点

E. 温度达浊点时，表面活性剂的溶解度急剧增加

3. 表面活性剂能够使溶液表面张力（　　）。
A. 降低
B. 显著降低
C. 升高
D. 不变
E. 不规则变化
4. 具有临界胶束浓度是（　　）的特性。
A. 溶液
B. 胶体溶液
C. 表面活性剂
D. 高分子溶液
E. 亲水胶体
5. 下列表面活性剂中，可发挥去污洗涤作用的是（　　）。
A. 普朗尼克
B. 卖泽
C. 苄泽
D. 苯扎溴铵
E. 十二烷基硫酸钠
6. 苯扎氯铵是一种杀菌的表面活性剂，在与（　　）相遇时可失效。
A. 阳离子表面活性剂
B. 无机盐
C. 苷类
D. 皂类
E. 有机酸
7. 表面活性剂在药剂中的应用不包括（　　）。
A. 絮凝剂
B. 去污剂
C. 增溶剂
D. 乳化剂
E. 杀菌剂
8. 表面活性剂的结构特征是（　　）。
A. 有亲水基团，无疏水基团
B. 有疏水基团，无亲水基团
C. 疏水基团、亲水基团均有
D. 有中等极性基团
E. 无极性基团

§6－2　真溶液型液体制剂

学习目标

1. 了解常见的真溶液型液体制剂。
2. 熟悉真溶液型液体制剂的定义和特点。
3. 熟悉溶液剂的制备方法。
4. 熟悉糖浆剂的定义、制备、配制注意事项、质量要求。
5. 能根据处方判断液体制剂剂型。

一、概述

1. 真溶液型液体制剂的定义和特点

真溶液型液体制剂即溶液型液体药剂，系指药物以小分子（直径在 1 nm 以下）状态分散在溶剂中所形成的液体药剂，可供内服或外用。

真溶液型液体制剂属于单相分散体系，药物分散均匀、澄明，并能通过半透膜。药物的分散度大，其总表面积与机体的接触面积大，口服后药物能较好地被吸收，故其作用和疗效比同一浓度药物的混悬液或乳浊液快而高。因分散度大，药物化学活性也随之增高，特别是某些药物的水溶液很不稳定，所以在制备真溶液型液体制剂时，应注意药物的稳定性和防腐问题。

2. 常见的真溶液型液体制剂

常见的真溶液型液体制剂有溶液剂、糖浆剂、芳香水剂、酊剂、甘油剂等。

真溶液型液体制剂在生产中可能会遇到有效浓度与溶解度矛盾的问题。例如，碘在水中的溶解度是 1∶2 950，而作为甲状腺功能亢进辅助治疗药物的复方碘口服液的浓度要求达到 4.5%～5.5%。对溶解度小、溶解速度慢，临床上要求只能制成真溶液型液体制剂的难溶性药物，可采取适当措施增大溶解度以达到有效治疗浓度，提高溶解速度和生产效率。增加药物溶解度的制剂学方法有以下几种：

（1）制成盐类。将碱性药物加酸（常用盐酸、硫酸、磷酸、氢溴酸、硝酸等）或将酸性药物加碱（常用氢氧化钠、氨水、碳酸钠等）制成盐，生成离子型极性化合物，其溶解度大大地增加，如盐酸普鲁卡因、盐酸麻黄碱、磺胺嘧啶钠等。具体的操作方法有两种：①将药物直接制成盐投料，再溶解，这种方法通常在原料生产企业中使用；②以有机酸或有机碱投料，通过调节 pH 以促进药物在碱性或酸性溶液中的溶解，这种方法在制剂生产中经常使用。调节 pH 时，除考虑溶解度以外，还要考虑稳定性、安全性以及生理适应性。选用不同酸碱成盐后其药理作用、稳定性、刺激性、毒性等可能发生变化。

（2）更换溶剂或选用混合溶剂。根据相似相溶规律，选择与药物极性程度相似的溶剂或复合溶剂。例如，樟脑不溶于水，而溶于醇、脂肪油等，故不宜制成樟脑水溶液，而可制成樟脑酯或樟脑搽剂；氯霉素微溶于水，在水中的溶解度为 0.25%，若采用水中含有 25% 乙醇、55% 甘油的混合溶剂，则可制成 12.5% 的氯霉素溶液。

药物在混合溶剂中的溶解度除了与溶剂种类有关外，还与各溶剂的比例有关。在混合溶剂中，各溶剂在某一比例时，药物的溶解度出现极大值，这种现象称为潜溶，该比例的混合溶剂称为潜溶剂。例如，苯巴比妥在 90% 的乙醇中有最大溶解度。

（3）加入助溶剂。在药物中加入第三种物质，通过形成络合物、缔合物和复盐等而增加药物溶解度的方法称为助溶，加入的第三种物质称为助溶剂。例如，咖啡因与苯甲酸钠形成分子复合物苯甲酸钠咖啡因，溶解度由 1∶50 增大到 1∶1.2。

常用的助溶剂可分为 3 类：①无机化合物，如碘化钾、氯化钠等；②有机酸及其钠盐，如苯甲酸钠、水杨酸钠、对氨基苯甲酸钠等；③酰胺化合物，如乌拉坦、尿素、烟酰胺、乙酰胺等。

（4）使用增溶剂。外用液体制剂的增溶剂可以选择一价金属皂如硬脂酸钠、油酸钠、油酸钾等。内服液体制剂的增溶剂常用吐温类。

二、溶液剂

1. 溶液剂的定义

溶液剂即非挥发性药物（氨除外）的澄明液体，可供内服或外用。溶剂多为水，少数以乙醇或油为溶剂，如复方碘口服溶液、硝酸甘油乙醇溶液、维生素 D 油溶液等。溶液剂应澄清，不得有沉淀、混浊、异物等。溶液剂具有以下特点：给药途径广泛；分散度大，吸收快，疗效高；以量取代替称取，取用方便；可控制药物浓度，降低药物的刺激性，并且剂量准确，因而特别适用于小剂量、毒性大、刺激性大的药物。为了便于调配处方，易溶性药物溶液剂也可制成高浓度的储备液，供临床调配应用。

2. 溶液剂的制备

溶液剂的制备有两种方法，即溶解法和稀释法。

（1）溶解法。其制备过程包含药物的称量、溶解、过滤、质量检查、包装等步骤。

具体方法：取处方中 1/2～3/4 量的溶剂，加入药物，搅拌使其溶解，过滤，并通过滤器加溶剂至全量。过滤后的药液应进行质量检查。制得的药物溶液应及时分装、密封、贴标签及进行外包装。

例：复方碘溶液。

【处方】碘 50 g，碘化钾 100 g，纯化水加至 1 000 mL。

【制备】取碘、碘化钾，加纯化水 100 mL 溶解后，加纯化水至 1 000 mL，搅拌均匀，即得。

【注解】①复方碘溶液能调节甲状腺功能，主要用于甲状腺功能亢进的辅助治疗，外用作黏膜消毒。②碘在水中溶解度为1∶2 950，碘化钾为助溶剂，可与碘形成络合物，络合物易溶于水，并能使溶液稳定。③溶解碘化钾时尽量少加水，以增大其浓度，有利于碘的溶解和稳定。④复方碘溶液具有刺激性，口服时宜用冷开水稀释后服用。

（2）稀释法。先将药物制成高浓度溶液，再用溶剂稀释至所需浓度即得。用稀释法制备溶液剂时应注意浓度换算，挥发性药物的浓溶液在稀释过程中应注意挥发损失，以免影响浓度的准确性。

【知识链接】

有些药物虽然易溶，但溶解缓慢，此种药物在溶解过程中应采用粉碎、搅拌、加热等措施；易氧化的药物溶解时，宜将溶剂加热放冷后再溶解药物，同时应加适量抗氧剂，以减少药物的氧化损失；对易挥发性药物，应在最后加入，以免在制备过程中损失；处方中如有溶解度较小的药物，应先将其溶解后再加入其他药物；难溶性药物可加入适宜的助溶剂或增溶剂使其溶解。

3. 溶液剂的质量检查与包装、储存

（1）质量检查。按照《中国药典》2020年版（四部　通则0123），除另有规定外，单剂量包装的口服溶液剂应进行以下检查：

1）装量检查。取供试品10袋（支），将内容物分别倒入经标化的量入式量筒内，检视，每支装量与标示装量相比较，均不得少于其标示量。凡规定检查含量均匀度者，一般不再进行装量检查。多剂量包装的口服溶液剂按照最低装量检查法［《中国药典》2020年版（四部　通则0942）］检查，并应符合规定。

2）微生物限度检查。除另有规定外，按照非无菌产品微生物限度检查，并应符合规定。

（2）包装、储存。除另有规定外，溶液剂应避光、密封储存。用适宜的量具以小体积或以滴计量的口服溶液剂称为滴剂。口服滴剂包装内一般应附有滴管和吸球或其他量具。

三、糖浆剂

1. 糖浆剂的定义

糖浆剂系指含有原料药物的浓蔗糖水溶液，供口服用。纯蔗糖的饱和水溶液浓度为85.0%①或64.7%②，称为单糖浆或糖浆。糖浆剂中的药物可以是化学药物，也可以是药材的提取物。

蔗糖和芳香剂能掩盖某些药物的苦味、咸味及其他不适臭味，容易服用，尤其受儿童欢迎。糖浆剂易被霉菌、酵母菌和其他微生物污染，使糖浆剂混浊或变质。糖浆剂中含蔗糖浓度高时，渗透压大，微生物的生长繁殖受到抑制。低浓度的糖浆剂应添加防腐剂。

① 此浓度表示溶液100 mL中含有溶质85.0 g。

② 此浓度表示溶液100 g中含有溶质64.7 g。

2. 糖浆剂的制备

（1）溶解法。溶解法包括热溶法和冷溶法。

1）热溶法。热溶法是将蔗糖溶于新煮沸过的纯化水中，继续加热使其全溶，降温后加入其他药物，搅拌溶解、过滤，再通过滤器加纯化水至全量，分装，即得。但注意加热过久或超过 100 ℃时，转化糖的含量增加，糖浆剂的颜色容易变深。热溶法适用于对热稳定的药物和有色糖浆的制备。

2）冷溶法。冷溶法是将蔗糖溶于冷纯化水或含药的溶液中制备糖浆剂的方法。冷溶法适用于对热不稳定或挥发性药物，制备的糖浆剂颜色较浅。采用冷溶法制备所需的时间较长，并容易污染微生物。

（2）混合法。混合法系将含药溶液与单糖浆均匀混合制备糖浆剂的方法。这种方法适用于制备含药糖浆剂。混合法的优点是简便、灵活，可大量配制。一般含药糖浆的含糖量较低，要注意防腐。

例：磷酸可待因糖浆。

【处方】磷酸可待因 5 g，纯化水 15 mL，单糖浆加至 1 000 mL。

【制备】取磷酸可待因溶于纯化水中，加单糖浆至全量，即得。

3. 糖浆剂配制注意事项

（1）药物加入的方法有以下几种：

1）水溶性固体药物可先用少量纯化水使其溶解，再与单糖浆混合。

2）水中溶解度小的药物可酌加少量其他适宜的溶剂使药物溶解，然后加入单糖浆中，搅匀，即得。

3）药物为可溶性液体或药物的液体制剂时，可将其直接加入单糖浆中，必要时过滤。

4）药物为含乙醇的液体制剂时，与单糖浆混合时常发生混浊，为此可加入适量甘油助溶。

5）药物为水浸出制剂时，因含多种杂质，应纯化后再加到单糖浆中。

（2）注意事项如下：

1）应在避菌环境中制备，各种用具、容器应进行洁净或灭菌处理，并及时灌装。

2）应选择药用白砂糖。

3）生产中宜用蒸汽夹层锅加热，温度和时间应严格控制。

4）糖浆剂应在 30 ℃以下密闭储存。

4. 糖浆剂的质量检查与包装、储存

按照《中国药典》2020 年版，糖浆剂在生产与储存期间应符合下列有关规定：

（1）将原料药物用水溶解（饮片应按各品种项下规定的方法提取、纯化、浓缩至一定体积），加入单糖浆。如果直接加入蔗糖配制，则应煮沸，必要时过滤，并自滤器上添加适量新煮沸过的水至处方规定量。

（2）含蔗糖量应不低于 45%①。

① 此浓度表示溶液 100 mL 中含有溶质 45 g。

（3）根据需要可加入适宜的附加剂。如需加入抑菌剂，除另有规定外，在制剂确定处方时，该处方的抑菌效力应符合抑菌效力检查法［《中国药典》2020 年版（四部　通则 1121）］的规定。山梨酸和苯甲酸的用量不得超过 0.3%（其钾盐、钠盐的用量分别按酸计），羟苯酯类的用量不得超过 0.05%。如需加入其他附加剂，其品种与用量应符合国家标准的有关规定，且不应影响成品的稳定性，并应避免对检验产生干扰。必要时可加入适量的乙醇、甘油或其他多元醇。

（4）除另有规定外，糖浆剂应澄清，在储存期间不得有发霉、酸败、产生气体或其他变质现象，允许有少量摇之易散的沉淀。

（5）一般应检查相对密度、pH 等。

（6）除另有规定外，糖浆剂应密封，避光置于干燥处储存。

（7）除另有规定外，糖浆剂应进行以下相应检查：

1）装量检查。单剂量灌装的糖浆剂，按照下述方法检查，并应符合规定：取供试品 5 支，将内容物分别倒入经标化的量入式量筒内，尽量倾净，在室温下检视，每支装量与标示装量相比较，少于标示装量的不得多于 1 支，并不得少于标示装量的 95%。多剂量灌装的糖浆剂，按照最低装量检查法［《中国药典》2020 年版（四部　通则 0942）］检查，并应符合规定。

2）微生物限度检查。除另有规定外，按照非无菌产品微生物限度检查，并应符合规定。

四、其他真溶液型液体制剂

1. 芳香水剂

芳香水剂系指芳香挥发性药物的饱和或近饱和水溶液。芳香性植物药材用蒸馏法制成的含芳香性成分的澄明溶液亦称露剂、药露。芳香水剂应澄明，必须具有与原有药物相同的气味，不得有异臭、沉淀和杂质。芳香水剂浓度一般都很低，可矫味、矫臭和作分散剂使用，也有用于治疗，因用量大，一般不加防腐剂。芳香水剂中的挥发性成分大多容易分解变质失去原味，甚至霉变，所以不宜大量配制和久贮。

芳香水剂的制法因原料不同而异。含挥发性成分的植物药材多用水蒸气蒸馏法，纯净的挥发油或化学药物多用溶解法、稀释法。因挥发油难溶于水，浓度一般在 0.05% 左右，可采取振摇溶解法或加分散剂溶解法，溶解时可采取强力振摇或者加分散剂（如滑石粉等）共研以增大挥发油与水的接触面，从而加速溶解，加入的分散剂在过滤时也可起到助滤剂作用；也可采取增溶法，制备时挥发油先与增溶剂混匀，再加水溶解。

2. 醑剂

醑剂系指挥发性药物的浓乙醇溶液，可供内服或外用。醑剂一般作为芳香矫味剂使用，如薄荷醑等；也可用于治疗，如芳香氨醑。凡用于制备芳香水剂的药物一般都可制成醑剂。挥发性药物在乙醇中的溶解度较大，故醑剂的浓度比芳香水剂大得多，醑剂中的药物浓度一般为 5% ~20%，乙醇浓度一般为 60% ~90%。

3. 甘油剂

甘油剂系指药物溶于甘油中制成的专供外用的溶液剂。甘油剂用于口腔、耳鼻、咽喉科疾病。甘油的吸湿性较大，应密闭保存。

甘油剂的制备可用溶解法，如碘甘油；化学反应法，如硼酸甘油。

例：碘甘油。

【处方】碘 1.0 g，碘化钾 1.0 g，纯化水 1.0 mL，甘油加至 100.0 mL。

【制备】取碘化钾加水溶解后，加碘，搅拌使其溶解，再加甘油使成 100.0 mL，搅匀即得。

【注解】①甘油作为碘的溶剂可缓和碘对黏膜的刺激性，甘油易附着于皮肤或黏膜上，使药物滞留患处，起延效作用；②碘甘油不宜用水稀释，必要时用甘油稀释，以免增加刺激性；③碘在甘油中的溶解度约为 1%（质量浓度），可加碘化钾助溶，并可增加碘的稳定性；④配制时宜控制水量，以免增加对黏膜的刺激性。

思考与练习

简述糖浆剂制备时的注意事项。

§6－3　胶体溶液型液体制剂

学习目标

1. 理解胶体溶液型液体制剂的含义、特点和分类。
2. 掌握高分子溶液剂的定义、应用、性质及制备。
3. 熟悉溶胶剂的定义、性质和制备。
4. 能根据处方判断液体制剂剂型。

一、概述

1. 胶体溶液型液体制剂的定义和特点

胶体溶液型液体制剂系指具有胶体微粒的固体药物或高分子化合物分散在溶剂中的液体药剂。胶体溶液型液体制剂外观与溶液剂相似，分散相直径为 1～100 nm。胶体溶液型液体制剂所用的分散媒大多数为水，少数为非水溶剂，如乙醇、丙酮等。

2. 胶体溶液型液体制剂的分类

按分散相与溶剂之间的亲和力不同，胶体溶液型液体制剂分为亲液胶体与疏液胶体，水为最常用的溶剂，所以一般又称亲水胶体与疏水胶体。亲水胶体又称为高分子溶液剂，为高分子化合物的单分子分散于溶剂中形成的单相分散体系，如胃蛋白酶合剂等。疏水胶体又称为溶胶剂，为多个小分子聚结成胶粒分散于溶媒中形成的多相分散体系，如氢氧化铝溶胶等。表面活性剂形成的缔合胶束，也属于胶体分散系统。

二、高分子溶液剂

1. 高分子溶液剂的定义

高分子溶液剂系指高分子化合物溶解于溶剂中制成的均相液体制剂。以水为溶剂的高分子溶液剂称为亲水性高分子溶液剂或胶浆剂，以非水溶剂制备的高分子溶液剂称为非水性高分子溶液剂。高分子溶液剂属于热力学稳定体系。

2. 高分子溶液剂的应用

胶浆剂在药剂中应用较多，其本身无较大的治疗功效，但有一定的黏稠性及保护作用，在药剂生产中常用作黏合剂、乳化剂、助悬剂等附加剂。由于胶浆剂容易发霉变质，可加入适量羟苯乙酯类作防腐剂，但不宜大量调配。医院临床工作中，常在胶浆内加入适宜的电解质或某种药物制成供临床诊断或治疗用的辅助剂，如心电图导电胶。

3. 高分子溶液剂的性质

（1）荷电性。溶液中的高分子化合物因解离而带电，有的带正电，有的带负电。某些高分子化合物所带的电荷受溶液 pH 的影响。蛋白质分子中含有羧基和氨基，在水溶液中，当溶液的 pH 大于等电点时，蛋白质带负电荷；当 pH 小于等电点时，蛋白质带正电；当 pH 在等电点时，蛋白质不带电，这时高分子溶液的许多性质发生变化，如黏度、渗透压、溶解度、电导等都变为最小值。高分子溶液的这种性质广泛应用于药剂学的剂型设计中，具有重要意义。

（2）渗透压。高分子溶液剂与溶胶不同，有较高的渗透压，浓度越大，渗透压越高。

（3）黏度与相对分子质量。高分子溶液剂是黏稠性流体，因此常用作助悬剂、增稠剂、黏合剂。可根据高分子溶液剂的黏度来测定高分子化合物的相对分子质量。

（4）聚结特性。高分子化合物含有大量亲水基团，能与水形成牢固的水化膜，可阻止高分子化合物分子之间相互聚结，使高分子溶液剂处于稳定状态。但高分子水化膜的荷电发生变化时易出现聚结沉淀。例如，向溶液中加入大量的电解质，电解质的强烈水化作用会破坏高分子的水化膜，使高分子化合物凝结而沉淀，这一过程称为盐析；向溶液中加入脱水剂，如乙醇、丙酮等，也能破坏水化膜而发生聚结；其他原因，如盐类、pH、絮凝剂、射线等的影响，可使高分子化合物凝结沉淀，这一过程称为絮凝；带相反电荷的两种高分子溶液剂混合时，相反电荷发生中和可产生凝结沉淀。

（5）胶凝性。一些亲水性高分子溶液剂，如明胶水溶液、琼脂水溶液，在温热条件下为黏稠性流动液体，当温度降低时，高分子溶液剂就会形成网状结构，分散介质水被全部包含在网状结构中，形成不流动的半固体状物，称为凝胶，如软胶囊的囊壳就是这种凝胶。形成凝胶的过程称为胶凝。凝胶失去网状结构中的水分时，体积缩小，形成干燥固体，称为干胶。

4. 高分子溶液剂的制备

高分子溶解时首先要经过溶胀过程。水分子渗入高分子结构的空隙中，与高分子中的亲水基团发生水化作用而使体积膨胀，使高分子空隙间充满水分子，这一过程称有限溶胀。由于高分子空隙间存在水分子降低了高分子化合物分子间的作用力（范德华力），溶胀过程继续，最后高分子化合物完全分散在水中形成高分子溶液，这一过程称为无限溶胀。无限溶胀常需搅拌或加热等过程才能完成。形成高分子溶液的这一过程称为胶溶。胶溶过程的快慢取决于高分子的性质以及工艺条件。

制备明胶溶液时，先将明胶碎成小块，放于水中浸泡3～4 h，使其吸水膨胀，这是有限溶胀过程；然后加热并搅拌使其形成明胶溶液，这是无限溶胀过程。甲基纤维素则在冷水中完成这一过程。淀粉遇水立即膨胀，但无限溶胀过程必须加热至60～70 ℃才能完成，即形成淀粉浆。胃蛋白酶等高分子药物，其有限溶胀和无限溶胀过程都很快，将其撒于水面，待自然溶胀后再搅拌可形成溶液；如果将它们撒于水面后立即搅拌则形成团块，给制备过程带来困难。

例：胃蛋白酶合剂。

【处方】胃蛋白酶2.0 g，单糖浆10.0 mL，5%羟苯乙酯乙醇液1.0 mL，橙皮酊2.0 mL，稀盐酸2.0 mL，纯化水加至100.0 mL。

【制备】①将稀盐酸、单糖浆加入约80.0 mL纯化水中，搅匀；②再将胃蛋白酶撒在液面上，待自然溶胀、溶解；③将橙皮酊缓缓加入溶液中；④另取约10.0 mL纯化水溶解羟苯乙酯乙醇液后，缓缓加入上述溶液中；⑤再加纯化水至全量，搅匀，即得。

【注解】①影响胃蛋白酶活性的主要因素是pH，pH一般为1.5～2.5。盐酸含量不可超过0.5%，否则将使胃蛋白酶失去活性，故配制时先将稀盐酸用适量纯化水稀释。②须将胃蛋白酶撒在液面上，待溶胀后再缓缓搅匀，且不得加热，以免失去活性。③胃蛋白酶合剂一般不宜过滤，因胃蛋白酶的等电点在pH为2.75～3.00，因此在该溶液中，pH小于等电点，胃蛋白酶带正电荷，而润湿的滤纸或棉花带负电荷，过滤时将吸附胃蛋白酶。必要时，可将滤材润湿后，用少许稀盐酸冲洗以中和滤材表面的电荷，消除吸附现象。④胃蛋白酶的消化力应为1∶3 000，即1 g胃蛋白酶应能消化凝固的卵蛋白3 000 g。⑤胃蛋白酶合剂不宜与胰酶、氯化钠、碘、鞣酸、浓乙醇、碱以及重金属配伍，以免降低活性。

三、溶胶剂

1. 溶胶剂的定义

溶胶剂系指固体药物细微粒子分散在水中形成的非均匀分散的液体制剂，又称疏水胶体溶液。溶胶剂与溶液一样透明，可微呈乳光，是一种高度分散的热力学不稳定体系。将药物分散成溶胶状态，它们的药效会出现显著的变化。目前，溶胶剂直接应用很少，通常是使用经亲水胶体保护的溶胶制剂。例如，氧化银溶胶就是被蛋白质保护而制成的制剂，用作眼、鼻收敛杀菌药。

2. 溶胶剂的性质

（1）溶胶的双电层构造。溶胶剂中的固体微粒由于本身的解离或吸附溶液中的某种离子而带有电荷，带电的微粒表面必然吸引带相反电荷的离子，称为反离子。吸附的带电离子和反离子构成了吸附层。少部分反离子扩散到溶液中，形成扩散层。吸附层和扩散层分别是带相反电荷的带电层，称为双电层，也称扩散双电层。双电层之间的电位差称为电动电位或 ζ 电位。胶粒电荷之间的排斥作用和在胶粒周围形成的水化膜，可防止胶粒碰撞时发生聚结，ζ 电位越高，斥力越大，溶胶也就越稳定。ζ 电位降至 25 mV 以下时，溶胶产生聚结而不稳定。

（2）溶胶性质，具体如下：

1）光学性质。由于 Tyndall 效应①，当强光线通过溶胶剂时，从侧面可见到圆锥形光束，这是由于胶粒粒度小于自然光波长而产生的光散射。溶胶剂的混浊程度用浊度表示，浊度越大，表明散射光越强。

2）电学性质。溶胶剂由于双电层结构而带电，或带正电，或带负电。在电场的作用下，胶粒或分散介质发生位移，产生电位差，这种现象称为界面动电现象。溶胶的电泳现象就是界面动电现象所引起的。

3）动力学性质。溶胶剂中的胶粒在分散介质中有不规则的运动，这种运动称为布朗运动。布朗运动是胶粒受溶剂水分子不规则的撞击产生的。胶粒的扩散速度、沉降速度及分散介质的黏度等都与溶胶的动力学性质有关。

4）稳定性。溶胶剂属热力学不稳定体系，主要表现为有聚结不稳定性和动力不稳定性。电荷因素是影响溶胶剂稳定性的主要因素。溶胶剂扩散双电层之间的 ζ 电位越高，胶粒电荷间斥力越大，溶胶越稳定。由于胶粒荷电而具有的水化膜，在一定程度上也增加了溶胶剂的稳定性，但仅起次要作用。溶胶剂对电解质极其敏感，将少量带相反电荷的溶胶或电解质加入溶胶剂中，由于电荷被中和使 ζ 电位降低，同时又减少了水化膜，可使溶胶剂产生凝聚、沉降。保护胶体是指向溶胶剂中加入天然的或合成的亲水性高分子溶液剂，使溶胶剂具有亲水胶体的性质而增加其稳定性。

3. 溶胶剂的制备

（1）分散法。分散法包括机械分散法、胶溶法、超声分散法。胶体磨是机械分散法制备溶胶剂的常用设备。将药物、溶剂以及稳定剂从加料口处加入胶体磨中，胶体磨以 10 000 r/min的转速高速旋转，将药物粉碎到胶体粒子范围，制成质量很好的溶胶剂。胶溶法亦称解胶法，是将聚集起来的粗粒又重新分散的方法。

（2）凝聚法。凝聚法包括物理凝聚法和化学凝聚法。物理凝聚法是改变分散介质的性质，使溶解的药物凝聚成为溶胶。化学凝聚法是借助氧化、还原、复分解等化学反应制备溶胶的方法。

思考与练习

1. 简述胶体溶液型液体制剂的分类。
2. 溶胶剂的制备方法有哪些？

---

① Tyndall 效应指光在通过分散系统时，由于分散粒子散射光而在侧面观察到明亮的光线轨迹。

§6-4　混悬剂

学习目标

1. 了解混悬剂的稳定性及稳定剂。
2. 熟悉混悬剂的质量评价。
3. 掌握混悬剂的定义及制备方法。
4. 能根据处方判断液体制剂类型。

混悬剂大多数是液体制剂，《中国药典》2020年版中收载有干混悬剂。在药剂学中，合剂、搽剂、洗剂、注射剂、滴眼剂、气雾剂、软膏剂和栓剂等都有混悬型制剂存在。

一、混悬剂概述

1. 混悬剂的定义

混悬剂（口服混悬剂）系指难溶性固体原料药物分散在液体介质中制成的供口服的混悬液体制剂，也包括浓混悬剂或干混悬剂。非难溶性药物也可以根据临床需求制备成干混悬剂。混悬剂属于粗分散体系，分散相微粒的大小一般在0.5～10 μm，小者可为0.1 μm，大者可达50 μm或更大。分散介质大多数为水，也有植物油。

干混悬剂是按混悬剂的要求将药物用适宜方法制成粉末状或颗粒状制剂，使用时加水即迅速分散成混悬剂。干混悬剂提高了药物制剂的稳定性，简化了包装，便于携带和储存。

2. 混悬剂的质量要求

（1）混悬微粒应均匀，大小符合该剂型和临床的要求。

（2）混悬微粒沉降缓慢，沉降后不结块，稍加振摇后应迅速分散，以保证分剂量准确。口服混悬剂（包括干混悬剂）沉降体积比应不低于0.90。

（3）黏稠度适宜，便于倾倒且不黏附在瓶壁上。外用混悬剂应易于涂展，不易流散，干后能形成保护膜。

（4）色、香、味适宜，药效稳定，不得霉败，标签上应注明“用前摇匀”。

【知识链接】

适宜制成混悬剂的情况：①不溶性药物需制成液体剂型应用；②药物的使用浓度超过了溶解度而不能制成溶液剂；③两种溶液混合时药物的溶解度降低或产生难溶性化合物；④为了产生长效作用。毒性药物或剂量小的药物则不宜制成混悬剂。

二、混悬剂的稳定性

混悬微粒大于胶体粒子，没有布朗运动在动力学上的稳定作用，因此在重力作用下微粒会沉降。同时，微粒分散度较大，由于表面自由能的作用可发生聚结。所以，混悬剂既是热力学不稳定系统，也是动力学不稳定系统。混悬剂的稳定性与下列因素有关：

1. 混悬微粒的沉降

混悬微粒与分散介质之间存在密度差，因重力作用，静置时会发生沉降。在一定条件下，微粒沉降速度符合斯托克斯（Stokes）定律。

$$v = \frac{2r^2(\rho_1 - \rho_2)g}{9\eta}$$

式中，v 为微粒沉降速度，r 为微粒半径，ρ_1 为微粒密度，ρ_2 为分散介质密度，η 为分散介质的黏度，g 为重力加速度。

由以上公式可以看出，沉降速度 v 与 r^2、（$\rho_1 - \rho_2$）成正比，与 η 成反比。为了延缓微粒的沉降速度，增加混悬剂的稳定性，常采取以下措施：①粉碎药物，减小混悬微粒的粒径，此措施效果最好；②向混悬剂中加入糖浆、甘油等，以减少微粒与分散介质之间的密度差；③向混悬剂中加入黏性较大的高分子助悬剂，以增加分散介质的黏度。

2. 混悬微粒的润湿

固体药物能否润湿影响混悬剂制备的难易、质量及稳定性。以水为溶剂时，亲水性药物润湿性好，易制备成均匀稳定的混悬剂，如炉甘石洗剂；疏水性药物则难以润湿，药物微粒会漂浮或下沉，不易均匀分散在分散介质中，如复方硫黄洗剂。加入润湿剂可降低固液间的界面张力，去除固体微粒表面的气膜，使制成的混悬剂分散均匀、稳定。

3. 混悬微粒的电荷与水化

与胶粒一样，混悬微粒由于吸附或解离等原因而带电。微粒表面电荷与分散介质中相反离子之间可构成双电层。即混悬剂具有双电层结构，具有 ζ 电位。由于微粒表面带电，水分子可在微粒周围形成水化膜。微粒的电荷与水化有利于混悬剂的稳定。疏水性微粒主要靠微粒带电而水化，这种水化作用对电解质敏感。亲水性微粒的水化作用很强，水化作用受电解质的影响较小，制剂更稳定。

4. 絮凝与反絮凝

混悬微粒的分散度比较大，因而具有较大的表面自由能而将趋于聚集。但由于微粒荷电，电荷的排斥力阻碍了微粒聚集。若在混悬剂中加入适当电解质使 ζ 电位降低，可形成疏松的絮状聚集体，沉降物不结块，这一过程称为絮凝，加入的电解质称为絮凝剂。若加入的电解质使 ζ 电位增大，进而增加混悬剂的流动性，这一过程称为反絮凝，加入的电解质称为反絮凝剂。

练一练

列举出几种混悬剂药品。

三、混悬剂的稳定剂

1. 助悬剂

助悬剂可增加分散介质的黏度，降低药物微粒的沉降速度；能被吸附在微粒表面，形成保护膜，阻碍微粒的合并与絮凝；个别尚有触变性，可维持微粒均匀分散。对于多晶型药物，加入高分子亲水胶体作助悬剂还可延缓晶型转化和结晶长大，从而更好地增强混悬剂的稳定性。常用的助悬剂主要有以下几种：

（1）高分子物质，包括天然的和合成或半合成的。

1）天然的高分子助悬剂，如阿拉伯胶、西黄蓍胶、果胶、海藻酸钠、琼脂、淀粉浆等。在使用时，应加入防腐剂（如尼泊金类、苯甲酸类）。

2）合成或半合成高分子助悬剂。这类助悬剂有纤维素类，如甲基纤维素、羧甲基纤维素钠、羟丙基纤维素；其他如卡波普、聚维酮、葡聚糖等。它们的水溶液均透明，干燥后能形成薄膜，一般用量为0.1%～1.0%，性质稳定，受pH影响较小，但与某些药物易发生配伍变化。

（2）低分子物质。低分子物质如甘油、糖浆等。内服混悬剂常使用糖浆作为助悬剂，兼有矫味作用；外用制剂常使用甘油作为助悬剂。

（3）皂土类。皂土类主要是硅皂土和胶体硅酸镁铝，有泥土味，在外用制剂中使用较多。

（4）触变胶，如2%硬脂酸铝植物油胶体溶液。

助悬剂的用量可根据药物的性质（如亲水性强弱）和助悬剂本身性质而定。一般情况下，疏水性强的药物多加助悬剂，亲水性药物少加或不加助悬剂。相对密度小（质轻）的药物可用甘油、糖浆等低分子助悬剂，相对密度大（质重）的药物可用西黄蓍胶等黏性强的高分子助悬剂。

2. 润湿剂

润湿剂是指用来增加固体粒子表面亲水性的物质。常用的润湿剂有以下两类：

（1）表面活性剂。表面活性剂有很好的润湿效果，为常用的润湿剂。宜选用HLB值为7～9，且有合适的溶解度者。外用润湿剂可选用肥皂、月桂醇硫酸钠、硫化蓖麻油等。内服润湿剂可选用聚山梨酯类，如聚山梨酯60、聚山梨酯80等。离子型表面活性剂能影响微粒表面的ζ电位，故对混悬剂中沉淀物的状态也有一定的影响。

（2）甘油、乙醇。甘油、乙醇等也有一定的润湿作用，但润湿效果不强。

3. 絮凝剂与反絮凝剂

絮凝剂和反絮凝剂均为电解质，如酒石酸盐、酒石酸盐（酸式盐或正盐）、枸橼酸盐、枸橼酸盐（酸式盐或正盐）和磷酸盐等。同种电解质，对不同的药物而言，可以是絮凝剂，也可以是反絮凝剂。同种电解质应用于药物，因电解质用量不同，可以是絮凝剂，也可以是反絮凝剂。大多数需要贮藏放置的混悬剂宜选用絮凝剂，其沉降体系疏松，易于分散。若要求微粒细、分散好的混悬剂，可使用反絮凝剂。

四、混悬剂的制备

1. 分散法制备混悬剂

分散法是将药物粉碎成微粒，直接分散在液体分散介质中制成混悬剂。小剂量制备时，可直接用研钵研磨；大量制备时，可用乳匀机、胶体磨等。为得到细微颗粒，通常采用加液研磨法，一般为一份药物加0.4～0.6份液体，使成糊状时研磨效果最好。对于液体的选择，亲水性药物可选择药物的水溶液，也可用黏稠的助悬剂如胶浆剂、甘油、糖浆等进行加液研磨；疏水性药物应首选润湿剂如乙醇、甘油、表面活性剂等液体进行加液研磨；对于相对密度大、硬度大、粒度要求极细的药物，可采用水飞法，使药物粉碎到极细的程度。

2. 凝聚法制备混悬剂

凝聚法是通过化学或物理的方法，使分子或离子分散状态的药物溶液凝聚成不溶性的药物微粒而制成混悬剂的方法。为使微粒细小均匀，凝聚法应控制反应条件，如药物的浓度、反应温度、加入顺序、加入速度、搅拌速度等因素。

（1）化学凝聚法。化学凝聚法是两种或以上化合物经化学反应生成不溶解的药物悬浮于液体中制成混悬剂的一种方法。

（2）物理凝聚法。物理凝聚法也称更换溶剂法，常用的微粒结晶法即为其中一种。微粒结晶法系指将药物制成热饱和溶液，在搅拌下加到另一种不同性质的冷溶剂中，使之快速结晶，得到10 μm以下（占80%～90%）微粒，然后再将微粒分散于适宜介质中制成混悬剂。

五、混悬剂的质量评价

1. 微粒大小的测定

测定混悬剂中微粒的大小及分布情况，是对混悬剂进行质量评价的重要指标。可采用显微镜法、库尔特计数法进行测定。

【知识链接】

库尔特计数法

库尔特计数法是测定颗粒大小的一种方法，从原理上来说，它是先逐个测量每个颗粒的大小，然后再统计出粒度分布。库尔特计数法是在测定管中装入电解质溶液，将粒子群混悬在电解质溶液中，测定管管壁上有一细孔，孔电极间有一定电压，当粒子通过细孔时，电阻发生改变，使电流变化并记录在记录器上，最后可将电信号换算成粒径，求得粒度分布。库尔特计数法可以用于测定混悬剂、乳剂、脂质体、粉末药物等的粒径分布。

2. 沉降体积比

沉降体积比是指沉降物的体积与沉降前混悬剂的体积之比。除另有规定外，用具塞量筒盛供试品 50 mL，密塞，用力振摇 1 min，记下混悬剂开始高度 H_0，静置 3 h，记下混悬剂的最终高度 H，则沉降体积比 F 按下式计算：

$$F = H/H_0$$

F 值为 0 ~ 1，F 值越大，混悬剂越稳定。《中国药典》2020 年版规定，口服混悬剂（包括干混悬剂）沉降体积比应不低于 0.90。

3. 絮凝度

絮凝度用以评价絮凝剂的效果，预测混悬剂的稳定性。絮凝度 β 用下式表示：

$$\beta = \frac{F}{F_\infty} = \frac{H/H_0}{H_\infty/H_0} = \frac{H}{H_\infty}$$

式中，F 为絮凝混悬剂的沉降体积比，F_∞ 为去絮凝混悬剂的沉降体积比，β 表示由絮凝作用所引起的沉降容积增加的倍数。β 值越大，絮凝效果越好，则混悬剂稳定性越好。

4. 重新分散试验

优良的混悬剂在贮藏后再经振摇，沉降微粒能很快重新分散，保证服用时混悬剂的均匀性和药物剂量的准确性。将混悬剂置于带塞的 100 mL 量筒中，密塞，放置沉降，然后以 360°、20 r/min 的转速转动。经一定时间旋转，量筒底部的沉降物应重新均匀分散，重新分散所需旋转次数越少，表明混悬剂再分散性能越好。

5. 流变学测定

采用旋转黏度计测定混悬剂的流动曲线，根据流动曲线的形态确定混悬剂的流动类型，用以评价混悬剂的流变学性质。触变流动、塑性触变流动和假塑性触变流动能有效地减慢混悬剂微粒的沉降速度。

思考与练习

单项选择题

1. 下列可作为助悬剂的是（　　）。

A. 磷酸盐

B. 糖浆

C. 枸橼酸钾

D. 酒石酸钠

E. 吐温 80

2. 下列可作为絮凝剂的是（　　）。

A. 西黄蓍胶

B. 甘油

C. 羧甲基纤维素钠

D. 聚山梨酯 80

E. 枸橼酸钠

3. 下列关于混悬剂质量评价的说法中，错误的是（　　）。
A. 要求测定微粒大小
B. 絮凝度越大，絮凝效果越好
C. 需要进行重新分散试验
D. 沉降容积比是指沉降物的体积与沉降前混悬剂的体积之比
E. F 值越小，混悬剂越稳定
4. 评价混悬剂质量的方法不包括（　　）。
A. 流变学测定
B. 重新分散试验
C. 沉降容积比的测定
D. 澄清度的测定
E. 微粒大小的测定
5. 下列关于药物是否适合制成混悬剂的说法中，错误的是（　　）。
A. 为了使剧毒药物的分剂量更加准确，可考虑制成混悬剂
B. 难溶性药物需制成液体制剂时，可考虑制成混悬剂
C. 药物的剂量超过溶解度，而不能以溶液的形式应用时，可考虑制成混悬剂
D. 两种溶液混合，药物的溶解度降低而析出固体药物时，可考虑制成混悬剂
E. 为了使药物产生缓释作用，可考虑制成混悬剂

§6－5　乳剂

学习目标

1. 熟悉乳化剂的种类、乳剂制备方法和乳剂的质量评价。
2. 掌握乳剂的定义、类型、特点和稳定性。
3. 能根据处方判断 O/W 型乳剂和 W/O 型乳剂。

乳剂可供口服，也可供外用。口服乳剂容易吸收，能掩盖药物的不良气味。乳剂剂型存在于许多制剂中，如搽剂、滴眼剂、注射剂、气雾剂等。

一、乳剂概述

1. 乳剂的定义与特点

乳剂是指互不相溶的两相液体，其中一相以小液滴状态分散于另一相液体中形成的非均匀分散的液体制剂。其中，形成液滴的相称为分散相、内相或非连续相，另一相（包在液滴外面的相）液体则称为分散介质、外相或连续相。乳剂由水相（水或水性溶液，用 W 表

示)、油相（与水不混溶的相，用 O 表示）和乳化剂组成。

乳剂在应用方面有以下几个特点：

（1）乳剂中液滴的分散度很大，药物吸收和药效发挥很快，生物利用度高。

（2）制成乳剂后油与水能均匀混合，分剂量准确，且使用方便。

（3）水包油型乳剂可掩盖药物的不良臭味，口服乳剂可加入矫味剂。

（4）外用乳剂能改善对皮肤、黏膜的渗透性，减少刺激性。

（5）静脉注射乳剂注射后分布较快，药效高，具有靶向性。静脉营养乳剂是高能营养输液的重要组成部分。

2. 乳剂的类型

乳剂的类型主要取决于乳化剂的种类及性质。

（1）乳剂按照分散相性质与结构的分类见表 6-5-1。

表 6-5-1　乳剂按照分散相性质与结构的分类

类型	分散相	分散介质	简写
水包油型乳剂	油滴	水相	油/水、O/W
油包水型乳剂	水滴	油相	水/油、W/O
复合乳剂（多重乳剂）	分散相大小在 50 μm 以下，分 O/W/O 型、W/O/W 型、O/W/O/W 型或 W/O/W/O 型		

（2）乳剂按照乳滴大小的分类见表 6-5-2。

表 6-5-2　乳剂按照乳滴大小的分类

类型	分散相大小
普通乳	1～100 μm
亚微乳	0.1～1.0 μm
毫微乳（纳米乳）	10～100 nm

【知识链接】

乳剂类型的鉴别见表 6-5-3。

表 6-5-3　乳剂类型的鉴别

鉴别方法	O/W 型乳剂	W/O 型乳剂
外观法	乳白色	近似油状色
稀释法	可用水稀释	可用油稀释
导电法	导电	不导电或几乎不导电
染色法	水溶性染料外相染色	油溶性染料外相染色

二、乳化剂

1. 乳化剂的种类

乳化剂是乳剂的重要组成部分，对乳剂的形成、稳定以及药效发挥等起重要作用。

（1）天然高分子化合物。这类乳化剂的种类较多，组成复杂，多为高分子化合物。这类乳化剂具有较强的亲水性，能形成 O/W 型乳剂，由于黏性较大，能增加乳剂的稳定性。天然乳化剂容易被微生物污染，故应临时配制或加入适宜防腐剂。

1）阿拉伯胶。阿拉伯胶主要为含阿拉伯酸的钾、钙、镁盐，可形成 O/W 型乳剂，适用于乳化植物油、挥发油，多用于制备内服乳剂。阿拉伯胶的常用浓度为 10% ~15%。阿拉伯胶乳剂在 pH 为 2 ~ 10 时都是稳定的。阿拉伯胶乳化能力较弱且黏度较低，常与西黄芪胶、琼脂合用。

2）西黄芪胶。西黄芪胶为 O/W 型乳化剂，其水溶液黏度大，pH 为 5 时黏度最大。西黄芪胶乳化能力较差，一般不单独作乳化剂，而是与阿拉伯胶合并使用。

3）明胶。明胶为两性蛋白质，可用作 O/W 型乳化剂，用量为油量的 1% ~2%，易受溶液 pH 的影响产生凝聚作用，使用时应加入防腐剂。明胶常与阿拉伯胶合并使用。

4）杏树胶。杏树胶为杏树分泌的胶汁凝结而成的棕色块状物，乳化能力和黏度都超过阿拉伯胶，可作为阿拉伯胶的代用品，其用量为 2% ~4%。

5）磷脂。磷脂包括由卵黄提取的卵磷脂和由大豆提取的大豆磷脂，乳化能力强，为 O/W 型乳化剂。磷脂可供内服或外用，精制品可供静脉注射用。磷脂常用量为 1% ~3%，受稀酸、盐类及糖浆的影响较少，但应加防腐剂。

其他天然乳化剂还有白及胶、果胶、桃胶、海藻酸钠、琼脂、酪蛋白、胆酸钠等。

（2）合成乳化剂。合成乳化剂通常为合成表面活性剂，HLB 值为 3 ~8 时一般形成 W/O 型乳剂，HLB 值为 8 ~16 时一般形成 O/W 型乳剂。常用的合成乳化剂有以下两类：

1）阴离子型表面活性剂。O/W 型有硬脂酸钠、硬脂酸钾、硬脂酸三乙醇胺皂、十二烷基硫酸钠等，一般用于外用制剂；W/O 型有硬脂酸钙等。

2）非离子型表面活性剂。O/W 型有聚山梨酯、聚氧乙烯脂肪酸酯类、聚氧乙烯脂肪醇醚类、聚氧乙烯聚氧丙烯共聚物类等；W/O 型有脂肪酸山梨坦等。非离子型乳化剂毒性小，可内服，因具有毒性和溶血性，静脉注射使用受限，其中普朗尼克 F68 可用于静脉给药。

（3）固体微粒乳化剂。一些溶解度小、颗粒细微的固体粉末，乳化时可被吸附在油水界面，形成乳剂。氢氧化镁、氢氧化铝、二氧化硅、皂土等易被水润湿，可促进水滴的聚集成为连续相，故是 O/W 型的固体乳化剂；氢氧化钙、氢氧化锌、硬脂酸镁等易被油润湿，可促进油滴的聚集成为连续相，故是 W/O 型的固体乳化剂。

（4）辅助乳化剂。辅助乳化剂乳化能力弱，一般用于增加乳剂黏度，防止液滴合并，提高稳定性。常用的辅助乳化剂如下：

1）增加水相黏度，如 HPC、羧甲基纤维素钠（CMC – Na）、阿拉伯胶、西黄蓍胶、杏树胶、白及胶等。

2）增加油相黏度，如鲸蜡醇、单硬脂酸甘油酯、硬脂酸等。

2. 乳化剂的选择

乳化剂的选择应根据乳剂的使用目的、药物的性质、处方的组成、欲制备乳剂的类型、乳化方法等因素综合考虑，做出最佳的选择。

（1）根据乳剂的类型选择。在设计乳剂的处方时，应先确定乳剂的类型，再选择适宜的乳化剂。要制备 O/W 型乳剂，应选择 O/W 型乳化剂；制备 W/O 型乳剂，则选择 W/O 型乳化剂。乳化剂的 HLB 值为选择乳化剂提供了依据。

（2）根据乳剂的给药途径选择。口服乳剂应选择无毒性的天然乳化剂或某些亲水性高分子乳化剂。外用乳剂应选择无刺激性的乳化剂，并要求长期应用无毒性。注射用乳剂则应选择磷脂、泊洛沙姆等乳化剂。

（3）根据乳化剂性能选择。各种乳化剂的性能不同，应选择乳化能力强、性质稳定、受外界各种因素影响小、无毒、无刺激性的乳化剂。

（4）混合乳化剂的选择。将乳化剂混合使用可改变 HLB 值，使乳化剂的适应性增大，形成更为牢固的乳化膜，并增加乳剂的黏度，从而增加乳剂的稳定性。各种油的介电常数不同，形成稳定乳剂所需要的 HLB 值也不同。

三、乳剂的稳定性

1. 乳析

乳析又称分层，即乳剂在放置过程中，其分散相互相凝结上浮或下沉而与分散介质分离的现象。乳析主要是分散相与分散介质的密度差较大造成的。减小分散相和分散介质之间的密度差，增加分散介质的黏度，都可以减小乳剂分层的速度。分层是可逆的，即轻轻振摇能恢复成乳剂原来的状态，界面膜、乳滴大小没有变化。分层容易引起絮凝和破坏。

2. 絮凝

絮凝即乳滴聚集形成疏松的聚集体，经振摇即能恢复成均匀乳剂的现象。絮凝是乳剂合并的前奏。絮凝的主要原因是电解质和离子型乳化剂的作用使乳剂的 ζ 电位降低。絮凝是可逆的，即轻微振摇能恢复乳剂原来的状态。絮凝可加快分层速度，说明乳剂的稳定性降低。

3. 转型

转型即乳剂由一种类型（如油/水型）转变为另一种类型（如水/油型）的现象。其主要原因如下：

（1）乳化剂 HLB 值发生变化。例如，加入或反应生成反型乳化剂、改变混合乳化剂的混合比例等，都可能使乳化剂 HLB 值发生变化。例如，油酸钠是 O/W 型乳化剂，遇氯化钙后生成油酸钙，变为 W/O 型乳化剂，乳剂则由 O/W 型变为 W/O 型。

（2）分散相浓度（或称相体积比）不当。经验证明，分散相浓度为 50% 左右时，乳剂最稳定，浓度在 25% 以下和 74% 以上时稳定性较差。

4. 合并与破裂

乳剂中乳滴周围的乳化膜可隔离乳滴，乳化膜破坏导致乳滴变大的现象即合并。合并进一步发展可使乳剂分为油、水两相，称为破坏。合并与破坏的特点是不可逆。其主要原因如下：

（1）乳剂中乳滴大小不均匀，小乳滴通常填充于大乳滴之间，使乳滴的聚集性增加，容易引起乳滴的合并。所以为了保障乳剂的稳定性，制备乳剂时应尽可能地保持乳滴大小的均一性。此外，增加分散介质的黏度，可使乳滴合并速度降低。

（2）乳化膜较薄或不够“牢固”，则乳剂易发生破裂。乳化剂形成的乳化膜越牢固，越能防止乳滴合并和破坏。

（3）乳剂中其他附加剂或者药物本身，以及光线、温度等外界因素发生变化，加入相反类型的乳化剂，均可能引起乳化膜破坏而致乳剂破裂。

5. 酸败

酸败即受光、热、空气、微生物等影响，乳剂组分发生水解、氧化，引起乳剂酸败、发霉、变质的现象。可通过添加适当的稳定剂（如抗氧剂、防腐剂等），以及采用适宜的包装及储存方法，防止乳剂酸败。

四、乳剂的制备

1. 胶乳法

胶乳法系指以阿拉伯胶为乳化剂，先制成 O/W 型初乳，然后再逐渐加水稀释即得。初乳的制备是关键，胶乳法制备初乳分干胶法和湿胶法两种。湿胶法操作步骤：胶 + 水相→滴加油相，边加边研→研至初乳生成。干胶法操作步骤：胶 + 油相（干燥乳钵研磨）→一次加入水相→研至初乳生成。

操作过程中要注意以下几点：

（1）制备初乳时，油、胶、水要有严格的比例。若为植物油，则为 4∶1∶2；若为挥发油，则为 2∶1∶2。

（2）应同向旋转研磨，以免乳剂破裂。

（3）初乳生成以后才能加水稀释，其判断标准是色白、黏稠，研磨时能听到劈裂声。

2. 直接混合法

将油相、水相、乳化剂混合后搅拌研磨或用乳化机械（机械法）制成乳剂，两相可采取交替加入混合乳化（两相交替加入法），也可一次性混合后乳化。常用的乳化机械有胶体磨、乳匀机、液体高速剪切机、高压均质机等。由于乳化机械的强力剪切作用，粒子分散度较大，可制得质量较好的乳剂。不同机械的原理和效率不同，可根据不同粒径需要选用不同机械。

3. 新生皂法

有些乳剂处方中只有油相和含碱的水相，需通过发生皂化（有时需要加热至一定温度）反应生成乳化剂来制备乳剂，这种方法称为新生皂法。例如，植物油与氢氧化钙溶液反应，生成钙皂作 W/O 型乳化剂；硬脂酸与三乙醇胺反应，生成有机胺皂作 O/W 型乳化剂。

五、乳剂的质量评价

1. 乳剂粒径的大小

乳剂粒径的大小是衡量乳剂质量的重要指标。不同用途的乳剂对粒径大小要求不同，如静脉注射乳剂的粒径应在0.5 μm以下。

2. 乳滴合并速度

乳滴合并速度符合一级动力学规律，其直线方程为：

$$\log N = \log N_0 - \frac{kt}{2.303}$$

式中，N为t时间的乳滴数，N_0为t为0时的乳滴数，k为合并速度常数，t为时间。

测定时间t变化的乳滴数N，求出合并速度常数k，估计乳滴合并速度，用以评价乳剂稳定性大小。

3. 分层现象

分层的快慢是衡量乳剂稳定性的重要指标。为了在短时间内观察乳剂的分层，可用离心法加速其分层。例如，口服乳剂用4 000 r/min的转速离心15 min，不得分层。

思考与练习

单项选择题

1. 微生物作用可使乳剂（　　）。

A. 转相

B. 絮凝

C. 破裂

D. 酸败

E. 分层

2. 乳化剂失效可致乳剂（　　）。

A. 转相

B. 絮凝

C. 破裂

D. 酸败

E. 分层

3. 重力作用可造成乳剂（　　）。

A. 转相

B. 絮凝

C. 破裂

D. 酸败

E. 分层

4. 乳剂放置后，有时会出现分散相粒子上浮或下沉的现象，这种现象称为（　　）。

A. 破裂
B. 反絮凝
C. 絮凝
D. 转相
E. 分层（乳析）

5. 将乳剂分为普通乳、亚微乳、纳米乳的分类依据是（　　）。
A. 乳化剂的油相
B. 乳化剂的水相
C. 乳化剂的种类
D. 乳滴的大小
E. 乳滴的形状

6. 下列关于乳剂特点的表述中，错误的是（　　）。
A. 乳剂液滴的分散度大
B. 乳剂中药物吸收快
C. 乳剂的生物利用度高
D. 一般 W/O 型乳剂专供静脉注射用
E. 静脉注射乳剂注射后分布较快，有靶向性

7. 乳剂中分散的乳滴聚集形成疏松的聚集体，经振摇即能恢复成均匀乳剂的现象，称为乳剂的（　　）。
A. 分层
B. 絮凝
C. 转相
D. 合并
E. 破裂

§6－6　浸出制剂

学习目标

1. 了解浸出制剂的质量控制。
2. 熟悉浸出方法及常用的浸出制剂。
3. 掌握浸出制剂的定义、特点。

浸出制剂在我国有着悠久的历史。最早的记载见于公元前1766年商汤的“伊尹创制汤液”，继汤剂后又有酒剂、酊剂、流浸膏剂、浸膏剂及煎膏剂等。近年来，国内外运用现代

科学技术和设备进行浸出制剂实验研究，研制出许多浸出制剂新品种，应用新技术、新工艺提取药材中有效部位或多种有效成分，改革和发展了新剂型。

一、浸出制剂概述

1. 浸出制剂的定义与特点

（1）浸出制剂的定义。浸出制剂系指用适宜的浸出溶剂和浸出技术提取药材中有效成分，直接制得或经适当精制与浓缩等技术处理制成的制剂。浸出制剂可供内服或外用，也可供制备其他制剂。

（2）浸出制剂的特点。浸出制剂有以下几个特点：

1）具有药材所含成分的综合作用，利于发挥药材成分的多效性。浸出制剂与同一药材中提取的单体化合物相比，不仅疗效较好，有时还能发挥单体化合物不能起到的多功效和综合作用。例如，阿片酊不仅具有镇痛作用，还有止泻功能，但从阿片粉中提取的纯吗啡只有镇痛作用。

2）药效缓和、持久，不良反应小。浸出制剂中由于各种成分影响，能促进有效成分的吸收，延缓有效成分在体内的运转，增强制剂的稳定性或在体内转化成有效物质，降低药物的不良反应。例如，鞣质可缓和生物碱的作用并使药效延长。

3）有效成分浓度较高，服用方便。浸出制剂通过各种提取方法对处方中药物进行全部或部分提取，去除了大部分药材组织物质及无效成分，提高了有效成分的浓度，故与原处方中药量相比，使用量减少。

4）有些浸出制剂稳定性较差。浸出制剂中多种成分共存，在储存过程中有效成分会发生水解、氧化、沉淀、霉变等变质现象，有时会严重影响制剂的质量和药效。因此，制备浸出制剂时，应尽量除去无效成分和有害成分，最大限度地保留有效成分，并应尽量做到有效成分的量化控制，以保证其有效性。

2. 浸出制剂的分类

浸出制剂按照浸出溶剂和制备技术不同可分为水浸出制剂、含醇浸出制剂、含糖浸出制剂、精制浸出制剂。

（1）水浸出制剂。水浸出制剂是指以水为主要溶剂，在一定的条件下浸出药材中的有效成分而制得的浸出制剂，如汤剂、合剂、口服液、煎膏剂等。

（2）含醇浸出制剂。含醇浸出制剂是指在一定条件下，用适当浓度的乙醇或蒸馏酒为溶剂浸出药材中的有效成分制成的制剂，如酒剂、酊剂、流浸膏剂等。

（3）含糖浸出制剂。含糖浸出制剂是指在水或含醇浸出制剂的基础上，通过浓缩等技术处理后，加入适量蔗糖或蜂蜜制成的制剂，如煎膏剂、糖浆剂等。

（4）精制浸出制剂。精制浸出制剂是指在水或醇浸出制剂的基础上经过精制处理制成的制剂，如中药注射剂、气雾剂、片剂等。

二、浸出方法

药材浸出的方法有多种，不同的方法适用于不同类型或含不同性质有效成分的药材。在选择浸出方法时，要从药物性质、溶剂性质、剂型要求以及生产规模等多方面综合考虑。

1. 煎煮法

煎煮法是以水作溶剂，将药材加热煮沸一定的时间以提取药用成分的浸出方法，又称水煮法或水提法。煎煮法是最早应用的一种浸出方法，符合中医传统用药习惯，至今仍普遍使用，其操作简单易行，能浸出大部分药用成分。此法除用于制备传统汤剂、煎膏剂外，同时也是制备中药片剂、颗粒剂、口服液、注射剂或作为提取某些有效成分的基本浸提方法。根据煎煮时是否加压，煎煮法可分为常压煎煮法和加压煎煮法，后者常用于常压下不易煎透的药材。

煎煮法适用于有效成分能溶于水且对湿热较稳定的药材，浸提成分范围广，有效成分尚不清楚的中药或方剂进行剂型改进时也常用此法粗提。但应用此法时，对热不稳定、易水解、易酶解成分或挥发性成分在煎煮过程中易被破坏或损失。此外，煎煮法制得的浸出液往往含杂质较多，给后续精制工序带来麻烦；水浸出液易霉败变质，故应及时处理。

煎煮法的操作工艺流程：配料→粉碎→加水浸泡→煎煮 2 ~ 3 次→过滤→合并滤液。

按照处方要求将所需药材配齐，准确称量，适当粉碎，置于适宜煎煮器中，加适量水浸没药材，浸泡 20 ~ 60 min 使药材充分膨胀后，加热至沸腾，保持微沸状态一定时间，分离煎出液，药渣依次再加水煎煮，一般 2 ~ 3 次或至煎出液味淡为止。合并各次煎出液，静置，过滤即得。

2. 浸渍法

浸渍法是指将药材置于密闭容器中，用一定量的溶剂，在一定温度下浸泡至规定时间提取有效成分的浸出方法。浸渍法操作简单易行，浸出液的澄明度较好，但浸渍法为静态提取法，浸提效率差，有效成分浸出不完全，操作时间长。浸渍法适用于遇热易破坏、易挥散的药材，黏软性、无组织结构的药材，以及新鲜和易膨胀的药材；不适用于贵重药材、毒性药材及有效成分含量较低的药材。

浸渍法的操作工艺流程：配料→粉碎→浸渍→分离上清液→压榨药渣→合并静置→过滤→浸出液。

按照处方要求将所需药材配齐，准确称量，适当粉碎，置于有盖容器中，加入定量的溶剂，密盖，间歇振摇，浸渍规定时间，倾取上清液，过滤，压榨残渣，收集压榨液与滤液合并，静置 24 h 过滤，即得。按照浸出的温度和浸渍次数不同，浸渍法可分为冷浸渍法、热浸渍法和重浸渍法。

（1）冷浸渍法。冷浸渍法又称常温浸渍，即在室温条件下进行的浸渍操作。冷浸渍法特别适用于不耐热、含挥发性以及含黏性成分的药材，制成品的澄明度较好，常用于酊剂、酒剂的制备。若将滤液一步浓缩至规定程度，可制备流浸膏剂、浸膏剂、颗粒剂、片剂等。

（2）热浸渍法。热浸渍法是将药材放入密闭容器内，通过水浴或蒸汽加热，在低于溶剂沸点、高于室温条件下进行的浸渍操作。热浸渍法操作温度高，扩散速度快，大大缩短浸渍时间，可提高生产效率，并使有效成分浸出完全。但温度升高可导致杂质的浸出量增加，冷后沉淀析出，故热浸渍法制成品的澄明度较冷浸渍法差。对热不稳定成分的药材不宜采用热浸渍法。选用的溶剂不同，浸渍的温度也不同。一般，以水为溶剂的浸渍温度控制为60～80 ℃，以乙醇为溶剂的浸渍温度控制为 40～60 ℃。热浸渍法常用于酒剂的制备。

（3）重浸渍法。重浸渍法又称多次浸渍法。操作时将一定量的溶剂分为几份，先用其中一份浸渍药材，药渣再用第二份溶剂进行浸渍，如此重复 2～3 次，最后将各份浸渍液合并。重浸渍法操作使浸提过程保持了较大的浓度差，提高了浸出效率，同时可避免药渣吸附浸出液，减少了有效成分的损失，但操作相对烦琐、费工费时。

3. 渗漉法

渗漉法是将药材适宜粉碎后装于渗漉装置中，从渗漉器上部不断添加浸出溶剂，自下部流出口收集渗漉液，从而使药材中的有效成分浸出的操作。渗漉法属于动态浸出过程，在浸出过程中能始终保持良好的浓度梯度，使扩散能较好地自动连续进行，浸出效率高，提取比较完全，且可省去浸出液与药渣的分离操作。渗漉法溶剂的用量较浸渍法少，其浸出效果优于浸渍法。渗漉法适用于有效成分含量较低的药材、不耐热或易挥发的药材、有毒或贵重药材以及高浓度浸出制剂的制备，但新鲜、膨胀性较大的药材及无组织的药材不宜选用渗漉法。

根据操作方法，渗漉法可分为单渗漉法、重渗漉法、加压渗漉法和逆流渗漉法。单渗漉法的操作工艺流程：配料→粉碎→润湿→装筒→排气→浸渍→渗漉→渗漉液。

根据处方要求将所需药材配齐，准确称量，粉碎成粗粉或中粉；加溶剂润湿，使药粉充分膨胀后装入渗漉器；药粉装填完后在药粉上方放置适当的重物；打开出料口，自容器上方添加溶剂，待出口处流出液不再出现气泡时关闭出口；继续添加溶剂至高出药粉上方 2～3 cm；加盖静置浸渍 24～48 h；打开出口进行渗漉，收集渗漉液，至规定溶剂用完或浸出液味淡为止。

其他渗漉法如下：

（1）重渗漉法。重渗漉法是将浸出液反复用作新药粉的溶剂进行多次渗漉的浸出操作。通过多次渗漉，溶剂经过粉柱的长度是各次渗漉粉柱高度之总和，可使浸出液的含药浓度增大，从而达到提高浸出效率的目的。该法溶剂用量少、利用率高，渗漉液中有效成分浓度高，不必加热浓缩，可避免有效成分受热分解或挥发损失，成品质量较好。但操作麻烦费时，占用容器多。

（2）加压渗漉法。加压后溶剂及浸出液通过粉柱的流速加快，渗漉效率提高，使渗漉顺利进行。由于该法需要可密封加压的特殊渗漉容器，故实际生产中应用较少。

（3）逆流渗漉法。逆流渗漉法是指溶剂自渗漉器下方流入，从上口流出，与传统渗漉操作中溶剂流向相反，又称反渗漉法。溶剂借助于毛细管虹吸和液体静压自下向上移动，对药材粉末的浸润渗透比一般渗漉法彻底，浸出效果好。

4. 回流法

回流法是指将药材与具有挥发性的有机溶剂共置于蒸馏器中，通过加热使挥发性溶剂蒸发，再冷凝回流到蒸馏器重新浸提药材的操作方法。回流法适用于有效成分易溶于浸出溶剂且受热不易破坏，以及质地坚硬、不易浸出的药材。常用的挥发性溶剂有乙醇、乙醚等。

回流法的操作工艺流程：配料→粉碎→浸泡→回流 2 ~ 3 次→过滤→回收溶剂→浓缩液。

根据处方要求将所需药材配齐，准确称量，适当粉碎，装入回流装置中，添加规定量溶剂浸泡一定时间，加热，回流至规定时间，过滤，另器保存；药渣再添加新溶剂，如此反复操作 2 ~ 3 次，合并回流液，蒸馏回收溶剂，所得浓缩液再按需要进一步处理。

5. 水蒸气蒸馏法

水蒸气蒸馏法是指将含有挥发性成分的药材与水共同蒸馏，使挥发性成分随水蒸气共同馏出，经冷凝分离获得挥发性成分的浸提方法。此法适用于具有挥发性，能随水蒸气蒸馏而不被破坏，与水不发生反应，又难溶于水或不溶于水的有效成分的提取、分离，如挥发油的提取。

按照加热方式不同，水蒸气蒸馏法分为共水蒸馏法、通水蒸气蒸馏法和水上蒸馏法。

（1）共水蒸馏法：药材加水浸泡一定时间后，直接加热，挥发性成分与水共同馏出后被收集。此法操作简单，但受热温度高，中药可能会发生焦化现象，也可能使挥发油发生分解反应。

（2）通水蒸气蒸馏法：药材加水浸泡一定时间后，通入水蒸气作为热源，使挥发油随导入的蒸汽一起馏出。因药材没有与加热器直接接触，可避免焦化现象。

（3）水上蒸馏法：在水浴上进行蒸馏的方式。因加热温和，药材与挥发性成分不受破坏。

6. 超临界流体萃取法

超临界流体萃取法是用超临界流体作溶剂对药材中所含成分进行萃取和分离的技术。与传统的提取分离法相比，超临界流体萃取法提取温度低，效率高，有效成分提取纯度高，而且操作简单节能，无有机溶剂残留，无环境污染，适合提取、分离挥发性成分、热敏性成分及含量低的成分。

超临界流体是介于气体和液体之间的一种状态，其渗透力极强，溶解性类似于液体，能使药物成分在低温条件下被浸出。可作为超临界流体的气体有二氧化碳、一氧化二氮、三氟甲烷、氮气等。最常用作超临界流体的气体是二氧化碳，其性质稳定，不易燃，不易爆，无毒害，价廉易得。

【知识链接】

超临界流体技术

部分物质随着温度和压力的变化，会相应地呈现出固态、液态、气态三种相态。三态之间相互转化的温度和压力称为三相点。除三相点外，相对分子质量不太大的稳定物质还存在一个临界点，该临界点由临界温度、临界压力和临界密度构成。当把处于气液平衡的物质升温升压时，热膨胀引起液体密度减小，压力升高使气液两相的界面消失，成为均相体系，这一点即临界点。

高于临界温度和临界压力以上的流体是超临界流体。超临界流体处于气液不分的状态，没有明显的气液分界面，既不是液体，也不是气体。超临界流体处于超临界状态，对温度和压力的改变十分敏感，具有十分独特的物理性质。超临界流体的黏度低，密度大，有良好的流动、传质、传热和溶解性能，因此被广泛用于节能、天然产物萃取、聚合反应、超微粉和纤维的生产、喷料和涂料、催化过程以及超临界色谱等领域。将超临界流体应用到这些领域中的技术统称为超临界流体技术。

7. 超声波提取

超声波提取是利用超声波的空化作用、机械作用、热效应等增大物质分子运动频率和速度，增加溶剂穿透力，从而提高药材有效成分浸出率的方法。与传统的煎煮法、浸渍法、渗漉法比较，超声波提取具有省时、节能、提取效率高等优点。超声波提取目前尚未大规模应用，其作用机理及适用大生产的设备等问题有待于进一步研究。

三、常用的浸出制剂

1. 汤剂

（1）概念及特点。汤剂系指中药饮片或粗颗粒加水煎煮，去渣取汁得到的液体制剂，亦称为煎剂。汤剂是我国应用最早、最广泛的一种剂型。汤剂适应中医辨证论治的需要，其处方及用量可以根据病情变化适当增减，灵活性大；制备方法简便；可充分发挥处方中多种成分的综合疗效；其属于液体制剂，吸收快，药效迅速；但多需临用前煎服，不利于危重患者应用；服用量通常较大，味苦；易发霉、发酵，不能久贮，使用不方便；常以水为溶剂，药用成分提取不完全，尤其是脂溶性和难溶性成分；有些成分会被药渣再吸附或分解、沉淀，且挥发性成分易于逸散。

（2）汤剂的制备。汤剂主要用煎煮法制备，制备工艺流程：煎煮前准备→药材的浸润→煎煮→去渣取汁→汤剂。

汤剂处方中大多药材可以混煎，但为保证疗效，在汤剂的制备过程中，某些药材需要特殊处理。例如，质地坚硬的矿石类、贝壳类、角甲类药材，某些毒性药材（乌头、附子），有效成分久煎才有效的药材，应提前煎煮至规定程度，为先煎；含挥发性成分或不宜久煎的药材应在其他药材煎好前 10 min 加入混煎，为后下；质地疏松的粉末药材，含淀粉、黏液质较多的药材及附绒毛的药材，为防止药材沉于锅底引起焦化、糊化，或悬浮于液面引起“溢锅”现象，应装入纱布袋共煎，为包煎；胶类或糖类药物用煎出液或热水溶解后，与混煎液混合服用，为烊化；为防止一些贵重药材与其他药材混煎时被药渣吸附或沉淀损失，应单独煎煮，为另煎；某些贵重药材、挥发性极强或不溶解的药材制成细粉，置煎出液中混匀服用，为冲服；新鲜药材压榨取汁兑入混煎液中服用，为取汁兑服。

2. 合剂

（1）概念及特点。合剂系指饮片用水或其他溶剂，采用适宜的方法提取制成的口服液体制剂，单剂量灌装者也可称为口服液。合剂是在汤剂基础上改进发展起来的，与汤剂一样可发挥制剂的综合疗效，易吸收，奏效迅速，并且能大量生产，可省去汤剂临时煎服的麻烦，储存时间长，服用量小，使用方便。缺点是不能随症加减，因此不能完全代替汤剂，成品生产和储存不当时易产生沉淀和霉变。

（2）合剂的制备。合剂多用煎煮法制备，也可以根据成分的性质，用其他方法提取。制备工艺流程：备料→浸提→净化→浓缩→分装→灭菌→成品。

按处方称取炮制合格的饮片，按各品种项下规定的方法进行浸提，一般采用煎煮法提取两次，每次煎煮1～2 h，过滤合并煎液，滤液静置，沉降后过滤。若处方中含有挥发性成分的药材，可用双提法，先提取挥发性成分另器保存，再与余药共同煎煮；亦可根据药用成分的特性，选用不同浓度的乙醇或其他溶剂，用渗漉法、回流法等进行浸出。合剂和口服液大多用水提醇沉法净化处理，所得滤液浓缩至规定的相对密度，分装于灭菌瓶中密闭，灭菌。

合剂根据需要可加入适宜的附加剂如防腐剂、矫味剂等，防腐剂的用量必须在国家规定限度内；若加蔗糖，除另有规定外，含蔗糖量一般不高于20%[①]。如果加入其他附加剂，其品种与用量应符合国家标准的有关规定，不影响成品的稳定性，并应避免对检验产生干扰。必要时可加入适量的乙醇。

合剂应密封，置于阴凉处储存。除另有规定外，合剂应澄清，在储存期间不得有发霉、酸败、异物、变色、产生气体或其他变质现象，允许有少量摇之易散的沉淀。

3. 酒剂

（1）概念及特点。酒剂系指饮片用蒸馏酒提取制成的澄清液体制剂。酒剂也称药酒，多供内服，少数外用，也有内外兼用者。内服酒剂可加入适量的糖或蜂蜜调味。酒剂在我国已有数千年的历史，酒性甘辛大热，能通血脉、御寒气、行药势、行血活络，因此酒剂通常具有风寒湿痹、祛风活血、温肾助阳、止痛散瘀的功效。酒剂吸收迅速，剂量较小，组方灵活，制备简单，因含醇量高，久贮不变质。儿童、孕妇及高血压、心脏病患者不宜服用酒剂。

（2）酒剂的制备。酒剂多以浸渍法制备，少数采用渗漉法。所用蒸馏酒的浓度和用量、浸渍温度和时间、渗漉速度，均应符合各品种制法项下的要求。生产酒剂所用的饮片，一般应适当粉碎，生产内服酒剂应以谷类酒为原料。配制后的酒剂应静置澄清，过滤后分装于洁净的容器中。在储存期间，允许有少量摇之易散的沉淀。应检查酒剂乙醇含量和甲醇含量。除另有规定外，酒剂应密封，置于阴凉处储存。

4. 酊剂

（1）概念及特点。酊剂系指将原料药物用规定浓度的乙醇提取或溶解而制成的澄清液体制剂，也可用流浸膏稀释制成，供口服或外用。酊剂以适宜浓度的乙醇为溶剂，对有效成分具有一定的选择性，浸出的药液杂质较少，有效成分的含量较高，剂量小，服用方便，且不易生霉。但由于乙醇本身有一定的药理作用，酊剂的应用也受到一定的限制。酊剂一般不加矫味剂和着色剂。除另有规定外，含有剧毒药品的中药酊剂，每100 mL应相当于原饮片10 g；其他药材每100 mL应相当于原饮片20 g。其有效成分明确者，应根据其半成品的含量加以调整，使符合各酊剂项下的规定。

---

① 此浓度表示溶液100 mL中含溶质20 g。

（2）酊剂的制备。酊剂可用溶解、稀释、浸渍或渗漉等法制备。除另有规定外，酊剂应澄清，久置允许有少量摇之易散的沉淀。酊剂应遮光，密封，置于阴凉处储存。

5. 流浸膏剂

（1）概念及特点。流浸膏剂系指药材用适宜的溶剂浸出有效成分，蒸去部分溶剂，调整浓度至规定标准而制成的液体制剂。除另有规定外，流浸膏剂每 1 mL 相当于原有药材 1 g。制备流浸膏剂常用不同浓度的乙醇为溶剂，少数以水为溶剂。乙醇能除去部分杂质并有防腐作用。流浸膏剂久置后易发生沉淀，可过滤除去，测定有效成分含量，调整至规定标准，仍可使用。流浸膏剂应置于避光容器内密封，在阴凉处保存。流浸膏剂常用于配制合剂、酊剂、糖浆剂、丸剂等，也可作其他制剂的原料。

（2）流浸膏剂的制备。除另有规定外，流浸膏剂一般用渗漉法或其他适宜方法制备。渗漉时，用不同浓度的乙醇作为溶剂。其渗漉法制备的工艺流程：备料→滤液→浓缩→调整浓度→包装、储存→质量检查。

饮片经适当粉碎后，加规定的溶剂均匀湿润，密闭放置一定时间，再装入渗漉器内。饮片装入渗漉器时应均匀、松紧一致，加入溶剂时应尽量排出饮片间隙中的空气，溶剂应高出药面，浸渍适当时间后进行渗漉。渗漉速度应符合各品种项下的规定，收集 85% 饮片量的初漉液另器保存，续漉液经低温浓缩后与初漉液合并，调整至规定量，静置，取上清液分装。

6. 浸膏剂

（1）概念及特点。浸膏剂系指药材用适宜溶剂浸出有效成分，蒸去全部溶剂，调整浓度至规定标准所制成的膏状或粉状的固体制剂。除另有规定外，浸膏剂每 1 g 相当于原有药材 2 ~ 5 g。含有生物碱或其他有效成分的浸膏剂，应经过含量测定后用稀释剂调整至规定的规格标准。浸膏剂不含溶剂，有效成分含量高，体积小，疗效确切。浸膏剂可用于制备酊剂、流浸膏剂、丸剂、片剂、软膏剂、栓剂等。按干燥程度，浸膏剂可分为稠浸膏和干浸膏。浸膏剂应密闭保存于阴凉处。

（2）浸膏剂的制备。浸膏剂的生产一般采用渗漉法、煎煮法较多，也可采用浸渍法或回流法。工艺流程：备料→渗漉或煎煮→浓缩→调整浓度→包装、储存→质量检查。

7. 煎膏剂

（1）概念及特点。煎膏剂俗称膏滋，系指饮片用水煎煮，取煎煮液浓缩，加炼蜜或糖（或转化糖）制成的半流体制剂。煎膏剂加糖的称糖膏，加蜂蜜的称蜜膏。煎膏剂经浓缩制得，含有较多的糖或蜂蜜等辅料，具有药物浓度高，体积小，服用方便，稳定性好等优点；煎膏剂的效用以滋补为主，兼有缓和的治疗作用，药性滋润，多用于慢性疾病或体质虚弱患者的治疗，也可作为小儿用药。由于煎膏剂需经过较长时间的加热浓缩，凡受热易变质及含挥发性有效成分的中药材不宜制成煎膏剂。煎膏剂应无焦臭、异味，无糖结晶析出。

（2）煎膏剂的制备。煎膏剂的制备工艺流程：备料→煎煮→浓缩→收膏→包装、储存→质量检查。

饮片按各品种项下规定的方法煎煮，过滤，滤液浓缩至规定的相对密度，即得清膏。清膏按规定量加入炼蜜或糖（或转化糖）收膏。若需加饮片细粉，待冷却后加入，搅拌混匀。除另有规定外，加炼蜜或糖（或转化糖）的量，一般不超过清膏量的3倍。

四、浸出制剂的质量控制

浸出制剂的质量不仅关系浸出制剂疗效的发挥，同时还影响以浸出制剂为原料的其他制剂，如颗粒剂、胶囊剂、片剂、注射剂等的质量，所以必须严格控制浸出制剂的质量。中药材所含成分复杂，在制备和储存过程中，往往会产生各种物理和化学变化。因此，控制浸出制剂的质量也是一个复杂的问题。可从以下几个方面进行质量控制：

1. 控制药材质量

药材的来源、品种与规格是浸出制剂质量控制的基础，会影响浸出制剂的质量与药效。因此，对药材的来源、品种、有效成分等要加以鉴别。凡制备《中国药典》2020年版收载的浸出制剂，均应按照《中国药典》2020年版记载的品种及规格要求选用所需药材。除此之外，还可以依据地方标准收载的品种及规格要求选用药材。

（1）药材来源和品种的鉴定。中药品种繁多，其质量优劣直接关系以其为原料的浸出药剂及中药制剂的质量。由于地区和民族用药习惯存在差异，药材常存在同名异物、同物异名、名称相似等品种混乱的问题，市场中普遍存在多品种混杂流通现象。药材种属不同，成分各异，其药效和所含成分也有很大差异。加之药材产地、土壤与生态环境、采收季节不同，也会造成有效成分含量不同。如果药材品种未经鉴定，很难保障制剂的安全性和有效性。因此，生产前应对药材的来源和品种进行鉴定。

（2）有效成分或总浸出物的测定。药材的产地、采收季节、药用部位、炮制方法以及储存方法等不同，会对药材的质量和有效成分的含量产生较大影响，进而影响制剂的质量。因此，为了准确计算投料量，加强全面质量管理，必要时要对有效成分已明确的药材进行化学成分的含量测定，对有效成分尚未明确的药材，可测定药材总浸出物作为参考指标。

2. 规范制备方法

在药材品种确定后，制备方法则对成品的质量起着至关重要的作用。根据临床治疗需要和药材性质确定剂型后，应对生产工艺条件进行研究，如溶剂的种类和用量、提取的时间、蒸发浓缩的温度、精制方法与条件等，优选出最佳生产工艺，确保浸出制剂的质量。《中国药典》2020年版对各剂型作了相关规定，并对个别制剂的具体制法作出明确规定。凡制备《中国药典》2020年版收载的浸出制剂，均应按照《中国药典》2020年版规定的方法制备，以求质量和疗效的稳定。

3. 控制成品质量

（1）含量控制，具体方法如下：

1）药材比量法。药材比量法指浸出制剂若干容量或质量相当于原药材多少质量的测定方法。在制剂生产中，当很多药材的成分还不明确，且无其他适宜测定方法时，可将该法测定的含量作为参考指标。应当说明的是，在药材质量规格符合规范要求，制备方法固定并严格遵守操作规程的情况下，该法才能在一定程度上反映药用成分含量的高低。

2）化学测定法。化学测定法是采用化学手段测定有效成分含量的方法。该法适用于药材成分明确且能通过化学方法进行定量测定的药材及浸出制剂，如阿片酊、颠茄浸膏等。

3）仪器分析测定法。随着科学技术的发展，现代分析技术已广泛用于浸出制剂的含量测定。例如，应用薄层色谱扫描法测定益母草膏中盐酸水苏碱的含量，应用高效液相色谱法测定甘草流浸膏中甘草酸的含量，应用气相色谱法测定十滴水中樟脑和桉油的含量。高效液相色谱仪是应用非常普遍的现代分离分析仪器，可对浸出制剂中含有的多种成分进行分离和定性定量分析。其他如微量升华法、荧光分析法等亦有应用。

4）生物测定法。生物测定法是利用药材成分对动物机体或离体组织所发生的反应来确定浸出制剂含量（效价）标准的方法，适用于无适当化学测定法和仪器分析测定法的剧毒药材或制剂，如乌头属药材的含量（效价）测定。该法是以药物的生物效应为基础，以生物统计为工具，运用特定的实验设计，控制药物有效性的一种方法，可起到控制药品质量的作用。其测定方法包括生物效价测定法和生物活性限值测定法。生物测定法要求选用标准品作为测定的对照依据，所用动物种类、品种和个体差异、实验方法和条件等因素都对测定结果有一定的影响。生物测定法较化学测定法复杂且结果差异大，常需多次试验才能得到结果。

（2）含醇量测定。许多浸出制剂是以不同浓度的乙醇制备的，而乙醇含量的高低会直接影响有效成分的溶解度。因此，浸出制剂的含醇量对这些制剂的质量有着明显的影响。含醇量的稳定可以使浸出制剂质量保持一定程度的稳定，故《中国药典》2020 年版对这类浸出制剂如酊剂、酒剂等规定含醇量的检查。

（3）鉴别与检查试验。为了有效地控制浸出制剂的质量，应对浸出制剂做必要的鉴别和检查。《中国药典》2020 年版正文中收录的制剂都规定了具体的鉴别方法，制剂通则对各种浸出制剂规定了相应的检查项目，如澄清度、相对密度、pH、甲醇量、总固体、装量等，应按照《中国药典》2020 年版要求逐条进行检查。

（4）卫生学检查。卫生学检查也是控制浸出制剂质量的重要手段。《中国药典》2020 年版（四部　制剂通则）以及品种项下要求无菌的制剂及标示无菌的制剂应符合无菌检查法规定。非无菌药品的微生物限度标准是基于药品的给药途径和对患者健康潜在的危害以及中药的特殊性而制定的，除另有规定外，微生物限度均应符合要求。

思考与练习

一、单项选择题

1 下列关于酒剂与酊剂质量控制的说法中，正确的是（　　）。

A. 酒剂不要求乙醇含量测定

B. 酒剂的浓度要求每 100 mL 相当于原药材 20 g

C. 普通药物的酊剂浓度要求每 10 mL 相当于原饮片 1 g

D. 酒剂、酊剂无须进行微生物限度检查

E. 含剧毒药的酊剂浓度要求每 100 mL 相当于原饮片 10 g

2. 按浸提过程和成品情况分类，流浸膏属于（　　）。

A. 水浸出剂型
B. 含醇浸出剂型
C. 含糖浸出剂型
D. 无菌浸出剂型
E. 其他浸出剂型
3. 流浸膏剂常用的制备方法是（　　）。
A. 浸渍法
B. 回流法
C. 煎煮法
D. 蒸馏法
E. 渗漉法

二、多项选择题

1. 下列关于汤剂的说法中，正确的有（　　）。
A. 以水为溶剂
B. 能适应中医辨证施治，随症加减
C. 吸收较快
D. 煎煮后加防腐剂服用
E. 制法简单易行
2. 下列关于煎膏剂的说法中，正确的有（　　）。
A. 外观应质地细腻，稠度适宜
B. 应无焦臭、异味，无“返砂”
C. 其相对密度、不溶物应符合《中国药典》2020 年版的规定
D. 饮片细粉应在冷却后加入
E. 加入炼糖或炼蜜的量一般不超过清膏量的 5 倍
3. 成品需要进行含醇量测定的有（　　）。
A. 干浸膏剂
B. 合剂
C. 酒剂
D. 糖浆剂
E. 酊剂
4. 下列关于酒剂特点的说法中，正确的有（　　）。
A. 酒辛甘大热，可促使药物吸收，提高药物疗效
B. 组方灵活，制备简便，不可加入矫味剂
C. 能活血通络，但不适于心脏病患者服用
D. 临床上以祛风活血、止痛散瘀效果尤佳
E. 含乙醇量高，久贮不易变质

§6-7 注射剂和其他无菌制剂

学习目标

1. 了解滴眼剂相关内容。
2. 熟悉无菌制剂的含义和分类，熟悉大容量注射剂、粉针剂相关内容。
3. 掌握注射剂的定义、特点、分类、质量要求，掌握热原及小容量注射剂相关内容。

注射剂作为一种可供注入体内的药物无菌溶液，具有作用迅速、不受消化系统影响、无首过效应等优点，不仅可作用于全身，还可局部定位，特别适用于不宜口服的药物和不能口服的患者。

一、注射剂概述

1. 无菌制剂的含义、分类

根据人体对环境微生物的耐受程度，《中国药典》2020 年版将不同给药途径的药物制剂大体分为限菌制剂和无菌制剂。限菌制剂是指允许一定限量的微生物存在，但不得有规定控制菌存在的药物制剂，如口服制剂不得含大肠杆菌、金黄色葡萄球菌等有害菌。无菌制剂则要求不得检出任何活的微生物。

根据药物制剂除去活微生物的制备工艺不同，无菌制剂可分为灭菌制剂与无菌制剂。灭菌制剂指采用物理、化学方法杀灭或除去所有活的微生物繁殖体和芽孢的药物制剂；无菌制剂指在无菌环境中，采用无菌操作方法或技术制备的不含任何活的微生物繁殖体和芽孢的药物制剂。无菌制剂一般直接注入体内或直接与创伤面、黏膜接触应用，在使用前必须保证处于无菌状态，在生产和储存该类制剂时，对设备、人员及环境也有特殊要求。

常见的无菌制剂主要有以下几类：

（1）注射剂，如大、小容量注射剂与粉针剂等。

（2）眼用制剂，如供手术或角膜穿透伤等使用的滴眼剂、眼用膜剂、眼膏等。

（3）植入型制剂，指用埋植方式给药的制剂，如植入片等。

（4）创面用制剂，如溃疡、烧伤及外伤用的溶液、软膏、气雾剂等。

（5）手术用制剂，如止血海绵和骨蜡、用于伤口或手术后切口的冲洗液和透析液等。

无菌制剂有液体、固体、半固体甚至气体等多种形式，临床应用最多的无菌液体制剂是注射剂和滴眼剂。

2. 注射剂的定义与特点

（1）定义。注射剂俗称针剂，指药物与适宜的溶剂或分散介质制成的供注入体内的溶液、乳状液或混悬液及供临用前配制或稀释成溶液或混悬液的粉末或浓溶液的无菌制剂。注射剂由药物、溶剂、附加剂及特制的容器所组成，是临床应用最广泛的剂型之一。

（2）注射剂的特点如下：

1）药效迅速，作用可靠。注射剂因直接注射入人体组织、血管或器官内，所以吸收快，作用迅速。特别是静脉注射，药液可直接进入血液循环，更适于抢救危重病症之用。因注射剂不经胃肠道，故不受消化系统及食物的影响，因此剂量准确，作用可靠。

2）适用于不宜口服给药的患者。在临床上常遇到昏迷、抽搐、惊厥等状态的患者及消化系统障碍的患者，这些患者均不能口服给药，采用注射给药则是有效的途径。

3）适用于不宜口服的药物。某些药物由于本身的性质不易被胃肠道吸收，或具有刺激性，或易被消化液破坏，可将这些药物制成注射剂。例如，酶、蛋白等生物技术药物由于其在胃肠道不稳定，常制成粉针剂。

4）发挥局部定位作用，如牙科和麻醉科用的局部麻醉药等。

5）注射给药不方便且安全性较低。注射剂是一类直接入血的制剂，使用不当更易发生危险，且注射时疼痛，易发生交叉污染，安全性差，故应根据医嘱由医护人员进行注射，以保障安全。

6）注射剂一般制造过程复杂，生产费用较大，且价格较高。

3. 注射剂的分类、给药途径和质量要求

（1）注射剂的分类。注射剂按照药物的分散方式不同，可分为溶液型注射剂、混悬型注射剂、乳剂型注射剂以及临用前配成液体使用的注射用无菌粉末等。

1）溶液型注射剂。该类注射剂应澄明，包括水溶液和非水溶液等，如盐酸普鲁卡因注射液、紫杉醇注射液、二巯丙醇注射液等。

2）混悬型注射剂。药物粒度应控制在 15 μm 以下，含 15 ~ 20 μm（间有个别 20 ~ 50 μm）者应不超过 10%。若有可见沉淀，振摇时应容易分散均匀。混悬型注射剂不得用于静脉或椎管注射，如醋酸可的松注射液、精蛋白胰岛素注射液等。

3）乳剂型注射剂。该类注射剂（如静脉营养脂肪乳注射液等）应稳定，不得有相分离现象，不得用于椎管注射，静脉用乳剂型注射液分散相球粒的粒度 90% 应在 1 μm 以下，不得有大于 5 μm 的球粒。

4）注射用无菌粉末。该类注射剂亦称粉针，指供注射用的无菌粉末或块状制剂，如青霉素、蛋白酶类粉针剂等。

（2）注射剂的给药途径如下：

1）皮内注射。皮内注射指注射于表皮与真皮之间，一次剂量在 0.2 mL 以下，常用于过敏性试验或疾病诊断，如青霉素皮试液、白喉诊断毒素等。

2）皮下注射。皮下注射指注射于真皮与肌肉之间的松软组织内，一般用量为 1 ~ 2 mL。皮下注射剂主要是水溶液，药物吸收速度稍慢。人体皮下感觉比肌肉敏感，故具有刺激性的药物混悬液一般不宜进行皮下注射。

3）肌内注射。肌内注射指注射于肌肉组织中，一次剂量为 1 ~ 5 mL。肌内注射油溶液、混悬液及乳浊液具有一定的延效作用，且乳浊液有一定的淋巴靶向性。

4）静脉注射。静脉注射指注入静脉内，一次剂量自几毫升至几千毫升，且多为水溶液。油溶液和混悬液或乳浊液易引起毛细血管栓塞，一般不宜静脉注射，但液滴平均直径小于1 μm 的乳浊液可作静脉注射。凡能导致红细胞溶解或使蛋白质沉淀的药液，均不宜静脉给药。

5）脊椎腔注射。脊椎腔注射指注入脊椎四周蛛网膜下腔内，一次剂量一般不得超过10 mL。神经组织比较敏感，且脊椎液缓冲容量小、循环慢，故脊椎腔注射剂必须等渗，pH为5.0～8.0，注入时应缓慢。

6）其他给药途径包括动脉内注射、心内注射、关节内注射、滑膜腔内注射、穴位注射以及鞘内注射等。

（3）注射剂的质量要求如下：

1）无菌。注射剂成品中不得含有任何活的微生物，必须达到《中国药典》2020年版无菌检查的要求。

2）无热原。无热原是注射剂的重要质量指标，特别是供静脉及脊椎腔注射的制剂。

3）可见异物。在《中国药典》2020年版规定的条件下检查，不得有肉眼可见的混浊或异物。微粒注入人体后，较大的可堵塞毛细血管形成血栓，若侵入肺、脑、肾、眼等组织也可形成栓塞，并由于巨噬细胞的包围和增殖，可形成肉芽肿等危害。可见异物检查，不但可保障用药安全，而且可以发现生产中的问题。

4）安全性。注射剂不应引起对组织的刺激性或发生毒性反应，特别是一些非水溶剂及一些附加剂，必须经过必要的动物试验，以确保安全。

5）渗透压。注射剂的渗透压要求与血浆的渗透压相等或接近。供静脉注射的大容量注射剂还要求具有等张性。

6）pH。注射剂的pH要求与血液相等或接近（人体正常血液pH为7.24～7.45），一般控制在4～9的范围内。

7）稳定性。因注射剂多系水溶液，所以稳定性问题比较突出，故要求注射剂具有必要的物理和化学稳定性，以确保产品在储存期内安全有效。

8）降压物质。有些注射剂，如复方氨基酸注射液，其降压物质必须符合规定，以确保安全。

4. 热原

热原系指能引起恒温动物体温异常升高的致热物质，包括细菌性热原、内源性高分子热原、内源性低分子热原及化学热原等。含有热原的注射剂注入体内后，大约半小时就能使人体产生发冷、寒战、体温升高、恶心呕吐等不良反应，严重者出现昏迷、虚脱，甚至有生命危险，临床上称为热原反应。药品生产中所指的热原，主要是指细菌性热原。细菌性热原是某些细菌的代谢产物，存在于细菌的细胞膜和固体膜之间，是微生物的一种内毒素。内毒素注射后能引起人体致热反应。大多数细菌都能产生热原反应，致热能力最强的是革兰阴性菌。霉菌与病毒也能产生热原。

【知识链接】

内毒素是由磷脂、脂多糖和蛋白质所组成的复合物。其中，脂多糖是内毒素的主要成分，具有特别强的致热活性，因而可大致认为热原即内毒素，即脂多糖。脂多糖的组成因菌种不同而不同。热原的相对分子质量一般约为 1×10^6。

（1）热原的性质如下：

1）耐热性。热原在 60 ℃下加热 1 h 不受影响，在 100 ℃下加热也不降解，但在 180 ℃下加热 3 ~4 h、在 250 ℃下加热 30 ~45 min 或在 650 ℃下加热 1 min 将被彻底破坏。

2）过滤性。热原体积小，大小约 1 ~5 nm，可通过一般的滤器包括微孔滤膜而进入滤液，但可被活性炭吸附。

3）水溶性。磷脂结构上连接有多糖，所以热原能溶于水。

4）不挥发性。热原本身不挥发，但在蒸馏时，可随水蒸气中的雾滴进入蒸馏水中。因此，制备注射用水时，在蒸馏水器的蒸发室上部应设隔沫装置，以分离蒸汽和雾滴。

5）其他。热原能被强酸、强碱破坏，也能被强氧化剂（如高锰酸钾或过氧化氢等）破坏，超声波及某些表面活性剂（如去氧胆酸钠）也能使之失活。

（2）热原的主要污染途径如下：

1）溶剂。例如，注射用水是热原污染的主要来源。蒸馏设备结构不合理，操作与接收容器不当或储存时间过长等易发生热原污染。故注射用水应新鲜使用，蒸馏器质量要好，环境应洁净。

2）原辅料。特别是用生物方法制备的药物和辅料易滋生微生物，如右旋糖酐、水解蛋白等药物；葡萄糖、乳糖等辅料在储存过程中可因包装损坏等而污染。

3）容器、用具、管道与设备等。注射剂生产中，容器、用具、管道与设备等应按 GMP 要求认真清洗处理，否则常易导致热原污染。

4）制备过程与生产环境。注射剂制备过程中室内卫生差，操作时间过长，产品灭菌不及时或灭菌不合格，均能增加细菌污染的机会，从而可能产生热原。

5）使用过程的注射用器具和调配环境。有时注射剂本身不含热原，但有可能因注射用器具污染而引起热原反应。注射剂配制、使用应符合静脉用药集中调配中心管理规范。

（3）热原的去除方法如下：

1）高温法。凡能经受高温加热处理的容器与用具，如针头、针筒或其他玻璃器皿，在洗净后，于 250 ℃下加热 30 min 以上，可破坏热原。

2）酸碱法。玻璃容器、用具可用重铬酸钾—硫酸清洗液或稀氢氧化钠液处理来破坏热原。热原亦能被强氧化剂破坏。

3）吸附法。注射剂常用活性炭处理，用量为 0.05% ~0.50%。此外，将 0.2% 活性炭与 0.2% 硅藻土合用，可处理 20% 甘露醇注射剂，除热原效果较好。

4）离子交换法。国内有用 301 号弱碱性阴离子交换树脂 10% 与 122 号弱酸性阳离子交换树脂 8%，成功地除去丙种胎盘球蛋白注射液中的热原。

5）凝胶过滤法。例如，可用二乙氨基乙基葡聚糖凝胶（分子筛）制备无热原去离子水。

6）反渗透法。用反渗透法通过三醋酸纤维膜除去热原，是近年来有实用价值的新方法。

7）超滤法。一般用 3 ~ 15 nm 孔径的超滤膜除去热原。例如，用超滤膜过滤可除去10% ~15% 葡萄糖注射液的热原。

8）其他方法。采用二次以上湿热灭菌法或适当提高灭菌温度和时间，可除去热原。例如，葡萄糖或甘露醇注射液中含有的热原可采用上述方法处理。微波也能破坏热原。

【知识链接】

热原检查法

（1）家兔法。由于家兔对热原的反应与人基本相似，家兔法为各国药典规定的检查热原的法定方法。《中国药典》2020 年版规定的热原检查法系将一定剂量的供试品，静脉注入家兔体内，在规定时间内，观察家兔体温升高的情况，以判定供试品中所含热原的限度是否符合规定。检查结果的准确性和一致性取决于试验动物的状况、试验室条件和操作的规范性。家兔法检测内毒素的灵敏度为 0.001 μg/mL，试验结果接近人体真实情况，但操作烦琐费时，不能用于注射剂生产过程中的质量监控，且不适用于放射性药物、肿瘤抑制剂等细胞毒性药物制剂。

（2）细菌内毒素检查法（鲎试剂法）。细菌内毒素检查法系利用鲎试剂来检测或量化由革兰阴性菌产生的细菌内毒素，以判断供试品中细菌内毒素的限量是否符合规定。细菌内毒素的量用内毒素单位 EU 表示。细菌内毒素检查法包括凝胶法和光度测定法两种方法。前者利用鲎试剂与细菌内毒素产生凝集反应的原理来检测或半定量测定内毒素；后者包括浊度法和显色基质法，系分别利用鲎试剂与内毒素反应过程中的浊度变化及产生的凝固酶使特定底物释放出呈色团的多少来测定内毒素。细菌内毒素检查法检查内毒素的灵敏度为 0.000 1 μg/mL，比家兔法灵敏 10 倍，操作简单易行，试验费用低，结果迅速可靠，适用于注射剂生产过程中的热原控制和家兔法不能检测的某些细胞毒性药物制剂，但其对革兰阴性菌以外的内毒素不灵敏，尚不能完全代替家兔法。

5. 注射剂的附加剂

注射剂中除主药外，还可根据制备及医疗的需要添加其他物质，以增加注射剂的有效性、安全性与稳定性，这类物质统称为注射剂的附加剂。注射剂的附加剂应符合以下要求：①对主药的疗效无影响；②在有效浓度内对机体安全、无毒、无刺激性；③与主药无配伍禁忌；④不干扰产品的含量测定。各国药典对附加剂的种类和用量往往有明确的规定，且不尽一致。

注射剂中附加剂的作用主要包括：①增加药物的溶解度；②提高药物的稳定性；③抑菌；④调节渗透压；⑤调节 pH；⑥减轻疼痛或刺激等。因此，根据作用不同，附加剂可分为增溶剂、助溶剂、抗氧剂、缓冲剂、局麻剂、等渗调节剂、抑菌剂等。注射剂常用的附加剂及其用量见表6－7－1。

表6－7－1 注射剂常用的附加剂及其用量

附加剂的种类	附加剂的名称	浓度范围/%
抗氧剂	焦亚硫酸钠	0.1～0.2
	亚硫酸氢钠	0.1～0.2
	亚硫酸钠	0.1～0.2
	硫代硫酸钠	0.1
金属离子螯合剂	乙二胺四乙酸（EDTA）二钠	0.01～0.05
缓冲剂	醋酸、醋酸钠	0.22、0.8
	枸橼酸、枸橼酸钠	0.5、0.4
	乳酸	0.1
	酒石酸、酒石酸钠	0.65、1.2
	磷酸氢二钠、磷酸二氢钠	1.7、0.71
	磷酸氢钠、碳酸钠	0.005、0.06
助悬剂	羧甲基纤维素	0.05～0.75
	明胶	2.0
	果胶	0.2
稳定剂	肌酐	0.5～0.8
	甘氨酸	1.5～2.25
	烟酰胺	1.25～2.5
	辛酸钠	0.4
增溶剂、润湿剂或乳化剂	聚氧乙烯蓖麻油	1～65
	聚山梨酯20（吐温20）	0.01
	聚山梨酯40（吐温40）	0.05
	聚山梨酯80（吐温80）	0.04～4.0
	聚维酮	0.2～1.0
	聚乙二醇－40蓖麻油	7.0～11.5
	卵磷脂	0.5～2.3
	脱氧胆酸钠	0.21
	普朗尼克F68	0.21
抑菌剂	苯酚	0.25～0.5
	甲酚	0.25～0.3
	氯甲酚	0.05～0.2
	苯甲醇	1～3

续表

附加剂的种类	附加剂的名称	浓度范围/%
抑菌剂	三氯叔丁醇	0.25～0.5
	硫柳汞	0.001～0.02
局麻剂（止痛剂）	盐酸普鲁卡因	0.5～2
	利多卡因	0.5～1
等渗调节剂	氯化钠	0.5～0.9
	葡萄糖	4～5
	甘油	2.25
填充剂	乳糖	1～8
	甘露醇	1～10
	甘氨酸	1～10
保护剂	乳糖	2～5
	蔗糖	2～5
	麦芽糖	2～5
	人血白蛋白	0.2～2

二、小容量注射剂

1. 小容量注射剂生产工艺流程

小容量注射剂也称水针剂，指装量小于 50 mL 的注射剂，其生产工艺流程如图 6－7－1 所示。

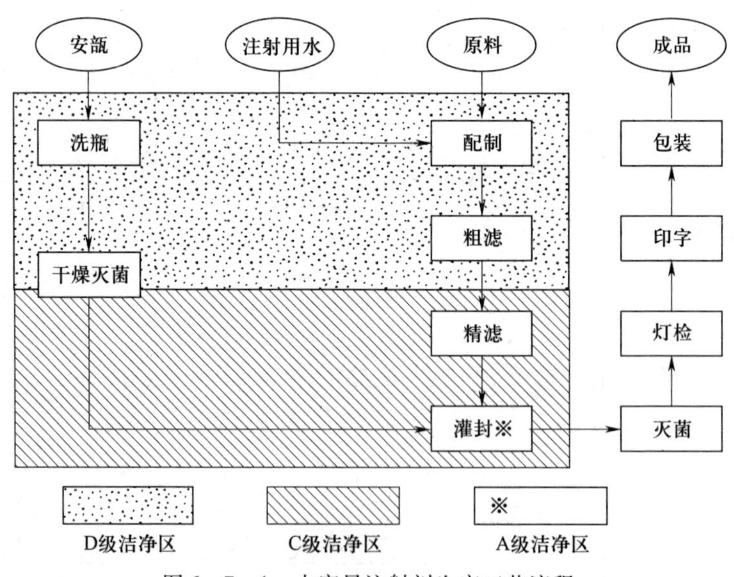

图 6－7－1　小容量注射剂生产工艺流程

2. 小容量注射剂的包装容器

小容量注射剂的包装容器称为安瓿，我国目前以玻璃安瓿应用较多。为避免折断安瓿瓶颈时产生玻璃屑或微粒进入安瓿内污染药液，我国强制推行曲颈易折安瓿。易折安瓿在外观上分为两种，色环易折安瓿和点刻痕易折安瓿。安瓿多为无色，也可采用棕色玻璃安瓿。无色安瓿有利于检查药液的可见异物；棕色安瓿可遮光，滤除紫外线，适用于光敏性药物。棕色安瓿含氧化铁，痕量的氧化铁有可能被药液浸取而进入产品中，如果产品中含有的成分能被铁离子催化，则不能使用棕色安瓿。安瓿常用的规格通常有 1 mL、2 mL、5 mL、10 mL、20 mL 等几种。

随着塑料工业的发展，塑料安瓿也有应用。塑料安瓿材质为聚乙烯，不会产生碎屑，旋转即可开瓶，操作方便，且断口不锐利，不会划伤人员，还能防撞击，便于运输和携带。

（1）安瓿的质量要求及检查如下：

1）安瓿的质量要求。安瓿的质量与注射剂的稳定性关系密切。安瓿用来灌装各种不同性质的注射剂，不仅在制造过程中应经高温灭菌，而且应适合在不同环境下长期储存。因此，安瓿的质量要求如下：①应无色透明，以利于检查药液的可见异物、杂质以及变质情况；②应具有低的膨胀系数、优良的耐热性，使之不易冷爆破裂；③熔点低，易于熔封；④不得有气泡、麻点及砂粒；⑤应有足够的物理强度，能耐受热压灭菌时产生的较大压力差，并能避免在生产、装运和保存过程中造成破损；⑥应具有高度的化学稳定性，不与注射剂发生物质交换。

2）安瓿的检查。为了保障注射剂的质量，安瓿必须按《中国药典》2020 年版要求进行一系列的检查，主要包括物理和化学检查。物理检查内容主要有安瓿外观、尺寸、应力、清洁度、热稳定性等，化学检查内容主要有容器的耐酸碱性和中性检查等。理化性能合格后，应做装药试验。装药试验主要是检查安瓿与药液的相容性，证明无影响后方能使用。

（2）安瓿的洗涤。安瓿在制造和运输过程中难免受到污染，必须经过洗涤方可使用。安瓿的洗涤方法一般有 3 种。①甩水洗涤法：将安瓿经喷淋灌水机灌满滤净的纯化水或注射用水，再用甩水机将水甩出，如此反复 3 次。此法由于洗涤质量不高，生产中已基本不用。②气水喷射洗涤法：用过滤的纯化水或注射用水与过滤的压缩空气由针头喷入安瓿内交替喷射冲洗，冲洗顺序一般为气→水→气→水→气。最后一次洗涤用水应是经过微孔滤膜精滤的注射用水。③超声波洗涤法：利用超声波技术清洗安瓿是国外制药工业近年来发展起来的一项新技术。在液体中传播的超声波能对物体表面的污物进行清洗。超声波洗涤法具有清洗洁净度高、清洗速度快等特点，特别是对盲孔和各种几何状物体，洗净效果独特。

（3）安瓿的干燥灭菌如下：

1）安瓿干燥灭菌技术与设备。清洗后的安瓿需要干燥和灭菌，一般采用干热灭菌方法，将干燥和灭菌一次完成。安瓿的干燥与灭菌常用的设备有两大类：一类是间歇式干热灭菌设备，即烘箱；另一类是连续式干热灭菌设备，即隧道式烘箱。大生产中采用隧道式烘箱，隧道式烘箱也有两种形式，一种是电热层流干热灭菌烘箱，另一种是远红外线加热灭菌烘箱。

隧道式烘箱的整个输送隧道在密封系统内，有层流净化空气保护而不受污染。隧道式烘箱分为3个区，分别完成预热、高温灭菌和冷却过程，冷却后的安瓿温度接近室温，以便下道工序进行灌装封口。隧道式烘箱前端可与洗瓶机相连，后端可设在C级洁净区与灌封机相连，组成联动生产线。

2）安瓿干燥灭菌岗位的洁净度要求。安瓿干燥灭菌操作室洁净度按D级要求，最终灭菌注射剂灭菌后的安瓿在C级洁净度下于密闭容器保存，非最终灭菌注射剂灭菌后的安瓿在B级洁净度下于密闭容器保存。室内相对室外呈正压，除有特殊要求外，温度控制在18～26 ℃，相对湿度为45%～65%。

3. 小容量注射剂的配液

（1）原辅料的质量要求与投料量计算。供注射剂生产所用的原辅料必须符合《中国药典》2020年版及国家有关对注射剂原辅料质量标准的要求。生产前还应做小样试制，检验合格后方能使用。配制注射剂前，应按处方规定计算出原辅料的用量，若有一些含结晶水的药物，应注意换算。如果注射剂在灭菌后主药含量有所下降，应酌情增加投料量。原辅料经准确称量，并经两人核对后，方可投料，以避免差错。

（2）注射剂的配制。注射剂的配制有浓配法和稀配法两种。浓配法系指将全部药物加入部分处方量的溶剂中配成浓溶液，加热或冷藏后过滤，然后稀释至所需的浓度。浓配法适用于质量较差的原料药，优点是可滤除溶解度小的一些杂质。稀配法系指将药物加入处方量的全部溶剂中直接配成所需的浓度，然后过滤。稀配法操作简便，一般用于质量优良的原料药。

配制注射剂时应注意以下几点：

1）应在洁净的环境中配制注射剂，并尽可能缩短配制时间，所用的器具、原料和附加剂尽可能无菌，以减少污染。

2）配制不稳定药物的注射剂时，应采取适宜的调配顺序，可先加稳定剂或通惰性气体等，同时应注意控制温度和pH，采取避光操作等措施。

3）对于不易滤清的药液，可加0.1%～0.3%的活性炭处理，但要注意其对药物的吸附作用。活性炭用酸碱处理并活化后才能使用。小容量注射剂可用纸浆混炭处理。

4）配制所用的注射用水的储存时间一般不能超过12 h。注射用油应在150 ℃下干热灭菌1～2 h，冷却至适宜温度（一般在主药熔点以下20 ℃），趁热加药配制，待溶液温度降至60 ℃以下时趁热过滤。

4. 小容量注射剂的过滤

注射剂过滤一般采用二级过滤：先将药液进行预滤，常用滤器为钛滤器；预滤后的药液经含量、pH检验合格后方可精滤，常用滤器为微孔滤膜（孔径为0.22～0.45 μm）滤器。为确保过滤质量，很多药品生产企业在灌装前对精滤后的药液进行终端过滤，所用滤器为微孔滤膜（孔径为0.22 μm）滤器。

（1）钛滤器。钛棒以工业纯钛粉（纯度≥99.68%）为主要原料经高温烧结而成。钛滤器主要特性如下：

1）化学稳定性好，能耐酸、耐碱，可在较大 pH 范围内使用。

2）机械强度高，精度高，易再生，寿命长。

3）孔径分布窄，分离效率高。

4）抗微生物能力强，不与微生物发生作用。

5）耐高温，一般可在 300 ℃以下正常使用。

6）无微粒脱落，不对药液形成二次污染。

该滤器常用于浓配环节中的脱炭过滤以及稀配环节中终端过滤前的保护过滤。

（2）微孔滤膜滤器。微孔滤膜是一种高分子滤膜材料，具有很多的均匀微孔，孔径从 0.025 μm 到 14 μm 不等，其过滤机制主要是物理过筛作用。微孔滤膜的种类很多，常用的有醋酸纤维滤膜、聚丙烯滤膜、聚四氟乙烯滤膜等。微孔滤膜的优点是孔隙率高，过滤速度快，吸附作用小，不滞留药液，不影响药物含量，设备简单、拆除方便等；缺点是耐酸、耐碱性能差，对某些有机溶剂如丙二醇适应性差，截留的微粒易使滤膜阻塞，影响滤速等。因此，应用其他滤器预滤后，再使用微孔滤膜滤器过滤。

5. 小容量注射剂的灌封

滤液经检查合格后进行灌装和封口，即灌封。灌装药液时应注意以下几点：

1）剂量准确。灌装注射剂时，可分别按易流动液和黏稠液，根据《中国药典》2020 年版要求适当增加装量，以保证注射用量不少于标示量。

2）药液不沾瓶。为防止灌注器针头“挂水”，活塞中心常有毛细孔，可使针头挂的水滴缩回并调节灌装速度，以免灌装过快使药液溅至瓶壁而沾瓶。

3）易氧化的药物灌装时应通惰性气体。通惰性气体应既不使药液溅至瓶颈，又使安瓿空间空气除尽。一般采用空安瓿先充一次惰性气体，灌装药液后再充一次惰性气体的方法，效果较好。

安瓿封口采用旋转拉丝封口，该方法封口严密，不易出现毛细孔，对药液的影响小。灌封过程中可能出现的问题主要有剂量不准，封口不严，出现泡头、平头、焦头等。焦头是经常遇到的问题，产生的原因有：灌药时给药太急，溅起药液挂在安瓿壁上，封口时形成炭化点；针头向安瓿注药后不能立即回药，尖端还带有药液水珠；针头安装不正，尤其是安瓿往往粗细不匀，给药时药液沾瓶；压药与针头打药的行程配合不好，造成针头刚进瓶口就注药或针头临出瓶时才注完药液；针头升降轴不够润滑，针头起落迟缓等。应分析原因加以解决。

灌封所用设备为拉丝灌封机。自动安瓿灌封机可自动完成进瓶、理瓶、送瓶、前充氮、灌装、后充氮、预热、拉丝封口、出瓶等工序。灌封机可与超声波洗瓶机、隧道式烘箱联动进行，组成洗涤、烘干灭菌以及药液灌封三个步骤联合起来的生产线。其主要特点是生产全过程在密闭或层流条件下进行，符合 GMP 要求；采用先进的电子技术和微机控制，实现机电一体化，使整个生产过程达到自动平衡；可实现监控保护、自动控温、自动记录、自动报警和故障显示，节省人力资源，减轻操作人员劳动强度。

6. 小容量注射剂的灭菌与检漏

一般，注射剂灌封后必须尽快进行灭菌（应在 4 h 内灭菌），以保障产品无菌。注射剂的灭菌要求是在杀灭所有微生物的前提下，避免药物降解。灭菌与保持药物稳定性是矛盾的两个方面，灭菌温度高、时间长，容易把微生物杀灭，但却不利于药液的稳定，因此选择适宜的灭菌法对保障产品质量尤为重要。药品生产企业一般采用热压灭菌法，要求按灭菌效果 F_0 大于 8 进行验证。

灭菌后的安瓿应立即进行漏气检查。若安瓿未严密熔合，有毛细孔或微小裂缝存在，则药液易被微生物与污物污染或导致药物泄漏，因此必须剔除漏气产品。安瓿灭菌、检漏常用的设备即安瓿检漏灭菌柜，多通过高温高压灭菌，利用真空加色水检漏，最后用清水进行清洗处理，保证瓶外壁干净无污染。根据加热介质不同，安瓿检漏灭菌柜主要有两种类型，即蒸汽式安瓿检漏灭菌柜和水浴式安瓿检漏灭菌柜。

7. 小容量注射剂的印字包装

完成灭菌与检漏的安瓿先进入中间品暂存间，经质量检查合格后方可印字包装。印字内容包括品名、规格、批号、厂名及批准文号。经印字后的安瓿，即可装入纸盒内，盒外应贴标签，标明注射剂名称、内装支数、每支装量及主药含量、附加剂名称、批号、制造日期与失效期、商标、卫生健康主管部门批准文号及应用范围、用量、禁忌、贮藏方法等。产品还应附有详细说明书。

目前已有印字、装盒、贴签及包装等一体的印包联动线，可大大提高安瓿印包效率。

8. 小容量注射剂的质量检查

按照《中国药典》2020 年版，除另有规定外，注射剂应进行以下相应检查：

（1）装量。标示装量为不大于 2 mL 者取供试品 5 支，标示装量为 2 mL 以上至 50 mL 者取供试品 3 支，按照《中国药典》2020 年版相关方法进行检查，每支的装量均不得少于其标示装量。

（2）可见异物。可见异物指存在于注射剂、滴眼剂中，在规定条件下目视可以观测到的不溶性物质，其粒径或长度通常大于 50 μm。除另有规定外，注射剂应按照《中国药典》2020 年版可见异物检查法检查，并应符合规定。

（3）不溶性微粒。除另有规定外，溶液型静脉用注射剂、注射用无菌粉末及注射用浓溶液应按照《中国药典》2020 年版不溶性微粒检查法检查，并应符合规定。

（4）无菌。应按照《中国药典》2020 年版无菌检查法检查，并应符合规定。

（5）细菌内毒素或热原。除另有规定外，静脉用注射剂应按《中国药典》2020 年版各品种项下的规定，按照细菌内毒素检查法或热原检查法检查，并应符合规定。

三、大容量注射剂

1. 大容量注射剂的生产工艺流程

大容量注射剂简称输液剂，是通过静脉滴注输入体内的注射液，一般输注量不少于 100 mL，生物制品一般不少于 50 mL。它是注射剂的一个分支，通常包装于玻璃瓶或塑料瓶或软袋中，不含防腐剂、抑菌剂，使用时通过输液器持续滴注输入静脉，向患者体内快速输注药物或补充营养，维护机体的水、电解质与酸碱平衡。在临床医疗中，特别是在危重患者的抢救中，大容量注射剂具有不可替代的作用。其生产工艺流程如图 6－7－2 所示。

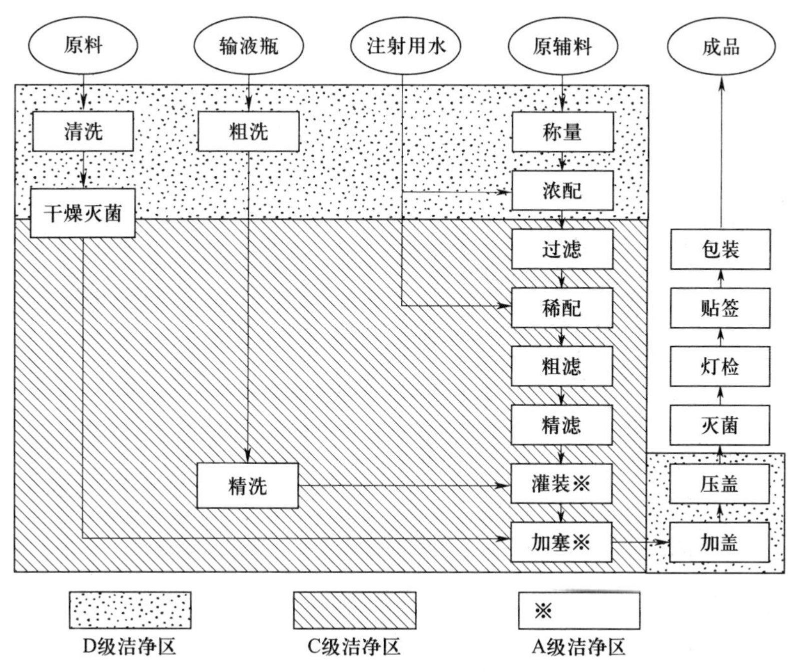

图 6－7－2　大容量注射剂生产工艺流程

2. 大容量注射剂质量要求和分类

（1）大容量注射剂质量要求如下：

大容量注射剂的质量要求与小容量注射剂基本一致，但由于大容量注射剂量较大，应特别注意以下几点：

1）对无菌、无热原及澄明度等要求，应更加注意。

2）含量、色泽、pH 应符合要求。pH 应在保障疗效和制品稳定的基础上，力求接近人体血液的 pH，过高或过低都会引起酸碱中毒。

3）渗透压应调为等渗或偏高渗，不能引起血象的任何异常变化。

4）不得含有引起过敏反应的异性蛋白及降压物质，输入人体后不会引起血象的异常变化，不损害肝、肾等。

5）不得添加任何抑菌剂，在储存过程中质量稳定。

（2）大容量注射剂分类如下：

1）电解质输液剂。电解质输液剂用以补充体内水分、电解质，纠正体内酸碱平衡等，如氯化钠注射液、复方氯化钠注射液、乳酸钠注射液等。

2）营养输液剂。营养输液剂主要用于不能口服吸收营养的患者。营养输液剂有糖类输液剂、氨基酸输液剂、脂肪乳输液剂等。糖类输液剂中最常见的为葡萄糖注射液。

3）胶体输液剂。胶体输液剂用于调节体内渗透压。胶体输液剂有多糖类、明胶类、高分子聚合物类等，如右旋糖酐、淀粉衍生物、明胶、PVP 等。

4）含药输液剂。含药输液剂指含有药物的输液剂，可用于临床治疗，如替硝唑、苦参碱等输液剂。

3. 大容量注射剂的容器和包装材料

大容量注射剂的容器有玻璃瓶、塑料瓶和塑料袋 3 种。除此之外，包装材料还包括密封件、铝盖和铝塑组合盖。

1）玻璃瓶。玻璃瓶是大容量注射剂的传统容器，材质为硬质中性玻璃。玻璃瓶具有透明度好、耐压、耐高温、瓶体不变形、气密性好等优点。缺点是质量、体积较大，运输不便；生产时能耗大、成本高；可反复利用，增加了交叉污染机会，回收处理不便。

2）塑料瓶。材料一般为聚乙烯（PET）、聚丙烯（PP），随着国内塑料瓶生产设备及配套的灭菌、灌装设备的国产化，现已广泛使用。塑料瓶耐腐蚀，具有重量轻、不易破损、机械强度高、化学稳定性好等优点，有利于长途运输；自动化程度高，一次成型，生产过程中制瓶与灌装可在同一生产区域，甚至在同一台机器进行，瓶子只需用无菌空气吹洗，无须洗涤直接进行灌装；一次性使用，避免了旧瓶污染和交叉污染的情况。但塑料瓶透明度不如玻璃瓶，不利于大容量注射剂澄明度检查；热稳定性较玻璃瓶差；与玻璃瓶一样，均属于半开放式的输液方式，使用过程中需建立空气通路，外界空气进入瓶体形成内压才能使药液顺利滴出，空气中的微生物及微粒仍可通过空气针进入大容量注射剂，增加二次污染机会。

3）塑料袋。塑料袋有 PVC 软袋和非 PVC 软袋两种类型。

①PVC 软袋。PVC 软袋中含有的增塑剂邻苯二甲酸 - 2 - 乙基己酯（DEHP）和未聚合的聚氯乙烯单体（VCM）会在长期放置过程中逐渐迁移进入药液中，对人体产生毒害，目前已禁止生产和使用。

②非 PVC 软袋。非 PVC 软袋全称为非 PVC 多层共挤输液袋，制备材料不采用聚氯乙烯（PVC），是目前较为理想的输液形式，代表国际最新发展趋势。制袋过程中不使用增塑剂，为输液软袋的安全使用提供了保障；膜材易于热封，弹性好，抗冲击，温度耐受范围广，既耐高温（可在 121 ℃下灭菌），又抗低温（ - 40 ℃）；透明度高，利于澄明度检查；化学惰性、药物相容性好，适宜包装各种大容量注射剂；生产工艺简单，自动化程度高；临床使用时软袋可完全自收缩，实现全封闭式输液，避免了二次污染，安全性高。制膜工艺和设备较复杂，膜材以及专用的制袋、灌封设备多为进口，价格高昂，因此其生产成本高于其他包装技术。

4）密封件。大容量注射剂常用的密封件为卤化丁基胶塞和聚异戊二烯垫片。卤化丁基胶塞主要为氯化和溴化丁基胶塞，阻湿性能低，具有化学和生物学稳定性，针刺时自密封性能好，耐热，耐臭氧等。聚异戊二烯垫片弹性比卤化丁基胶塞好，耐穿刺效果好，多用于大容量注射剂塑料包装中。

5）铝盖和铝塑组合盖。常见形式有两件组合型、三件组合型、拉环型等。

4. 大容量注射剂的制备

（1）大容量注射剂的工艺过程和操作要点如下：

1）配制。原辅料的质量好坏，对大容量注射剂质量影响较大。应选用优质注射用原料和新鲜的注射用水，注意控制注射用水质量，特别是热原、pH 等。配制时，根据处方按品种进行，必须严格核对原辅料的名称、质量、规格等。采用浓配法，通常加入活性炭后在 45 ~ 50 ℃下保温 20 ~ 30 min，活性炭分次加比一次加效果好。所用器具设备及处理方法等基本与小容量注射剂相同，应避免热原污染，特别是管道阀门等部位，不得遗留死角。

2）过滤。大容量注射剂的过滤与小容量注射剂相同，多采用加压过滤法。为提高产品质量，生产上多采用粗滤、精滤、终端过滤 3 级过滤：常先以钛滤器脱碳过滤，再分别以 0.45 μm 和 0.22 μm 的滤膜过滤，有效控制药液中的微粒及微生物污染水平，滤液应按中间体质量标准进行检查，合格后方能灌装。

3）灌封。大容量注射剂的灌封分为灌注药液、塞胶塞、轧铝盖 3 步。灌封时，采用局部层流，严格控制洁净度（A/B 或 A/C 级），药液温度维持在 50 ℃较好。大量生产时，多采用自动转盘式灌装机、自动加塞机和自动落盖轧口机等组成联动生产线，完成整个灌封过程。灌封过程中，应剔除轧口不紧的产品。

4）灭菌。灌封后应及时灭菌，从配液到灭菌以不超过 4 h 为宜。大容量注射剂灭菌常用的热压灭菌柜有蒸汽式和水浴式两种，应合理选用，并按照热压灭菌柜的标准操作进行。根据药液中原辅料的性质，应选择不同的灭菌方法和时间，一般采用 116 ℃、40 min 或 121 ℃、15 min。塑料袋装大容量注射剂一般采用 109 ℃、45 min 灭菌，灭菌设备还应具有加压装置，以免爆破。无论采用何种灭菌温度和时间，都必须进行验证（按灭菌后的效果 F_0 大于 8 进行验证，一般要保证 $F_0 \geqslant 12$），证明所采用的灭菌工艺和监控措施在日常运行过程中能确保物品灭菌后的 SAL $\leqslant 10^{-6}$。

5）包装。大容量注射剂经质量检验合格后，应立即贴上标签。标签上应印有规格、品名、批号、生产日期等，以免发生差错。贴好标签后装箱，封好，送入仓库。包装箱上应印有规格、品名、生产厂家等。

（2）大容量注射剂生产中存在的问题及解决方法如下：

大容量注射剂生产中存在的主要问题是可见异物和微粒问题、染菌和热原反应。

1）可见异物（澄明度）和微粒问题。注射剂特别是大容量注射剂中可见异物和微粒问题所造成的危害，已引起人们的普遍关注。较大的异物可造成局部循环障碍，引起血管栓塞；微粒过多可造成局部堵塞和供血不足、组织缺氧，从而导致水肿和静脉炎等。微粒包括炭黑、碳酸钙、氧化锌、纤维素、纸屑、黏土、玻璃屑、细菌、真菌等。微粒产生的原因是多方面的：①空气洁净度不够；②工艺操作中的问题；③胶塞与大容量注射剂容器质量不好，在储存期间污染药液；④原辅料质量影响。宜针对产生原因采取相应措施。

2）染菌。染菌的大容量注射剂会出现霉团、云雾状物、混浊、产气等现象，也有些外观上无任何变化。如果使用这种大容量注射剂，会引起脓毒症、败血症、内毒素中毒甚至死亡。染菌原因主要在于生产过程中严重污染，灭菌不彻底，瓶塞松动不严等。有些放线菌在

140 ℃下灭菌 15 ~20 min 才能被杀死。营养类输液剂，细菌易生长繁殖，即使经过灭菌，仍会引起致热反应。所以，生产时要尽量减少制备过程中的污染，控制染菌水平，按照严谨规范的灭菌条件严格灭菌，严密包装。

3）热原反应。生产过程中，应进行全程控制。使用经灭菌的一次性全套输液器，有利于解决使用过程中的热原污染。

5. 大容量注射剂的质量检查

（1）可见异物。可见异物按《中国药典》2020 年版可见异物检查法进行检查，并应符合规定。生产时，与小容量注射剂一样，可采用利用光散射原理的自动灯检仪进行逐瓶检测，以提高质量均一性，减少人为影响。

（2）不溶性微粒检查。由于肉眼只能检出 50 μm 以上的粒子，在可见异物检查合格后，对静脉用注射液、注射用无菌粉末、注射用浓溶液等，还应通过不溶性微粒检查，控制不溶性微粒大小及数量。常用的有显微计数法和光阻法。当光阻法测定不符合规定或供试品不适于用光阻法测定时，应以显微计数法进行测定，并以显微计数法的测定结果作为判断依据。具体按《中国药典》2020 年版不溶性微粒检查法检查。

（3）装量、热原、无菌、pH 以及含量测定等项，均应符合《中国药典》2020 年版相关规定。

四、粉针剂

1. 概述

注射用无菌粉末简称粉针剂，指药物制成的供临用前用适宜的无菌溶液配制成澄清溶液或均匀混悬液的无菌粉末或无菌块状物。粉针剂可用适宜的注射用溶剂配制后注射，也可用静脉输液配制后静脉滴注。粉针剂在标签中应标明所用溶剂。

在水中不稳定的药物，特别是对湿热敏感的抗生素类药物和生物制品等，如青霉素、头孢菌素类及一些酶制剂等，均需制成粉针剂。粉针剂根据药物的性质与生产工艺条件不同，可分为注射用无菌分装制品和注射用冷冻干燥制品两种。注射用无菌分装制品是指将原料用溶剂结晶法或喷雾干燥法等精制成无菌粉末，再进行无菌分装的产品。注射用冷冻干燥制品是指将药物制成无菌水溶液，无菌分装后通过冷冻干燥法制成的无菌粉末。

2. 注射用无菌分装制品

（1）原辅料的质量要求。粉针剂是非最终灭菌的注射剂，产品的无菌水平很大程度上依赖于原辅料的无菌水平。因此，在灌装无菌粉针剂之前，应对原辅料进行严格的质量检查，以保障灌装后产品的质量。

注射用无菌分装制品的原料除应符合最终灭菌注射剂的质量要求外，还应符合下列质量要求：①粉末无异物，配成溶液或混悬液的可见异物检查合格；②粉末的细度或结晶应适宜，便于分装；③无菌，无热原。

（2）制备过程。注射用无菌分装制品的生产工艺常采用直接分装法，系将精制的无菌粉末，在无菌条件下直接进行分装。其主要过程如下：

1）药物的准备。为制定合理的生产工艺，需要掌握药物的理化性质，主要测定待分装物料的热稳定性、临界相对湿度、粉末的晶型和粉末的松密度。待分装物料可用无菌过滤、无菌结晶或喷雾干燥法处理，必要时应进行干燥、粉碎、过筛等操作，以得到流动性较好、符合注射要求的精制无菌粉末。

2）分装容器与附件的处理。分装容器主要是西林瓶，应经过清洗、干燥灭菌等处理，处理方法与安瓿相同；胶塞应经过清洗、硅化、灭菌等处理，处理方法与大容量注射剂相同。

3）分装。分装必须在高度洁净的无菌室中按照无菌操作法进行。常用的分装机械有螺杆式分装机和气流式分装机等，分装后的小瓶立即加塞并用铝盖密封。

4）灭菌和异物检查。对于不耐热的品种，必须严格进行无菌操作；对于耐热的品种，可补充灭菌。异物检查一般用目视检查法，在传送带上进行，不合格者则从流水线上剔除。

5）印字、贴签与包装。产品的贴签与包装等在生产上已实现机械化和自动化。

（3）无菌分装工艺中可能存在的问题及解决办法如下：

1）装量差异。影响装量差异的主要原因是粉末流动性差。粉末含水量和吸湿性、粒子形状、分装室内相对湿度、药物的含量均匀度等，均会影响粉末的流动性，以致影响装量。分装机械的性能也会影响装量差异。

2）不溶性微粒。药物粉末经过一系列处理，污染机会增加。应从原辅料的处理开始，严格控制原辅料质量及其处理方法和环境，防止污染。

3）无菌。在无菌分装过程中，稍有不慎就有可能造成局部染菌，微生物在固体粉末中繁殖缓慢，肉眼又难以发现，有很大的危险性。因此，应使用层流净化装置，并定期进行验证，为分装过程提供可靠的环境保障。

4）吸潮现象。吸潮主要是封口不严引起的，胶塞透气和铝盖松动都有可能导致产品吸潮变质，故应选择性能好的胶塞，采用铝盖压紧后瓶口烫蜡等方法，确保封口严密。

3. 注射用冷冻干燥制品

注射用冷冻干燥制品简称冻干粉针。一些虽在水中稳定但加热即分解失效的药物，如酶制剂及血浆、蛋白质等生物制品常制成注射用冷冻干燥制品。

（1）注射用冷冻干燥制品的特点如下：

1）不耐热的药物可避免因高热而分解变质。

2）所得产品质地疏松，加水后能迅速溶解并恢复药液原有的特性。

3）含水量低，一般在1%～3%范围内，同时干燥在真空中进行，故不易氧化，有利于产品长期储存。

4）产品中的微粒物质比用其他方法生产少，因为污染机会相对减少。

5）产品剂量准确，外观优良。

6）溶剂不能随意选择，需特殊设备，成本较高。

（2）冷冻干燥的原理。冷冻干燥的原理可用水的三相图（见图6－7－3）说明，图中O点为冰、水、水蒸气三相的平衡点，当压力低于O点压力，在三相平衡点以下的条件下，水的物理状态只有固态和气态，不存在液态的水，降低压力或升高温度都可以打破气固两相平衡，使固态的冰直接升华变为水蒸气。

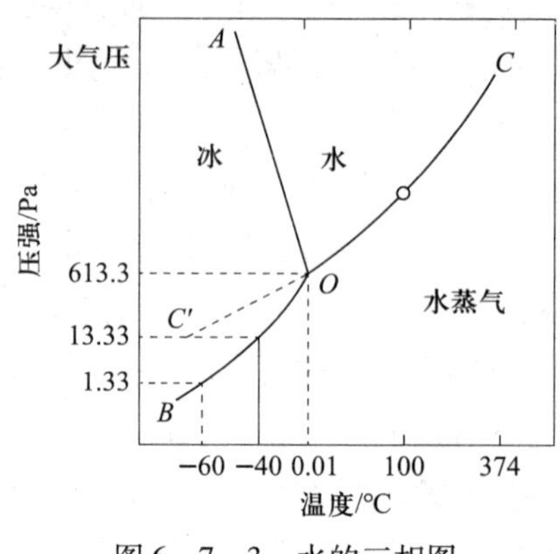

图6－7－3　水的三相图

冷冻干燥常用的设备为冷冻干燥机组，简称冻干机，通常由制冷系统、真空系统、加热系统和电气仪表控制系统等组成。

（3）注射用冷冻干燥制品的制备如下：

1）药液配制、过滤及灌装。药液配制、过滤及灌装操作应严格按无菌操作法进行。先将主药和辅料溶解在适当的溶剂（通常为含有部分有机溶剂的水性溶液）中，再用不同孔径的滤器对药液分级过滤，最后通过 0.22 μm 级微孔滤膜滤器进行除菌过滤。过滤后的药液灌注到经清洗、干燥灭菌的容器中，用无菌胶塞半压塞后，转移至冻干箱内。分装时溶液厚度应薄些，液面深度一般为 1～2 cm，以便于水分升华。

2）冷冻干燥。冷冻干燥的工艺条件对保障产品质量极为重要。对于新产品，应首先测定产品的共熔点，然后控制冻结温度在共熔点以下，以保证冷冻干燥的顺利进行。共熔点是指在水溶液冷却过程中，冰和溶质同时析出结晶混合物时的温度。冷冻干燥的工艺过程一般分 3 步进行，即冻结、升华干燥、再干燥。

①冻结（预冻）。制品必须进行预冻后才能升华干燥，冻结温度通常应低于产品共熔点 10～20 ℃。若预冻温度不在共熔点以下，抽真空时则有少量液体“沸腾”而使制品表面凹凸不平。预冻方法有慢冻法与速冻法两种：慢冻法是每分钟降温 1 ℃，形成结晶数量少，晶粒粗，但冻干效率高；速冻法是将冻干箱先降温至 －45 ℃以下，再将制品放入，制品因急速冷冻而析出细晶，形成结晶数量多，晶粒细，制得的产品疏松易溶，引起蛋白质变性的概率小，对酶类、活菌及活病毒的保存有利。药液在冷冻干燥过程的变化如图 6－7－4 所示。

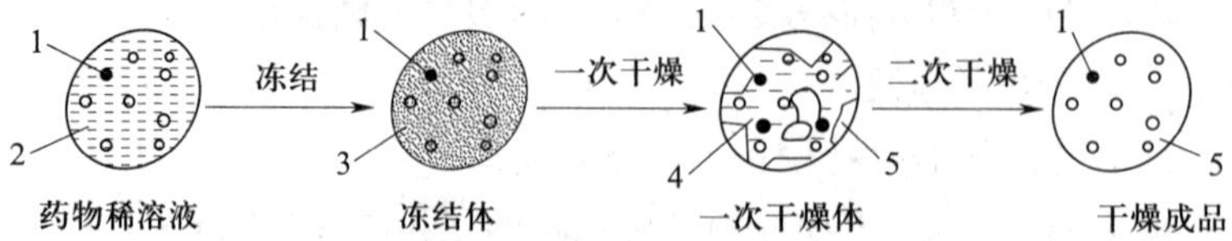

图6－7－4　药液在冷冻干燥过程的变化

1—溶质　2—溶剂　3—冰　4—吸附水　5—气隙

②升华干燥。在维持冻结状态的条件下，用抽真空的方法降低制品周围的压力，当压力低于该温度下水的饱和蒸汽压时，冰晶直接升华，水分不断被抽走，产品不断干燥。

升华干燥的方法有两种，一种是一次升华法，另一种是反复预冻的升华法。一次升华法指制品一次冻结，一次升华即可完成，适用于制品共熔点为 -20 ~ -10 ℃，而且溶液的浓度、黏度不大，装量在 10 ~ 15 mm 厚的情况。反复预冻升华法适用于共熔点较低，或结构比较复杂而黏稠难以冻干的制品，如蜂蜜、蜂王浆等。例如，某制品共熔点为 -25 ℃，预冻至 -45 ℃左右，然后将制品升温到共熔点附近，维持 30 ~ 40 min，再将温度降至 -40 ℃左右，如此反复处理，使制品结构改组，表层外壳由致密变为疏松，有利于水分升华，可缩短冻干周期。

③再干燥。制品经升华干燥后，水分通常并未完全除去，为尽可能除去残余的水，需要进一步干燥。再干燥的温度应根据制品性质确定，制品在保温干燥一段时间后，整个冻干过程即告结束。

3）封口及轧盖。通过安装在冻干箱内的液压或螺杆升降装置全压塞，用铝盖轧口密封。

（4）注射用冷冻干燥制品制备过程中可能存在的问题和解决办法如下：

1）产品含水量偏高。含水量一般控制在 1% ~3%。药液装量过厚、干燥时热量供给不足、真空度不够、冷凝器温度不够低等，可能造成含水量偏高。可采用旋转冻干机提高冻干效率或采用其他相应措施解决。

2）喷瓶。在高真空条件下，少量液体从已干燥的固体界面下喷出的现象称为喷瓶。预冻温度过高，产品冻结不实，升华时供热过快，局部过热，部分产品熔化为液体可能造成喷瓶。因此，必须控制预冻温度在产品共熔点以下 10 ~ 20 ℃，加热升华时温度不得超过共熔点。

3）产品外形不饱满或萎缩。药液浓度太高，冷冻干燥过程形成的干燥外壳结构致密，升华的水蒸气穿透阻力增大，水蒸气滞留在已干的外壳内，使部分潮解，致使体积收缩，外形不饱满。黏度大的产品更易出现这种现象。可在设计配方时加入适量甘露醇、氯化钠等填充剂，或采用反复预冻升华法，改善结晶状态与制品的通气性，使水蒸气顺利逸出，产品外观就可得到改善。

4）不溶性微粒。产品存在不溶性微粒的原因可能是粉末原料的质量及冻干前处理工作有问题。应加强人员、物流与工艺的管理，严格控制环境污染。

五、滴眼剂

1. 滴眼剂概述

滴眼剂是由药物与适宜辅料制成的供滴入眼内的无菌液体制剂，可分为水性或油性溶液、混悬液或乳状液。滴眼剂也可以固态（如粉末、颗粒、块状或片状等）形式包装，另备溶剂，在临用前配成溶液或混悬液。滴眼剂常用于杀菌、消炎、散瞳、麻醉等。

滴眼剂应与泪液等渗。溶液型滴眼剂应澄明；混悬型滴眼剂的沉降物应不结块或聚集，经振摇易再分散。除另有规定外，滴眼剂每个容器的装量应不超过 10 mL。滴眼剂应具有一定的稳定性，在开启后最多可使用4 周。

2. 滴眼剂的附加剂

滴眼剂中可加入调节渗透压、pH、黏度以及增加药物溶解度和制剂稳定性的辅料，并可加适宜浓度的抑菌剂和抗氧剂，所用辅料不应降低药效或产生局部刺激。

滴眼剂常用的附加剂如下：

（1）pH 调整剂。滴眼剂的 pH 通常要求在 5 ~9，pH 不当可引起刺激，增加泪液的分泌，导致药物流失，甚至损伤角膜。为避免过强的刺激性，常用缓冲溶液来稳定药液的 pH。常用的缓冲溶液如下：

1）磷酸盐缓冲溶液，由 0. 8% 的磷酸二氢钠溶液和 0. 947% 的磷酸氢二钠溶液组成。临用前按不同比例配合，可得 pH 为 5. 9 ~8. 0 的缓冲溶液。

2）硼酸盐缓冲溶液，由 1. 24% 的硼酸溶液和 1. 91% 的硼砂溶液组成。临用时按不同比例配合，可得 pH 为 6. 7 ~9. 1 的缓冲溶液。

（2）渗透压调整剂。滴眼剂的渗透压应与泪液等渗，渗透压过高或过低对眼都有刺激性。眼球能适应的渗透压相当于浓度为 0. 6% ~1. 5% 的氯化钠溶液的渗透压。滴眼剂常用的渗透压调整剂有氯化钠、葡萄糖、硼酸等。

（3）抑菌剂。一般，滴眼剂采用多剂量包装形式，在使用过程中无法始终保持无菌。因此，选用抑菌剂十分重要。抑菌剂不仅要求抑菌效果好，还要求作用迅速，即在患者两次使用的间隔时间内达到无菌。滴眼剂常用的抑菌剂如下：

1）有机汞类。硝酸苯汞有效浓度为 0. 002% ~0. 005% ，在 pH 为 6. 0 ~7. 5 时作用最强，与氯化钠、碘化物、溴化物等有配伍禁忌，长期使用有汞沉积，故不适用于慢性病及长期治疗。硫柳汞稳定性较差。

2）季铵盐类。苯扎氯铵、苯扎溴铵、氯己定（洗必泰）等阳离子型表面活性剂抑菌力强，稳定性好，但配伍禁忌多，pH 小于 5 时作用减弱，遇阴离子型表面活性剂或阴离子胶体化合物会失效。最常用的季铵盐类抑菌剂是苯扎氯铵，但苯扎氯铵与硝酸根离子、碳酸根离子、蛋白银、水杨酸盐、磺胺类的钠盐、荧光素钠、氯霉素等有配伍禁忌。

3）醇类。常用的三氯叔丁醇在弱酸中作用好，与碱有配伍禁忌，常用浓度为 0. 35% ~0. 50% 。苯乙醇的配伍禁忌很少，但单独使用效果不好，对其他类抑菌剂有良好的协同作用，常用浓度为 0. 5% 。苯氧乙醇对铜绿假单胞菌有特殊的抑菌力，常用浓度为 0. 3% ~0. 6% 。

4）酯类。常用的为羟苯酯类，即尼泊金类，如对羟基苯甲酸甲酯、乙酯、丙酯。对羟基苯甲酸乙酯单独使用时有效浓度为 0. 03% ~0. 06% ，对羟基苯甲酸甲酯与丙酯混合使用时浓度分别为 0. 16% （甲酯）及 0. 02% （丙酯）。酯类抑菌剂在弱酸中作用力强，但某些患者感觉有刺激性。

5）酸类。常用的为山梨酸，微溶于水，最低抑菌浓度为 0. 01% ~0. 08% ，常用浓度为 0. 15% ~0. 20% ，对真菌有较好的抑菌力，适用于含有聚山梨酯的滴眼剂。

使用单一抑菌剂，抑菌效果往往不理想。两种以上的抑菌剂联合应用可达到强效、速效抑菌作用，特别是迅速杀灭对眼危害较大的铜绿假单胞菌。例如，依地酸二钠能增强抑菌剂苯扎氯铵、三氯叔丁醇对铜绿假单胞菌的抑制作用。

（4）黏度调整剂。适当增加滴眼剂的黏度，可降低滴眼剂的刺激性，延长药物在眼内作用时间，减少流失量，从而提高药效。滴眼剂合适的黏度是 4 ~5 cPa · s。常用的增黏剂有甲基纤维素（MC）、聚乙烯醇（PVA）、聚维酮（PVP）等。

3. 滴眼剂的制备

（1）容器。滴眼剂的包装容器应无菌，不易破裂，其透明度应不影响可见异物检查。

滴眼剂多用塑料瓶包装，一般由瓶身、滴嘴和外盖组成。瓶身多用聚乙烯（PE）或高密度聚乙烯（HDPE）等，便于挤压给药。滴嘴和外盖一般采用较硬的聚丙烯（PP）材质，滴嘴和瓶口要求密封效果好，配合间隙合理。瓶身可采用真空灌水、气水加压倒冲、加压喷淋等法洗涤，最后一次用滤清的注射用水洗涤；滴嘴与外盖等附件采用纯化水、注射用水清洗后，放于滤清的75%乙醇液中浸泡 2 h，沥干，在不超过 50 ℃下烘干备用。用于角膜创伤及眼部注射用的滴眼剂一般用安瓿包装，处理方法同注射剂。

（2）药液的配制与灌装。滴眼剂小量配制可在避菌柜中进行，大生产要按注射剂生产工艺要求进行。所用器具洗净后干热灭菌，或用杀菌剂浸泡灭菌，用前再用注射用水洗净，以避免污染。

滴眼剂的配制与注射剂工艺过程几乎相同。对热稳定的药物，过滤后应装入适宜容器中，灭菌后进行无菌灌装。对热不稳定的药物，可用已灭菌的溶剂和用具在无菌柜中配制，操作中应避免细菌污染。对眼用混悬剂，可将药物微粉化后灭菌，另取表面活性剂、助悬剂加适量注射用水配成黏稠液与药物混匀，添加注射用水制成。用于眼部手术或眼外伤的滴眼剂，按安瓿剂生产工艺进行，制成单剂量剂型，保证完全无菌，不加抑菌剂。

大生产中滴眼剂灌装多采用减压灌装法。

4. 滴眼剂的质量检查

（1）可见异物。滴眼剂按照《中国药典》2020 年版可见异物检查法检查，并应符合规定。

（2）粒度。按照《中国药典》2020 年版相关规定，混悬型滴眼剂应做粒度检查。取供试品适量（相当于主药 10 μg），大于 50 μm 的粒子不得超过 2 个，且不得检出大于 90 μm 的粒子。

（3）沉降体积比。按照《中国药典》2020 年版相关方法检查，混悬型滴眼剂沉降体积比应不低于 0.90。

（4）装量。按照《中国药典》2020 年版最低装量检查法检查，并应符合规定。

（5）渗透压摩尔浓度。水溶液型滴眼剂按照《中国药典》2020 年版渗透压摩尔浓度测定法检查，并应符合规定。

（6）无菌。按照《中国药典》2020 年版无菌检查法检查，并应符合规定。

 思考与练习

一、单项选择题

1. 下列关于注射剂特点的说法中，错误的是（　　）。

A. 药效迅速

B. 剂量准确

C. 使用方便

D. 作用可靠

E. 适用于不宜口服的药物

2. 常用于注射剂等渗调节的是（　　）。

A. 氢氧化钠

B. 氯化钠

C. 盐酸

D. 硼砂

E. 碳酸氢钠

3. 《中国药典》2020 年版规定的注射用水是（　　）。

A. 纯化水

B. 洁净水

C. 饮用水

D. 灭菌矿物质水

E. 纯化水经蒸馏所得

4. 下列不属于注射剂溶剂的是（　　）。

A. 注射用水

B. 乙醇

C. 乙酸乙酯

D. 聚乙二醇

E. 丙二醇

5. 下列关于热原性质的说法中，错误的是（　　）。

A. 具有不挥发性

B. 具有耐热性

C. 具有氧化性

D. 具有水溶性

E. 具有滤过性

6. 污染热原的途径不包括（　　）。

A. 从溶剂中带入

B. 从原料中带入

C. 从容器、用具、管道和装置等带入

D. 制备过程中的污染

E. 从外包装带入

7. 安瓿材质应满足的质量要求不包括（　　）。

A. 应无色透明，以便检查药液的澄明度、杂质以及变质情况

B. 应有优良的耐热性和低的膨胀系数，使之不易冷爆破裂

C. 熔点高

D. 不得有气泡、麻点及砂粒

E. 对需要避光的药物，可采用琥珀色玻璃安瓿，适用于光敏药物

8. 下列关于滴眼剂的说法中，错误的是（　　）。

A. 滴眼剂是直接用于眼部的外用澄明溶液或混悬液

B. 正常眼可耐受的 pH 为 5.0～9.0

C. 混悬型滴眼剂中 50 μm 以下的颗粒不得少于 90%

D. 药液刺激性大，可使泪液分泌增加而使药液流失，不利于药物被吸收

E. 增加滴眼剂的黏度，有利于药物的吸收

二、多项选择题

1. 下述关于注射剂质量要求的说法中，正确的有（　　）。

A. 注射剂应无菌

B. 注射剂应无色

C. 注射剂渗透压与血浆渗透压相等或略偏高

D. 在规定条件下不得有肉眼可见的混浊或异物

E. 注射剂 pH 要与血液的 pH 相等或接近

2. 注射剂的优点有（　　）。

A. 药效迅速，剂量准确

B. 适用于不宜口服的药物

C. 适用于不能口服给药的患者

D. 药物作用可靠

E. 可以产生局部作用

3. 能除去热原的方法有（　　）。

A. 高温法

B. 酸碱法

C. 冷冻干燥法

D. 吸附法

E. 反渗透法

4. 安瓿的洗涤方法一般有（　　）。

A. 甩水洗涤法
B. 干洗
C. 加压洗涤法
D. 压水洗涤法
E. 加压喷射气水洗涤法
5. 在注射剂的灌封中，产生焦头问题的原因有（　　）。
A. 灌药时给药太急，蘸起药液在安瓿壁上
B. 针头向安瓿注药后，立即回药
C. 针头安装不正
D. 安瓿粗细不匀
E. 压药与针头打药的行程配合不好
6. 注射液灌封中可能出现的问题有（　　）。
A. 封口不严
B. 鼓泡
C. 瘪头
D. 焦头
E. 变色
7. 生产注射用冻干制品的工艺过程包括（　　）。
A. 预冻
B. 粉碎
C. 升华干燥
D. 整理
E. 再干燥

实训项目 13　硫酸亚铁糖浆剂的制备

一、实训目的

1. 掌握糖浆剂的制备方法及操作要点。
2. 学会糖浆剂的质量检查方法。

二、仪器与材料

1. 仪器：托盘天平、量筒、烧杯、玻璃棒、电炉、铁架台、玻璃漏斗、滤纸（纱布）。
2. 材料：硫酸亚铁、蔗糖、枸橼酸、薄荷油、纯化水等。

三、实训内容与步骤

1. 单糖浆（85%）的制备

（1）实训处方如下：

蔗糖	42.5 g
纯化水	50 mL

（2）制备方法如下：

1）取水 20 mL 放于小烧杯中。

2）打开电炉，放上石棉网，将水煮沸，加处方量蔗糖搅拌使其溶解，继续加热至沸，立即关电炉。

3）将糖浆用滤纸过滤，自滤器上补加适量的水，至 50 mL 即得。

4）清场：检查电炉，不要将电线搭在电炉上面，清洗仪器，交验样品（检查后回收备用）。

2. 硫酸亚铁糖浆剂的制备

（1）实训处方如下：

硫酸亚铁	2 g
枸橼酸	0.1 g
薄荷油	0.1 mL
纯化水	5 mL
单糖浆	加至 50 mL

（2）制备方法如下：

1）取处方量枸橼酸放于小烧杯中，加水 5 mL，搅拌溶解。

2）取 2 g 硫酸亚铁研细后加入上述小烧杯中，强烈搅拌溶解、过滤，制得滤液。

3）在滤液中滴入 2 滴（0.1 mL）薄荷油，加单糖浆至 50 mL，搅匀，即得。

4）交验样品，清洗仪器与清洁环境卫生。

5）将样品倒掉。

（3）质量控制点如下：

1）配制糖浆流程中，蔗糖溶解后应继续煮沸，但保持时间不可过久，以免产生过多的转化蔗糖，甚至产生焦糖使糖浆呈棕色。

2）硫酸亚铁糖浆剂应密闭，在 30 ℃以下避光保存。

（4）注释如下：

1）单糖浆可用作口服液中的矫味剂、混悬剂中的助悬剂、片剂包糖衣的材料等。

2）处方中枸橼酸为稳定剂，防止硫酸亚铁氧化变色。

（5）实训结果。根据实际情况，将实训检查结果填于表 S－13－1 中。

表 S－13－1　　实训检查结果

检查项目	检查结果	
	单糖浆	硫酸亚铁糖浆
性状		
pH	—	
结论		

四、实训测评

按表 S－13－2 所列实训评分标准进行测评，并做好记录。

表 S－13－2　　实训评分标准

序号	考核内容	考核标准	配分	得分
1	制备前准备	①能正确进行处方分析 ②能正确领取所需物料，并核对品名、规格、批号、数量和质量	10	
2	实训操作	①能按照操作步骤和注意事项制备单糖浆 ②能按照操作步骤和注意事项制备硫酸亚铁糖浆	40	
3	质量检查	能制得硫酸亚铁糖浆剂，使其外观澄清，pH 符合规定	20	
4	清洁与清场	①能正确对实训场地进行清洁，如台面、墙面、地面等 ②能正确对仪器进行清洁消毒	20	
5	实训报告	操作记录应及时、完整、真实，修改处应符合规范	10	
合计			100	

实训项目 14　风油精制备

一、实训目的

1. 掌握溶液剂的制备方法及操作要点。
2. 学会溶液剂的质量检查方法。

二、仪器与材料

1. 仪器：研钵、量筒、托盘天平、称量纸、喷瓶、玻璃漏斗。
2. 材料：薄荷脑、樟脑、水杨酸甲酯、桉油、叶绿素、液体石蜡。

三、实训内容与步骤

1. 实训处方

薄荷脑	16 g
樟脑	1.5 g
水杨酸甲酯	10 mL
桉油	0.5 mL
叶绿素	5 滴
液体石蜡	25 mL

2. 制备方法

（1）取处方量薄荷脑 16 g、樟脑 1.5 g，放入研钵中研磨均匀。

（2）加入水杨酸甲酯 10 mL、液体石蜡 25 mL，混合均匀。

（3）再加入桉油 0.5 mL、叶绿素 5 滴，混匀。

（4）用玻璃漏斗分装于塑料喷瓶中，即得（每人一份，带回自用）。

3. 质量控制点

风油精为淡绿色澄清油状液体，有特殊的香气，味凉而辣。

4. 注释

风油精具有消炎、镇痛、清凉、止痒、祛风的功效，用于伤风感冒引起的头痛、头晕以及由关节痛、牙痛、腹部胀痛和蚊虫叮咬、晕车等引起的不适。

5. 实训结果

根据实际情况，将实训检查结果填于表 S－14－1 中。

表 S－14－1　　实训检查结果

检查项目	检查结果
颜色	
澄明度	
结论	

四、实训测评

按表 S－14－2 所列实训评分标准进行测评，并做好记录。

表 S－14－2　　实训评分标准

序号	考核内容	考核标准	配分	得分
1	制备前准备	①能正确进行处方分析 ②能正确领取所需物料，并核对品名、规格、批号、数量和质量	10	
2	实训操作	能按照操作步骤和注意事项制备风油精	40	

续表

序号	考核内容	考核标准	配分	得分
3	质量检查	能制得风油精，使其外观澄清，呈淡绿色	20	
4	清洁与清场	①能正确对实训场地进行清洁，如台面、墙面、地面等 ②能正确对仪器进行清洁消毒	20	
5	实训报告	操作记录应及时、完整、真实，修改处应符合规范	10	
合计			100	

实训项目 15　胃蛋白酶合剂的制备

一、实训目的

1. 掌握胶体型液体制剂的制备方法及操作要点。
2. 了解高分子的溶胀过程。

二、仪器与材料

1. 仪器：天平、量筒、烧杯、玻璃棒、电炉等。
2. 材料：胃蛋白酶、10%稀盐酸、单糖浆、5%羟苯乙酯醇溶液、纯化水等。

三、实训内容与步骤

1. 实训处方

胃蛋白酶	1.5 g
10%稀盐酸	1 mL
单糖浆	5 mL
5%羟苯乙酯醇溶液	0.5 mL
纯化水	加至 50 mL

2. 制备方法

（1）取约 40 mL 水，放于小烧杯中，加稀盐酸、单糖浆搅匀。

（2）加入 5%羟苯乙酯醇溶液 10 滴，随加随搅拌。

（3）将胃蛋白酶分次撒在液面上，待其自然吸水膨胀（约 10 min）溶解。

（4）加水使成 50 mL，轻轻混匀，分装，即得。

3. 质量控制点

（1）胃蛋白酶易吸潮，称取时宜迅速。

（2）胃蛋白酶在 pH 为 1.5～2.0 时活性最强，但若盐酸的量超过 0.5%，会破坏其活性，亦不可直接将其加至未经稀释的盐酸中。

（3）不得用热水配制（或加热），不宜强烈搅拌，以免影响活性，宜新鲜配制。

4. 注释

（1）胃蛋白酶合剂水解蛋白能力强，使凝固的蛋白质分解成蛋白胨，亦能水解多肽。体内胃蛋白酶原须经盐酸激活，形成胃蛋白酶才能生效。

（2）胃蛋白酶合剂常用于因食入蛋白性食物过多所致消化不良、病后恢复期消化功能减退以及慢性萎缩性胃炎所致的胃蛋白酶缺乏。

5. 实训结果

根据实际情况，将实训检查结果填于表 S－15－1 中。

表 S－15－1　实训项目检查结果

检查项目	检查结果
性状	
结论	

四、实训测评

按表 S－15－2 所列实训评分标准进行测评，并做好记录。

表 S－15－2　实训评分标准

序号	考核内容	考核标准	配分	得分
1	制备前准备	①能正确进行处方分析 ②能正确领取所需物料，并核对品名、规格、批号、数量和质量	10	
2	实训操作	能按照操作步骤和注意事项制备胃蛋白酶合剂	40	
3	质量检查	能制得胃蛋白酶合剂，使其外观澄清	20	
4	清洁与清场	①能正确对实训场地进行清洁，如台面、墙面、地面等 ②能正确对仪器进行清洁消毒	20	
5	实训报告	操作记录应及时、完整、真实，修改处应符合规范	10	
合计			100	

实训项目 16　混悬剂制备

一、实训目的

1. 会进行混悬剂制备前的准备。
2. 能按处方制备炉甘石洗剂。
3. 能对产品进行正确的质量判断。

4. 会按要求进行设备清洁和清场工作。

二、器材准备

材料：炉甘石、氧化锌、甘油、羧甲基纤维素钠。
仪器：研钵、量筒、烧杯、玻璃棒、玻璃漏斗、托盘天平等。

三、实训内容与步骤

1. 炉甘石洗剂处方

炉甘石	15 g
氧化锌	5 g
甘油	5 mL
羧甲基纤维素钠	0. 3 g
水	适量
共制	100 mL

2. 制备方法

（1）检查材料是否齐全，托盘天平、烧杯、量筒、玻璃棒、研钵等是否齐全与干净。

（2）浸泡辅料：称取羧甲基纤维素钠 0. 3 g 加约 15 mL 水，使其吸水膨胀，溶解，配成胶浆。

（3）粉碎、过筛药品：取炉甘石 15 g、氧化锌 5 g 放于研钵中研细，过 80 目筛，备用。

（4）制炉甘石糊：将备用的药品加甘油 5 mL 于同一研钵中，加约 30 mL 水研成糊状。

（5）加辅料：将备用的羧甲基纤维素钠胶浆加入炉甘石糊中，搅匀。

（6）转移炉甘石糊：将配好的炉甘石糊加少量的水，分 3 ~ 4 次完全转移至 100 mL 的烧杯中。

（7）定量：搅匀炉甘石洗剂，补加水至 100 mL，即得 100 mL 炉甘石洗剂。

（8）清场：将物品回归原处，清洁环境卫生，确保无污染。

（9）倒入 100 mL 量筒中，供测沉降体积比用。

【注意事项】

（1）炉甘石与氧化锌用前应分别研细后过 80 目筛再混匀。

（2）测沉降体积比可用 50 mL 或 100 mL 的量筒，搅匀后静置，计时测定。

（3）氧化锌有重质和轻质两种，以选用轻质为好。

（4）炉甘石与氧化锌均为不溶于水的亲水性药物，能被水润湿，故先加入甘油和少量水研磨成糊状，再与羧甲基纤维素钠水溶液混合，使粉末周围形成水化膜，以阻碍微粒的聚合，振摇时易再分散。

四、实训测评

按表 S－16－1 所列实训评分标准进行测评，并做好记录。

表 S－16－1　　实训评分标准

序号	考核内容	考核标准	配分	得分
1	制备前准备	①能正确进行处方分析 ②能正确领取所需物料，并核对品名、规格、批号、数量和质量	10	
2	实训操作	能按照操作步骤和注意事项制备炉甘石洗剂	40	
3	质量检查	能制得炉甘石洗剂（淡红色的混悬液），放置后能沉淀，但经振摇后仍应成为均匀的混悬液	20	
4	清洁与清场	①能正确对实训场地进行清洁，如台面、墙面、地面等 ②能正确对仪器做清洁消毒	20	
5	实训报告	操作记录应及时、完整、真实，修改处应符合规范	10	
合计			100	

实训项目 17　乳剂制备

一、实训目的

1. 会进行乳剂制备前的准备。
2. 能按处方制备花生油乳、石灰搽剂。
3. 能对产品进行正确的质量判断。
4. 会按要求进行设备清洁和清场工作。

二、器材准备

材料：花生油、阿拉伯胶、氢氧化钙溶液、水。
仪器：乳钵、锥形瓶、量筒、烧杯、托盘天平等。

三、实训内容与步骤

1. 花生油乳的制备

（1）花生油乳处方如下：

花生油	12 mL
阿拉伯胶	3 g
水	6 mL
共制	50 mL

（2）制备方法如下：

1）用干燥备用的 25 mL 量筒取 12 mL 花生油加入干燥的乳钵中，加入阿拉伯胶粉研磨均匀。

2）一次在乳钵中加入 6 mL 水，迅速由内向外用力向同一方向研磨，2～10 min 出现黏稠膏状并发出“噼啪”声，再坚持用力研磨 1～2 min，颜色逐渐变白，可停止研磨，即成乳白色稠厚初乳。

3）加少量水（约 5 mL）于乳钵中，搅拌，分 2～3 次转移至 100 mL 的烧杯中，至 50 mL，即得 O/W 型乳白色乳剂。

【注意事项】

（1）制备初乳时，干法应选用干燥乳钵，量油的量筒不得沾水，量水的量筒不得沾油。

（2）油相与胶粉充分研磨，按比例加水后，迅速沿同一方向研磨，直至稠厚的乳白色初乳形成为止，其间不能改变研磨方向，也不宜间断研磨。

2. 石灰搽剂的制备

（1）石灰搽剂处方如下：

氢氧化钙溶液	10 mL
花生油	10 mL

（2）制备方法如下：

1）取处方量氢氧化钙溶液与花生油放于锥形瓶中混合，用力振摇（5～10 min），至乳剂形成。

2）乳剂类型鉴别（用稀释法）：上述乳剂加 20 mL 水，稀释，分层，即为 W/O 型乳剂。

【注意事项】

石灰搽剂为 W/O 型乳剂，乳化剂是氢氧化钙与油中游离脂肪酸反应生成的钙皂。

3. 乳剂类型的鉴别

（1）稀释法。取试管 3 只，分别加入花生油乳和石灰搽剂各一滴，加水约 5 mL，振摇或翻动数次，观察是否能混匀，根据实验结果判断乳剂类型。

（2）染色法。取试管 3 只，分别加入花生油乳和石灰搽剂各 5 mL，再加入 3 滴水溶性亚甲蓝染料，振摇数次，观察乳剂能否被染色。

四、实训测评

按表 S－17－1 所列实训评分标准进行测评，并做好记录。

表 S－17－1　　实训评分标准

序号	考核内容	考核标准	配分	得分
1	制备前准备	①能正确进行处方分析 ②能正确领取所需物料，并核对品名、规格、批号、数量和质量	10	

续表

序号	考核内容	考核标准	配分	得分
2	实训操作	能按照操作步骤和注意事项制备花生油乳和石灰搽剂	40	
3	质量检查	①制备花生油乳时初乳为稠厚的乳白色状，制备的石灰搽剂为稠厚的乳黄色液体 ②能根据稀释法、染色法对乳剂进行鉴别	20	
4	清洁与清场	①能正确对实训场地进行清洁，如台面、墙面、地面等 ②能正确对仪器做清洁消毒	20	
5	实训报告	操作记录应及时、完整、真实，修改处应符合规范	10	
合计			100	

实训项目 18 浸出制剂制备

一、实训目的

1. 会进行浸出制剂制备前准备。
2. 能按处方制备橙皮酊。
3. 能对产品进行正确的质量判断。
4. 会按要求进行设备清洁和清场工作。

二、器材准备

材料：橙皮（粗粉）、乙醇等。
仪器：托盘天平、量筒、磨塞广口瓶等。

三、实训内容与步骤

1. 橙皮酊处方

橙皮（粗粉）	20 g
乙醇（70%）	适量
共制	100 mL

2. 制备方法

（1）称取橙皮（粗粉）20 g，置于广口瓶中，加 70% 乙醇 100 mL，密盖，时加振摇，浸渍 3 日。

（2）倾取上层清液用纱布过滤，残渣中挤出的残液与滤液合并，加 70% 乙醇至全量，静止 24 h，过滤即得。橙皮酊含醇量应为 48% ~54% 。

【注意事项】

（1）新鲜橙皮与干燥橙皮的挥发油含量相差较大，故规定用干燥橙皮投料。

（2）用70%乙醇能使橙皮中的挥发油及黄酮类成分提取充分，且可防止苦味树脂等杂质的溶入。

（3）在浸出期间，应控制适宜的温度并加以振摇，以利于活性成分的浸出。

四、实训测评

按表S－18－1所列实训评分标准进行测评，并做好记录。

表S－18－1　实训评分标准

序号	考核内容	考核标准	配分	得分
1	制备前准备	①能正确进行处方分析 ②能正确领取所需物料，并核对品名、规格、批号、数量和质量	10	
2	实训操作	能按照操作步骤和注意事项制备橙皮酊	40	
3	质量检查	制备的橙皮酊为橙黄色澄清液体，有橙香气	20	
4	清洁与清场	①能正确对实训场地进行清洁，如台面、墙面、地面等 ②能正确对仪器做清洁消毒	20	
5	实训报告	操作记录应及时、完整、真实，修改处应符合规范	10	
合计			100	

实训项目19　注射剂和其他无菌制剂制备

一、实训目的

1. 会进行生产前准备。
2. 能按岗位操作规程生产注射剂。
3. 会进行设备清洁和清场工作。
4. 会填写原始记录。

二、器材准备

生产设备：AAG4/1－2型安瓿拉丝灌封机。

物品用具：《批生产指令单》《灌封岗位操作规程》《AAG4/1－2型安瓿拉丝灌封机标准操作规程》《AAG4/1－2型安瓿拉丝灌封机清洁标准操作规程》等。

三、实训内容与步骤

1. 生产前准备

（1）任务文件。《批生产指令单》《灌封岗位操作规程》《AAG4/1－2型安瓿拉丝灌封机标准操作规程》《AAG4/1－2型安瓿拉丝灌封机清洁标准操作规程》，以及灌封岗位生产记录、清场记录。

（2）生产用物料。已清洁的安瓿、纯净水。

2. 生产操作

（1）生产前检查如下：

1）检查操作间是否有上批清场合格证，并在有效期内。

2）检查操作间是否有“设备完好”“已清洁”状态标志牌。

3）检查灌封机零部件是否完好（同时检查气密性），工具、容器等是否齐全并已清洁。

4）检查电源开关及管道和设备上氧气、液化气阀门是否处于关闭状态。

（2）装机操作如下：

1）按照标准操作规程安装泵浦、弹簧、毛细孔活塞、蓝芯活塞、六通分液器的安装与连接。

2）将组装好的零部件放至机器前进行装机操作。

3）安装已组装好的玻璃灌药器。

4）将药液从六通上部最中间管道中泵入至六通2/3处，然后将管道多余部分重叠1～2层，用止水夹夹紧管道，使之不回流。

（3）空车试机。顺时针盘动手轮，检查机器是否有卡阻现象。检查火焰熔封灯头是否堵塞。用镊子拨动压瓶轴承和拨瓶尺，检查飞轮是否正常运行，有无卡阻现象。对机器传送部分加油。

（4）校正针头。注意观察针头是否有弯曲情况，若有，应更换。顺时针盘动手轮，将针头架降至最低处。将四个梅花针头依次下降至安瓿瓶曲径下1～2 mm处，并调整梅花针头使其处于安瓿瓶正中间位置，针头不得碰壁，然后紧固。调整好后，双手轻抬针头架往复运动3～4次，观察针头是否碰撞瓶口或瓶身，若有，则及时调整。注意，调整针头时，应松开对应在针头架上的紧固螺栓，不允许用手掰动针头。

（5）调量。打开设备开关，向下拨动离合器把手，料斗内空安瓿瓶随着黑色传送带和移动齿盘向前运行。运行3～4组瓶后，向上抬起离合器把手并关闭电源，用注射器检测药液量是否在2.10～2.15 mL。测得药液量若少于2.10 mL，逆时针松开紧固螺栓后，逆时针向上旋转调量旋钮，增加药液量到规定范围。测得药液量若高于2.15 mL，逆时针松开紧固螺栓后，顺时针向下旋转调量旋钮，减小药液量到规定范围。

（6）调火。打开排风系统电源，将液化气火焰调到适宜大小后，逆时针打开白色氧气阀门缓慢加氧，注意控制好氧气阀打开的大小，防止过大吹灭火焰。根据实际情况调出合适火焰（黄色、蓝色：温度较低。白色：温度较高。蓝紫色：温度高）。

开机并打开离合器对安瓿进行试火，检查瓶口是否光滑、圆整、严密，合格后方可生产。

（7）生产。打开机器开关并打开离合器，将所有需要生产的安瓿瓶进行灌封。生产完毕后关火，关火时先顺时针关闭白色氧气阀，确认氧气阀关闭并燃烧 20 ~ 30 s 后，管道内氧气完全燃尽，再关闭液化气阀。

3. 质量控制要点与质量判断

（1）质量控制要点如下：

1）灌封过程中，岗位操作人员每隔 30 min 抽取 10 ~ 20 支检查装量。

2）检查封口效果：查看是否有焦头、泡头、炭化点等封残产品。若有封残产品，要查找出原因并及时调整，封口应平整、严密、圆滑。

3）灌封中要随时注意储液瓶情况，不得使溶液流失或装空。

（2）质量判断如下：

1）瓶口应平整、严密、圆滑，瓶外壁无玻璃屑和水珠。

2）装量符合内控标准要求。

4. 清洁和清场

（1）更换状态标志牌。

（2）按照拆机顺序进行拆机操作，并分类进行清洗消毒。

（3）对周转容器和工具等进行清洗消毒。

（4）对灌封机内外进行清洗消毒。

（5）对天花板、墙面、地面进行清洁消毒。

5. 填写记录

根据实际情况，填写灌封生产记录，见表 S-19-1 和表 S-19-2。

表 S-19-1　　灌封生产记录一

灌封前准备

- 检查生产相关文件、记录：□ 准备齐全　　□ 未准备齐全
- 检查并记录配制间（房间编号：B101）温湿度和压差，若不符合规定，应及时上报偏差并进行调整

项目	压差/Pa	温度/℃	相对湿度/%
标准	>10	18 ~ 26	45 ~ 65
记录			

- 检查灌封间（房间编号：B101）清场合格证，清场有效期至：

□ 在有效期内，将清场合格证附于批记录背面　□ 不在有效期内，应重新清场

- 检查 AAG4/1-20 型安瓿灌封机的设备已清洁卡，清洁有效期至：

□ 在有效期内，将已清洁卡附于批记录背面　□ 不在有效期内，应重新清洁消毒

- 检查动力电源、氧气、天然气供应情况：□ 供应正常　□ 供应不正常
- 检查排风设施是否开启：□ 已开启　□ 未开启

续表

灌封前准备

● 检查所使用的注射器的校验有效期：

注射器规格	校验日期	检验有效期至	检查人/日期	复核人/日期

物料核对

● 核对安瓿种类（规格）及数量　种类：　规格：　数量：
● 核对药液（品名、规格、数量）　品名：　规格：　数量：

灌封操作

● 手摇灌封机，检查针头与安瓿协调性等　□已完成
● 安瓿放入料斗　□已完成
● 药液充盈管道及压出气泡　□已完成
● 预调装量
装量调节：______ mL
______号灌封机开机时间：　装配开始时间：　装配结束时间：
______号灌封机开机时间：　装配开始时间：　装配结束时间：
操作人/日期：　复核人：
● 调节火焰　□已完成
______号灌封机灌封开始时间：　（开启机器进行装量调整）　灌封结束时间：　灌封机关机时间：
______号灌封机灌封开始时间：　（开启机器进行装量调整）　灌封结束时间：　灌封机关机时间：
操作人/日期：　复核人：
● 将不合格品放入不合格中转盘内　□已完成
● 将合格品放于合格品中转盘内，标明品名、规格、批号、数量　□已完成

清场

● 将剩余的安瓿瓶从传送带中清理出来　□已完成
● 将灌封机、容器具进行拆卸、清洗及灭菌　□已完成
● 对灌封室进行清洁卫生　□已完成

物料平衡

接收药液总量	理论封出量	实际封出量	灌封总收率	成品数	废品数	取样数	废品率

灌封总收率 =（成品数 + 废品数 + 取样数）/（接收药液量/理论装量）×100%。灌封总收率应为95%～100%。
废品率 = 废品数/（成品数 + 废品数）×100%。废品率应≤3.0%。
统计人/日期：　复核人/日期：

表 S－19－2　灌封生产记录二

产品名称：		规格：		批号：		批量：　支	
____号机半成品可见异物	可见异物标准：可见异物不得检出，每 30 min 检查一次						
	时间	1	2	3	4	检查人/日期	复核人

续表

<table>
<tr><td rowspan="5">____号机半成品
装量/mL</td><td colspan="7">装量检查：每 30 min 检查一次，特殊情况随时抽查
实际装量：____mL　　装量范围：____mL ~ ____mL</td></tr>
<tr><td>时间</td><td>1</td><td>2</td><td>3</td><td>4</td><td>检查人/日期</td><td>复核人</td></tr>
<tr><td></td><td></td><td></td><td></td><td></td><td></td><td></td></tr>
<tr><td></td><td></td><td></td><td></td><td></td><td></td><td></td></tr>
<tr><td></td><td></td><td></td><td></td><td></td><td></td><td></td></tr>
<tr><td colspan="2" rowspan="2">装量统计</td><td colspan="2">最小装量/mL</td><td>最大装量/mL</td><td>平均装量/mL</td><td>检查人/日期</td><td>复核人</td></tr>
<tr><td colspan="2"></td><td></td><td></td><td></td><td></td></tr>
</table>

偏差分析：

分析人/日期：

四、实训测评

按表 S－19－3 所列实训评分标准进行测评，并做好记录。

表 S－19－3　　实训评分标准

序号	考核内容	考核标准	配分	得分
1	生产前准备	①能正确解读生产任务文件 ②能正确领取所需物料，并核对品名、规格、批号、数量和质量	10	
2	生产操作	①能正确安装安瓿拉丝灌封机 ②能正确对梅花针头进行校正 ③能调节装量至规定要求 ④能正确调节熔封火焰的大小至封口效果符合规定要求	40	
3	质量控制与判断	熟悉质量控制要点，能对小容量注射剂外观、装量差异、封口进行质量检测并对质量做正确判断	20	
4	清洁与清场	①能正确对生产场地进行清洁，如天花板、墙面、地面等 ②能正确对设施设备做清洁消毒，如毛细孔活塞、蓝芯活塞、泵浦、六通分药器等	20	
5	填写记录	生产记录应及时、完整、真实，修改处应符合规范	10	
合计			100	

第七章

半固体制剂

半固体制剂是指药物与适宜基质混合制成的半固体状态的制剂，主要包括软膏剂、乳膏剂、凝胶剂和贴膏剂。软膏剂、乳膏剂主要涂布于皮肤黏膜或创面表面；贴膏剂涂布于皮肤表面，为外用制剂；凝胶剂主要供外用，部分可内服。

§7-1　软膏剂与乳膏剂

学习目标

1. 了解软膏剂与乳膏剂的包装与储存。
2. 了解软膏剂与乳膏剂质量要求。
3. 了解软膏剂与乳膏剂配膏和灌封设备。
4. 熟悉软膏剂与乳膏剂的定义和特点。
5. 熟悉软膏剂与乳膏剂常用基质。
6. 熟悉软膏剂与乳膏剂质量评价。
7. 掌握软膏剂与乳膏剂制备工艺。
8. 掌握软膏剂与乳膏剂制备方法。
9. 会进行全自动软膏灌封机生产操作和清洁消毒操作。
10. 会制备冻疮软膏剂。

一、基本知识

1. 定义与特点

软膏剂系指原料药物与油脂性或水溶性基质混合制成的均匀半固体外用制剂。因原料药物在基质中分散状态不同，软膏剂可分为溶液型软膏剂和混悬型软膏剂。溶液型软膏剂为原料药物溶解（或共熔）于基质或基质组分中制成的软膏剂，混悬型软膏剂为原料药物细粉均匀分散于基质中制成的软膏剂。乳膏剂系指原料药物溶解或分散于乳状液型基质中形成的均匀半固体制剂。

软膏剂和乳膏剂容易涂布于皮肤、黏膜或创面上，起保护创面、润滑皮肤和局部治疗的作用，如防腐、杀菌、收敛、消炎等。某些软膏剂能使药物透过皮肤产生全身治疗作用。近年来，随着透皮吸收理论和技术的深入研究，利用经皮给药方便、随时终止给药的特点，通过皮肤给药而达到全身治疗作用的制剂日趋增多。在实际应用中，皮肤病灶深浅不同，要求发挥作用的部位也不同。有些软膏在皮肤外层发挥作用，如用作防护剂、角质溶解剂等；有些药物是要求透入表皮才能发挥局部疗效的，如氟尿嘧啶、抗组胺类及皮质激素类药物；有些药物则是要求通过透皮吸收产生全身治疗作用，如硝酸甘油制成软膏剂涂于胸前，可治疗心绞痛，使其作用时间延长。

【知识链接】

软膏剂的发展

软膏剂在我国创始很早，公元前2世纪在《灵枢经》中即有“涂以豚脂”的记载，汉代张仲景在《金匮要略》中记载有软膏剂及其制法和使用，所用基质多为植物油，又称油膏剂。随着石油化学工业的迅速发展，广泛采用凡士林、石蜡等烃类物质作为基质。随着高分子材料的发展，高分子材料的新型乳剂基质和水溶性基质的品种明显增加，可制成较为理想的软膏剂。与软膏剂密切相关的防护用品、化妆品的发展则更快。新基质的不断出现、药物透皮吸收途径与机理研究的不断深入、生产工艺的革新、生产与包装自动化程度的不断提高，使软膏剂在医疗保健及劳动防护等方面发挥了更大的作用。

2. 质量要求

（1）软膏剂、乳膏剂基质应均匀、细腻，涂于皮肤或黏膜上应无刺激性。软膏剂中不溶性原料药物，应预先用适宜的方法制成细粉，确保粒度符合规定。

（2）软膏剂、乳膏剂应具有适当的黏稠度，易涂布于皮肤或黏膜上，不熔化，且黏稠度随季节变化很小。

（3）软膏剂、乳膏剂应无酸败、异臭、变色、变硬等变质现象。乳膏剂不得有油水分离及胀气现象。

（4）软膏剂、乳膏剂所用内包装材料，不应与原料药物或基质发生物理化学反应，无菌产品的内包装材料应无菌。

3. 常用附加剂

为了提高软膏剂、乳膏剂的稳定性，应加入适宜的附加剂。常用的附加剂主要有抗氧剂、防腐剂、保湿剂。

（1）抗氧剂。在储存过程中，微量的氧就会使某些活性成分或附加剂氧化而变质。因此，常加入一些抗氧剂来保护软膏剂与乳膏剂的化学稳定性。常用的抗氧剂有维生素 E、丁基羟基茴香醚（BHA）和丁基羟基甲苯（BHT）、抗坏血酸、异抗坏血酸、亚硫酸盐、枸橼酸、酒石酸、EDTA 和巯基二丙酸等。

（2）防腐剂。软膏剂与乳膏剂中通常含有水性、油性物质，甚至有蛋白质，易受细菌和真菌的侵袭。而微生物的滋生不仅可以污染制剂，而且有潜在毒性，所以应保证在制剂中不含有致病菌，如铜绿假单胞菌、沙门氏菌、金黄色葡萄球菌等。常用的防腐剂有苯甲酸、山梨酸、对羟基苯甲酸酯、洗必泰葡萄糖酸盐等。

（3）保湿剂。软膏基质中水分容易蒸发而使软膏变硬甚至转型，故需加入适宜的保湿剂。常用的保湿剂有甘油、丙二醇、山梨醇等。

【知识链接】

软膏剂的渗透促进剂

渗透促进剂是指能提高或加速药物渗透穿过皮肤的物质。理想的渗透促进剂应对皮肤无损伤或刺激，无药理活性，无过敏性，理化性质稳定，与药物及其辅料有良好的相容性，起效快，作用时间长等。事实上，完全符合以上要求的渗透促进剂几乎不存在。

常用的渗透促进剂可分为 5 类：①表面活性剂，如阳离子型、阴离子型、非离子型和卵磷脂；②有机溶剂类，如乙醇、丙二醇、醋酸乙酯、二甲基亚砜及二甲基甲酰胺；③月桂氮酮类化合物；④有机酸、脂肪酸等；⑤角质保湿与软化剂，如尿酸、水杨酸及吡咯酮类。

练一练

请查阅“清凉油”的说明书，说出“清凉油”的特点及处方组成。

二、常用基质

理想的基质应性质稳定，与药物和附加剂不发生配伍变化；无刺激性和过敏性，无生理活性，不妨碍皮肤的正常生理功能；稠度适宜，润滑，易于涂布，长期储存不变质；具有吸水性，能吸收伤口分泌物；具有良好的释药能力且易洗除，不污染衣物。目前没有哪一种单一基质能满足以上要求。在实际使用中，根据药物与基质的性质及用药目的，采用添加附加剂或混合使用基质等方法来保障制剂的质量要求。软膏剂、乳膏剂的常用基质分为 3 类，即油脂性基质、水溶性基质和乳剂型基质。

1. 油脂性基质

油脂性基质包括烃类、动植物油脂、类脂及硅酮类物质。这类基质的优点是润滑，无刺激性；涂于皮肤能形成封闭性油膜，促进皮肤水合作用，对皮肤有保护软化作用；性质稳定，不易长菌，一般不与药物发生配伍禁忌；适用于表皮增厚、角化、皲裂等慢性皮损和某些感染性皮肤病的早期。缺点是油腻性大，疏水性强，吸水性差，不易与分泌物混合，不易洗除，药物释放性能差，往往影响皮肤的正常生理功能，故不适用于有渗出液的皮肤损伤。油脂性基质主要用于遇水不稳定药物制备软膏剂，一般不单独应用。为改善油脂性基质的疏水性，常加入表面活性剂或制成乳剂型基质来使用。

（1）烃类。烃类主要有凡士林和石蜡等。

1）凡士林。凡士林为最常用的油脂性基质，是由多种液体烃类与固体烃类组成的半固体混合物，熔点为38～60 ℃，有黄、白两种，白凡士林由黄凡士林漂白而成。凡士林无臭味，化学性质稳定，无刺激性，不易酸败，能与多种药物配伍，尤其适用于遇水不稳定的药物（如杆菌肽、盐酸四环素、氯霉素等抗菌素），有适宜的黏稠性和涂展性，可单独用作软膏剂基质。凡士林有增进皮肤角质层的水合、润滑皮肤、防止干裂等作用，但能妨碍水性分泌液的排出，故不适用于有多量渗出液的患处。凡士林释放药物和穿透皮肤性能差，仅适用于表皮病变的治疗，而且吸水能力弱，吸收量仅为其本身质量的5%，可加入适量的羊毛脂或鲸蜡醇、硬脂醇、聚山梨酯类等制成W/O或O/W型乳剂基质，改善其吸水性、释药性和穿透性，提高疗效。

2）石蜡。固体石蜡与液体石蜡均为从石油中得到的烃类混合物。固体石蜡与液体石蜡常用于调节软膏剂的稠度，利于药物与基质均匀混合。固体石蜡为各种固体烃的混合物，呈无色或白色半透明块状，无臭无味。液体石蜡又称石蜡油或白油，是各种液体烃的混合物，为无色透明油状液体，可用作药物粉末加液研磨的液体。

（2）动植物油脂。动植物油脂是从动植物中得到的高级脂肪酸甘油酯及其混合物。从动物中得到的脂肪油应用很少。植物油是不饱和脂肪酸甘油酯，在长期储存过程中易氧化，需加油溶性抗氧剂。常用的植物油有麻油、花生油和棉籽油，常温下为液体，不能单独用作软膏剂基质，常与熔点较高的蜡类一起制成适宜稠度的基质，如单软膏由1∶2（质量比）的蜂蜡与植物油组成。

氢化植物油是植物油在催化作用下，加氢而成的饱和或部分饱和的脂肪酸甘油酯。由于氢化程度不同，其性状为半固体或固体。氢化植物油较植物油稳定，不易酸败，可用作软膏剂基质。

（3）类脂。类脂主要有羊毛脂、蜂蜡等。

1）羊毛脂。羊毛脂为羊毛上脂肪性物质的混合物，又称无水羊毛脂，为淡棕黄色黏稠半固体，主要成分为胆固醇类的棕榈酸酯及游离的胆固醇类，熔程为36～42 ℃。羊毛脂黏性较大，不单独用作软膏剂基质。因羊毛脂吸水性强，能吸收其自身质量2倍的水分形成W/O型软膏剂基质，故常与凡士林合用以改善凡士林的吸水性和通透性。

2）蜂蜡。蜂蜡分为蜂蜡和鲸蜡。蜂蜡有黄蜂蜡、白蜂蜡之分，由黄蜂蜡精制得到白蜂蜡，熔程为62～67 ℃，主要成分为棕榈酸蜂蜡醇酯。鲸蜡熔程为42～50 ℃，主要成分为棕榈酸鲸蜡醇酯。蜂蜡与鲸蜡均不易酸败，二者均为弱W/O型乳化剂，还可用于增加软膏剂基质的稠度。

（4）硅酮类。硅酮类主要有二甲基硅油。二甲基硅油简称硅油或硅酮，为无色或淡黄色透明油状液体，无臭无味，黏度随相对分子质量的增加而增大。其最大的特点是在应用温度范围内（-40～150 ℃）黏度变化极小。硅油对大多数化合物稳定，但在强酸、强碱中易降解。硅油在非极性溶剂中易溶，随黏度增大，溶解度逐渐下降。硅油有优良的疏水性和较小的表面张力，使之具有很好的润滑作用且易于涂布。硅油对皮肤无刺激性，因此能与羊毛脂、硬脂醇、鲸蜡醇、硬脂酸甘油酯、聚山梨酯类、山梨坦类等混合。硅油常用于乳膏剂的润滑剂，最大用量可达10%～30%，也常与其他油脂性原料合用制成防护性软膏。

2. 水溶性基质

水溶性基质由天然或合成的水溶性高分子物质组成。此类基质溶解后形成水凝胶，无油腻性，能与水性物质或渗出液混合，易洗除，药物释放快，多用于湿润、糜烂创面，有利于分泌物的排出；也常用作腔道黏膜或防油保护性软膏的基质。缺点是对皮肤的润滑、软化作用较差；基质中的水分容易蒸发并易发生霉变，应加保湿剂及防腐剂。

（1）甘油明胶。甘油明胶由甘油（10%～30%）、明胶（1%～3%）加水至100%，加热制成。甘油明胶温热后易于涂布，涂后形成一层保护膜，因本身有弹性，故使用时较舒适。

（2）聚乙二醇（PEG）类。该类基质为高分子聚合物，平均相对分子质量在700以下的是液体，PEG1000和PEG1500是半固体，平均相对分子质量在2 000～6 000的是固体。不同相对分子质量的聚乙二醇以适当比例混合，可制得稠度适宜的基质。该类基质易溶于水，能与渗出液混合并易洗除，化学性质稳定且不宜酸败，但由于其有较强的吸水性，用于皮肤常有刺激感，久用可引起皮肤脱水产生干燥感。

（3）纤维素衍生物类。常用甲基纤维素（MC）、羧甲基纤维素钠（CMC－Na）等，前者仅溶于冷水，后者冷水、热水中均溶。CMC　Na是阴离子型化合物，遇酸、多价金属离子及阳离子型药物均可形成沉淀，应予以避免。

3. 乳剂型基质

乳剂型基质与乳剂类似，由水相、油相和乳化剂组成，是油、水两相借助乳化剂的作用在一定温度下乳化分散，冷却至室温时形成的半固体基质。一般，乳剂型基质适用于亚急性、慢性、无渗出液的皮损和皮肤瘙痒症，忌用于糜烂、溃疡、水疱及脓肿症。乳剂型基质可以分为油包水（W/O）型和水包油（O/W）型两类。乳化剂类型对形成乳剂基质的类型起主要作用。W/O型基质能吸收部分水分，因水分在皮肤表面缓慢蒸发带走热量，从而感到凉爽，故有“冷霜”之称；O/W型基质含水量较高，无油腻感，色白如雪，故有“雪花膏”之称。

乳剂型基质对皮肤表面的分泌物和水分的蒸发无影响，对皮肤的正常功能影响较小。一般乳剂型基质特别是O/W型基质软膏中药物的释放和透皮吸收较快，润滑性好，易于涂布，适合作为深部使用的软膏。O/W型基质的缺点是含水量高，易发霉，需要加入防腐剂。O/W型基质加入甘油、丙二醇、山梨醇等作保湿剂，适用于遇水稳定的药物。乳剂型基质常用的油相多数为半固体或固体，如硬脂酸、蜂蜡、石蜡、高级脂肪醇（如十八醇）等，可加入液体石蜡、凡士林或植物油等油脂性基质来调节稠度。常用的水相一般为蒸馏水或者去离子水。

练一练

（1）你用过的软膏剂中用到了哪些基质？这些基质属于哪个类型？

(2) 说出各类基质在软膏剂中的作用。

三、制备技术

1. 制备工艺

(1) 工艺流程。软膏剂与乳膏剂生产工艺流程如图 7－1－1 所示。

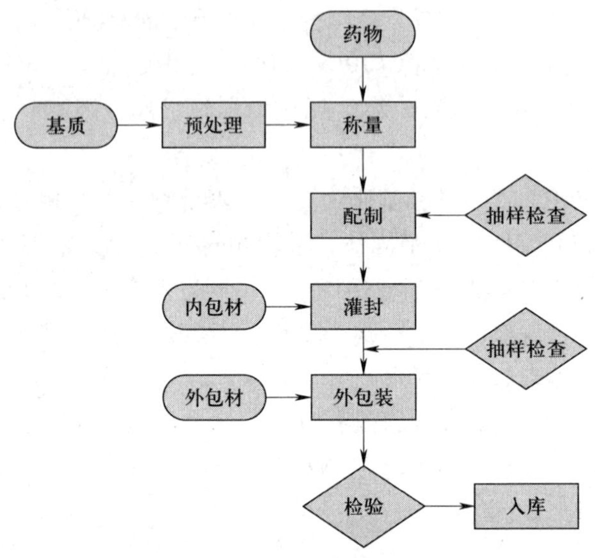

图 7－1－1 软膏剂与乳膏剂生产工艺流程

(2) 基质的处理。基质的处理主要针对油脂性基质。若基质质地纯净，可直接取用。若基质混有机械性异物或大生产时，都应进行加热、过滤及灭菌处理，一般在加热熔融后通过数层细布或 120 目铜丝筛趁热过滤，继续加热至 150 ℃，灭菌 1 h 以上并除去水分。

【知识链接】

软膏剂与乳膏剂生产中药物的加入方法见表 7－1－1。

表 7－1－1 药物的加入方法

药物	加入方法
药物溶于基质	油溶性药物溶于液体油脂性基质中，再与剩余的油脂性基质混匀；水溶性药物先用少量水溶解，然后与水溶性基质混匀；也可以溶解于少量水后，用吸水性较强的油脂性基质羊毛脂吸收，再加入油脂性基质混匀
药物不溶于基质	先将药物粉碎后过 120 目筛（眼膏中药粉细度为 75 μm 以下），再与少量基质研匀或与少量液体石蜡、植物油、甘油等液体组分研成糊状，再逐渐与剩余的基质混匀
挥发性共熔成分共存	如薄荷脑、樟脑、冰片等可先研磨将其共熔后，再与基质混匀；单独使用时，可用少量适宜溶剂溶解，再加入基质中混匀

续表

药物	加入方法
药物在处方中含量极少	采取等量递加法
受热易破坏、挥发性药物和容易氧化、水解的药物	基质的温度不宜过高，以减少对药物的破坏和损失
中药水煎液、流浸膏	应适当浓缩后再与其他基质混匀。固体浸膏可加少量溶剂使之软化或研成糊状，再与基质混匀

2. 制备方法

软膏剂的制备方法分为 3 种：研和法、熔和法和乳化法。溶液型或混悬型软膏剂采用研和法和熔和法，乳膏剂采用乳化法。

（1）研和法。此法适用于通过研磨能使基质与药物均匀混合的软膏。制备时将药物研细过筛后，先用少量基质研匀，然后递加其余基质至全量，研匀即得。油脂性基质中可溶性药物可用水、甘油等适量溶剂溶解后，以羊毛脂吸收后加入；不溶性药物的量少于 5% 时，可用适量液体石蜡或植物油研磨后加入。此法适用于小量软膏的调配。凡所用的基质是柔软的半固体，不需加热即能调制均匀者，或药物不宜受热者，可采用此法制备。此法可用软膏刀在陶瓷或玻璃软膏板上调制，或在研钵中制备。

（2）熔和法。由熔点较高的组分组成，在常温下不能均匀混合的软膏基质可用此法制备。先将熔点最高的基质加热熔化，然后将其余基质依熔点高低顺序逐一加入，待全部基质熔化后，再加入药物（能溶者），搅匀并至冷凝，可用电动搅拌机混合。含不溶性药物粉末的软膏经一般搅拌、混合后尚难制成均匀细腻的产品，可通过研磨机进一步研磨使之细腻均匀。此法适用于大量软膏的制备。

（3）乳化法。乳化法是专门用于制备乳膏剂的方法。将处方中油脂性和油溶性组分一并加热熔化，作为油相，保持油相温度在 80 ℃左右；另将水溶性组分溶于水，并加热至与油相同温度，或略高于油相温度；油、水两相混合，不断搅拌，直至乳化完成并冷凝。

3. 生产主要设备

（1）配膏设备。配膏工序是软膏剂和乳膏剂制备的关键操作，对成品的质量有很大的影响。简单的配膏设备采用装有锚式或框式搅拌器的不锈钢罐，并采用可移动的不锈钢盖以便于清洁，但制备的软膏不够细腻。常用的配制设备有胶体磨、三滚筒软膏机、真空乳化搅拌机。

真空乳化搅拌机（见图 7－1－2）由预处理锅、主锅、真空泵、液压及电气控制系统等组成，可完成软膏剂基质的加热、熔化和均质乳化等操作，整个工序在超低真空环境中进行，防止物料在高速搅拌后产生气泡。

（2）灌封设备。灌封工序是将配制合格的软膏使用软膏灌封机灌装于不同规格的金属或塑料管中，经密封制得合格的软膏剂的操作。常用的灌封设备为全自动软膏灌封机（见图7－1－3）。全自动软膏灌封机的工作过程包括自动上管、识标定位、软膏灌装、压合封尾、批号日期打印、切尾和成品排出，整个生产工序全部自动完成。

图7－1－2　真空乳化搅拌机

图7－1－3　全自动软膏灌封机

4. 全自动软膏灌封机操作规程

（1）检查气源是否正常，在传动部位导杆上涂抹适量润滑油，在油雾器中注入洁净透明油。

（2）打开电源开关，打开温控仪加热开关，预设为180 ℃左右。

（3）将“自动手动”旋钮旋至“手动”位置，依次按下各点动按钮，检查各工位是否正常工作。

（4）接通电源、气源，将电源旋至“开”位置，将模式旋钮旋至“自动”位置，将加热开关旋至“开”位置。

（5）按下“启动”按钮，机器开始进入自动工作状态，观察各工位工作是否协调一致。

（6）将物料倒入料筒中，用料勺接在出料口上，会有料排出，待空气排尽后，插管试灌，称重后，调节装量至符合规定。

（7）将管插入管座，按下“启动”按钮，观察加热位置、切尾情况，根据封尾情况对转盘高度、切尾刀、加热温度在生产中进行微调。

（8）灌封完毕后关闭电源、气源。

5. 全自动软膏灌封机清洁规程

（1）按从上到下的顺序拆下储料罐上的循环水管和温度计、搅拌器、储料罐、计量泵、循环泵等。

（2）把拆下的储料罐和搅拌器送至洗涤间。储料罐放在不锈钢桶中预洗，将储料罐加入罐容积1/3的热水浸泡，刷洗5 min，排出污水，按以上方法重复预洗1～2次直至无肉眼可见残留物。

（3）加入适量的热水，先用毛刷从上到下刷洗罐壁，然后用饮用水冲洗两遍。拆下的搅拌器置于洗涤池内，用热水加洗洁精刷洗，然后用纯化水冲洗 2 次。

（4）储料罐和搅拌器分别用纯化水淋洗 2 min。

（5）用 75% 乙醇溶液擦拭储料罐罐壁和搅拌器进行消毒，晾干后，送至称量间存放。

（6）把拆下的计量泵、循环泵、软管送清洗间（应拆下计量泵及活塞各部位的垫圈，垫圈用纯化水冲洗），计量泵、循环泵、连接管拆开后放入装有热水的桶内浸泡 5 min（注意应浸没），用毛刷擦洗活塞上的凹槽、小孔直至无可见残留物。

（7）向桶内加入适量的热水，用毛刷轻轻擦洗计量泵、循环泵直至无可见残留物，再用饮用水冲洗 2 次。

（8）用纯化水淋洗计量泵、循环泵等 2 min，然后排放纯化水。

（9）用 75% 乙醇溶液擦拭计量泵、循环泵进行消毒，晾干后放于工具箱内，清洗干净的垫圈擦干后用小的密封袋密封后定置存放。

（10）将废铝（塑）管清扫干净。

（11）将灌封机表面及控制柜用毛巾从上到下仔细擦洗，并注意转盘及各个夹子以及底板的清洁，有机玻璃用纯化水、毛巾擦净。

（12）清洁后，关闭电源开关及空气压缩机进气阀门。

（13）每批生产结束后按上述清洁方法进行清洁。

（14）清洁有效期为 3 天，如超过有效期，应按上述清洁方法重新进行清洁。

【知识链接】

灌封过程中的生产工艺管理与质量控制

（1）生产工艺管理要点：一般软膏剂、乳膏剂的灌封操作室洁净度要求为 D 级，室内相对室外呈正压，温度为 18 ~ 26 ℃，相对湿度为 45% ~ 65%；与药品直接接触的设备表面应光滑、平整、易清洗、耐腐蚀，不与所加工的药品发生化学反应或吸附所加工的药品；每隔一定时间应检测装量、外观及密封性；生产过程中所有物料均应有明显的标识，防止发生混药、混批。

（2）质量控制要点：灌封过程中应随时观察封尾的情况，保证软膏管的密封；软管外观光标位置准确，批号清晰正确，文字对称美观，尾部折叠严密、整齐，管无变形；装量差异应符合规定。

四、质量评价与包装、储存

1. 质量评价

《中国药典》2020 年版规定，软膏剂、乳膏剂应进行粒度、装量、微生物限度检查，用于烧伤、严重创伤或临床必须无菌的软膏剂应进行无菌检查。此外，软膏剂、乳膏剂质量评价还包括外观、物理性质、刺激性、稳定性及软膏中药物的释放、穿透及吸收。

（1）外观。色泽均匀一致，质地细腻；无酸败、异臭、变色、变硬，乳膏剂不能油水分离及胀气。

（2）物理性质。油脂性基质可应用熔点（或滴点）检查控制质量。对于牛顿流体（如液体石蜡、二甲基硅油），应测定黏度。大多数软膏和乳膏是非牛顿流体，除黏度外，还应测定屈服值、触变指数等流变性。

（3）刺激性。涂于皮肤不得引起疼痛、红肿或产生斑疹等不良反应。

（4）稳定性。软膏剂、乳膏剂的稳定性加速试验在温度为30 ℃ ±2 ℃、相对湿度为65% ±5%条件下进行6个月，定时取样检查性状、均匀性、含量、粒度、有关物质，乳膏剂还应检查分层现象。乳膏剂应进行耐热、耐寒试验，55 ℃恒温放置6 h，－15 ℃放置24 h，应无油水分离现象。

（5）药物释放和穿透及吸收。软膏释放度检查法有表玻片法、渗析池法、圆盘法等。体外试验法包括离体皮肤法、半透膜扩散法、凝胶扩散法和微生物扩散法等。体内试验法是将制剂涂于人或动物皮肤上，一定时间后测定，可采用测定体液中药物含量、观察生理反应或放射性示踪原子法等。

（6）粒度。混悬型软膏剂、含饮片细粉的软膏剂应进行粒度检查。取供试品适量，置于载玻片上涂成薄层，薄层面积相当于盖玻片面积，共涂3片，按照粒度和粒度分布测定法［《中国药典》2020年版（通则0982第一法）］测定，均不得检出大于180 μm的粒子。

（7）装量。按照最低装量检查法［《中国药典》2020年版（通则0942）］检查，应符合规定。

（8）无菌。用于烧伤［除程度较轻的烧伤（Ⅰ°或浅Ⅱ°）外］、严重创伤或临床必须无菌的软膏剂与乳膏剂，按照无菌检查法［《中国药典》2020年版（通则1101）］检查，应符合规定。

（9）微生物限度。除另有规定外，按照非无菌产品微生物限度检查，应符合规定。

2. 包装、储存

软膏剂、乳膏剂多采用锡管、铝管、塑料管等多种材料的软膏管作为内包装，也可包装于塑料盒、金属盒或广口玻璃瓶中。除另有规定外，软膏剂应避光密封储存。乳膏剂应避光密封置于25 ℃以下储存，不得冷冻。

思考与练习

1. 简述软膏剂与乳膏剂的定义和特点。
2. 写出软膏剂和乳膏剂制备工艺流程。
3. 简述制备软膏剂和乳膏剂的常用方法。
4. 简述软膏剂和乳膏剂的基质分类并举例。

§7－2　凝胶剂

学习目标

1. 了解凝胶剂的定义、特点和分类。
2. 了解凝胶剂的包装、储存。
3. 熟悉凝胶剂质量要求。
4. 熟悉凝胶剂常用基质。
5. 熟悉凝胶剂质量评价。
6. 掌握凝胶剂制备工艺。
7. 掌握凝胶剂制备方法。

一、基本知识

1. 定义、特点和分类

凝胶剂系指原料药物与能形成凝胶的辅料制成的具有凝胶特性的稠厚液体或半固体制剂。除另有规定外，凝胶剂限局部用于皮肤及体腔，如鼻腔、阴道和直肠等。

凝胶剂具有良好的生物相容性；对药物释放具有缓释、控释作用；制备工艺简单且形状美观，易于涂布使用；局部给药后易吸收，不污染衣物；稳定性较好。

凝胶剂分为乳胶剂、胶浆剂、混悬型凝胶剂。乳状液型凝胶剂称为乳胶剂。由高分子基质如西黄蓍胶制成的凝胶剂称为胶浆剂。小分子无机原料药物如氢氧化铝凝胶剂是由分散的药物小粒子以网状结构存在于液体中，属两相分散系统，称为混悬型凝胶剂。混悬型凝胶剂可有触变性，静止时形成半固体，搅拌或振摇时成为液体。

想一想

你在日常生活中见过凝胶剂吗？请举例。

2. 质量要求

（1）混悬型凝胶剂中胶粒应分散均匀，不应下沉、结块。

（2）凝胶剂应均匀、细腻，在常温时保持胶状，不干涸或液化。

（3）凝胶剂根据需要可加入保湿剂、抑菌剂、抗氧剂、乳化剂、增稠剂和透皮促进剂等。

（4）凝胶剂用于烧伤治疗时，如为非无菌制剂的，应在标签上标明“非无菌制剂”，产品说明书中应注明“本品为非无菌制剂”，同时在适应证下应明确“用于程度较轻的烧伤

（Ⅰ°或浅Ⅱ°）”，注意事项下规定“应遵医嘱使用”。

3. 常用基质

凝胶剂基质属单相分散系统，有水性与油性之分。水性凝胶剂的基质一般由西黄蓍胶、明胶、淀粉、纤维素衍生物、聚羧乙烯、卡波普和海藻酸钠等加水、甘油或丙二醇等制成；油性凝胶剂的基质常由液体石蜡与聚氧乙烯或脂肪油与胶体硅或铝皂、锌皂构成。在临床上应用较多的是以水凝胶为基质的凝胶剂。

水性凝胶剂是近年来发展较快的剂型，具有美观、易涂展、不油腻、生物利用度高、易洗除、不污染衣物等许多优点。其缺点是易失水和霉变，常须添加保湿剂和防腐剂，且用量较大。另外，可根据需要加入抗氧剂、增溶剂、透皮吸收促进剂等附加剂。

（1）卡波姆。商品名为卡波普，是一种引湿性很强的白色松散粉末，按黏度不同常分为卡波姆934、卡波姆940、卡波姆941等规格。卡波姆可以在水中迅速溶胀但不溶解，其分子结构中的羧酸基团使其水分散液呈酸性，1%水分散液的pH约为3.11，黏性较低。用碱中和时，随大分子逐渐溶解，黏度逐渐上升，在低浓度时形成澄明溶液，浓度较大时形成半透明状的凝胶，pH为6~11时有最大的黏度和稠度。卡波姆制成的基质无油腻感，涂用时润滑舒适，特别适宜于治疗脂溢性皮肤病。盐类电解质可使卡波姆的黏性下降，碱土金属离子以及阳离子聚合物等均可与之结合成不溶性盐，强酸也可使卡波姆失去黏性，在配伍时必须避免。

（2）纤维素衍生物。一些纤维素衍生物在水中溶胀或溶解为胶性物，调节至适宜的稠度可形成水溶性凝胶基质。常用的有甲基纤维素（MC）和羧甲基纤维素钠（CMC－Na），两者常用的浓度为2%~6%。前者缓缓溶于冷水，不溶于热水，但湿润、放置冷却后可溶解，后者在任何温度下均可溶解。该类基质涂布于皮肤时有较强黏附性，较易失水干燥而有不适感，须加入10%~15%的甘油作为保湿剂。该类基质易霉败，应加入防腐剂，常用0.2%~0.5%的羟苯乙酯。需要注意，制备CMC－Na基质时，不宜加硝（醋）酸苯汞、阳离子型药物及其他重金属盐作防腐剂，否则会与CMC－Na形成不溶性沉淀物，影响黏稠度、防腐效果和药效。

（3）甘油明胶。甘油明胶由明胶、甘油、水加热制得，比例为明胶占1%~3%，甘油占10%~30%。

二、制备技术

1. 制备工艺

凝胶剂生产工艺流程如图7－2－1所示。

2. 制备方法

水溶性药物常先溶于部分水或甘油中，必要时加热助溶，其余处方成分按基质配制方法制成水凝胶基质，再与药物溶液混匀后加水至足量搅匀即可；水不溶性药物可先用少量水或甘油研细，分散，再与基质混匀即可。对有无菌度要求的凝胶剂，应进行灭菌处理。制备凝

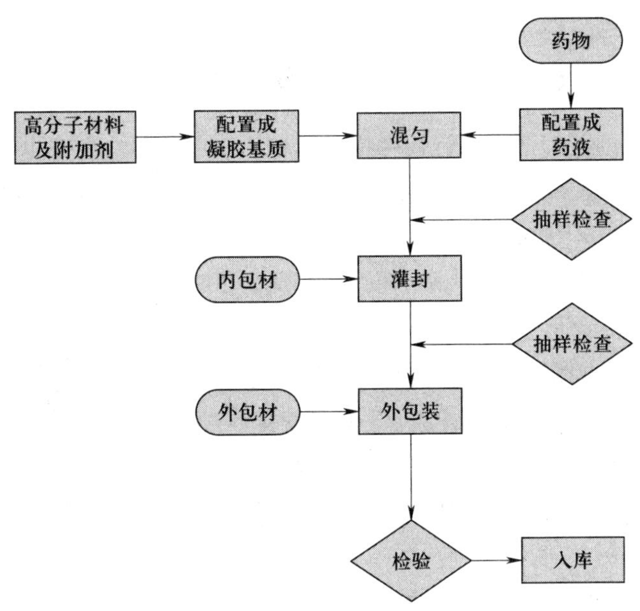

图 7-2-1 凝胶剂生产工艺流程

胶剂时，应注意基质溶胀的条件、加入的药物和附加剂对基质的影响、pH 对稠度的影响、各成分间的配伍禁忌等因素。

【知识链接】

新技术在凝胶剂中的应用

（1）环境敏感性凝胶。环境敏感性凝胶是利用凝胶所具有的一些性质，如对温度、电场、磁场、光、pH、离子强度等敏感，得到释药可控的凝胶，是一种理想的自调式给药系统，广泛应用于智能型给药系统中。随着智能材料研究工作的深入开展，研究和发展具有双（多）重响应功能的智能材料已成为这一前沿领域的重要发展方向，如“温、pH 双重敏感凝胶”“温、光敏凝胶”“热敏、磁响应性高分子凝胶微球”等。

（2）脂质体凝胶。脂质体的类生物膜结构提高了凝胶剂中药物的透皮吸收速率，使药物累积透过量高于普通凝胶剂。普通凝胶剂中药物易流失，而脂质体凝胶剂有药物储库效应，可增加药物在皮肤中的滞留时间而达到缓释目的。有学者进行了 5-氟尿嘧啶脂质体凝胶剂与 5-氟尿嘧啶普通凝胶剂的经皮渗透实验，测得脂质体凝胶剂 24 h 的药物浓度为 158.6 g/L，明显高于普通凝胶剂的 91.2 g/L。

（3）β-环糊精包合物在凝胶剂中的应用。辛蒿鼻炎凝胶剂主要用来治疗慢性鼻炎、过敏性鼻炎、鼻窦炎等，其主要组成部分辛夷、白芷均含有挥发油。为了减少挥发油成分的损失，提高生物利用度，将其制成 β-环糊精包合物。替硝唑经 β-环糊精包合后，溶解度和溶出度均有显著增加，在此基础上将包合物研制成凝胶，阴道给药用于妇科炎症的治疗，取得了满意的效果。

三、质量评价与包装、储存

1. 质量评价

（1）粒度。混悬型凝胶剂应进行粒度检查。取供试品适量，置于载玻片上，涂成薄层，薄层面积相当于盖玻片面积，共涂3片，按照粒度和粒度分布测定法［《中国药典》2020年版（通则0982第一法）］测定，均不得检出大于180 μm的粒子。

（2）装量。按照最低装量检查法［《中国药典》2020年版（通则0942）］检查，应符合规定。

（3）无菌。除另有规定外，用于烧伤［除程度较轻的烧伤（Ⅰ°或浅Ⅱ°）外］、严重创伤或临床必须无菌的，按照无菌检查法［《中国药典》2020年版（通则1101）］检查，应符合规定。

（4）微生物限度。除另有规定外，按照非无菌产品微生物限度检查，应符合规定。

2. 包装、储存

除另有规定外，凝胶剂应避光、密闭储存，并应防冻。

思考与练习

1. 简述凝胶剂的定义、特点和分类。
2. 凝胶剂的种类有哪些？
3. 写出凝胶剂质量要求。
4. 写出凝胶剂质量评价项目。
5. 写出凝胶剂制备工艺。

§7－3　眼膏剂

学习目标

1. 了解眼膏剂的定义和特点。
2. 了解眼膏剂包装、储存。
3. 熟悉眼膏剂质量要求。
4. 熟悉眼膏剂常用基质。
5. 掌握眼膏剂制备工艺。
6. 掌握眼膏剂制备方法。

一、基本知识

1. 定义和特点

眼膏剂是指药物与适宜基质制成的供眼用的无菌半固体制剂。

眼膏基质无水，具有化学惰性，适用于配制遇水不稳定的药物，如抗生素；较滴眼剂在结膜囊内保留时间长，属缓释长效制剂；能减轻眼睑对眼球的摩擦，有助于角膜损伤的愈合，常作为眼科术后用药；缺点是有油腻感，使视力模糊。

想一想

你在日常生活中见过眼膏剂吗？请举例。

2. 质量要求

（1）药物必须极细，纯度高，且不得染菌。

（2）应均匀、细腻、稠度适宜，易于涂布，无刺激性。

（3）无微生物污染，成品不得检出金黄色葡萄球菌和铜绿假单胞菌。

3. 常用基质

眼膏剂基质应对主药无影响，药物易释放，对眼睛无刺激性。常用的基质一般用黄凡士林8份及液体石蜡、羊毛脂各一份混合而成。根据气温，可适当增减液体石蜡的用量，以调节基质的稠度。基质中羊毛脂有表面活性剂作用和较强的吸水性和黏附性，使眼膏与泪液容易混合，并易附着于眼黏膜上，使基质中药物容易穿透眼黏膜。基质加热熔化后用绢布等适当滤材保温过滤，通过150 ℃、1～2 h干热灭菌，冷却备用。

二、制备技术

1. 制备工艺

眼膏剂生产工艺流程如图7－3－1所示。

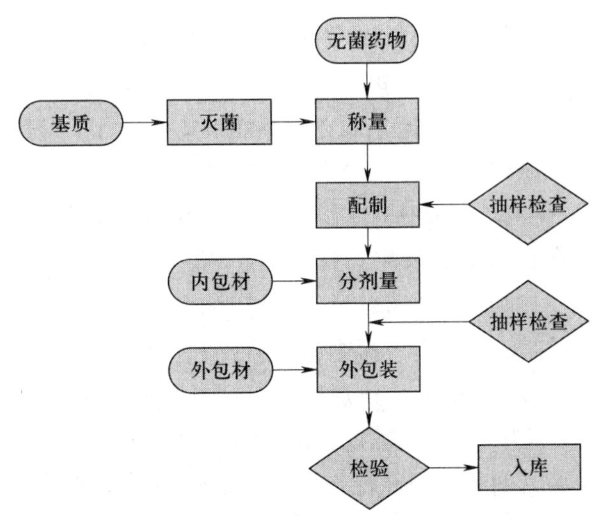

图7－3－1　眼膏剂生产工艺流程

2. 制备方法

眼膏剂的制备方法与软膏剂基本相同，但必须在清洁、灭菌的环境下进行，一般可在净化操作室或净化操作台中配制。所用基质、药物、器械与包装容器等均应严格灭菌，以避免污染微生物而致眼睛感染的危险。配制用具一般先用75%乙醇擦洗，用水洗净后再于150 ℃下干热灭菌1 h。大量生产所用器械如搅拌机、研磨机、灌封机等预先洗净干燥后，用前必须再用75%乙醇擦洗干净。包装用金属软膏管洗净后用75%乙醇或1% ~2%苯酚溶液浸泡，临用前用注射用水冲洗干净，烘干即可，也可用紫外线灯照射进行灭菌。包装用的不耐热的塑料软管可采用环氧乙烷或甲醛蒸气灭菌。

【知识链接】

眼膏剂生产中，药物的加入方法见表7-3-1。

表7-3-1　药物的加入方法

药物	加入方法
主药易溶于水而且性质稳定	可先用少量灭菌注射用水溶解配成水溶液，再分次加入灭菌基质研匀和吸附制成眼膏剂
主药溶于基质	可加热使之溶于基质
主药不溶于水或不宜用水溶解，且不溶于基质	可先用适当的方法制成极细粉，再加少量灭菌基质或灭菌液体石蜡研成糊状，然后分次加入剩余灭菌基质研匀，灌装于灭菌容器中，密封
挥发性药物	应在40 ℃以下加入，以免遇热损失

三、质量评价与包装、储存

1. 质量评价

（1）粒度。混悬型眼膏剂须进行粒度检查。取供试品10个，将内容物全部挤于合适的容器中，搅拌均匀，取适量（相当于10 μg）置于载玻片上涂成薄层，薄层面积相当于盖玻片面积，共涂3片，每片中大于50 μg的粒子不得超过2个，且不得检出大于90 μg的粒子。

（2）金属性异物。取供试品10个，分别将全部内容物置于底部平整光滑、无可见异物和气泡、直径为6 cm的平底培养皿中，加盖。在10个供试品中，含金属性异物超过8粒者不得超过1个，且其总数不得超过50粒，具体检测方法参见《中国药典》2020年版。

（3）无菌。按照《中国药典》2020年版中规定的无菌检查法检查，并应符合规定。

（4）含量均匀度。除另有规定外，每个容器的装量应不超过5 g。

（5）装量差异。取供试品20个，分别称定（或称定内容物），与平均装量相差超过±10%者不得超过2个，且与平均装量相差不得超过±20%。

（6）局部刺激性。眼膏剂、眼用乳膏剂、眼用凝胶剂应均匀、细腻，无刺激性，并易于涂布于眼部，便于原料药物分散和吸收。

2. 包装、储存

眼膏剂的包装与软膏剂类似，大生产一般用软膏管（铝管或塑料管）包装，使用方便，密封性好，不易污染。眼膏剂应避光密封储存，在启用后最多可使用4周。

思考与练习

1. 简述眼膏剂的定义和特点。
2. 简述眼膏剂的质量要求。
3. 写出眼膏剂的制备工艺流程。
4. 简述眼膏剂质量评价项目。

§7－4　贴膏剂

学习目标

1. 了解贴膏剂的定义、特点和分类。
2. 了解贴膏剂的包装、储存。
3. 熟悉凝胶贴膏的定义、组成、制备工艺。
4. 熟悉橡胶贴膏的定义、组成、制备工艺。
5. 熟悉贴膏剂质量评价。

一、基本知识

1. 贴膏剂的定义、特点和分类

贴膏剂系指将原料药物与适宜的基质制成膏状物，涂布于背衬材料上供皮肤贴敷，可产生全身或局部作用的一种薄片状制剂。贴膏剂是一种现代透皮给药制剂，近年来发展较快，具有透皮给药系统的所有特点，即无肝脏首过效应，避免胃肠道破坏，毒副作用小，药效持久，使用方便等，但缺点是需克服皮肤的屏障作用，要求具有一定的黏附力和透皮率。

贴膏剂包括凝胶贴膏（原巴布膏剂或凝胶膏剂）和橡胶贴膏（原橡胶贴膏）。

想一想

日常生活中用到的活血止痛膏属于贴膏剂吗？为什么？

【知识链接】

贴膏剂与贴剂的区别

贴膏剂使用亲水性基质，如聚丙烯酸钠、卡波姆等，贴剂一般使用非亲水性基质，如聚异丁烯压敏胶、聚丙烯酸压敏胶、硅酮压敏胶等。两者在外观上的区别：贴膏剂一般较厚，贴剂则很薄。由于贴膏剂采用的是亲水性基质，所以有凉爽的感觉，贴剂则没有。贴膏剂载药量大，适用于中药的水提物、醇提物；贴剂载药量低，适用于药效较强的西药。

2. 质量要求

（1）贴膏剂所用的材料及辅料应符合国家标准有关规定，并应考虑对贴膏剂局部刺激性和药物性质的影响。

（2）根据需要，贴膏剂中可加入表面活性剂、乳化剂、保湿剂、抑菌剂或抗氧剂等。

（3）贴膏剂的膏料应涂布均匀，膏面应光洁、色泽一致，且无脱膏、失黏现象，背衬面应平整、洁净、无漏膏现象。

（4）涂布中若使用有机溶剂，必要时应检查残留溶剂。

（5）采用乙醇等溶剂的，应在标签中注明过敏者慎用。

（6）根据原料药物和制剂的特性，除来源于动、植物多组分且难以建立测定方法的贴膏剂外，贴膏剂的含量均匀度、释放度、黏附力等应符合要求。

3. 凝胶贴膏

（1）定义。凝胶贴膏系指原料药物与适宜的亲水性基质混匀后涂布于背衬材料上制成的贴膏剂。

（2）特点。凝胶贴膏与皮肤的生物相容性好，亲水性高分子基质具有透气性、耐汗性、无致敏性以及无刺激性；载药量大，尤其适合中药浸膏；释药性能好，与皮肤的亲和性强，能提高角质层的水合作用，有利于药物透皮吸收；应用透皮吸收控释技术，使血药浓度平稳，药效持久；使用方便，不污染衣物，易洗除，可反复粘贴；生产过程中不使用汽油及其他有机溶剂，避免了对环境的污染。

（3）常用基质。基质的配方是凝胶贴膏研究的核心内容。凝胶贴膏基质具备以下条件：①对主药的稳定性无影响，无不良反应；②有适当的弹性和黏性；③对皮肤无刺激性和过敏性；④不在皮肤上残存，能保持膏剂的形状；⑤不因汗水作用而软化，在一定时间内具有稳定性和保湿性。常用基质有聚丙烯酸钠、羧甲基纤维素钠、明胶、甘油和微粉硅胶等。

（4）组成。凝胶贴膏的结构包括以下 3 部分：

1）背衬层，主要作为膏剂的载体，常用无纺布、人造棉布等。

2）膏体层，即基质和主药部分，在贴敷中产生一定的黏附性使之与皮肤紧密接触，以达到治疗目的。

3）防粘层，起保护膏体的作用，常用防粘纸、塑料薄膜、硬质纱布等。

（5）制备工艺。凝胶贴膏的制备工艺主要包括基质原料和药物的前处理、基质成形和制剂成形 3 部分，如图 7－4－1 所示。基质原料类型及其配比、基质与药物的比例、配制程序等均影响凝胶贴膏的成型。基质的性能是决定凝胶贴膏质量优劣的重要因素，黏附性与赋形性是基质处方筛选的重要评价指标。

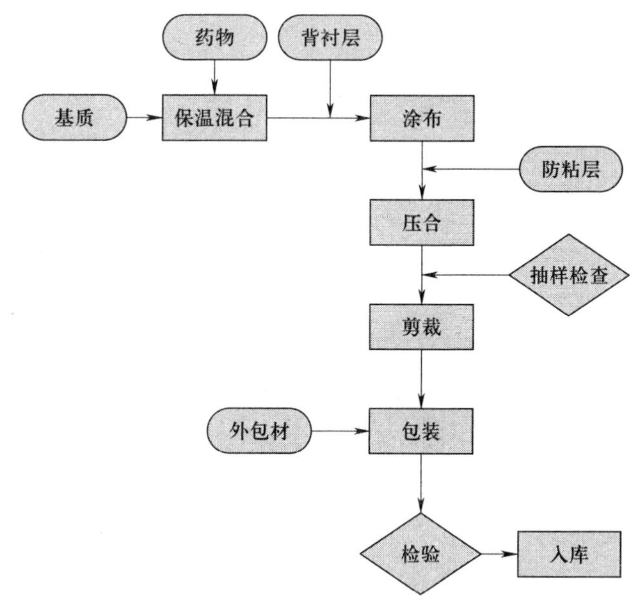

图 7－4－1　凝胶贴膏的制备工艺

4. 橡胶贴膏

（1）定义。橡胶贴膏系指原料药物与橡胶等基质混匀后涂布于背衬材料上制成的贴膏剂。橡胶贴膏的制备方法常用的有溶剂法和热压法。常用溶剂为汽油和正己烷，常用基质有橡胶、热塑性橡胶、松香、松香衍生物、凡士林、羊毛脂和氧化锌等。也可用其他适宜溶剂和基质。

（2）组成。橡胶贴膏的结构包括以下 3 部分：

1）背衬层，一般采用漂白细布，也可用无纺布等。

2）膏料层，由基质和药物组成，为橡胶贴膏的主要成分。

3）膏面覆盖层，常用硬质纱布、塑料薄膜、防粘纸等。

（3）制备工艺

橡胶贴膏制备工艺如图 7－4－2 所示。

二、质量评价与包装、储存

1. 质量评价

按照《中国药典》2020 年版规定，除另有规定外，贴膏剂应进行以下检查：

（1）含膏量。橡胶贴膏按照第一法检查，凝胶贴膏按照第二法检查。

1）第一法。取供试品 2 片（每片面积大于 35 cm^2 的，应切取 35 cm^2），除去盖衬，精密称定，置于同一个有盖玻璃容器中，加适量有机溶剂（如三氯甲烷、乙醚等）浸渍，并时时振摇。待背衬与膏料分离后，将背衬取出，用上述溶剂洗涤至背衬无残附膏料，挥去溶剂，在 105 ℃下干燥 30 min，移至干燥器中，冷却 30 min，精密称定，减失质量即为膏重。

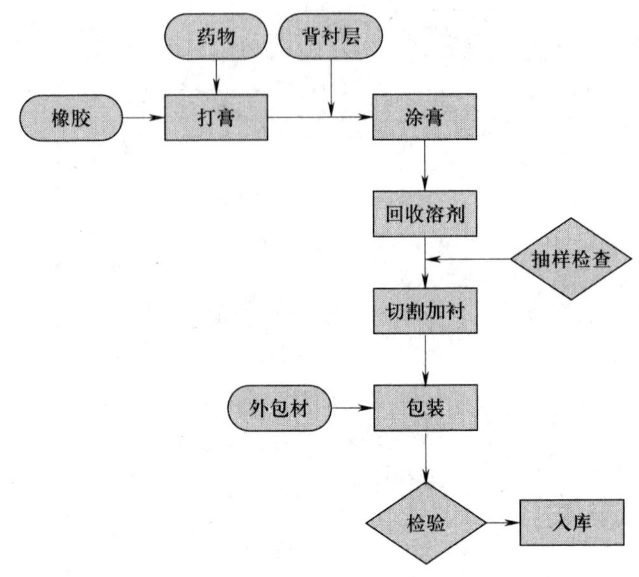

图 7-4-2　橡胶贴膏制备工艺

按标示面积换算成 100 cm²的含膏量，应符合各品种项下的规定。

2）第二法。取供试品 1 片，除去盖衬，精密称定，置于烧杯中，加适量水，加热煮沸至背衬与膏体分离后，将背衬取出，用水洗涤至背衬无残留膏体，晾干，在 105 ℃下干燥 30 min，移至干燥器中，冷却 30 min，精密称定，减失质量即为膏重。按标示面积换算成 100 cm²的含膏量，应符合各品种项下的规定。

（2）耐热性。除另有规定外，橡胶贴膏取供试品 2 片，除去盖衬，在 60 ℃下加热 2 h，放冷后，背衬应无渗油现象，膏面应有光泽，用手指触试应仍有黏性。

（3）赋形性。取凝胶贴膏供试品 1 片，置于温度为 37 ℃、相对湿度为 64% 的恒温恒湿箱中 30 min，取出，用夹子将供试品固定在平整钢板上，钢板与水平面的倾斜角为 60°，放置 24 h，膏面应无流淌现象。

（4）黏附力。除另有规定外，凝胶贴膏按照黏附力测定法［《中国药典》2020 年版（通则 0952 第一法）］测定，橡胶贴膏照黏附力测定法［《中国药典》2020 年版（通则 0952 第二法）］测定，均应符合各品种项下的规定。

（5）含量均匀度。凝胶贴膏，除另有规定或来源于动、植物多组分且难以建立测定方法的，按照含量均匀度检查法［《中国药典》2020 年版（通则 0941）］测定，并应符合规定。

（6）微生物限度。除另有规定外，按照非无菌产品微生物限度检查，应符合规定，橡胶贴膏每 10 cm²不得检出金黄色葡萄球菌和铜绿假单胞菌。

2. 包装、储存

贴膏剂通常由含有活性物质的支撑层和背衬层以及覆盖在药物释放表面上的盖衬层组成，盖衬层起防粘和保护制剂的作用。常用的背衬材料有棉布、无纺布、纸等，常用的盖衬材料有防粘纸、塑料薄膜、铝箔—聚乙烯复合膜、硬质纱布等。贴膏剂应密封储存。

思考与练习

1. 简述贴膏剂、凝胶贴膏、橡胶贴膏的定义。
2. 简述凝胶贴膏和橡胶贴膏的组成。
3. 写出凝胶贴膏和橡胶贴膏的制备工艺。
4. 写出贴膏剂质量评价项目。

实训项目 20　冻疮软膏制备

一、实训目的

1. 会分析冻疮软膏中各成分的作用。
2. 会按照工艺要求制备冻疮软膏。
3. 掌握制备冻疮软膏的注意事项。
4. 会按要求完成清洁工作。

二、仪器与材料

1. 仪器：水浴锅、研钵、100 目筛网、烧杯、玻璃棒等。
2. 材料：樟脑、薄荷脑、硼酸、羊毛脂、凡士林等。

三、实训内容与步骤

1. 实训处方

樟脑	30 g
薄荷脑	20 g
硼酸	50 g
羊毛脂	20 g
凡士林	880 g

2. 制备方法

（1）将硼酸过 100 目筛，与适量液体石蜡（约 10 mL）研成细腻糊状。

（2）再将樟脑、薄荷脑混合研磨使共熔，并与硼砂糊混匀。

（3）最后将羊毛脂和凡士林加热熔化，待温度降至 50 ℃时，以等量递加法分次加入以上混合物中，边加边研，直至冷凝。

3. 质量控制点

（1）樟脑、薄荷脑遇热易挥发，故待基质温度降至 50 ℃再加入。

（2）羊毛脂和凡士林加热熔化后用等量递加法分次加入。

（3）处方中樟脑与薄荷脑共研形成共熔混合物，且溶于液体石蜡，故加少量液体石蜡有助于分散均匀，使软膏更细腻。

【注意事项】

（1）冻疮软膏为油脂性基质软膏，用于冻疮的治疗。冻疮软膏通过促进局部的血液循环，改善冻疮部位的瘙痒以及疼痛，具有消炎抗菌、清热抑菌、舒筋通络的作用，可以有效地治疗冻疮。应在医生的指导下合理用药，有少数患者在用药后可能会发生刺激或者过敏等不良反应。如果存在皮肤破溃的情况，不可使用此药治疗。

（2）处方中羊毛脂可促进药物在皮肤的扩散。

四、实训测评

按表 S－20－1 所列实训评分标准进行测评，并做好记录。

表 S－20－1　实训评分标准

序号	考核内容	考核标准	配分	得分
1	制备前准备	复习软膏剂与乳膏剂知识，预习制备方法，确认实训所需仪器、材料和生产环境	10	
2	制备操作	步骤熟悉，称取、量取方法正确，樟脑、薄荷脑加入条件判断正确，羊毛脂和凡士林加入方法正确	40	
3	质量控制与判断	外观、黏稠度符合要求	20	
4	清洁与清场	整理材料和文件资料，对台面、研钵、筛网、水槽等进行清洁	15	
5	实训报告	按时上交，要素齐全，字迹清晰，总结到位，体会深刻	15	
合计			100	

实训项目 21　尿素霜制备

一、实训目的

1. 会分析尿素霜中各成分的作用。
2. 会按照工艺要求制备尿素霜。
3. 掌握制备尿素霜的注意事项。
4. 会按要求完成清洁工作。

二、仪器与材料

1. 仪器：烧杯、玻璃棒、水浴锅等。

2. 材料：尿素、三乙醇胺、甘油、硬脂酸、液体石蜡、凡士林、羊毛脂、蒸馏水。

三、实训内容与步骤

1. 制备处方

尿素	10 g
三乙醇胺	0. 8 mL
甘油	8 mL
蒸馏水	18 mL
硬脂酸	5 g
液体石蜡	7 mL
凡士林	0. 8 g
羊毛脂	0. 8 g

2. 制备方法

（1）油相制备：取油相硬脂酸、液体石蜡、凡士林、羊毛脂置于水浴中加热熔化至 70～80 ℃。

（2）水相制备：三乙醇胺、甘油、适量水加热至 70～80 ℃。

（3）油相、水相温度相同时，将油相缓缓加到水相中，随加随搅拌（同一方向）。

（4）待温度降至 60 ℃以下时，加入已溶解的尿素搅匀即得。

3. 质量控制点

（1）两相混合时，温度要相近，否则成品中容易出现粗细不匀的颗粒。

（2）要沿同一方向搅拌。

（3）尿素遇热不稳定，加入时温度应控制在 60 ℃以下。

【注意事项】

（1）尿素为无色或白色结晶性粉末，无毒，无刺激性和致敏性，具有抗菌作用，并可止痒和促进肉芽生长。此外，尿素可使角质蛋白溶解变性，增强角质层的水合作用，并增加皮肤角质层的含水量，从而使皮肤柔软不易皲裂。

（2）该法制备的尿素霜为白色细腻乳膏状，是 O/W 型乳膏，有利于皮肤吸收并具有润滑性，无刺激性，涂展性、黏稠性适宜，用于治疗各种原因引起的皲裂。手足部患有真菌（手足癣感染、湿疹者），老年人的皮脂腺萎缩，脂肪分泌减少，皮肤干燥引起的脆裂等，使用尿素霜后均取得满意疗效，未见不良反应，值得推广应用。

四、实训测评

按表 S－21－1 所列实训评分标准进行测评，并做好记录。

表 S－21－1　　实训评分标准

序号	考核内容	考核标准	配分	得分
1	制备前准备	复习软膏剂与乳膏剂知识，预习制备方法，确认实训所需仪器、材料和生产环境	10	
2	制备操作	步骤熟悉，称取、量取方法正确，制备油相、水相正确，混合方法、尿素加入方法正确	40	
3	质量控制与判断	外观、黏稠度符合要求	20	
4	清洁与清场	整理材料和文件资料，对台面、烧杯、水槽等进行清洁	15	
5	实训报告	按时上交，要素齐全，字迹清晰，总结到位，体会深刻	15	
合计			100	

实训项目 22　卡波姆凝胶基质的制备

一、实训目的

1. 会分析卡波姆凝胶基质中各成分的作用。
2. 会按照工艺要求制备卡波姆凝胶基质。
3. 掌握制备卡波姆凝胶基质的注意事项。
4. 按要求完成清洁工作。

二、仪器与材料

1. 仪器：烧杯、玻璃棒等。
2. 材料：卡波姆 940、乙醇、甘油、聚山梨酯 80、氢氧化钠、羟苯乙酯、蒸馏水等。

三、实训内容与步骤

1. 制备处方

卡波姆 940	10 g
乙醇	50 g
甘油	50 g
聚山梨酯 80	2 g
氢氧化钠	4 g
羟苯乙酯	1 g
蒸馏水	加至 1 000 g

2. 制备方法

（1）将卡波姆940与聚山梨酯80、甘油及300 mL蒸馏水混合，加入100 mL的氢氧化钠水溶液。

（2）再将羟苯乙酯溶于乙醇后逐渐加入，搅拌均匀，即得透明凝胶。

3. 质量控制点

波姆940必须充分溶胀，否则成品中容易出现粗细不匀的颗粒。

【注意事项】

调配好的凝胶基质可直接与其他原料一起调配各种凝胶类，只要控制卡波姆浓度在0.8%以内即可，建议在0.5%左右比较合适。通常情况下，只需浓度为0.5%的卡波姆，就可以制出外观和质感佳的凝胶产品。

四、实训测评

按表S－22－1所列实训评分标准进行测评，并做好记录。

表S－22－1　　实训评分标准

序号	考核内容	考核标准	配分	得分
1	制备前准备	复习凝胶剂知识，预习制备方法，确认实训所需仪器、材料和生产环境	10	
2	制备操作	步骤熟悉，称取、量取方法及混合方法正确	40	
3	质量控制与判断	外观、黏稠度符合要求	20	
4	清洁与清场	整理材料和文件资料，对台面、烧杯、水槽等进行清洁	15	
5	实训报告	按时上交，要素齐全，字迹清晰，总结到位，体会深刻	15	
合计			100	

第八章 其他制剂

本章主要包括膜剂、涂膜剂、气雾剂、喷雾剂和粉雾剂等剂型的定义、特点、成膜材料、制备等相关知识。

§8－1　膜剂、涂膜剂

学习目标

1. 了解涂膜剂的制法和质量评价。
2. 熟悉涂膜剂的定义、特点和组成。
3. 掌握膜剂的定义、特点、成膜材料、制备及相关知识。
4. 能对膜剂与涂膜剂进行处方分析。

一、膜剂

1. 概述

膜剂系指原料药物与适宜的成膜材料经加工制成的膜状制剂，主要供口服或黏膜用。膜剂可用于口服、舌下、眼结膜囊、口腔、阴道、体内植入、皮肤和黏膜创伤、烧伤或炎症表面等各种途径和方法给药，以发挥局部或全身作用。

（1）膜剂的特点如下：

1）膜剂体积小、质量轻，应用、携带及运输方便。

2）可制成不同释药速度的膜剂。

3）生产工艺简单，易于自动化和无菌生产，生产中没有粉尘飞扬。

4）药物含量准确，质量稳定。

5）载药量小，只适合小剂量的药物。

（2）膜剂的分类如下：

1）根据膜剂的结构类型分类，有单层膜剂、夹心膜剂、多层复方膜剂。

2）根据膜剂的外观分类，有透明膜和不透明膜。

3）根据膜剂给药途径分类，有口服膜剂、口腔用膜剂、眼用膜剂、阴道用膜剂、皮肤用膜剂、黏膜用膜剂、植入膜剂。

2. 成膜材料

膜剂一般由主药、成膜材料和附加剂 3 部分组成。成膜材料及附加剂应无毒，无刺激性，性质稳定，与原料药物兼容性良好。如果原料药物具有可溶性，应与成膜材料制成具有一定黏度的溶液；如果为不溶性原料药物，应粉碎成极细粉，并与成膜材料等混合均匀。

（1）成膜材料的要求。成膜材料的性能、质量不仅对膜剂的制备工艺有影响，而且对膜剂的质量及药效有重要影响。理想的成膜材料应符合下列要求：无毒，无刺激性，性质稳定，与药物兼容性良好；用于皮肤、黏膜、创伤、溃疡或炎症部位，应不妨碍组织愈合，吸收后不影响机体正常的生理功能；长期使用无致癌、致畸、致突变等不良反应；成膜性和脱膜性良好，成膜后具有一定的机械强度、柔性和弹性；价格便宜，来源丰富，使用方便。

（2）常用的成膜材料。常用的成膜材料是一些高分子物质，按来源不同可分为两类。一类是天然高分子化合物，如淀粉、糊精、纤维素、明胶、虫胶、琼脂、阿拉伯胶、海藻酸、白及胶等。此类成膜材料多数可降解或溶解，但成膜性能较差，故常与其他成膜材料合用。另一类是合成高分子化合物，如纤维素衍生物、聚乙烯胺类、乙烯－醋酸乙烯衍生物、聚维酮、聚乙烯醇等。其中，聚乙烯醇的成膜性能及膜的抗拉强度、柔韧性、吸湿性和水溶性最佳。

1）聚乙烯醇（PVA）。PVA 是由醋酸乙烯酯聚合后，经氢氧化钾醇溶液降解后制得的高分子物质，为白色或黄白色粉末状颗粒，对眼黏膜和皮肤无毒、无刺激，是一种安全的外用辅料。PVA 口服后在消化道中很少吸收，80% 的 PVA 在 48 h 内随大便排出。PVA 的性质主要由其聚合度和醇解度来决定，其聚合度和醇解度不同，则有不同的规格和性质。国内常用的 PVA 有 05－88 和 17－88 两种规格，其中“05”和“17”分别表示平均聚合度为 500～600 和 1 700～1 800，“88”表示醇解度为 88%±2%。两种 PVA 均能溶于水，PVA 05－88 聚合度小，水溶性大，柔韧性差；PVA 17－88 聚合度大，水溶性小，柔韧性好。两者以适当比例（如 1∶3）混合使用，能制得很好的膜剂。

2）乙烯－醋酸乙烯共聚物（EVA）。EVA 是乙烯和醋酸乙烯在过氧化物或偶氮异丁腈引发下共聚而成的水不溶性高分子聚合物，为透明、无色粉末或颗粒。EVA 的性能与其相对分子质量及醋酸乙烯含量有很大关系。随着相对分子质量的增加，共聚物玻璃化温度和机械强度也增大。当相对分子质量相同时，醋酸乙烯比例越大，材料的溶解性、柔韧性越好，透明度越大。控释膜多用 EVA 作膜材。

（3）常用附加剂。常用附加剂有增塑剂、遮光剂、着色剂、填充剂和表面活性剂。增塑剂常用甘油、三醋酸甘油酯、山梨醇等，使制得的膜柔软并具有一定的抗拉强度。着色剂常用食用色素。填充剂有碳酸钙、二氧化硅、淀粉等。表面活性剂常用聚山梨酯 80、豆磷脂等。除食用色素应符合食用规格外，其他辅料都应符合药用规格。

3. 膜剂的制备

（1）膜剂的处方组成（见表8－1－1）。

表8－1－1　膜剂的处方组成

处方	比例
主药	0～70%
成膜材料（PVA等）	30%～100%
增塑剂（甘油、山梨醇等）	0～20%
表面活性剂（聚山梨酯80、豆磷脂等）	1%～2%
填充剂（淀粉、二氧化硅等）	0～20%
着色剂（色素、二氧化钛等）	0～2%
脱膜剂（液体石蜡）	适量

（2）制备方法如下：

1）匀浆制膜法。匀浆制膜法又称涂膜法，为国内膜剂最常用的制备方法。其工艺过程：将成膜材料溶解于水，过滤，将主药加入，充分搅拌使主药均匀分散于浆液中，脱去气泡，小量制备时倾于平板玻璃上涂成宽厚一致的涂层，大量生产可用涂膜机涂膜，烘干后根据主药含量计算单剂量膜的面积，经烫封、打格、切割、包装即得。匀浆制膜法工艺流程如图8－1－1所示。

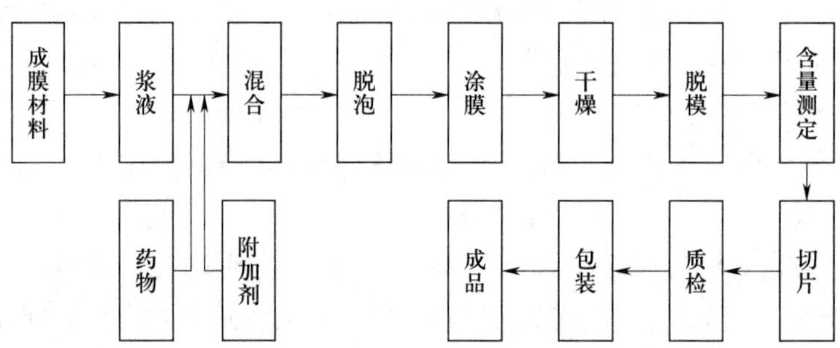

图8－1－1　匀浆制膜法工艺流程

2）热塑制膜法。该法是将药物细粉和成膜材料（如EVA）相混合，用橡皮滚筒混碾，热压成膜；或将成膜材料如聚乳酸在热熔状态下加入药物细粉，使其溶解或均匀混合，涂膜，在冷却过程中成膜。

3）复合制膜法。该法以不溶性的热塑性成膜材料（如EVA）为外膜，分别制成具有凹穴的下底外膜带和上外膜带，另用水溶性的成膜材料（如PVA或海藻酸钠）用匀浆制膜法制成含药的内膜带，剪切后置于下底外膜带的凹穴中。也可用易挥发性溶剂制成含药匀浆，以间隙定量注入的方法注入下底外膜带的凹穴中，经吹风干燥后，盖上外膜带，热封即得。

该法一般适用于缓释膜剂的制备。

4. 质量评价

膜剂外观应完整光洁，厚度一致，色泽均匀，无明显气泡。多剂量膜剂的分格压痕应均匀清晰，并能按压痕撕开。

根据《中国药典》2020 年版，除另有规定外，膜剂应进行以下相应检查：

（1）重量差异。膜剂重量差异限度见表 8－1－2。除另有规定外，取供试品 20 片，精密称定总质量，求得平均质量，再分别精密称定各片的质量。每片质量与平均质量相比较，按表 8－1－2 中的规定，超出重量差异限度的膜片不得多于 2 片，并不得有 1 片超出重量差异限度 1 倍。

表 8－1－2　膜剂重量差异限度

标识重量	重量差异限度
0.02 g 及 0.02 g 以下	±15%
0.02 g 以上至 0.20 g	±10%
0.20 g 以上	±7.5%

凡进行含量均匀度检查的膜剂，一般不再进行重量差异检查。

（2）微生物限度。除另有规定外，按照非无菌产品微生物限度检查，并应符合规定。

练一练

（1）你见过的膜剂中用到了哪些成膜材料？这些成膜材料的性质是什么？

（2）说出匀浆制膜法制备膜剂的工艺流程。

二、涂膜剂

1. 概述

涂膜剂系指将高分子成膜材料及药物溶解于溶剂中制成的可涂布成膜的外用胶体溶液制剂。用时将涂膜剂涂于患处，有机溶剂挥发后形成薄膜，对患处有保护作用，同时逐渐释放所含药物而起治疗作用。涂膜剂一般用于治疗慢性无渗出液的皮损、过敏性皮炎、银屑病和神经性皮炎等。涂膜剂的特点是流动性好，易涂布，成膜时间短，膜表面光滑易揭，见效快，作用时间长，制备工艺简单，不用裱褙材料和特殊的机械设备，使用方便。

2. 组成与制法

涂膜剂的处方由药物、成膜材料、挥发性有机溶剂以及附加剂组成。常用的成膜材料有聚乙烯醇（PVA）、壳聚糖及其衍生物、卡波姆、聚乙烯醇缩甲乙醛等。溶剂一般为乙醇、丙酮或二者的混合物。常见增塑剂有邻苯二甲酸二丁酯、山梨醇、甘油等，透皮吸收促进剂有氮酮、冰片、薄荷脑等，防腐剂常用尼泊金酯类。

涂膜剂的制备工艺比较简单，类似高分子溶液剂的生产，主要包括膜材料的溶解及其与药物成分的混合两部分。首先视药物溶解性将其溶解于适宜溶剂中，然后与膜材溶液混合，或直接加入膜材溶液中，混匀即可。

3. 质量评价

按照《中国药典》2020 年版对涂膜剂质量检查的有关规定，涂膜剂应进行装量及微生物限度检查，用于烧伤［除程度较轻的烧伤（Ⅰ°或浅Ⅱ°）外］、严重创伤或临床必须无菌的涂膜剂按照无菌检查法［《中国药典》2020 年版（通则 1101）］检查，并应符合规定。

思考与练习

1. 什么是膜剂？膜剂的优点及缺点有哪些？
2. 膜剂的制备方法主要有哪些种类？
3. 试举例说明膜剂中常用的附加剂及其作用。
4. 什么是涂膜剂？涂膜剂的特点是什么？

§8－2　气雾剂、喷雾剂与粉雾剂

学习目标

1. 了解喷雾剂的定义。
2. 熟悉气雾剂的制备方法。
3. 熟悉粉雾剂的定义和特点。
4. 掌握气雾剂的定义、分类、特点、组成和质量要求。
5. 能区分气雾剂、喷雾剂与粉雾剂。

一、概述

1. 概念

气雾剂、喷雾剂与粉雾剂指药物以特殊给药装置给药后，经呼吸道深部、腔道黏膜或皮肤等发挥全身或局部作用的制剂。该类制剂按用药途径分为吸入、非吸入和外用。

气雾剂系指原料药物或原料药物和附加剂与适宜的抛射剂共同封装于具有特制阀门系统的耐压容器中，使用时借助抛射剂的压力将内容物呈雾状喷出，用于肺部吸入或直接喷至腔道黏膜、皮肤的制剂。气雾剂雾滴一般小于 50 μm，主要通过肺部吸入或直接喷至腔道黏膜、皮肤起治疗及空间消毒作用。药物喷出状态多为雾状气溶胶，也可为泡沫状或微细粉末状。

喷雾剂系指含药溶液、乳状液或混悬液填充于特制的装置中，使用时借助手动泵的压力、高压气体、超声振动或其他方法将内容物呈雾状释出，用于肺部吸入或直接喷至腔道黏膜、皮肤及空间消毒的制剂。

粉雾剂系指一种或一种以上的药物粉末经特殊的给药装置后，以干粉形式进入呼吸道，发挥局部或全身作用的一种给药系统。

【知识链接】

吸入制剂和非吸入制剂的区别

气雾剂、喷雾剂和粉雾剂均为常见的吸入制剂类型。与普通口服制剂相比，吸入制剂的药物可直接到达吸收或作用部位，无胃肠道降解作用，起效快，并可避免肝脏首过效应，减少用药；与注射制剂相比，吸入制剂可提高患者依从性，同时可减轻或避免部分药物的不良反应，特别适用于需长期注射治疗的患者。

2. 肺部吸收药物

（1）肺部的吸收。通过肺部吸收的药物，吸收速度迅速，起效不亚于静脉注射。肺部吸收迅速的原因主要是肺部具有巨大的吸收面积。肺由气管、支气管、细支气管、肺泡管和肺泡囊组成。其中，肺泡囊的数目达3亿～4亿个，总表面积可达70～100 m^2，为体表面积的25倍。肺泡囊是气体与血液进行快速交换的部位，也是药物在肺部吸收的主要部位，药物到达肺泡囊后可迅速吸收显效。例如，通过吸入给药的异丙肾上腺素气雾剂，患者吸入后1～2 min即可起平喘作用。

（2）影响肺部吸收药物的因素。影响肺部吸收药物的因素较多，其中主要因素如下：

1）呼吸道的气流。正常人每分钟呼吸15～16次，每次吸气量为500～600 cm^3，当空气进入支气管以下部位时，气流速度逐渐减慢，多呈层流状态，易使气体中所含的药物细粒沉积。

2）药物微粒的大小。药物微粒大小是影响药物能否深入肺泡囊的主要因素。较大的微粒大部分落在上呼吸道黏膜上，吸收少而慢；如果微粒太小，则进入肺泡囊后大部分由呼气排出，而在肺部的沉积率很低。

3）药物的性质。吸入的药物最好能溶解于呼吸道的分泌液，否则将成为异物，对呼吸道产生刺激。

二、气雾剂

1. 概述

（1）气雾剂的特点。

1）气雾剂的主要优点如下：

①气雾剂可使药物直接到达作用或吸收部位，分布均匀，奏效快。

②药物密闭于不透明的容器中，避光且不与空气中的氧或水分直接接触，也不易被微生

物污染，稳定性好。

③药物不经胃肠道吸收，可避免胃肠道的破坏和肝脏的首过效应，生物利用度高。

④气雾剂可通过定量阀门准确控制剂量，且喷出物分布均匀，使用时只需按动推动钮，药液即可喷出，使用方便。

⑤药物以细小雾滴等形式喷于用药部位，机械刺激性小，并可减少局部涂药的疼痛与感染，尤其适用于外伤和烧伤患者。

2）气雾剂的主要缺点如下：

①气雾剂需要使用耐压容器、阀门系统和特殊的生产设备，成本较高。

②抛射剂因其高度挥发性而具有制冷效应，多次用于受伤皮肤上可引起不适与刺激。

③气雾剂如果封装不严密，可因抛射剂的泄漏而失效。

④吸入气雾剂因肺部吸收干扰因素多，往往吸收不完全且变异性较大。

⑤容器内具有一定的压力，遇热或受撞击可能发生爆炸。

（2）气雾剂的分类。内容物喷出后呈泡沫状或半固体状，则称之为泡沫剂或凝胶剂/乳膏剂。气雾剂按用药途径可分为吸入气雾剂、非吸入气雾剂，按分散系统可分为溶液型、混悬型（粉末气雾剂）或乳剂型（泡沫气雾剂），按处方组成可分为二相气雾剂（气相与液相）和三相气雾剂（气相、液相、固相或液相），按给药定量与否可分为定量气雾剂和非定量气雾剂。

气雾剂按用药部位可分为吸入气雾剂、鼻用气雾剂和皮肤用气雾剂。吸入气雾剂系指经口吸入并沉积于肺部的制剂，通常也被称为压力定量吸入剂。揿压阀门可定量释放活性物质。吸入气雾剂的雾滴大小应控制在 10 μm 以下，其中大多数应为 5 μm 以下，一般不使用饮片细粉。鼻用气雾剂系指经鼻吸入并沉积于鼻腔的制剂。揿压阀门可定量释放活性物质。皮肤用气雾剂系指喷洒于皮肤表面的气雾剂。

（3）气雾剂的组成。气雾剂由抛射剂、药物与附加剂、耐压容器和阀门系统组成。

1）抛射剂。抛射剂是提供气雾剂动力的物质，有时可兼作药物的溶剂或稀释剂。抛射剂多为液化气体，在常压下沸点低于室温，因此应装入耐压容器中，由阀门系统控制。当阀门开启时，借助抛射剂急剧汽化所产生的压力，容器内的药液以雾状喷出到达用药部位。气雾剂的喷射能力取决于抛射剂的用量及其蒸气压。一般，用量越大，蒸气压越高，则喷射能力越强。吸入气雾剂要求喷出物干，雾滴细，喷射能力强；非吸入气雾剂喷射能力要求低一些。一般根据气雾剂所需压力，可将两种或几种抛射剂以适宜比例混合使用，通过调整用量和蒸气压来达到所需的喷射能力。抛射剂的主要类别如下：

①氢氟烷烃类（HFA）。氢氟烷烃在人体内残留少，毒性小，化学性质稳定，不具有可燃性，应用前景广阔。目前，FDA 注册的氢氟烷烃类抛射剂有四氟乙烷（HFA－134a）和七氟丙烷（HFA－227）。其性状、沸点与氟利昂类似，但化学稳定性较差。应用 HFA 作为抛射剂制备气雾剂时，需要进行多方面的考察，主要包括处方的重新筛选、新制剂的药效学和毒理学评价以及耐压容器、定量阀门和生产设备的重新调整等。

②二甲醚（DME）。二甲醚在常温常压下为无色气体或压缩液体，具有轻微醚香味，对

臭氧层破坏系数为零，不污染环境；常温下具有惰性，无腐蚀性和致癌性；具有优良的水溶性和溶解性；易压缩、冷凝或汽化。但二甲醚属于可燃性气体，需要利用其与水的高互溶性，加入适量阻燃剂（如水、氟制剂）降低其可燃性。因其可燃性问题，FDA 目前尚未批准其用于定量吸入气雾剂。

③碳氢化合物。该类碳氢化合物主要有丙烷、正丁烷、异丁烷。该类抛射剂密度低，沸点较低，毒性不大，但易燃、易爆，不宜单独使用，常与其他抛射剂合用。

④压缩气体类。压缩气体类主要有二氧化碳、氮气和一氧化氮等。该类抛射剂化学性质稳定，不与药物发生反应，不燃烧。但液化后的沸点较低，对容器耐压性能的要求高（需小钢球包装）。使用时压力容易迅速降低而达不到持久喷射的效果，因而在吸入气雾剂中不常用，主要用于喷雾剂。

2）药物与附加剂。气雾剂的药物与附加剂的使用如下：

①药物。制备气雾剂的药物可以是液体、半固体或固体粉末，应用较多的药物有呼吸系统用药、心血管系统用药、解痉药和烧伤用药等。

②附加剂。为制备质量稳定的溶液型、混悬型或乳剂型气雾剂，常加入适宜的助溶剂、抗氧剂、抑菌剂、表面活性剂等附加剂。在溶液型气雾剂中，可加入适量乙醇、丙二醇或聚乙二醇等作为潜溶剂，使药物与抛射剂混合成均相溶液；在混悬型气雾剂中，可加入固体润湿剂如滑石粉、胶体二氧化硅等，以使药物微粉易分散混悬于抛射剂中；在乳剂型气雾剂中，应加入适当的乳化剂，如聚山梨酯、三乙醇胺硬脂酸酯或司盘类等，若药物不溶于水或在水中不稳定，可用甘油、丙二醇代替水。此外，根据药物的性质可加入适量的抗氧剂，如维生素 C、焦亚硫酸钠等。

3）耐压容器。气雾剂的耐压容器各组成部件均不得与原料药物或附加剂发生理化作用，其尺寸精度与溶胀性必须符合要求，具有一定的耐压性、耐冲击性、耐腐蚀性，轻便，价廉等。耐压容器有玻璃容器、金属容器和塑料容器。

①玻璃容器化学性质稳定，耐腐蚀及抗渗漏性强，易于加工成形，价廉易得，较常用。玻璃容器耐压和耐撞击性差，常在外装有塑料防护层。

②金属容器包括铝、不锈钢等容器，耐压性强，易于机械化生产，但成本较高，且容易与药液反应，需内涂聚乙烯或环氧树脂等。

③塑料容器质地轻、牢固而耐压，抗撞击性和耐腐蚀性均较好，但塑料通透性较高，其添加剂可能影响药物的稳定性。

4）阀门系统。气雾剂的阀门系统是控制药物和抛射剂从密闭耐压容器中喷出的主要部件，一般有供呼吸道用的定量阀门、供腔道或皮肤用的泡沫阀门、非定量阀门系统等。阀门系统应坚固、耐用、结构稳定，所用材料必须对内容物为惰性，其加工也应精密。以下主要介绍使用最多的定量型吸入气雾剂阀门系统的结构和组成部件（见图 8－2－1）。

①封帽通常为铝制品，将阀门固封在容器上，必要时涂上环氧树脂等薄膜。

②阀门杆（轴芯）由尼龙或不锈钢制成，顶端与推动钮相连，其上端有内孔（出药孔）

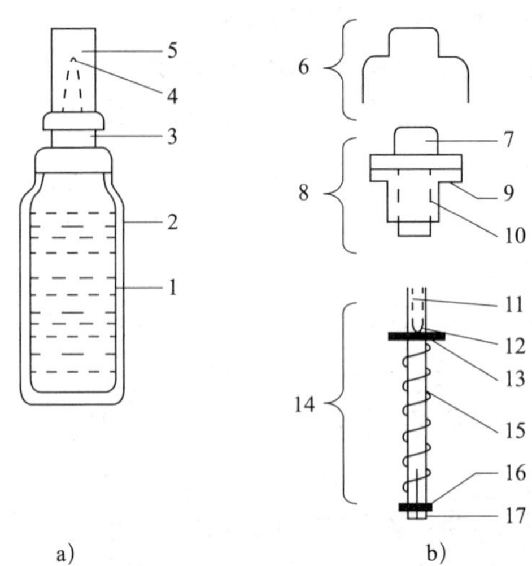

图 8－2－1　定量型吸入气雾剂阀门系统的结构和组成部件

a）气雾剂外形　b）定量阀门部件

1—玻璃瓶　2—塑料套　3—定量阀门　4—喷出孔　5—推动钮　6—封帽　7—定量室　8—定量杆　9—橡胶垫圈　10—水孔　11—膨胀室　12—内孔　13—出液橡胶封圈　14—阀门杆　15—弹簧　16—进液橡胶封圈　17—进液槽（轴芯槽）

和膨胀室，下端有一段细槽或缺口以供药液进入定量室。

内孔是阀门连通容器内外的极细小孔，其大小关系到气雾剂喷射雾滴的粗细。内孔位于阀门杆之旁，平常被橡胶封圈封在定量室之外，使容器内外不连通。当揿下推动钮时，内孔进入定量室，与药液相通，药液即通过它进入膨胀室，然后从喷嘴喷出。

膨胀室在阀门杆内，位于内孔之上。药液进入此室时，部分抛射剂因减压汽化而骤然膨胀，药液雾化形成细雾滴喷出。

③橡胶封圈通常由丁腈橡胶制成，具有较好的弹性，分为进液和出液橡胶封圈两种。进液橡胶封圈紧套于阀门杆下端，在弹簧之下，它的作用是托住弹簧，同时随着阀门杆的上下移动而使进液槽打开或关闭，且封闭定量室下端，使药液不致倒流。出液橡胶封圈（定量室封圈）紧套于阀门杆上端，在内孔之下、弹簧之上，它的作用是随着阀门杆的上下移动而使内孔打开或关闭，同时封闭定量室上端，使药液不溢出。

④弹簧由不锈钢制成，套于阀门杆，位于定量室内，为推动钮提供上升的弹力。

⑤定量室也称定量杯，由塑料或金属制成，其容量一般为 0.05～0.20 mL，决定气雾剂的剂量。由橡胶封圈控制定量室药液不外溢，使喷出的剂量准确。

⑥浸入管由塑料制成，是将容器内药液向上输送到阀门系统的通道。喷射时，按下推动钮，阀门杆在推动钮的压力下顶入，弹簧受压，内孔进入出液橡胶封圈以内，定量室内的药液由内孔进入膨胀室，汽化后喷出。同时引液槽全部进入瓶内，进液橡胶封圈封闭药液进入定量室的通道。推动钮压力解除后，在弹簧的作用下，阀门杆恢复原位，药液再次进入定量室。再次使用时，重复这一过程。

⑦推动钮由塑料制成，装在阀门杆的顶端，推动阀门杆开启或关闭气雾剂阀门，上有喷

嘴，控制药液喷出的方向。根据需要，可选择不同喷嘴类型的推动钮。

2. 气雾剂的制备

气雾剂应在避菌条件下制备，各种用具、容器等应进行清洁、灭菌，整个操作过程要防止微生物的污染。气雾剂的一般制备工艺流程如图 8－2－2 所示。

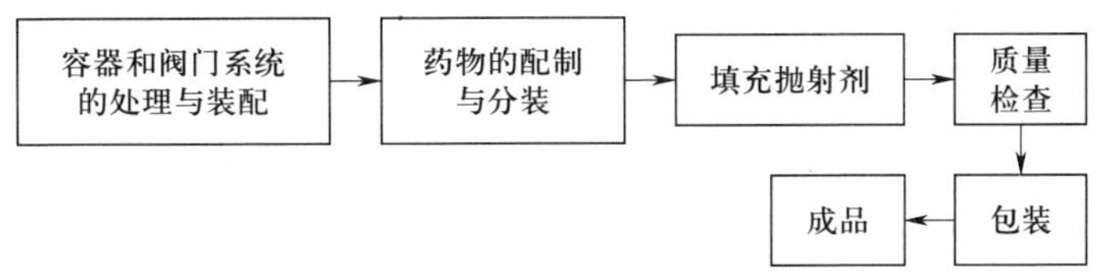

图 8－2－2　气雾剂的一般制备工艺流程

（1）容器和阀门系统的处理与装配。

1）玻璃搪塑。先将玻璃瓶洗净烘干，预热至 120～130 ℃，趁热浸入塑料黏浆中，使瓶颈以下黏附一层塑料浆液，倒置，在 150～170 ℃烘干 15 min，备用。涂层应均匀地紧密包裹玻璃瓶，避免爆瓶时玻璃片飞溅，外表应平整、美观。

2）阀门系统的处理与装配。分别处理阀门的各种零件：橡胶制品可在 75% 乙醇中浸泡 24 h，以除去色泽并消毒，干燥备用；塑料、尼龙零件洗净后浸泡在 95% 乙醇中备用；不锈钢弹簧在 1% ～3% 氢氧化钠碱液中煮沸 10～30 min，用水洗涤数次，再用纯化水洗 2～3 次，直至无油腻为止，浸泡在 95% 乙醇中备用。最后按照阀门系统的结构装配上述零件。

（2）药物的配制与分装。药物的配制应按照处方组成及所要求的气雾剂类型进行。二相气雾剂应按处方制得澄清的溶液后，按规定量分装。三相气雾剂应将微粉化（或乳化）原料药物和附加剂充分混合制得混悬液或乳状液，如有必要，抽样检查符合要求后分装。在制备过程中，必要时应严格控制水分，防止水分混入。

（3）填充抛射剂。抛射剂的填充有压灌法和冷灌法两种。

1）压灌法。先将配好的药液于室温下灌入容器内，再装上阀门并轧紧封帽，抽去容器内的空气，然后通过压装机压入定量的液化抛射剂。液化抛射剂经砂棒过滤后进入压装机。操作压力以 68. 65～105. 98 kPa 为宜。压力低于 41. 19 kPa 时，可用热水或红外线加热使其达到工作压力。当容器上顶时，灌装针头伸入阀门杆内，压装机与容器的阀门同时打开，液化的抛射剂即以自身膨胀压入容器内。

此法设备简单，无须低温操作，抛射剂损耗较少，但生产速度较慢，且使用过程中压力的变化幅度较大。目前，国内外气雾剂的生产多采用高速旋转压装抛射剂工艺，生产效率较高，且质量稳定。

2）冷灌法。先将药液冷却至－20 ℃左右后灌入容器内，随后加入冷却至沸点以下至少 5 ℃的抛射剂（两者也可同时灌入），立即装上阀门并轧紧封帽，操作必须迅速完成，以减少抛射剂的损失。

此法工艺较简单，对阀门无影响，成品压力较稳定，但需制冷设备和低温操作，且操作过程抛射剂的损失较多。因在抛射剂沸点之下操作，含水处方不宜用此法。

3. 气雾剂的质量评价

除另有规定外，气雾剂应进行以下项目的检查，具体检查方法参见《中国药典》2020年版：

1）每瓶总揿次、每揿喷量和每揿主药含量。定量气雾剂每罐（瓶）总揿次应不少于标示总揿次；每揿喷量应为标示喷量的80%～120%，凡进行每揿递送剂量均一性检查的气雾剂，不再进行该项检查；每揿主药含量应为每揿主药含量标示量的80%～120%。

2）递送剂量均一性。定量气雾剂依法检查，递送剂量均一性应符合规定。

3）喷射速率和喷出总量。非定量气雾剂依法检查，喷射速率均应符合各品种项下的规定；每瓶喷出量均不得少于标示装量的85%。

4）粒度。除另有规定外，中药吸入用混悬型气雾剂若不进行微细粒子剂量测定，应进行粒度检查。

5）装量。非定量气雾剂按照最低装量检查法检查，应符合规定。

6）无菌。除另有规定外，用于烧伤［除程度较轻的烧伤（Ⅰ°或浅Ⅱ°）外］、严重创伤或临床必须无菌的气雾剂，按照无菌检查法检查，应符合规定。

7）微生物限度。除另有规定外，按照微生物限度检查法检查，应符合规定。

吸入气雾剂除符合气雾剂项下要求外，还应符合吸入制剂相关项下要求；鼻用气雾剂除符合气雾剂项下要求外，还应符合鼻用制剂相关项下要求。

三、喷雾剂

1. 概述

（1）分类。喷雾剂按内容物组成分为溶液型、乳状液型或混悬型，按用药途径可分为吸入喷雾剂、鼻用喷雾剂及用于皮肤、黏膜的非吸入喷雾剂，按给药定量与否可分为定量喷雾剂和非定量喷雾剂。

定量吸入喷雾剂系指通过定量雾化器产生供吸入用气溶胶的溶液、混悬液或乳液。

（2）特点。优点：喷雾剂不含抛射剂，可避免大气污染；生产处方和工艺简单，产品成本较低；仅需很小的触动力即可达到全喷量，适用范围广。缺点：随着使用次数的增加及压缩气体的消耗，容器压力随之降低，致使喷出的雾滴（粒）大小及喷射量难以维持恒定，因此药效强、安全指数小的药物不宜制成喷雾剂。

（3）喷雾装置。喷雾装置通常由容器和阀门系统（手动泵）两部分构成。喷雾剂常用未液化的压缩气体 CO_2、N_2O、N_2、空气等作为抛射药液的动力，当阀门打开时，压缩气体膨胀将药液压出，挤出的药液呈细滴或较大液滴。若内容物为半固体药剂，则呈条状挤出。

2. 质量评价

喷雾剂在生产与储存期间应符合有关规定。除另有规定外，喷雾剂应检查的项目有每瓶总喷次、每喷喷量、每喷主药含量、递送剂量均一性、微细粒子剂量、装量差异、装量、无菌、微生物限度等，均应符合规定。

四、粉雾剂

1. 概述

粉雾剂是在气雾剂的基础上，为克服气雾剂的不足，综合粉体工学的知识而发展起来的一种新剂型。

（1）粉雾剂的分类。粉雾剂按用途可分为吸入粉雾剂、非吸入粉雾剂和外用粉雾剂。吸入粉雾剂系指微粉化药物或与载体以胶囊、泡囊或多剂量储库形式，采用特制的干粉吸入装置，由患者主动吸入雾化药物至肺部的制剂。非吸入粉雾剂指药物或与载体以胶囊或泡囊形式，采用特制的干粉给药装置，将雾化药物喷至腔道黏膜的制剂。外用粉雾剂指药物或与适宜的附加剂灌装于特制的干粉药器具中，使用时借助外力将药物喷至皮肤或黏膜的制剂。吸入粉雾剂主要用于治疗哮喘和慢性气管炎，非吸入粉雾剂常用于咽炎和喉炎的治疗等。近年来，关于吸入粉雾剂的研究和开发不断深入，其应用也越来越广泛。

（2）吸入粉雾剂的特点。药物到达肺部后直接进入体循环，发挥全身作用，无胃肠道刺激或降解作用；药物吸收迅速，起效快，无肝脏首过效应；起局部作用的药物，给药剂量明显降低，毒副作用小；可用于胃肠道难以吸收的水溶性大的药物；其动力系统为患者的吸气气流，无抛射剂，可避免抛射剂造成的人体副作用和环境污染；不受定量阀门的限制，最大剂量一般高于气雾剂。

（3）吸入粉雾剂的组成如下：

1）干粉吸入装置。粉末雾化器也称吸纳器，是简单的粉末药物吸入装置。常见的胶囊型粉末雾化器的原理是患者吸气时使内含胶囊转动，药物粉末经打了孔的胶囊两端释出并随气流被患者吸入肺中。

2）药物与辅料。药物需要通过微粉化工艺使药物粒子的粒径达到规定的范围。常用的微粉化工艺有研磨法（球磨机、流能磨）、喷雾干燥法以及重结晶法，应根据主药的理化性质选择合适的微粉化工艺。

药物吸附于载体辅料颗粒表面形成微粒，可阻止药粉的聚集，改善其流动性，并兼有稀释剂的作用。常用的载体辅料物质有乳糖、木糖醇、甘露醇、氨基酸和磷脂等。也可加入少量的润滑剂、助流剂及抗静电剂等。

2. 粉雾剂的制备

吸入粉雾剂制备时应在避菌环境中进行，各种用具、容器等应用适宜的方法清洁、消毒，操作过程中应注意防止微生物的污染。其制备工艺流程如图 8－2－3 所示。

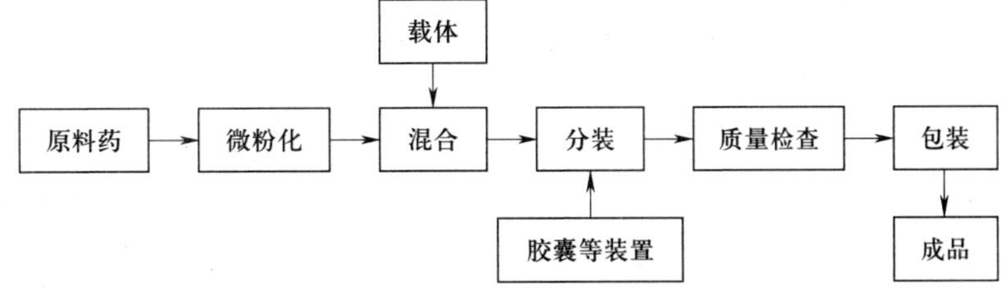

图 8－2－3　吸入粉雾剂制备工艺流程

3. 粉雾剂的质量评价

粉雾剂的生产与储存应符合《中国药典》2020 年版（四部　通则 0111）的有关规定。除另有规定外，应进行递送剂量均一性、微细粒子剂量、多剂量吸入粉雾剂总吸次、微生物限度等检查，均应符合规定。

思考与练习

1. 比较气雾剂、喷雾剂和吸入粉雾剂的异同。
2. 影响药物在肺部快速吸收的因素主要有哪些?
3. 抛射剂有何作用? 常用的抛射剂有哪些?
4. 气雾剂有哪些特点?
5. 气雾剂由哪几部分组成?
6. 气雾剂怎么制备?
7. 喷雾剂有哪些特点?

实训项目 23　毛果芸香碱眼用膜剂制备

一、实训目的

1. 掌握膜剂的制备方法及操作要点。
2. 学会膜剂的质量检查方法。
3. 能判断和控制膜剂制备过程中的质量问题。

二、器材准备

1. 仪器：光洁玻璃板、推杆、80 目筛网、测厚仪、天平、乳钵、水浴锅、烧杯、烘箱等。
2. 材料：硝酸毛果芸香碱、聚乙烯醇、甘油、纯化水等。

三、实训内容与步骤

1. 实训处方

硝酸毛果芸香碱	15 g
聚乙烯醇	28 g
甘油	2 g
纯化水	30 mL

2. 制备方法

（1）称取聚乙烯醇，加纯化水、甘油，搅拌溶胀后于 90 ℃水浴上加热溶解，趁热将溶液用 80 目筛网过滤。

（2）滤液放冷后加入硝酸毛果芸香碱，搅拌使其溶解，静置脱气。

（3）待气泡除尽后，在玻璃板上铺制成宽约 10 mm、厚约 0.15 mm 的药膜带。

（4）于 50 ℃左右干燥脱膜。经含量测定后划痕分格（每格规格约 10 mm × 5 mm），每格内含主药 2.5 mg（±10%），相当于含同样主药为 2% 的滴眼液 2 ~ 3 滴。

（5）用紫外灯消毒 30 min（正反面各 15 min），包装，即得。

3. 质量控制点

（1）硝酸毛果芸香碱遇热不稳定，应待滤液放冷后再加入硝酸毛果芸香碱。

（2）静置脱气要完全，以免影响外观和剂量。

4. 注释

（1）毛果芸香碱眼用膜剂用于治疗青光眼。

（2）由于毛果芸香碱眼用膜剂采用水溶性 PVA 作成膜材料，药膜在眼结膜内被泪液逐渐溶解，药液黏度大，持久，不易流失，因此效果优于滴眼液。

5. 实训结果

根据实际情况，将检查记录填于表 S－23－1 中。

表 S－23－1　　检查记录

检查项目	检查结果
外观	
平均质量	
成品量	
重量差异	
结论	

四、实训测评

按表 S－23－2 所列实训评分标准进行测评，并做好记录。

表 S－23－2　　实训评分标准

序号	考核内容	考核标准	配分	得分
1	生产前准备	复习膜剂知识，预习制备方法，确认实训所需仪器、材料和生产环境	10	
2	生产操作	步骤熟悉，称取、量取方法正确，硝酸毛果芸香碱加入条件判断正确，静置脱气完全等	40	
3	质量控制与判断	外观、重量差异符合要求	20	

续表

序号	考核内容	考核标准	配分	得分
4	清洁与清场	整理材料、文件资料，对台面、研钵、筛网、水槽进行清洁	15	
5	实训报告	按时上交，要素齐全，字迹清晰，总结到位，体会深刻	15	
合计			100	

第九章

药物制剂新技术与新剂型

药剂学的发展促进了药物制剂新技术和新剂型的产生和应用，使药物制剂中一些难题得以解决。本章主要介绍固体分散体技术、包合技术、微型包囊技术等药物制剂新技术，对药物制剂新剂型如缓控释制剂、靶向制剂、经皮给药制剂等做了讲解。另外，生物技术制剂药物方兴未艾，通过对生物技术药物制剂的学习，学生应熟悉生物技术制剂相关内容并了解其发展现状。

§9－1　药物制剂新技术

学习目标

1. 了解固体分散体技术、包合技术、微型包囊技术的应用。
2. 熟悉固体分散体技术、包合技术、微型包囊技术的特点。

随着各种边缘学科的渗透，药物制剂技术发生了巨大的变化。新技术的发展和应用，不断促进药物制剂质量的提升和药物效果的完善，势必将不断为人类战胜疾病做出更大的贡献。

一、固体分散体技术

1. 概述

固体分散体技术是将固体药物高度分散在另一种载体材料中的技术。这些固体药物通常是难溶性药物，它们以分子、胶态、微晶等状态均匀分散在某一固体载体物质中所形成的分散物，称为固体分散体。固体分散体一般作为中间剂型，根据需要进一步制成颗粒剂、胶囊剂、片剂、微丸剂等。利用固体分散体技术生产的品种有联苯双酯滴丸、复方炔诺孕酮滴丸等。

利用固体分散体技术可达到以下用药目的：增加难溶性药物的溶解度和溶出速率，从而提高药物的生物利用度；控制药物释放，或控制药物于小肠释放；利用载体的包蔽作用，可延缓药物的水解和氧化；掩盖药物的不良臭味和刺激性；使液体药物固体化等。但固体分散体技术存在药物分散状态稳定性不高，久贮易老化的问题。

【知识链接】

老 化

老化是指固体分散体在储存过程中，出现析出结晶和结晶粗化而降低药物溶出速率的现象，又称陈化。

2. 载体材料

固体分散体的溶出速率取决于所用载体材料的特性。载体材料应无毒，无致癌性，不与药物发生化学反应，不影响主药的化学稳定性，不影响药物的疗效与含量检测，能使药物得到最佳分散状态或缓释效果，价廉易得。常用的载体材料可分为水溶性、难溶性和肠溶性三大类，也可将几种载体材料联合应用，以达到要求的速释或缓释效果。

（1）水溶性载体材料，具体如下：

1）聚乙二醇类（PEG）。聚乙二醇类具有良好的水溶性，亦能溶于多种有机溶剂，可使某些药物以分子状态分散，阻止药物聚集。最常用的是 PEG－4000 和 PEG－6000。它们的熔点低，毒性较小，化学性质稳定（但在 180 ℃以上会分解），能与多种药物配伍。

2）聚维酮类（PVP）。聚维酮类为无定形高分子聚合物，熔点较高，对热稳定（在 150 ℃会变色），易溶于水和多种有机溶剂，对许多药物有较强的抑晶作用，但储存过程中易吸湿而析出药物结晶。

3）表面活性剂类。作为载体材料的表面活性剂大多含聚氧乙烯基，其特点是易溶于水或有机溶剂，载药量大，在蒸发过程中可阻止药物产生结晶，是较理想的速释载体材料。常用的有泊洛沙姆 188、聚羧乙烯（CP）等。

4）有机酸类。该类载体材料的相对分子质量较小，如枸橼酸、酒石酸、琥珀酸、胆酸及脱氧胆酸等，易溶于水而不溶于有机溶剂。该类载体材料不适用于对酸敏感的药物。

5）糖类与醇类。作为载体材料的糖类常用的有壳聚糖、右旋糖、半乳糖和蔗糖等，醇类有甘露醇、山梨醇、木糖醇等。它们的特点是水溶性好，毒性小，因分子中有多个羟基，可同药物以氢键结合生成固体分散体，适用于剂量小、熔点高的药物，尤以甘露醇为最佳。

6）纤维素衍生物。纤维素衍生物如羟丙基纤维素（HPC）、羟丙基甲基纤维素（HPMC）等，它们与药物制成的固体分散体难以研磨，需加入适量乳糖、微晶纤维素等加以改善。

（2）难溶性载体材料，具体如下：

1）纤维素类。常用的如乙基纤维素（EC），其特点是溶于有机溶剂，含有羟基，能与药物形成氢键，有较大的黏性，载药量大，稳定性好，不易老化。

2）聚丙烯酸树脂类。含季胺基的聚丙烯酸树脂在胃液中可溶胀，在肠液中不溶，不被吸收，对人体无害，广泛用于制备具有缓释性的固体分散体。有时为了调节释放速率，可适当加入水溶性载体材料。

3）其他类。常用的有胆固醇、β-谷甾醇、棕榈酸甘油酯、胆固醇硬脂酸酯、蜂蜡、巴西棕榈蜡及氢化蓖麻油、蓖麻油蜡等脂质材料，均可制成缓释固体分散体，亦可加入表面活性剂、糖类、PVP 等水溶性材料，以适当提高其释放速率，达到满意的缓释效果。另有水微溶或缓慢溶解的表面活性剂如硬脂酸钠、硬脂酸铝、三乙醇胺和十二烷基硫代琥珀酸钠等，具有中等缓释效果。

（3）肠溶性载体材料，具体如下：

1）纤维素类。常用的有醋酸纤维素酞酯（CAP）、羟丙甲纤维素邻苯二甲酸酯（HPMCP）以及羧甲乙纤维素（CMEC）等，均能溶于肠液中，可用于制备胃中不稳定的药物在肠道释放和吸收、生物利用度高的固体分散体。

2）聚丙烯酸树脂类。常用的有尤特奇（Eudragit）系列，其中 Eudragit L100 和 Eudragit S100 分别相当于国产Ⅱ号及Ⅲ号聚丙烯酸树脂。前者在 pH 大于 6 的介质中溶解，后者在 pH 大于 7 的介质中溶解，有时两者联合使用，可制成较理想的缓释固体分散体。

3. 常用固体分散技术

（1）熔融法。将药物与载体混匀，加热至熔融，也可将载体加热熔融后，再加入药物搅匀，然后使熔融物在剧烈搅拌下迅速冷却成固体，或将熔融物倾倒在不锈钢板上，使之形成薄层，在钢板下面吹以冷空气或用冰水骤冷，使之迅速固化成共熔混合物。然后将此固体在一定温度下放置使之变脆而易粉碎。该法的关键在于冷却必须迅速，高温骤冷以达到较高的饱和状态，使药物和载体都以微晶混合析出，得到高度分散的固体分散物。该法适用于对热稳定的药物，一般采用熔点低、不溶于有机溶剂的水溶性载体材料，如聚乙二醇类、糖类和有机酸等。

（2）溶剂法。溶剂法也称共沉淀法或共蒸发法。将药物与载体共同溶于有机溶剂中，蒸发除去溶剂后，使药物与载体材料同时析出，干燥后可得到药物与载体材料混合而成的共沉淀物固体分散物。常用的溶剂有三氯甲烷、乙醇、丙酮等。该法适用于对热不稳定或易挥发的药物。可选用既能溶于水，又能溶于有机溶剂，熔点高，对热不稳定的载体，如 MC、PVP、半乳糖、甘露醇和胆酸等。

（3）溶剂—熔融法。将药物先溶于少量有机溶剂中，再将此溶液加入已熔融的载体材料中搅拌均匀，蒸去有机溶剂，按熔融法冷却固化而得固体分散物。该法适用于液体不耐热药物，如鱼肝油、维生素 A、维生素 E 等，也可用于毫克剂量的小剂量药物。凡适用于熔融法的载体材料，都可应用溶剂—熔融法。

（4）研磨法。将药物与较大比例的载体材料混合后，强力持久地研磨一定时间，不使用溶剂而是借助机械力降低药物粒度，使药物与载体材料以氢键结合，形成固体分散物。常用的载体有 PEG 类、PVP 类、微晶纤维素、乳糖等。

（5）溶剂—喷雾（冷冻）干燥法。将药物与载体共溶于溶剂中，然后喷雾或冷冻干燥除尽溶剂即得。喷雾干燥法可连续生产，效率高，常用的溶剂是低级醇类及其混合物类，适用于热稳定的药物；冷冻干燥法特别适用于易分解氧化、对热敏感的药物，药物的稳定性、分散性优于喷雾干燥法。溶剂—喷雾（冷冻）干燥法常用的载体材料有 PEG 类、PVP 类、丙烯酸树脂、纤维素及其衍生物、β－环糊精、甘露醇和乳糖等。

4. 固体分散体速释和缓释

（1）速释原理。

1）药物的高度分散状态。药物以分子状态、胶体状态、亚稳定态、微晶态以及无定形态在载体材料中存在，高度分散。载体材料可阻止已分散的药物再聚集粗化，有利于药物的溶出与吸收。其中，以分子状态分散时，溶出最快。

2）载体材料对药物的促进作用如下：

①载体材料可提高药物的可润湿性，遇胃肠液后，载体材料很快溶解，药物被润湿，因此溶出速率与吸收速率均相应提高。

②载体材料保证了药物的高度分散性，药物分子不易形成聚集体，加快了药物的溶出与吸收。

③载体材料对药物有抑晶性，使药物呈非结晶性无定形状态分散于载体材料中，得共沉淀物，溶出速率提高。

（2）缓释原理。药物用疏水性或脂质类材料为载体，如 EC，制备的固体分散物具有缓释作用。其原理是载体材料形成网状骨架结构，药物以分子状态、微晶态分散于骨架内，药物必须先通过载体材料的网状骨架扩散才能溶出，因而释放缓慢。

二、包合技术

1. 概述

包合技术系指一种药物分子被包嵌在另一种物质分子的空穴结构内形成的独特形式络合物的技术，这种独特形式的络合物称为包合物，由主分子和客分子组成。具有包合作用的外层分子称为主分子，被包合于主分子空间中的小分子称为客分子，主分子一般具有较大的空穴结构，从而足以将客分子容纳在内，形成分子囊。包合物根据主分子形成空穴的几何形状可分为管形包合物、笼形包合物和层状包合物。

包合物的形成与稳定主要取决于主分子和客分子的立体结构以及二者的极性，即客分子与主分子的空穴形状与大小要相适应。包合过程通常是物理过程而不是化学过程，包合物的稳定性取决于二者分子间的作用力。

2. 包合材料

包合物中的主分子称为包合材料，能够用作包合材料的有环糊精、胆酸、淀粉、纤维素、蛋白质、核酸等。药物制剂中最常用的包合材料是环糊精及其衍生物。

（1）环糊精。环糊精（CYD）系指淀粉用嗜碱性芽孢杆菌经培养得到的环糊精葡萄糖转位酶作用后生成的分解产物，由 6～12 个 D－葡萄糖分子以 α－1，4－糖苷键连接形成的环状低聚糖化合物，为水溶性的白色结晶状粉末。常用的环糊精由 6、7、8 个葡萄糖分子构成，分别称为 α、β、γ－环糊精，用 α－CYD、β－CYD、γ－CYD 表示。环糊精立体结构为上窄下宽、两端开口的管状中空圆筒形。β－CYD 立体结构如图 9－1－1 所示。环糊精内部呈疏水性，开口处呈水溶性，对酸不太稳定，易发生酸解而破坏圆筒形结构。由于这种环状中空圆形结构，环糊精呈现出一些特殊性质，能与某些小分子物质形成包合物。形成的包合物一般为单分子包合物，即药物被包入单分子空穴内。无机药物一般不宜用环糊精包合，非极性脂溶性药物易被环糊精包合，非解离型药物比解离型更易包合。环糊精包合物可以改善药物的理化性质和生物学性质，在制剂中的应用越来越广泛。三种环糊精以 β－CYD 最为常用，其环状结构如图 9－1－2 所示。β－CYD 毒性很低，具有无蓄积作用、易于吸收等优点。它在水中的溶解度最小，易从水中析出结晶，但溶解度能随着温度升高而逐渐增大。这些性质为制备 β－CYD 包合物提供了有利条件。

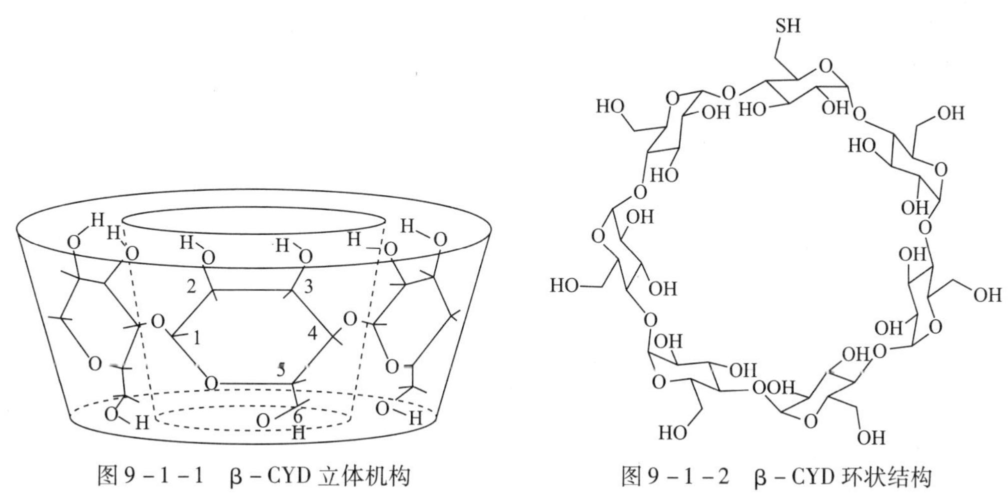

图 9－1－1　β－CYD 立体机构　　图 9－1－2　β－CYD 环状结构

（2）环糊精衍生物。β－CYD 的溶解度低，形成的包合物溶解度也较小，最大的只有 1.85%（25 ℃），使其在制剂中应用受限。近年来，通过对 β－CYD 结构改造制备了一系列环糊精衍生物，如将甲基、乙基、羟乙基、羟丙基、葡糖基等取代 β－CYD 分子中羟基上的氢，改善了环糊精的性质，其水溶性发生显著变化，扩大了环糊精包合物在制剂中的应用范围。

3. 包合技术的应用特点

（1）提高药物的稳定性。将易氧化、水解、挥发的药物分子包藏在 β－环糊精之中制成包合物，阻断药物与外界环境的接触，可提高药物的稳定性。例如，维生素 D_3－β－环糊精包合物对热、光及氧均有较好的稳定性；低沸点、具有升华性的碘、冰片、水杨酸甲酯、薄荷醇等与环糊精形成包合物后，挥发性极小，加入辅料即可制成片剂。

（2）增加药物的溶解度。难溶性药物与 β－环糊精混合可制成水溶性的包合物，提高难溶性药物在水中的溶解度和溶出速率。例如，巴比妥类药物制成包合物后溶解度可增加数十倍。

（3）掩盖药物不良气味，减少刺激性。例如，大蒜油制成包合物后，能掩盖大蒜素的臭味；水合氯醛用环糊精包合，不仅可提高稳定性，同时可减少药物的刺激性。

（4）改善制剂品质。液体药物经包合成固体粉末后，便于加工制成散剂、颗粒剂、片剂和胶囊剂等固体制剂，不仅便于生产，而且可使剂量准确，有利于保存和携带。例如，感冒颗粒剂处方中羌活油制粒时不易搅匀，又极易挥发，用环糊精包合后，液态变固体，便于生产操作并掩盖臭味，减少挥发。

（5）提高生物利用度。药物经包合后在溶解性、生物膜通透性、血浆蛋白结合率等方面发生明显的改变。例如，吲哚美辛与β－环糊精形成的包合物，其血药浓度较单体高。

（6）调节释药速率。可利用不同包合材料对包合物内药物的释放速率进行调控。例如，制备前列腺素 E－环糊精包合物，选用不同溶解性能的环糊精，可达到速释和缓释效果。

4. β－环糊精包合技术

（1）饱和水溶液法。饱和水溶液法即重结晶法或共沉淀法。先将β－环糊精配成饱和水溶液，水溶性药物可直接加入，难溶性固体药物可用少量丙酮或异丙醇等有机溶剂溶解后再加入，搅拌混合 30 min 以上，使客分子药物被包合，所形成的包合物可从溶液中分离出来。对于在水中溶解度大的药物，部分包合物仍然溶解在溶液中，可加入适当有机溶剂改变其溶解度，使包合物沉淀析出。经过滤、水洗，根据药物性质选择适当溶剂洗净、干燥即得。

（2）研磨法。研磨法即捏合法。将β－环糊精与 2～5 倍量的水混合研匀，加入客分子药物（难溶者先溶于少量有机溶剂），充分研磨成糊状物，低温干燥后，再用有机溶剂洗净、干燥即得。

饱和水溶液法和研磨法包合率低，不适合大生产，通常用于实验室制备。

（3）冷冻干燥法。将药物与β－环糊精加于水中，溶解或混悬，通过冷冻干燥法除去溶剂（水），得粉末状包合物。若制成的包合物易溶于水，且药物在干燥时容易分解或变色，可采用冷冻干燥法制备，能得到较疏松、溶解度好的包合物，可制成粉针剂。冷冻干燥法适用于注射用包合物的制备。

（4）喷雾干燥法。将药物与β－环糊精加于水中，溶解或混悬，通过喷雾干燥法除去溶剂（水），得粉末状包合物。若制成的包合物易溶于水，且药物遇热性质稳定，可采用喷雾干燥法制备。喷雾干燥法干燥温度高，受热时间短，生产效率高，适用于工业化大生产。

三、微型包囊技术

1. 概述

微型包囊技术又称微型包囊术、微囊化，系利用天然的或合成的高分子材料等囊材作为囊膜壁壳，将固态药物或液态药物作为囊心物包裹形成的直径在 1～250 μm 的药库型微型胶囊的技术，所得的制品称为微型胶囊，简称微囊。若药物溶解或分散在高分子材料骨架中，形成骨架型微小球状实体，称为微球。

药物微囊化可达到以下目的：掩盖药物的不良气味及口味；提高药物的稳定性；防止药物在胃内失活或减少对胃的刺激性；使液态药物固态化，便于应用与储存；减少复方药物的配伍变化；控制药物释放速率；使药物浓集于靶区，提高疗效，降低毒副作用；将活细胞、疫苗等生物活性物质包囊，不引起活性成分损失或变性。

2. 囊心物和囊材

（1）囊心物。囊心物是被包囊的特定物质，除主药外，还可以包括提高微囊化质量而加入的附加剂，如稳定剂、稀释剂以及控制释放速率的阻滞剂、促进剂和改善囊膜可塑性的增塑剂等。囊心物可以是固体，也可以是液体。通常将主药与附加剂混匀后微囊化；亦可先将主药单独微囊化，再加入附加剂。若有多种主药，可将其混匀再微囊化，亦可分别微囊化后再混合。这取决于设计要求，以及药物、囊材和附加剂的性质、工艺条件等。采用不同的工艺条件，对囊心物也有不同的要求。

（2）囊材。囊材系指用于包囊的各种材料。囊材一般要求性质稳定；有适宜的释药速率；无毒，无刺激性；能与药物配伍，不影响药物的药理作用及含量测定；有一定的强度、弹性及可塑性，能完全包封囊心物；具有符合要求的黏度、渗透性、亲水性、溶解性等特性。常用的囊材可分为天然的、半合成的或合成的高分子材料。

3. 常用微囊化方法

（1）物理化学法。物理化学法制备微囊是在液相中进行的，囊心物与囊材在一定条件下形成新相析出，故又称相分离法。其微囊化步骤大体可分为囊心物的分散、囊材的加入、囊材的沉积和囊材的固化 4 步。相分离法是药物微囊化的主要方法之一，所用设备简单，高分子材料来源广泛，可将多种类别的药物微囊化。相分离法分为单凝聚法、复凝聚法、溶剂—非溶剂法、改变温度法和液中干燥法。

1）单凝聚法。单凝聚法是相分离法中较常用的一种，它是在高分子囊材溶液中加入凝聚剂以降低高分子材料的溶解度而使其凝聚成囊的方法。

【知识链接】

影响成囊的因素

常用凝聚剂有各种醇类和电解质。用电解质作为凝聚剂时，阴离子对胶凝起主要作用，强弱次序为枸橼酸＞酒石酸＞硫酸＞醋酸＞氯化物＞硝酸＞溴化物＞碘化物；阳离子也有胶凝作用，其电荷数越高，胶凝作用越强。药物与明胶要有亲和力，吸附明胶的量要达到一定程度才能包裹成囊。为了使制得的微囊具有良好的可塑性、不粘连、分散性好，常加入增塑剂，如山梨醇、聚乙二醇、丙二醇或甘油等。

2）复凝聚法。该法是使用带相反电荷的两种高分子材料作为复合囊材，在一定条件下交联并与囊心物凝聚成囊的方法。复凝聚法是经典的微囊化方法，它操作简便，容易掌握，适合难溶性药物的微囊化。可作复合材料的有明胶与阿拉伯胶（或 CMC、CAP 等多糖）、海藻酸盐与聚赖氨酸、海藻酸盐与壳聚糖、海藻酸与白蛋白、白蛋白与阿拉伯胶等。

3）溶剂—非溶剂法。该法是在囊材溶液中加入一种对囊材不溶的溶剂（非溶剂），引起相分离，而将药物包裹成囊的方法。使用疏水囊材，应用有机溶剂溶解，疏水性药物可与囊材溶液混合；亲水性药物不溶于有机溶剂，可混悬或乳化在囊材溶液中。然后加入争夺有机溶剂的非溶剂，使材料降低溶解度而从溶液中分离，除去有机溶剂即得。

4）改变温度法。该法不加凝聚剂，而通过控制温度成囊。EC 作囊材时，可先在高温下溶解，后降温成囊。使用聚异丁烯作稳定剂可减少微囊间的粘连。

5）液中干燥法。从乳状液中除去分散相挥发性溶剂以制备微囊的方法称为液中干燥法，亦称乳化溶剂挥发法。

（2）物理机械法。物理机械法是指在一定设备条件下，将液体药物或固体药物在气相中进行微囊化的技术，主要有喷雾干燥法、喷雾凝聚法、空气悬浮包衣法、多孔离心法、锅包衣法等。

1）喷雾干燥法。喷雾干燥法又称液滴喷雾干燥法，可用于固态或液态药物的微囊化。该法是先将囊心物分散在囊材的溶液中，再将此混合物喷入惰性热气流中，使液滴收缩成球形，进而干燥，可得微囊。溶解囊材的溶剂可以是水，也可以是有机溶剂。以水作溶剂更易达到环保要求，且可降低成本。

2）喷雾凝聚法。该法是将囊心物分散于熔融的囊材中，再喷于冷气流中凝聚而成囊的方法。常用的囊材有蜡类、脂肪酸和脂肪醇等，这些囊材在室温下均为固体，在较高温下能熔融。

3）空气悬浮包衣法。空气悬浮包衣法也称流化床包衣法，是利用垂直强气流使囊心物悬浮在气流中，将囊材溶液通过喷嘴喷射于囊心物表面，热气流将溶剂挥干，囊心物表面便形成囊材薄膜而成微囊。

4）多孔离心法。多孔离心法是指利用离心力使囊心物高速穿过囊材的液态膜，再进入固化浴固化制备微囊的方法。导流坝不断溢出囊材溶液形成液态膜，圆筒高速旋转产生离心力，使囊心物（液态或固态）高速穿过液态膜形成微囊，再经过不同方法加以固化（用非溶剂、冻凝或挥去溶剂等），即得微囊。

5）锅包衣法。该法是利用包衣锅将囊材溶液喷在固态囊心物上，挥干溶剂形成微囊。导入包衣锅的热气流可加速溶剂挥发。

（3）化学法。化学法是指溶液中的单体或高分子通过聚合反应或缩合反应生成囊膜而制成微囊的方法。化学法的特点是不加凝聚剂，先制成 W/O 或 O/W 型乳状液，再利用化学反应或用射线辐照交联固化。化学法主要有界面缩聚法和辐射化学法两种。

1）界面缩聚法。该法也称界面聚合法，在分散相（水相）与连续相（有机相）的界面上发生单体的缩聚反应。

2）辐射化学法。该法是将明胶在乳化状态下经 γ 射线照射发生交联，再处理制得粉末状微囊。该法的特点是工艺简单，不在明胶中引入其他成分。

4. 微囊的质量评价

由微囊或微球制成的制剂，除制剂本身应符合《中国药典》2020 年版的规定以外，还应进行以下项目的评价：

（1）形态、粒径及其分布。具体如下：

1）形态。微囊应为圆整球形或椭圆形的封闭囊状物，微球应为圆整球形或椭圆形的实体。可采用光学显微镜观察，粒径小于 2 μm 的可采用扫描电镜、透射电镜或原子力显微镜观察，均应提供照片。

2）粒径及其分布。应采用适当的仪器测定微粒的粒径平均值及其分布的数据或图形。可采用显微镜法、电子显微镜法、精光散射法和库尔特计数仪法等。粒径分布的表示方法有质量分布、体积分布和数目分布法等。

（2）载药量与包封率的检查。具体如下：

1）载药量。载药量是指微囊中所包含药物的质量百分数。一般采用溶剂提取法测定载药量，所选的溶剂应使药物最大限度地溶出而最少溶解囊材，溶剂本身不干扰测定。载药量可由下式求得：

$$载药量 = \frac{微囊中含药量}{微囊的总质量} \times 100\%$$

2）包封率。包封率是指实际被包载于微囊中的药物质量与制备时投入药物质量的比值。包封率可由下式计算：

$$包封率 = \frac{微囊中含药量}{微囊和介质中的总药量} \times 100\%$$

制备微囊时，投入的药物一般会有一些没有被包载入微粒内，呈游离状态或被吸附在器皿或颗粒表面，应当通过适当的方法如凝胶色谱柱法、离心法或透析法进行分离后测定。微粒制剂的包封率一般不得低于80%。

（3）药物的释放度检查。微囊和微球中药物的释放速率可采用《中国药典》2020年版（通则0931）释放度测定法进行测定。

（4）有机溶剂残留量检查。凡制备工艺中采用有机溶剂的，均应测定有机溶剂残留量。应当按照《中国药典》2020年版（通则0861）残留溶剂测定法测定有机溶剂残留量，并符合规定。

（5）突释效应和渗漏率的检查。药物在微粒制剂中一般有3种情况，即吸附、包入或嵌入。在体外释放试验中，表面吸附的药物会快速释放，称为突释效应。开始0.5 h内的释放量要求低于40%。

思考与练习

一、单项选择题

1. 不是药物在固体分散体中的存在形式的是（　　）。

A. 分子　B. 离子　C. 微晶　D. 胶态　E. 无定形

2. β－环糊精连接的葡萄糖分子个数是（　　）个。

A. 4　B. 5　C. 6　D. 7　E. 8

3. β－环糊精与挥发油制成的固体粉末为（　　）。

A. 固体分散体　B. 包合物　C. 脂质体　D. 微囊　E. 缓释体

4. 可作为肠溶性固体分散体载体材料的是（　　）。

A. 聚乙二醇类

B. 乙基纤维素
C. 泊洛沙姆188
D. 羟丙甲纤维素邻苯二甲酸酯
E. 羟丙基甲基纤维素

二、配伍选择题

A. 固体分散体技术
B. 包合物技术
C. 微型包囊技术
D. 药物制剂其他新技术

1. 有缓释作用的制剂技术是（　　）。
2. 能做靶向制剂的是（　　）。
3. 能掩盖药物不良气味的技术是（　　）。
4. 能提高制剂稳定性的是（　　）。

§9－2　药物制剂新剂型

学习目标

1. 熟悉缓释控释制剂、靶向制剂、经皮给药制剂的特点。
2. 熟悉缓释控释制剂、靶向制剂、经皮给药制剂的常用辅料。
3. 理解缓释控释制剂、靶向制剂、经皮给药制剂的释药原理。

近年来，随着各专业学科的迅速发展，药物制剂的研究与生产发展迅速，新工艺、新设备不断出现，各种剂型品种数量猛增，产品的纯度、稳定性不断提高。同时，随着科学技术与人民生活水平的不断提高，原有的剂型和制剂已不能满足用药水平提高的要求，高效、长效、低毒和控释等新剂型应运而生。药物的新剂型可以延长药物作用时间，提高药物对作用部位的选择性，减少患者服药数量，从而提高药物的有效性及安全性。

一、缓释、控释制剂

1. 概述

（1）定义与特点。《中国药典》2020年版对缓释、控释制剂的定义有明确规定，具体如下：

1）缓释制剂是指在规定的释放介质中，按要求缓慢地非恒速释放药物，与相应的普通制剂比较，给药频率减少一半或有所减少，且能显著增加患者用药依从性的制剂。

2）控释制剂是指在规定的释放介质中，按要求缓慢地恒速释放药物，与相应的普通制剂比较，给药频率减少一半或有所减少，血药浓度比缓释制剂更加平稳，且能显著增加患者用药依从性的制剂。

普通制剂通常给药频繁，使用不便且血药浓度波动大，不但影响药效的发挥，而且增加毒副作用的可能。缓释、控释制剂可较持久地输送药物，减少用药频率和用药总量，降低血药浓度的峰谷现象，提高药物的疗效、安全性和患者的依从性。但缓释、控释制剂存在着不足：在临床应用中，剂量调节灵活性差，遇到特殊情况，不能立刻终止给药；缓释、控释制剂往往基于健康人群设计药动学参数，临床应用时往往难以灵活调节给药方案；制备工艺复杂，成本较高。

（2）分类。缓释、控释制剂分类方法较多，常见的有以下4种：

1）根据药物的存在状态，缓释、控释制剂可分为骨架型、膜控型和渗透泵型3种。其中，骨架型缓释、控释制剂主要如下：骨架片，如亲水凝胶骨架片、蜡质骨架片、不溶性骨架片；缓释、控释颗粒（微囊）压制片；胃内滞留片；生物黏附片；骨架型小丸。膜控型缓释、控释制剂主要有微孔膜包衣片、膜控释小片、肠溶控释片、膜控释小丸。渗透泵型缓释、控释制剂主要是渗透泵控制片。

2）根据释药原理，缓释、控释制剂可分为溶出型、扩散型、溶蚀型、渗透泵型或离子交换型。

3）根据给药途径与给药方式，缓释、控释制剂可分为口服、透皮、植入、注射缓释、控释制剂等。

4）根据释药类型，口服缓释、控释制剂可分为定速、定位、定时释药系统。

2. 缓释、控释制剂的常用辅料

制备缓释、控释制剂时，可添加适当的辅料，使制剂中药物的释放速率和释放量达到设计要求，确保药物以一定速率输送到病患部位并在组织中或体液中维持一定浓度，获得预期疗效，减小药物的毒副作用。

缓释、控释制剂利用高分子化合物作为阻滞剂控制药物的释放速率，具体包括骨架型、包衣膜型缓释材料和增稠剂等。

（1）骨架型缓释材料。具体如下：

1）亲水凝胶骨架材料。该类材料遇水膨胀后形成凝胶屏障控制药物的释放。常用的有CMC-Na、MC、HPMC、PVP、卡波姆、海藻酸盐、脱乙酰壳聚糖（壳聚糖）等。

2）不溶性骨架材料。该类材料指不溶于水或水溶性极小的高分子聚合物。常用的有聚甲基丙烯酸酯（Eudragit RS，Eudragit RL）、EC、聚乙烯、无毒聚氯乙烯、乙烯-醋酸乙烯共聚物、硅橡胶等。

3）生物溶蚀性骨架材料。常用的有动物脂肪、蜂蜡、巴西棕蜡、氢化植物油、硬脂醇、单硬脂酸甘油酯等，可延滞水溶性药物的溶解、释放过程。

（2）包衣膜型缓释材料。具体如下：

1）不溶性高分子材料。该类材料包括不溶性附加材料EC等。

2）肠溶性高分子材料。该类材料包括丙烯酸树脂L型和S型、CAP、醋酸羟丙甲纤维素琥珀酸酯（HPMCAS）和 HPMCP 等，是利用其在肠液中的溶解特性，在特定部位溶解。

（3）增稠剂。增稠剂是指一类水溶性高分子材料，溶于水后溶液黏度随浓度增大而增大，可以减慢药物扩散速度，延缓其吸收，主要用于液体制剂。常用的有明胶、PVP、CMC、PVA、右旋糖酐等。

3. 缓释、控释制剂的释药原理

（1）溶出原理。药物释放受溶出限制，通过减少药物的溶解度，降低药物的溶出速率，可以使药物缓慢释药，达到长效目的。具体方法如下：

1）制成溶解度小的盐或酯。

2）与高分子化合物生成难溶性盐。

3）控制粒子大小，药物微粒粒径大，溶出慢，反之则快。

4）将药物包藏于溶蚀性骨架中，如以脂肪、虫蜡类等为基质的缓释片。

（2）扩散原理。以扩散为主的缓释、控释制剂药物首先溶解成溶液，再从制剂中扩散出来进入体液。其释药速率受扩散速率的控制。药物的释放以扩散为主的结构有储库型（膜控型）和骨架型。利用扩散原理达到缓释、控释作用的方法包括增加黏度以减小扩散速度，包衣，制微囊，制成不溶性骨架片、植入剂、乳剂等。

（3）溶蚀与扩散、溶出相结合原理。释药系统比较复杂，不只取决于溶出或扩散单一因素，可以其中某种释药机制起主导作用，故可以归类于溶出控制型或扩散控制型。对于生物溶蚀型给药系统，药物不但需要从骨架中释放（溶出）出来，而且由于骨架的降解，药物必须经过扩散才能进入体液。

（4）渗透泵原理。渗透泵型缓释、控释制剂以渗透压为动力，以零级释放为主要特征，释药不受释药环境 pH 的影响，可极大地提高药物的安全性和有效性。在渗透泵型缓释、控释制剂中，片芯由水溶性药物和聚合物或其他辅料制成，外面用水不溶性的聚合物包衣，包衣壳顶部用激光打一细孔，形成渗透泵片。当渗透泵片与水接触时，水通过包衣半透膜渗入片芯，使药物溶解成饱和溶液，加之高渗透压辅料的溶解，形成膜内外的渗透压差，药物的饱和溶液由细孔持续流出，流出量与渗透进膜内的水量相等，直到片芯内的药完全溶解。

（5）离子交换原理。由不溶性交联聚合物组成的树脂，其聚合物链的重复单元上含有成盐基团，药物可结合于树脂上。当带有适当电荷的离子与离子交换基团接触时，通过离子交换将药物释放出来。药物的扩散速度受扩散面积、扩散路径长度和树脂刚性（为树脂制备过程中交联剂用量的函数）的控制，因此具有缓释作用。

4. 缓释、控释制剂技术

根据制备生产工艺原理不同，缓释、控释制剂技术主要归纳为骨架型技术、膜控型技术、渗透泵技术和生物黏附技术等。

（1）骨架型缓释、控释制剂有以下几种：

1）亲水凝胶骨架片。释药特点：这类骨架型制剂的骨架遇水膨胀形成凝胶，水溶性药物的释放主要通过凝胶层进行扩散，而在水中溶解度小的药物释放速度由凝胶层的溶蚀速度决定。不论其释放是扩散还是溶蚀机制，凝胶最后完全溶解，药物全部释放，故生物利用度高。

材料：常用 HPMC 作为骨架材料，主要规格为 K4M（4 000 mPa/s）和 K15M（15 000 mPa/s）。

2）溶蚀性骨架片。释药特点：这类制剂由不溶解但可溶蚀的蜡质材料制成，通过孔道扩散与溶解控制释放。

材料：巴西棕榈蜡、硬脂醇、硬脂酸、氢化蓖麻油、聚乙二醇单硬脂酸酯、甘油三醋酸酯等，通常将巴西棕榈蜡与硬脂醇或硬脂酸结合使用。

制备工艺有以下 3 种：

①溶剂蒸发技术。将药物与辅料或分散体的溶液加入熔融的蜡质相中，然后将溶剂蒸发除去，干燥、混合制成团块再颗粒化并压片。

②熔融技术。将药物与辅料直接加入熔融的蜡质中，温度控制在略高于蜡质熔点，熔融的物料铺开冷凝、固化、粉碎，或者倒入旋转的盘中使成薄片，再磨碎过筛形成颗粒并压片。

③混合技术。药物与十六醇在 60 ℃混合，团块用朊乙醇溶液制粒，再压片。

3）胃内滞留片。胃内滞留片又称胃内漂浮片，是能滞留于胃液中，延长药物在消化道内的释放时间，改善药物吸收，或有利于发挥药物在胃内局部作用的片剂。

释药特点：胃内滞留片根据流体力学平衡原理设计制作，由药物和一种或多种亲水凝胶体及其他辅料组成，口服后可以漂浮于胃液之上，一般可在胃内滞留达 5 ~ 8 h，具有骨架片释药特性，可视为特殊的骨架片。

材料：为提高滞留能力，此类片剂常用疏水性且相对密度较小的酯类、脂肪醇类、脂肪酸类或蜡类，如单硬脂酸甘油酯、鲸蜡醇、硬脂醇、硬脂酸、蜂蜡等。加入乳糖、甘露醇等辅料可加快释药速率，加入聚丙烯酸树脂Ⅱ号、Ⅲ号等可减缓释药速率，有时还加入十二烷基硫酸钠等表面活性剂增加制剂的亲水性。

制备方法：此类片剂的制备工艺与一般压制片基本相同，尽量采用粉末直接压片或干颗粒压片法，因为用湿法制粒压片，不利于片剂水化滞留。实际制备时，片剂大小、漂浮材料、工艺过程及压缩力等因素对片剂的漂浮作用可能有影响。

4）生物黏附片。生物黏附片是指采用黏附性聚合物材料作为辅料制备的片剂。该片剂能与机体组织黏膜表面产生较长时间的紧密接触，缓慢释放药物并由黏膜上皮进入循环系统以达到治疗目的。

释药特点：生物黏附片既可安全有效地用于局部治疗，也可用于全身。口腔、鼻腔等局部给药可使药物直接进入大循环而避免首过效应。生物黏附片是由黏附性聚合物与药物混合组成片芯，然后由此聚合物围成外周，再加覆盖层而成，其制备的关键是选择适宜的黏附剂。

材料：理想的生物黏附剂应无毒，无吸收，性质稳定，有良好的生物相容性，黏附力适宜，作用迅速，容易与药物混合但不影响其释放，价廉易得。常用的生物黏附性高分子聚合物有卡波姆、HPC、CMC - Na 等。

5）骨架型缓释、控释小丸。骨架型缓释、控释小丸是药物溶解、分散在球形或类球形基质骨架或吸附在基质骨架上的实体小球，通常粒径为 0.25 ~ 2.50 mm，主要用于口服。

材料：骨架型小丸与骨架片所采用的材料相同，亲水凝胶形成骨架颗粒，常可通过包衣获得更好的缓释、控释效果。

制备方法：骨架型小丸的制备可根据处方性质采用旋转滚动制丸法（泛丸法）、挤压—滚圆制丸法和离心—流化制丸法制备。此外，还有喷雾凝聚法、喷雾干燥法和液中制丸法。可根据处方性质、制丸的数量和条件选择合适的方法制丸。

（2）膜控型缓释、控释制剂。该类制剂主要适用于水溶性药物，用适宜的包衣液，采用一定的工艺制成均一的包衣膜，达到缓释、控释目的。包衣液由包衣材料、增塑剂和溶剂（或分散介质）组成，还可加入致孔剂、着色剂、抗黏剂和遮光剂等。有乙基纤维素水分散体、聚丙烯酸树脂水分散体两种缓释包衣水分散体。

1）微孔膜包衣片。通常将在胃肠道中不溶解的聚合物，如醋酸纤维素、乙基纤维素、乙烯 - 醋酸乙烯共聚物、聚丙烯酸树脂等作为衣膜材料，包衣液中加入少量致孔剂，如 PEG 类、PVP、PVA、十二烷基硫酸钠、糖和盐等水溶性的物质，亦有加入一些水不溶性的粉末如滑石粉、二氧化硅等，甚至将药物加在包衣膜内（既作致孔剂，又是速释部分），用这样的包衣液包在普通片剂上即成微孔膜包衣片。水溶性药物的片芯要求具有一定的硬度和较快的溶出速率，以使药物的释放速率完全由微孔包衣膜控制。包衣膜在胃肠道内不被破坏，最后排出体外。

2）膜控释小片。膜控释小片是将药物与辅料按常规方法制粒，压制成小片，其直径为 2 ~ 3 mm，用缓释膜包衣后装入硬胶囊使用。每粒胶囊可装几片至 20 片不等，同一胶囊内的小片可包上不同缓释作用的包衣或不同厚度的包衣，以获得恒定的释药速率。膜控释小片生产工艺比控释小丸简便，质量也易控制。

3）肠溶膜控释片。肠溶膜控释片是将药物压制成片芯，外包肠溶衣，再包上含药的糖衣层而得。含药糖衣层在胃液中释药，起速效作用。当肠溶衣片芯进入肠道后，衣膜溶解，片芯中药物释出，因而延长了释药时间。

4）膜控释小丸。膜控释小丸由丸芯与控释薄膜衣两部分组成。丸芯含药物和稀释剂、黏合剂等辅料，所用辅料与片剂的辅料大致相同。控释薄膜衣有亲水薄膜衣、不溶性薄膜衣、微孔膜衣和肠溶衣等。

（3）渗透泵缓释、控释制剂。渗透泵缓释、控释制剂由药物、半透膜材料、渗透压活性物质和推动剂等组成。常用的半透膜材料有醋酸纤维素、乙基纤维素等。渗透压活性物质（即渗透压促进剂）起调节渗透压的作用，常用氯化钠或乳糖、果糖、葡萄糖、甘露醇的不同混合物。推动剂亦称促渗透聚合物或助渗剂，能吸水膨胀，产生推动力，将药物层的药物推出释药小孔，常用聚羟甲基丙烯酸烷基酯、PVP、聚环氧乙烷等。药室中除上述组成外，还可加入助悬剂、黏合剂、润滑剂、润湿剂等。

渗透泵片有单室和多室渗透泵片。单室渗透泵片适用于大多数水溶性药物。可将药物与适宜的渗透压活性物质制成片芯后，用醋酸纤维素等聚合物包衣，形成半透性的硬质外膜，然后用激光或机械方式在膜上打出孔径适宜的释药小孔，即得单室渗透泵片。多室渗透泵片适用于水溶性过大或难溶于水的药物。片芯制成双层片：一层由药物与适宜辅料构成含药层；另一层主要由促渗透聚合物构成推动层或助动层，是药物释放的主要动力。

（4）植入剂。植入剂系将不溶性药物熔融后倒入模型中成型，或将药物密封于硅橡胶等高分子材料制成的小管中制成的固体灭菌制剂。植入剂通过外科手术埋植于皮下，药效长达数月甚至数年，如孕激素的避孕植入剂。其不足之处是植入时需在局部（多为前臂内侧）做小的切口，用特殊的注射器将植入剂推入，如果用非生物降解型材料，在终了时还需手术取出。植入剂主要用于避孕、治疗关节炎、抗肿痛、胰岛素、麻醉药拮抗剂等。

二、靶向制剂

1. 概述

（1）定义及特点。靶向制剂又称靶向给药系统（TDS），是指借助载体将药物通过局部给药或全身血液循环而选择性地浓集定位于靶组织、靶器官、靶细胞或细胞内结构的给药系统。

靶向制剂与普通制剂相比，有以下优点：①提高药物的疗效，降低毒性反应，提高用药的安全性、有效性和顺应性；②避免药物受体内酶或 pH 的影响；③提高药物的治疗指数。

（2）分类。根据靶向制剂在体内到达的部位，将其分为 3 级：第一级指到达特定的器官或组织，第二级指到达器官或组织内的特定细胞，第三级指到达靶细胞内的特定部位。按靶向传递机理分类，靶向制剂大体可分为 3 类：被动靶向制剂、主动靶向制剂和物理化学靶向制剂。

2. 被动靶向制剂

被动靶向制剂也称自然靶向制剂，即靶向载体药物微粒在体内被单核巨噬细胞系统的巨噬细胞（尤其是肝巨噬细胞）摄取，这种自然吞噬的倾向使药物选择性地浓集于病变部位而产生特定的体内分布特征。

被动靶向制剂的微粒经静脉注射后，在体内的分布主要取决于微粒的大小，微粒表面性质对分布也起着重要作用。粒径小于 100 nm 的纳米囊或纳米球可缓慢积集于骨髓；粒径小于 3 μm 时，微粒一般被肝、脾中的巨噬细胞摄取；粒径大于 7 μm 的微粒通常被肺的最小毛细管床以机械滤过方式截留，并被单核细胞摄取进入肺组织或肺气泡。被动靶向制剂主要有脂质体、乳剂（微乳、复乳）、微球、纳米粒等。

3. 主动靶向制剂

主动靶向制剂用修饰的药物载体作为“导弹”，将药物定向地运送到靶区浓集发挥药效。也可将药物修饰成前体药物，即能在病变部位被激活的药理惰性物，在特定靶区发挥作用。主动靶向制剂主要分为经过修饰的药物载体和前体药物。

经过修饰的药物载体包括修饰的脂质体（长循环脂质体、免疫脂质体、糖基修饰脂质体）、修饰微乳、修饰微球、修饰纳米球（长循环纳米球、免疫纳米球）。

前体药物包括胸部定位释放前体药物、抗癌药及其他前体药物、结肠部位定位释放前体药物、其他前体药物。

【知识链接】

前体药物

前体药物也称前药、药物前体、前驱药物等，是指经过生物体内转化后才具有药理作用的化合物。前体药物本身没有生物活性或活性很低，经过体内代谢后变为有活性的物质，这一过程的目的在于增加药物的生物利用度，加强靶向性，降低药物的毒性和副作用。例如，盐酸伐昔洛韦是阿昔洛韦与缬氨酸形成的酯类前体药物，口服后在体内转化为阿昔洛韦，抗病毒作用、机制和过程与阿昔洛韦一样。盐酸伐昔洛韦在体内的抗病毒活性优于阿昔洛韦，毒性很低。

4. 物理化学靶向制剂

物理化学靶向制剂采用某些物理和化学的方法使靶向制剂在特定部位发生疗效，可分为磁性靶向制剂、栓塞靶向制剂、热敏靶向制剂、pH 敏感靶向制剂。

（1）磁性靶向制剂。利用体外磁场响应导向至靶部位的制剂称为磁性靶向制剂。磁性靶向制剂主要有磁性微球、磁性纳米囊、磁性脂质体、磁性乳剂等。

（2）栓塞靶向制剂。动脉栓塞是通过插入动脉的导管将栓塞物输到组织或靶器官的医疗技术。栓塞的目的是阻断对靶区的血供和营养，使靶区的肿瘤细胞缺血坏死。如果栓塞剂中含有抗肿瘤药物，则药物在栓塞部位逐渐释放，使药物在肿瘤组织保持较高的浓度与较长的时间，大大提高抗肿瘤药物的疗效，降低其毒性反应。

栓塞靶向制剂的载体材料：天然高分子材料如白蛋白、明胶、淀粉及壳聚糖，合成高分子材料如乙基纤维素、聚乳酸及聚乙烯醇等。

制备方法主要有乳化—液中干燥法和乳化—化学交联法。以顺铂壳聚糖栓塞微球的制备为例：将顺铂进行微粉化处理，混悬于3%壳聚糖溶液中，加至添加表面活性剂（司盘85、聚山梨酯20）的棉籽油中，搅拌乳化，用戊二醛固化，洗涤、干燥即得栓塞微球（粒径 $< 70\ \mu m$）。

（3）热敏靶向制剂。使用对温度敏感的载体制成热敏靶向制剂，在热疗机的局部作用下使其在靶区释药。

（4）pH 敏感靶向制剂。pH 敏感靶向制剂由对 pH 敏感的载体制备而成，能在特定的 pH 靶区释放药物，具体包括以下几种：

1）pH 敏感脂质体。pH 敏感脂质体是一种具有细胞内靶向（如基因、蛋白质、核酸、肽）和控制药物释放的功能性脂质体。对 pH 敏感的载体材料如类脂（N－十六酰－L－高半胱氨酸，简称 PHC）与其他脂质混合可制成 pH 敏感脂质体。由于肿瘤间质液的 pH 显著低于周围正常组织，将抗癌药制成 pH 敏感脂质体疗效高，毒性低。多柔比星 pH 敏感脂质体可在 80% 人血浆中孵育 12 h 仍保持基本稳定，而在 pH 为 4.5 ~6.5 时可迅速释出 90% 的药物。

2）pH 敏感的口服结肠定位给药系统。该类制剂利用结肠 pH 较高的特点设计，常用载体材料为 Eudragit L 和 Eudragit S，均不溶于水和消化液，但在 pH 较高的结肠液中溶解。

三、经皮给药制剂

1. 概述

（1）定义与特点。经皮给药系统（TDDS）或透皮吸收制剂是指经皮肤贴敷方式用药，药物由皮肤吸收进入全身血液循环并达到有效血药浓度，实现疾病治疗或预防的一类制剂，又称为贴剂或贴片。经皮给药系统除贴剂外还可以包括软膏剂、硬膏剂、涂剂和气雾剂等。

与常用普通剂型如口服片剂、胶囊剂或注射剂等比较，TDDS 具有以下优点：

1）可避免肝脏首过效应和药物在胃肠道的灭活，提高治疗效果。

2）维持恒定有效血药浓度或生理效应，避免口服给药引起的血药浓度峰谷现象，降低毒副反应。

3）减少给药次数，提高治疗效能，延长作用时间，避免多剂量给药，改善患者用药依从性。

4）使用方便，患者可自主用药，也可随时撤销用药。

当然，TDDS 也具有其局限性，如起效较慢，且多数药物不能达到有效治疗浓度，尤其是水溶性药物的皮肤透过率非常低，虽然可以通过扩大给药面积或多次给药来增加透过程度，但这种方法容易增加对皮肤的刺激，患者依从性差；TDDS 的剂量较小，一般认为每日超过 5 mg 的药物就已经不容易制成理想的 TDDS；对皮肤有刺激性和过敏性的药物不宜设计成 TDDS。另外，TDDS 生产工艺和条件较复杂。

（2）分类如下：

1）复合膜型。复合膜型经皮给药系统由背衬层、药物储库、控释膜、胶黏层和保护膜组成。这类给药系统的背衬层常为铝塑膜；药物储库是药物分散在聚丁烯等压敏胶中，加入液体石蜡作为增黏剂；控释膜常为聚丙烯微孔膜或均质膜，膜的厚度、微孔大小、孔率及填充微孔的介质可以控制药物的释放速率；胶黏层亦可用聚异丁烯压敏胶，加入药物作为负荷剂量，使药物能较快达到治疗的血药水平；保护膜常用复合膜，如硅化聚氯乙烯/聚丙烯/聚对苯二甲酸乙酯等，如可乐定透皮贴剂。

2）充填封闭型。充填封闭型经皮给药系统由背衬层、药物储库、控释膜、胶黏层和保护膜组成。药物储库是液体或半固体的软膏和凝胶，填充封闭于背衬层和控释膜之间。控释膜是乙烯－醋酸乙烯共聚物（EVA）的均质膜。该类系统中药物从储库中分配进入控释膜，改变膜的组成可控制系统的释药速率，如雌二醇缓释贴片。

3）聚合物骨架型。聚合物骨架型经皮给药系统用水性聚合物材料作骨架，如天然的多糖与合成的聚乙烯醇、聚乙烯吡咯烷酮、聚丙烯酸酯和聚丙烯酸胺等，骨架型中还含有一些润湿剂如水、丙二醇、聚乙二醇等。含药的骨架粘贴在背衬材料上，在骨架周围涂上压敏胶，加保护膜即成。该类系统是通过亲水性聚合物骨架与皮肤紧密贴合，润湿皮肤促进药物吸收。该类系统的药物释放速率受聚合物骨架组成与药物浓度的影响。

4）胶黏剂分散型。胶黏剂分散型经皮给药系统是将药物分散在胶黏剂中并铺于背衬膜上，加保护膜而成。这类系统的特点是剂型薄，生产方便，与皮肤接触的表面都可输出药物。常用的胶黏剂有聚丙烯酸酯类、聚硅氧烷类和聚异丁烯类压敏胶。可以采用成分不同的多层胶黏剂膜，与皮肤接触的最外层含药量低，内层含药量高，使药物释放速率接近于恒定。

2. 经皮给药制剂常用辅料与材料

（1）渗透促进剂。渗透促进剂是指能加速药物渗透穿过皮肤的物质。理想的渗透促进剂应具备以下条件：

1）对皮肤及机体无药理作用，无毒，无刺激性及无过敏反应。

2）应用后立即起作用，去除后皮肤能恢复正常的屏障功能。

3）不引起体内营养物质和水分通过皮肤损失。

4）不与药物及其他附加剂产生化学作用。

5）无色、无臭。

常用的渗透促进剂有有机酸、脂肪醇类，月桂氮卓酮，醇类化合物，角质保湿剂，表面活性剂，其他渗透促进剂。

（2）膜聚合物和骨架聚合物。常用的膜聚合物和骨架聚合物有乙烯－醋酸乙烯共聚物、聚氯乙烯、聚丙烯、聚乙烯、聚对苯二甲酸乙二醇酯。

（3）压敏胶。压敏胶是指在轻微压力下即可实现粘贴，同时又容易剥离的一类材料，起着保障释药面与皮肤紧密接触以及药库、控释等作用。药用 TDDS 压敏胶应对皮肤无刺激，不致敏，与药物相容及具有防水性能等。

（4）背衬材料、防粘材料与药库材料。

1）背衬材料是支持药库或压敏胶等的薄膜，应对药物、胶液、溶剂、湿气和光线等有较好的阻隔性能，同时应柔软舒适，并有一定强度。背衬材料常用多层复合铝箔，即由铝箔、聚乙烯或聚丙烯等膜材复合而成的双层或三层复合膜。其他背衬材料还有 PET、高密度 PE、聚苯乙烯等。

2）防粘材料主要用于 TDDS 胶黏层的保护。常用的防粘材料有聚乙烯、聚苯乙烯、聚丙烯、聚碳酸酯、聚四氟乙烯等高聚物的膜材，有时也使用表面经石蜡或甲基硅油处理过的光滑厚纸。

3）药库材料很多，可以用单一材料，也可用多种材料配制的软膏、水凝胶、溶液等，如卡波姆、HPMC、PVA 等，各种压敏胶和骨架膜材也可以作为药库材料。

3. 经皮给药制剂生产工艺

经皮给药制剂根据其类型与组成不同主要可分为 3 种生产工艺。

（1）骨架黏合工艺。在骨架材料溶液中加入药物，浇铸冷却成型，再切割成小圆片，粘贴于背衬膜上，加盖保护膜而成。

（2）充填热合工艺。在定型机械中，于背衬膜与控释膜之间定量充填药物储库材料，热合封闭，覆盖上涂有胶黏层的保护膜而成。

（3）涂膜复合工艺。将药物分散于高分子材料如压敏胶溶液中，涂布于背衬膜上，加热烘干使溶解高分子材料的有机溶剂蒸发，可进行第二层或多层膜的涂布，最后覆盖上保护膜。也可制成含药物的高分子材料膜，再与各层叠合或黏合。

思考与练习

单次选择题

1. 根据制备生产工艺原理不同，缓释、控释制剂不包括（　　）。

A. 骨架型　　B. 膜控型　　C. 渗透泵型　　D. 溶蚀型　　E. 无定形型

2. 下列关于靶向制剂特点的说法中，正确的是（　　）。

A. 靶向制剂可以提高药物的疗效，降低毒性反应，提高用药的安全性、有效性和顺应性

B. 靶向制剂可以增加药物的毒副作用

C. 被动靶向制剂是用修饰的药物载体作为“导弹”，将药物定向地运送到靶区浓集发挥药效

D. 主动靶向制剂是药物主动吸收的过程

E. 热敏靶向制剂属于被动靶向制剂

3. 下列关于透皮吸收制剂优点的说法中，错误的是（　　）。

A. 可避免肝脏的首过效应和药物在胃肠道的灭活，提高治疗效果

B. 避免口服给药引起的血药浓度峰谷现象，降低毒副反应

C. 使用方便，患者可自主用药，也可随时撤销用药

D. 减少给药次数，提高治疗效能

E. 避免多剂量给药，改善患者用药依从性

§9－3　生物技术药物制剂

学习目标

1. 了解生物技术药物的定义、特点。

2. 会查阅资料，了解生物技术药物的应用现状。

近年来，伴随着生物技术的蓬勃发展，越来越多的生物技术药物在临床上应用。其中，

蛋白质药物制剂给药途径多样，包括注射给药系统，以及黏膜吸收、肺部吸收、口服吸收、口腔吸收等非注射给药系统。生物技术药物制剂已逐渐成为临床常用药物的重要组成部分。

一、生物技术药物制剂概述

1. 定义与特点

广义的生物技术药物是指综合利用物理学、化学、生物化学、生物技术、药学等学科的原理和方法，以生物体、生物组织、细胞、体液等为原料制造的一类用于预防、治疗和诊断的制品，包括氨基酸及其衍生物类、多肽及蛋白质类、酶与辅酶类、核酸及其降解物和衍生物类、糖类、脂类等药物，也称为生物药物。

狭义的生物技术药物仅仅包括生物药物中基因工程药物和基因药物两大类。

与其他药物相比，生物技术药物具有以下特点：

（1）生物技术药物来源于体内天然的活性成分，活性强，毒副作用小，安全性高。

（2）生物技术药物存在种属特异性。许多生物技术药物的药理学活性与动物种属有关，药物本身、药物的作用受体、代谢酶的结构与活性都可能存在种属差异。例如，人源性多肽或蛋白的序列与其他动物可能有明显的不同，造成对某些动物不敏感，甚至无药理活性。

（3）生物技术药物往往具有复杂的分子结构，相对分子质量较大。

（4）生物技术药物理化性质不稳定，活性容易被破坏。

（5）生产条件和生产工艺的变化，往往会引起药物结构和构型的差异，导致产生免疫原性。

（6）生物技术药物的体内半衰期一般较短，降解部位广泛。

（7）生物技术药物生产工艺复杂，质量要求高。

【知识链接】

生物技术药物制剂的现状

生物技术药物必须安全、有效，在特定储存条件下长期稳定，且适合患者服用。与生物技术药物的快速发展比较，其制剂研究相对较为落后。生物技术药物制剂的现状可总结如下：

（1）给药途径以注射给药为主。绝大多数生物技术药物制剂的剂型为注射剂（90%以上），给药途径包括静脉注射、动脉注射、关节内注射、皮内注射、皮下注射、局部注射。少数生物技术药物可以经非注射途径给药：如表皮生长因子（EGF）的滴眼液，用于角膜上皮缺损；EGF软膏用于创面修复；DNA（脱氧核糖核酸）酶吸入溶液剂可以降低囊性纤维病患者肺部黏液的黏性；鲑鱼降钙素鼻腔喷雾剂用于治疗骨质疏松；胰岛素干粉吸入剂治疗糖尿病等。非注射途径给药多数用于局部治疗，生物利用度低（小于10%）是非注射给药途径用于系统给药面临的最大困难。

（2）稳定性差。生物技术药物的稳定性可分为物理稳定性、化学稳定性和生物稳定性三方面。物理稳定性是指丧失三级和（或）二级结构（变性或去折叠）、凝聚、吸附和沉淀等行为。化学稳定性指生物大分子链断裂、基团消除、水解、消旋、二硫键交换、氧化等，造成生物活性丧失。生物稳定性指在体内酶、pH 等生理环境下的降解、失活。

（3）新剂型研发活跃。生物技术药物新剂型和制剂新技术的研究已成为现代药剂学的重点和热点，并取得了长足的进步。在注射给药途径方面，缓控释微球、微粒、纳米粒和脂质体等新剂型、新技术均得以应用。在非注射给药途径方面，口服、鼻腔、肺部、透皮、黏膜等途径给药方面的研发成果显著，许多新制剂已进入临床研究。

---

2. 分类

生物技术药物是采用基因工程、细胞工程、酶工程和发酵工程等现代高新技术制备的，按照其化学本质及其特性主要分为蛋白多肽类和核酸两大类药物。蛋白多肽类生物技术药物可以分为多肽、蛋白和抗体等。核酸类生物技术药物可以分为反义核酸、RNA（核糖核酸）干扰（RNA interference，RNAi）药物、基因药物以及适体等。

按照临床给药途径不同，生物技术药物可分为两大类：一类是蛋白多肽类药物注射给药系统，包括溶液剂、混悬剂、无菌粉末等普通注射剂及缓释、控释的微球制剂和植入剂等新型注射剂；另一类是蛋白多肽类药物的非注射给药系统，包括黏膜制剂和透皮制剂。

二、蛋白类药物制剂给药系统

1. 蛋白类药物注射给药系统

（1）蛋白类药物普通注射给药系统。蛋白类药物普通注射给药制剂主要分为两类，即溶液型注射剂和注射用冻干粉针。生物技术药物因不同的分子结构，在溶液中的稳定性存在一定差异，故选用哪种剂型主要取决于药物在溶液中的稳定性。溶液型注射剂使用方便，是首选剂型。否则，应考虑注射用冻干粉针。蛋白类注射剂可用于静脉注射、肌内注射或输注等，处方设计的基本要求与普通注射剂一致。

（2）蛋白类药物新型注射给药系统。具体如下：

1）蛋白类药物的微球注射制剂。蛋白类药物一般剂量很小，但需要长期给药，这就为缓释微球制剂的应用提供了机会。将蛋白多肽类药物包封于微球载体中，通过皮下或肌肉给药，使药物缓慢释放，改变其在体内的转运过程，延长药物在体内的作用时间（可达 1～3 个月），可大大减少给药次数，明显提高患者用药依从性。

用于制备缓释微球和骨架材料的主要是 PLGA（聚乳酸聚乙醇酸共聚物）和 PLA，其中又以 PLGA 更常用。二者均是可用于人体的生物降解性材料。制备蛋白类药物缓释微球的方法较多，常用液中干燥法和低温喷雾提取法等，可得到很高的包封率。

由于微球的注射剂量有限，在制备蛋白类药物缓释微球时，应选择日剂量小的药物，微球的释药模式应与药物的临床需求基本吻合，微球中药物的包封率要高，释药时突释作用应较小，释药模式要恒定，释药时间要达到要求。

2）缓释、控释植入剂。可注射给药的植入剂是植入制剂近年的研究成果。一般的制备过程是将药物与PLGA混合熔融，然后经多孔装置挤出成为条状，再切割成一定的长度。条状物一般直径在1 mm左右，含有单剂量药物，将其灭菌处理后直接装入特制的一次性注射器内（针头较粗），再封装在相应的塑料袋中。临床应用时取出直接做皮下或肌内注射，药物随骨架材料的降解而释放，以发挥长效作用。注射型植入剂无须手术植入或取出，使用方便，制备简单，但副作用往往比微球制剂大，如注射部位容易产生硬结，有时皮下注射的条状植入剂可能滑落出来等。

3）其他。用于注射的蛋白类药物的给药系统还有计算机控制的输注泵（如市售的胰岛素输注泵，价格极贵），以及脂质体、纳米粒、乳剂、微乳、大分子共轭物等，多数正处在不同的研究阶段。

2. 蛋白类药物非注射给药系统

当蛋白类药物用于治疗慢性疾病时，长期注射会给药给患者带来很大的身体和精神痛苦，因此，其非注射给药途径受到广泛的重视，口服、经皮和黏膜给药系统得到深入研究，部分蛋白类药物的非注射给药剂型已经上市。

（1）蛋白多肽类药物的黏膜给药制剂。蛋白多肽类药物的黏膜给药途径包括口服、口腔、舌下、鼻腔、肺部、结肠、直肠、阴道、子宫、眼部等。其中，结肠、直肠、阴道、子宫和眼部等长期给药不方便，鼻腔和肺部给药已展现出较好的应用前景。

1）鼻腔制剂。对口服无效、只能静脉注射的蛋白类药物来说，鼻腔给药是一种方便可靠的全身用药方法。药物易到达吸收部位，吸收好，可以避开肝脏首过效应，但需加入吸收促进剂或酶抑制剂。

【知识链接】

鼻腔给药系统

鼻腔给药系统是指在鼻腔内使用，经鼻腔黏膜吸收而发挥局部或全身治疗作用的制剂。鼻腔给药的剂型很多，包括滴鼻剂、喷雾剂、粉雾剂以及微球、脂质体、纳米粒等新剂型。一般情况下，液体喷雾剂的生物利用度显著高于滴鼻剂，与粉雾剂无明显差异。粉雾剂具有较好的化学稳定性和微生物稳定性。具体选择何种剂型要根据主药的特点和用药要求而定。

2）肺部制剂。通过肺部吸入给药，不存在肝脏首过效应，药物通透性好，但将全部药物输送到吸收部位相当困难，长期用药的可行性有待观察。肺部吸收给药系统应尽量少用或不用吸收促进剂，而主要通过吸入装置的改进来增加药物到达肺深部组织的比例，从而增加吸收。

3）口服制剂。口服制剂对于需长期给药的患者尤其方便，但口服途径生物利用度低，肝脏首过效应强，药物易受胃酸、胃酶的破坏。据报道，用药物结构修饰、加入吸收促进剂或酶抑制剂以及制成靶向制剂，可改善吸收。

4）口腔制剂。口腔制剂容易给药至吸收部位，患者接受度和依从性好，可避开肝脏首过效应和药物在胃肠道中被破坏，但必须加入吸收促进剂或酶抑制剂，否则大分子物质吸收较少。

5）直肠制剂。直肠给药吸收较少，可避免肝脏首过效应，但患者接受度和依从性差些，应选择适当的吸收促进剂。

（2）蛋白多肽类药物的经皮制剂。尽管经皮吸收存在一定的障碍，但通过一些特殊的物理或化学方法和手段，仍能显著增加蛋白多肽类药物的经皮吸收，如超声波导入技术、离子导入技术、电穿孔技术、微纳米技术、传递体输送技术等。

思考与练习

单项选择题

1. 下列不属于生物技术药物特点的是（　　）。

A. 不良反应少　B. 药理活性强　C. 针对性强　D. 毒性低　E. 作用专一

2. 下列不属于生物技术药物常用给药途径的是（　　）。

A. 口服　B. 肌注　C. 透皮　D. 吸入　E. 静脉注射

3. 下列不属于生物技术制剂的是（　　）。

A. 血液制剂　B. 氨基酸　C. 疫苗　D. 蛋白质　E. 肌注

第十章

药物制剂的稳定性

药物制剂的基本要求是安全、有效、稳定，而稳定是药品安全、有效的基础和保障。本章对药物制剂稳定性影响因素及稳定化方法做了概述，对药物制剂配伍变化做了讲解。通过实训项目的开展，学生应学会进行试剂的配制，通过制剂配伍变化现象，分析结果并对药物制剂的稳定性有更直观的理解。

§10－1　药物制剂稳定性影响因素及稳定化方法

学习目标

1. 熟悉制剂中药物变质反应。
2. 能分析影响药物制剂稳定性的因素，会使用增加制剂稳定性的方法。

药物制剂的稳定性是指药物在生产、运输、储存、使用的整个过程中，保持其物理、化学、微生物学等特性的能力，是保持其疗效和用药安全性的基础。药物制剂的稳定性发生变化不仅会使其药理活性降低，而且会产生毒副作用。此外，产品的不稳定将会给企业造成巨大的经济损失。

一、影响药物稳定性的因素

药物的变质反应是指药物在生产、运输、储存、使用等各个环节中发生一个或者多个化学反应，导致药物质量发生改变的过程。药物的变质反应通常有水解、氧化、异构化、脱羧或脱水和聚合等。某些因素会引起药物化学结构改变，经过一定的时间作用，即可发生变质反应，从而影响药物的稳定性。影响药物稳定性的因素较多，内在因素主要是药物本身的化学结构、物理性质，外在因素包含生产过程中的环境、辅料、金属离子等。药物稳定性的影响因素大致可分为化学因素和物理因素。

1. 化学因素

（1）酸碱度。很多药物的降解受溶液酸碱度的影响。H^+ 和 OH^- 浓度可催化药物的降解反应，其降解速度随 pH 的改变而改变。当 pH 较低时，可加速 H^+ 的催化；当 pH 较高时，则加速 OH^- 的催化作用。因此，每种药物都有保持其稳定性的适宜 pH。例如，对乙酰氨基酚在 pH 为 6.0 时最稳定，半衰期为 21.8 年（25 ℃）。

（2）金属离子。药物在生产过程中，往往会带入微量的金属离子。这些微量金属离子可对某些药物的水解及自氧化起催化作用，加速药物的降解变质。对药物降解变质起催化作用的二价以上金属离子主要有铜、铁、铂、铬、锌、锰等。例如，维生素 C 在金属离子催化下被氧化成去氢抗坏血酸后，分子中共轭体系被破坏，水解更加容易，去氢抗坏血酸继续水解生成 2，3－二酮古戊糖酸，最后被氧化成苏阿糖酸和草酸而失效；左旋多巴在含有金属离子的溶液中不稳定，易氧化变质。

（3）其他因素。溶剂的极性和介电常数也会影响药物的降解速度，特别是对药物的水解影响较大。在极性较高的溶剂中，如果水解产物的极性较原药物大，则溶剂能促进药物的水解，反之，能延缓水解；在极性较低的溶剂中，如果水解产物的极性较原药物大，则可延缓水解，反之，能促进水解。当药物离子与催化水解的离子电荷相同时，采用介电常数低的溶剂如甘油、乙醇、丙二醇等，可降低水解速度；反之，当药物离子与催化水解的离子电荷相反时，则采用介电常数高的溶剂较好。例如，用介电常数较低的 60% 丙二醇制成的苯巴比妥钠注射液，稳定性提高，有效期可达 1 年；氯霉素的水解产物极性较小，其水溶液的稳定性比丙二醇溶液好。某些辅料可促使某些药物的降解变质，如聚乙二醇能促进氢化可的松、阿司匹林的分解，硬脂酸镁也可促进阿司匹林的水解。

2. 物理因素

（1）温度。温度是化学反应的必要条件之一，对药物的降解反应有很大的影响。通常，温度的升高将加快药物降解变质反应的速度。有实验数据表明，温度每升高 10 ℃，水解反应速度提高 2～4 倍，氧化反应速度提高 2～3 倍。

想一想

药物的降解变质和温度有一定的关系，为什么大多数药物在低温储存时效果更好？

（2）光。光是一种辐射能，波长越短，能量越大。光能激发很多药物的氧化反应，并使其反应加快。药物的光解反应与药物的化学结构有关，药物结构中具有酚羟基、含 N 杂环、活泼卤素、伯胺等基团或官能团时，一般对光较敏感，易发生光解变质。例如，碘化钾在光照下会分解变质。

（3）水分。无论药物吸附何种形式的水分，其降解反应均离不开水，微量的水分即可加速药物的降解。例如，头孢菌素类药物、青霉素类药物、维生素 C 等在潮湿的环境或水溶液中不稳定，易降解变质。

（4）其他。不恰当的包装材质也可导致药物变质。例如，某些包装材质中的聚合单体可与某些药物发生偶联反应，导致药物变质而不稳定。

【知识链接】

药品有效期

药品有效期是指药品在规定的储存条件下，能够保持质量合格的期限，是反映药品内在质量的一个重要指标。药品必须在规定期限内使用，才能保证药品的有效性和安全性。过期的药品药效降低，甚至会增加毒性等不良反应，使用后会对健康带来极大危害。

药品的有效期是综合药品的加速试验和长期试验的结果，通过进行适当的统计分析得到。药品有效期的表示方法通常有3种。

（1）直接标明有效期。例如，“药品有效期至2023年6月12日”，表明药品自2023年6月13日起便不得使用。

（2）直接标明失效期。例如，“药品的失效期为2023年6月12日”，表明药品可使用至2023年6月11日。

（3）标明有效期年限。例如，某药品的生产日期是2023年6月12日，有效期3年，表明药品可使用至2026年6月11日。

二、提高药物制剂稳定性的方法

1. 药物制剂稳定化的常用方法

（1）控制温度。在制备药物制剂的过程中，往往需要加热溶解、灭菌及干燥等工序，此时需要考虑温度对药物稳定性的影响，探索合理的工艺条件。例如，对不稳定的药物加热灭菌时，一般应选择短时间高温灭菌，灭菌后迅速冷却。对热特别敏感的药物，如某些抗生素及生物制品，则采用无菌操作及冷冻干燥。在储存药品过程中，应根据温度对药物稳定性的影响来选择储存条件。

（2）调节pH。pH对药物的水解有较大影响。对于液体制剂，根据实验可得药物的最稳定pH，然后用适当的酸、碱或缓冲剂调节溶液pH。在调节pH的同时，还应选择适宜的缓冲剂。对pH较敏感的固体制剂和半固体制剂，应合理选择赋形剂或基质。

（3）改变溶剂。在水中不稳定的药物，可采用介电常数小的乙醇、丙二醇、甘油等极性溶剂，或在水溶液中加入适量的非水溶剂延缓药物的水解，减少药物的降解速度。

（4）控制水分及湿度。固体制剂应控制水分含量，在生产时控制空气相对湿度的同时，还可通过改进工艺，减少与水分的接触时间。例如，采用干法制粒、流化喷雾制粒代替湿法制粒，可提高易水解药物片剂的稳定性。

（5）避光。对光敏感的药物制剂，制备过程中要注意避光操作，并采用遮光材料包装及在避光条件下保存，如采用棕色玻璃瓶存放或在包装容器内衬垫黑纸等。

（6）驱逐氧气。将蒸馏水煮沸5 min，可完全除去溶解的氧，但冷却后空气中的氧仍可溶入，因此必须立即使用，或储存于密闭的容器中。也可在溶液中和容器空间通入 CO_2 或 N_2，置换其中的氧。此外，惰性气体的通入充分与否，对药品的质量影响很大，有时同一批号的注射液色泽深浅不一，可能与通入惰性气体的量不同有关。对于固体制剂，为避免空气中氧的影响，可以采用充 N_2 或真空包装。

（7）加入抗氧剂或金属离子络合剂。抗氧剂本身是强还原剂，遇氧后首先被氧化，消耗周围环境中的氧，从而避免药物被氧化。抗氧剂根据其溶解性能可分为水溶性和油溶性两种，常用的水溶性抗氧剂有亚硫酸钠、焦亚硫酸钠、亚硫酸氢钠、硫代硫酸钠、维生素 C、半胱氨酸等，常用的油溶性抗氧剂有维生素 E、叔丁基对羟基茴香醚（BHA）、2，6－二叔丁基对甲酚（BHT）等。选用抗氧剂时，应考虑药物溶液的 pH 及其与药物间的相互作用等。硫代硫酸钠在酸性药物溶液中可析出硫细颗粒沉淀，故只能用于碱性药物溶液。亚硫酸氢钠在水溶液中可与肾上腺素形成无生理活性的磺酸盐化合物，亚硫酸钠可使盐酸硫胺分解失效，亚硫酸氢盐能使氯霉素失去活性。氨基酸类抗氧剂无毒性，作为注射剂的抗氧剂尤为合适。

金属离子能催化氧化反应的进行，因此在制备易氧化药物过程中，所用的原辅料及器具均应避免接触金属离子。应选用纯度较高的原辅料，操作过程中避免使用金属器皿，必要时还要加入金属离子络合剂。常用的金属离子络合剂有依地酸二钠、枸橼酸、酒石酸等。依地酸二钠最为常用，其浓度一般为 0.005%～0.050%。抗氧剂与金属离子络合剂联合使用效果更佳。

想一想

维生素 C 注射液处方中含亚硫酸氢钠、依地酸二钠、碳酸氢钠，结合制剂的稳定性分析原因。

2. 制剂稳定化的其他方法

（1）改进药物剂型或生产工艺，具体如下：

1）制成固体制剂。凡在水溶液中不稳定的药物，制成固体剂型可显著改善其稳定性。供口服的剂型有片剂、胶囊剂及颗粒剂等。供注射用的无菌粉针剂是青霉素类及头孢菌素类抗生素的基本剂型。还可制成膜剂，如制备硝酸甘油片剂的过程中，药物的含量和均匀度均下降，将其制成膜剂后，成膜材料聚乙烯醇对硝酸甘油的物理包覆作用使其稳定性提高。

2）制成微囊或包合物。采用微囊化和包合技术可防止药物因受环境中氧气、湿度、水分及光线的影响而降解，或因挥发性药物的挥发而造成损失，从而增加药物的稳定性。例如，维生素 A 制成微囊后稳定性有所提高，维生素 C 及硫酸亚铁制成微囊后可防止氧化，易氧化的盐酸异丙嗪制成 β－环糊精包合物后稳定性较原药提高。

3）采用直接压片或包衣工艺。对一些遇湿热不稳定的药物压片时，可采用粉末直接压片、结晶药物压片或干法制粒压片等工艺。包衣也可改善药物对光及温度的稳定性，如氯丙嗪、异丙嗪、对氨基水杨酸钠等均制成包衣片；维生素 C 用微晶纤维素和乳糖直接压片并包衣，其稳定性提高。

（2）制备稳定的衍生物。药物的化学结构对制剂的稳定性起决定作用，不同的化学结构具有不同的稳定性。对不稳定的结构片段进行改造，如制成盐类、酯类、酰胺类或高熔点衍生物，可以提高制剂的稳定性。将有效成分制成前体药物，也是提高其稳定性的一种方法。

想一想

什么是前体药物？前体药物有哪些特点？

（3）加入干燥剂及改善包装。易水解的药物可与某些吸水性较强的物质混合压片，这些物质吸收药物所吸附的水分，起到干燥剂的作用，从而提高药物的稳定性。例如，用 3% SiO_2作为干燥剂可提高阿司匹林的稳定性。

思考与练习

一、单项选择题

1. 影响药物发生氧化水解变质的内在因素是（ ）。

A. 氧化物

B. 金属离子

C. 温度

D. 溶液 pH

E. 药物化学结构及其电荷效应

2. 一般情况下，下列不属于变质反应的是（ ）反应。

A. 水解　B. 氧化　C. 脱水　D. 脱羧　E. 聚合

3. 下列药物中，易发生氧化变质反应的是（ ）。

A. 盐类　B. 醛基类　C. 酯类　D. 酰胺　E. 苷类

二、配伍选择题

A. 充入惰性气体

B. 成盐或酯结构修饰

C. 加入抗氧剂

D. 避光

E. 低温

1. 对易氧化变质的药物，可采取的增加其稳定性的方法是（ ）。

2. 对于易水解的药物，可采取的增加其稳定性的方法是（ ）。

3. 影响药物稳定性的外在物理因素是（ ）。

4. 对于光敏感性药物，可采取的增加其稳定性的方法是（ ）。

§10－2　药物制剂的配伍变化

学习目标

1. 能分析注射液中常见的配伍变化类型。
2. 会应用药物制剂配伍变化处理方法。

在药物制剂临床治疗中，为了达到更好的治疗目的，针对不同的症状和病情，常采用联合用药的方式，这种联合用药就涉及药物的配伍。药物制剂配伍变化是一把“双刃剑”，包括合理的配伍变化和不合理的配伍变化。学好药物的配伍变化，才能更好地为医药卫生事业服务。

一、配伍变化的类型

1. 概述

药物的配伍变化是指多种药物或其制剂配合在一起使用时，常引起药物的物化性质和药理效应等方面产生变化，依据配伍变化的结果，可将其分为合理性配伍变化及不合理性配伍变化。

配伍禁忌属于不合理性配伍变化，临床治疗中常采用在静脉输液中加入药物，但输液中两种药物之间若产生结晶、沉淀、气体等，配伍后可引起药物作用的减弱或消失，甚至引起毒副作用增强，此时两种药物不能配合使用。

合理性配伍变化可产生协同作用，使疗效增强，如复方乙酰水杨酸片、复方降压片等；提高疗效，减少副作用，减少或延缓耐药性的发生等，如磺胺与甲氧苄啶联用、阿莫西林与克拉维酸联用。有些配伍利用药物间的拮抗作用以克服某些副作用。例如，用吗啡镇痛时常配伍阿托品，以消除吗啡对呼吸中枢的抑制作用及胆道、输尿管、支气管平滑肌的兴奋作用。

结合配伍变化的原理，通常将配伍变化分为物理的配伍变化、化学的配伍变化和药理的配伍变化 3 个方面。

2. 物理的配伍变化

几种药物相互混合，可能发生分散状态或其他物理性质的改变，如产生沉淀、潮解、液化、结块和粒径变化等，这些变化在条件改变的情况下可能恢复到原来的形式。药物相互混合主要有以下几种变化：

（1）溶解度改变。不同性质溶剂的制剂配伍在一起，常因药物在混合溶液中的溶解度变小而析出沉淀。例如，15% 的硫喷妥钠水性注射液与非水溶媒制成的去乙酰毛花苷（西地兰）注射液混合时可析出沉淀。酊剂、醑剂、流浸膏等以乙醇为溶剂，若与某些药物的水溶液配伍，有效成分很可能析出。含黏液质、蛋白质多的水溶液若加入过量的乙醇能产生沉淀。在某些药物的饱和溶液中加入其他物质，可能发生分层或沉淀。例如，在芳香水中加入一定量的盐可使挥发油分离出来。

（2）吸湿、潮解、液化和结块。吸湿性很强的药物或制剂如干浸膏、冲剂、乳酶生、干酵母、胃蛋白酶、无机溴化物等配伍时，在制备、应用或储存中易吸湿潮解；能形成共熔混合物的药物配伍时，可发生液化。例如，牙科常用的消毒剂、止痛剂即利用苯酚与樟脑或苯酚、麝香草酚与薄荷脑的共熔作用而制成液体滴牙剂。散剂、颗粒剂吸湿后会逐渐干燥而引起结块。

（3）分散状态或粒径变化。乳剂、混悬剂中分散相的粒径可因与其他药物配伍或长时间储存而变大，或导致分散相聚结（或凝聚）而分层（或析出）。分散状态或粒径变化易导致使用不便或分剂量不均，甚至可使药物的生物利用度下降。

3. 化学的配伍变化

产生化学配伍变化的原因很复杂，有氧化、还原、分解、水解、复分解、缩合、聚合等反应。化学配伍变化的后果是可以观察到变色、混浊、沉淀、产气和发生爆炸等，另外，疗效改变、产生毒副作用等观察不到的情况更应引起注意。

（1）氧化反应。含酚羟基结构的药物受光线、空气、碱、金属离子、温度等的影响，可氧化成醌或其他成分，使溶液变色，失去活性。例如，多巴胺与5%碳酸氢钠配伍后氧化变色；肾上腺素与碱性药液配伍后颜色先变成微红色，然后逐渐加深直至产生沉淀，效价也完全丧失。

（2）水解反应。含酯、酰胺、内酰胺等结构的药物易被酸、碱、金属离子、光、热、氧等催化而水解，从而改变颜色，丧失活性。例如，氯霉素在中性及弱酸性时较稳定，水溶液煮沸 5 h 仍保持抗菌活性，但 pH 呈碱性则迅速水解。因此，氯霉素与碱性药物配伍时，可因水解而失去活性。

想一想

青霉素钠粉针剂在临床使用时，你会选用0.9%氯化钠还是5%葡萄糖作为溶剂，还是两者都可以用？

【小提示】

青霉素含有内酰胺结构，在酸、碱环境中均易水解。葡萄糖的化学结构含有多个羟基，pH 为 3.2 ~ 5.5，适合作为大部分药品的溶剂，但不适用于青霉素类、头孢菌素类、偏碱性药物，否则会因结构破坏而失效。氯化钠溶液为中性溶液，尤其适用于酸性、碱性环境下不稳定的药物。

（3）络合反应。四环素类抗生素与含钙药物配伍、含依地酸二钠的药物溶液与含多价金属离子的药物配伍，均易形成络合物沉淀析出。

（4）异构化转变。某些药物在一定 pH 值环境下，结构上的某些基团可发生空间定向变化，形成活性较低的异构体。例如，四环素类抗生素与含有磷酸根、醋酸根、枸橼酸根的酸性药物配伍时，可加速其异构化转变，使颜色加深，抗菌作用减弱。

4. 药理的配伍变化

药理的配伍变化是指药物配伍使用后，它们的体内过程相互影响，造成药理作用的性质、强度、副作用、毒性等的变化。药理的配伍变化又称为疗效的配伍变化，或药物的相互作用。药理的配伍变化表现多种多样，但归根结底就是作用的加强或减弱。

（1）协同作用。协同作用是指两种药物合并使用后，使药物作用增强。例如，阿司匹林和碳酸氢钠合用时，阿司匹林的解离度增大，使其溶解度也增大，导致吸收增加，作用增强。再如，丙磺舒与青霉素合用时，丙磺舒可抑制青霉素的排泄，使其血药浓度增加，作用增强。

（2）拮抗作用。拮抗作用是指两种药物合并使用后，使药物作用减弱或消失。例如，西咪替丁和四环素合用时，西咪替丁提高了胃内 pH，使四环素溶解度下降而吸收减少，作用减弱。再如，肝药酶诱导剂苯巴比妥与抗凝血药双香豆素合用时，苯巴比妥通过提高肝药酶活性，使双香豆素的代谢加快，血药浓度降低，抗凝血作用减弱。

药物配伍有时会伴随着药物毒副作用的改变。例如，在治疗糖尿病的用药中，盐酸二甲双胍可减少肠道对维生素 B_{12} 的吸收，使血红蛋白减少，产生巨幼红细胞性贫血。所以盐酸二甲双胍缓释片和 B 族维生素（或维生素 B_{12}）联合用药时，可以增加患者对维生素 B_{12} 的吸收，避免由于服用盐酸二甲双胍缓释片产生贫血的情况。再如，氨基糖苷类抗生素联合利尿剂呋塞米，耳毒性增加。

二、注射液的配伍变化

1. 概述

由于各类药物制剂的发展，以及治疗和抢救工作的需要，注射药物联合应用的机会越来越多，品种也越来越广，情况极为复杂。多种注射液联合应用时，既要保持各种药物有效稳定，又要防止因发生理化和药理配伍变化给患者带来痛苦与危害。

【知识链接】

静脉用药调配中心

静脉用药调配中心（PIVAS）是医疗机构为患者提供静脉用药集中调配专业技术服务的部门。受过专门培训的药学技术人员严格依据医师处方或用药医嘱，经药师适宜性审核，在洁净环境下对静脉用药进行调配，可直接供临床使用。2010 年 4 月，卫生部颁布了《静脉用药集中调配质量管理规范》。随着该规范的执行，越来越多的医疗机构正在建立静脉用药调配中心，以提升静脉输液成品质量，促进临床静脉用药安全、有效、经济、稳定。

药师在处方审核时，要特别注意配伍禁忌。配伍禁忌，指的就是两种或者多种药物相互配伍后产生一些毒副作用，或者彼此减弱对方的药效。此外，对于中药的配伍禁忌，应不存在十八反、十九畏的情况。

2. 注射液配伍变化的主要原因

（1）溶剂组成改变。当某些含非水溶剂的制剂与注射液配伍时，溶剂的改变会使药物析出。例如，地西泮注射液含40%丙二醇、10%乙醇，当与5%葡萄糖或0.9%氯化钠或0.167 mol/L乳酸钠注射液配伍时，容易析出沉淀。

（2）pH改变。在不适当的pH下，注射液会产生沉淀或加速分解。许多有机碱在水中难溶而应制成强酸盐，如氯丙嗪加盐酸制成盐酸氯丙嗪。盐酸氯丙嗪在水中易溶，但当加入碱性注射液后，则又会析出氯丙嗪。许多有机酸类（如巴比妥类、磺胺类）在水中难溶，需要制成强碱盐才能配成溶液，这类注射液与其他酸性注射液配伍后，由于混合液的pH降低，往往容易产生沉淀，如新生霉素与5%葡萄糖或 $pH<6$ 的注射液配伍时可能出现沉淀。其他如偏酸性的诺氟沙星与偏碱性的氨苄西林钠一经混合，立即出现沉淀，这也是pH改变之故。一般而言，二者的pH差距越大，发生配伍变化的可能性也越大。pH变化也可引起变色。例如，磺胺嘧啶钠、谷氨酸钠（钾）、氨茶碱等碱性较强的注射液可使去甲肾上腺素变色。

注射液本身的pH是影响混合后pH的主要因素。各种注射液都规定了不同的pH范围，而且所规定的pH范围比较大。例如，葡萄糖注射液的pH为3.2~5.5，如其pH为3.2，则与某些酸不稳定的抗生素配伍时，引起降解失效的程度较大。青霉素G混合于pH为4.5的溶液中，4 h损失10%；而在pH为3.6时，1 h即损失10%，4 h损失40%。

（3）缓冲容量。对于加入缓冲剂的注射液，药液混合后的pH是由注射液中所含成分的缓冲能力决定的。缓冲剂抵抗pH变化能力的大小称为缓冲容量。含有有机阴离子如乳酸根、醋酸根的注射液，有一定的缓冲容量。但某些在酸性溶液中沉淀的药物，在含有缓冲能力的弱酸溶液中也会出现沉淀。例如，5%硫喷妥钠10 mL加入生理盐水或复方氯化钠注射液（500 mL）中不发生变化，但加入含乳酸盐的葡萄糖注射液中则会析出沉淀。

（4）离子作用。有些离子能加速某些药物的水解反应。例如，乳酸根离子能加速氨苄西林和青霉素G的水解，氨苄西林加入含乳酸钠的复方氯化钠注射液中4 h即损失20%。

（5）直接反应。某些药物可直接与注射液中的一种成分反应。例如，四环素与含钙盐的注射液在中性或碱性下，由于形成配合物而产生沉淀。头孢类抗生素遇 Ca^{2+}、Mg^{2+} 等离子会产生头孢烯-4-羧酸钙或镁的沉淀。羧苄西林与氨基糖苷类抗生素庆大霉素混合于注射液中或分别滴注，都可明显降低庆大霉素的血药浓度。

（6）盐析作用。两性霉素B注射液为胶体分散系统，只能加入5%葡萄糖注射液中静滴，在大量电解质的注射液中则能被电解质盐析出，以致胶体粒子凝聚而产生沉淀。

（7）配合量。配合量的多少影响浓度，而药物在一定浓度下才出现沉淀。例如，浓度均为100 mg/L的重酒石酸间羟胺注射液与氢化可的松琥珀酸钠注射液，在等渗氯化钠或5%葡萄糖注射液中未观察到变化；当浓度为300 mg/L的氢化可的松琥珀酸钠与浓度为200 mg/L的重酒石酸间羟胺混合时则出现沉淀。另外，多数药物在溶液中降解属于一级反应速度过程，浓度增加，反应速度加快。例如，氨苄西林钠5 g、2 g与1 g室温下在5%葡萄糖注射液中的降解速度依次下降。

（8）混合的顺序。药物制剂配伍时混合次序极为重要，有些药物配伍时改变混合顺序可避免产生沉淀。例如，氯霉素注射液（12.5%）以丙二醇与水为混合溶剂制成，每 2 mL 含氯霉素 250 mg。氯霉素在水中溶解度仅为 0.25%。若将 2 mL 氯霉素注射液先以 100 mL 注射液稀释，再与维生素 C、氨茶碱等注射液混合，不会产生沉淀；如果混合次序相反，则会形成沉淀，且在短时间内不易重新溶解。在药物制剂配伍时，应坚持先稀释后混合，逐步提高浓度的原则。

（9）反应时间。许多药物在溶液中的反应速度很慢，个别注射液混合几小时才出现沉淀，所以在短时间内使用是完全可以的。例如，磺胺嘧啶钠注射液与葡萄糖注射液混合后，2 h 左右将出现沉淀。因此，注射液配伍时应先做试验，如在数小时内无沉淀且不影响药效，应通知护理人员，在规定时间内输完。如果需要输入的量较大，可以分次输入，每次新配。

（10）氧与二氧化碳的影响。有些药物制备注射液时需在安瓿内填充惰性气体，以防止药物被氧化。有些药物会受二氧化碳的影响，如苯妥英钠、硫喷妥钠注射液，因吸收空气中的二氧化碳导致溶液的 pH 下降，也有析出沉淀的可能。

（11）光敏感性。有些药物对光敏感，如两性霉素 B、磺胺嘧啶钠、维生素 B、四环素类、雌性激素等药物。

（12）成分的纯度。有些制剂在配伍时发生的异常现象，并不是由于成分本身，而是由于原辅料不纯。例如，氯化钠原料中若含有微量的钙盐，当与 2.5% 枸橼酸钠注射液配伍时，将产生枸橼酸钙的悬浮微粒而沉淀。中药注射液中未除尽的高分子杂质在长期储存过程中或与注射液配伍时，可能出现混浊或沉淀，有时甚至产生严重的过敏反应。

注射液配伍变化的影响因素极其复杂，不仅要考虑药物本身的性质，而且要考虑注射液中加入的附加剂，如缓冲剂、助溶剂、抗氧剂、稳定剂等。它们之间或它们与配伍药物之间都可能出现配伍变化。此外，各生产厂家的工艺、处方、附加剂品种、用量往往不一，特别应引起注意。

三、配伍变化的处理

1. 配伍变化的处理原则

药物制剂配伍尽量做到增加疗效，减少副作用。除此之外，要了解医师的用药意图，发挥制剂应有的疗效，保障用药安全有效。在审查成分发现疑问时，应该与处方医师联系，了解用药意图，将对象及给药途径作为配伍的基本条件，如患者的年龄、性别、病情及其严重程度、用药途径等。对患有并发症的患者，审方时应注意禁忌证，必须根据具体的对象与条件来判定。

在明确用药意图和患者的具体情况后，再结合药物的物理、化学和药理等性质来分析可能产生的不利因素和作用，对处方成分、剂量、发出量、服用方法等各方面要加以全面的审查，找出应对措施。必要时还应与医师联系，共同确定解决方案。

2. 配伍变化的处理方法

对于物理的或化学的配伍禁忌的处理，一般可在上述原则指导下按以下方法进行：

（1）改变储存条件。有些制剂在使用过程中，由于储存条件如温度、空气、水、二氧化碳、光线等影响会加速沉淀、变色或降解，故应在密闭及避光条件下储存于棕色瓶中，发出的剂量亦不宜多。另外，一些容易水解、需临时调配的制剂，应储存于5 ℃以下以延缓其降解，发出量应尽量少。

（2）改变调配次序。改变调配次序常可克服一些不应产生的配伍禁忌。在很多溶液中，混合次序能影响生产工序的繁简与成品的质量。例如，将碳酸镁、枸橼酸与碳酸氢钠制成溶液剂时，应先将枸橼酸溶解于水，与碳酸镁混合溶解后，再将碳酸氢钠溶入。倘若碳酸氢钠先与枸橼酸混合耗尽酸液，则不能配成溶液剂。

（3）改变溶剂或添加助溶剂。改变溶剂是指改变溶剂容量或改变成混合溶剂。此法常用于防止或延缓溶液析出沉淀或分层。

（4）调整溶液的pH。H^+浓度的改变能影响很多微溶性药物溶液的稳定性。

（5）改变有效成分或改变剂型。在征得医师同意的条件下，可改变有效成分，但改换的药物应力求与原成分相类似，用法也尽量与原方一致。例如，将0.5%硫酸锌与2%硼砂配伍制成滴眼剂能析出碱式硼酸锌或氢氧化锌，可改用硼酸代替硼砂。也可考虑改用其他剂型，如将次硝酸铋与碳酸氢钠制成合剂，因次硝酸铋在水中水解生成硝酸，与碳酸氢钠反应会放出二氧化碳，可用次碳酸铋代替或将一种成分制成散剂，分别包装服用。

注射液间产生物理或化学配伍禁忌时，通常不能配伍使用，可分别注射，或建议医师改用其他的注射液或输液。

思考与练习

单项选择题

1. 下列属于化学配伍变化的是（　　）。

A. 分散状态变化

B. 某些溶剂性质不同的制剂相互配合使用时，析出沉淀

C. 发生变色

D. 潮解、液化和结块

E. 粒径变化

2. 下列属于物理配伍变化的是（　　）。

A. 变色

B. 混浊

C. 爆炸

D. 粒径变化

E. 产气

实训项目 24　维生素 C 的配伍变化

一、实训目的

1. 会进行试剂准备。
2. 能按操作步骤和要点完成实训操作。
3. 会进行仪器清洁和清场工作。
4. 会分析维生素 C 配伍变化原因，并能找到相应的防范措施。
5. 会填写原始记录并完成实训报告。

二、器材准备

烧杯、胶头滴管、量筒、药匙、天平、玻璃棒、试管、pH 试纸、维生素 C、高锰酸钾、碳酸氢钠等。

三、实训内容与步骤

1. 操作前准备

（1）实训原理。维生素 C 是临床广泛应用的药物，由于其分子中含有烯醇式结构，具有酸性和较强的还原性，所以维生素 C 与碱性药物配伍会发生酸碱中和反应，与具有氧化性的药物配伍会发生氧化还原反应。维生素 C 如果与配伍禁忌的一些药物同时使用，药液会出现配伍变化，如颜色变化、产生混浊沉淀、产生气体等。药物制剂不合理的配伍将造成配伍药物药效降低，毒性增强。因此，在医药工作中一定要注意药物的配伍变化，提高合理用药意识。

（2）实训用物料。按照领料标准领取所需物料，并核对品名、规格、批号、数量和质量。

2. 实训操作

（1）配制试剂。

【试剂 1】	高锰酸钾	0.1 g
	水	500 mL
	制成	1∶5 000 高锰酸钾溶液
【试剂 2】	碳酸氢钠	5 g
	水	95 mL
	制成	5% 碳酸氢钠溶液
【试剂 3】	维生素 C	5 g
	水	95 mL
	制成	5% 维生素 C 溶液

（2）按照表 S－24－1 所列实训操作步骤进行操作，并做好记录。

表 S－24－1　　实训操作步骤

操作项目	操作	现象	结果分析
1	取 10 mL 试剂 1 置于试管中，用胶头滴管取试剂 3 数滴，逐滴加入试管中，摇匀，观察试管中颜色变化	试管中紫色退去	维生素 C 的还原性
2	测定试剂 2 的 pH，取 10 mL 试剂 2 置于试管中，用胶头滴管取试剂 3 数滴，逐滴加入试管中，摇匀，观察试管中的变化，并再次测定试管内试剂 2 的 pH	试管中有气泡产生，pH 前后发生变化	维生素 C 的酸性

3. 操作要点和注意事项

（1）高锰酸钾具有强氧化性，称取过程中避免用手直接接触药物，以免灼伤皮肤。若出现皮肤灼伤，需要立即使用大量的流动清水冲洗皮肤，一般需要冲洗 15 min 左右，在冲洗皮肤时不要用力揉搓皮肤，以免出现皮肤破损。

（2）维生素 C 遇光不稳定易分解，需现配现用，配置过程尽可能快并应避光操作。

（3）在滴加维生素 C 溶液时，应边加边摇匀，少量多次地加，便于观察药物配伍变化现象。

4. 清洁清场和记录填写

（1）对使用容器具进行清洁消毒。

（2）对台面、墙面、地面进行清洁消毒。

（3）操作人员应及时、准确、真实地完成实训报告。

四、实训测评

按表 S－24－2 所列实训评分标准进行测评，并做好记录。

表 S－24－2　　实训评分标准

序号	考核内容	考核标准	配分	得分
1	制备前准备	能正确领取所需物料，并核对品名、规格、批号、数量和质量	10	
2	实训操作	①能按照处方正确称取并配制 3 种试剂 ②能按照操作步骤和注意事项完成配伍变化反应 ③会观察并记录配伍变化现象	40	
3	结果分析	①能根据实验现象分析配伍变化原因 ②能对维生素 C 储存、生产、使用等过程给出建议	20	
4	清洁与清场	①能正确对实训场地进行清洁，如台面、墙面、地面等 ②能正确对仪器做清洁消毒	20	
5	实训报告	操作记录应及时、完整、真实，修改处应符合规范	10	
合计			100	